"十三五"国家重点出版物出版规划项目

中国油气重大基础研究丛书

中国陆相致密油页岩油 形成机理与富集规律

Formation Mechanism and Enrichment Regularity of Continental Tight/Shale Oil in China

邹才能　朱如凯　毛治国　等　著

科学出版社

北　京

内 容 简 介

致密油、页岩油是典型非常规石油资源。中国陆相致密油资源丰富、分布范围广、类型多，页岩油资源潜力大。本书系统介绍了国家重点基础研究发展计划(973 计划)项目"中国陆相致密油(页岩油)形成机理与富集规律"(编号：2014CB239000)在陆相湖盆细粒沉积模式与有机质富集机理、致密油储层形成机理与微米孔隙-纳米喉道评价方法、致密油"甜点区/段"分布规律与资源潜力评价，页岩油形成机理与富集模式等的原创性研究成果。

本书可供从事油气地质勘探和开发的研究人员及相关院校师生阅读参考。

图书在版编目(CIP)数据

中国陆相致密油页岩油形成机理与富集规律=Formation Mechanism and Enrichment Regularity of Continental Tight/Shale Oil in China/邹才能等著. —北京：科学出版社，2022.8

(中国油气重大基础研究丛书)

"十三五"国家重点出版物出版规划项目

ISBN 978-7-03-058214-0

Ⅰ.①中… Ⅱ.①邹… Ⅲ.①陆相油气田-致密砂岩-砂岩油气藏-油气藏形成-中国 Ⅳ.①P618.130.2

中国版本图书馆 CIP 数据核字(2022)第 140715 号

责任编辑：吴凡洁 冯晓利/责任校对：王萌萌
责任印制：师艳茹/封面设计：黄华斌

科学出版社 出版
北京东黄城根北街 16 号
邮政编码：100717
http://www.sciencep.com
三河市春园印刷有限公司 印刷
科学出版社发行 各地新华书店经销
*
2022 年 8 月第 一 版 开本：787×1092 1/16
2022 年 8 月第一次印刷 印张：26 3/4
字数：607 000

定价：350.00 元
(如有印装质量问题，我社负责调换)

本书主要撰写人员

邹才能　朱如凯　毛治国　雷德文　付金华

刘可禹　查　明　曹　宏　郭秋麟　吴松涛

崔景伟　苏　玲

"中国油气重大基础研究丛书"编委会

丛 书 序

石油与天然气是人类最重要的能源，半个世纪以来油气在一次能源消费结构中占比始终保持在 56%～60%。2015 年，全球一次能源消费总量 $130×10^8t$ 油当量，其中石油占 31%、天然气占 27%。据多家权威机构预测，2035 年一次能源消费总量 $162×10^8t$，油气占比仍将在 60%左右；随着全球性碳减排趋势加快，天然气消费总量和结构性占比将逐年增加，2040 年天然气有望超过原油成为主要一次消费能源。

根据以美国地质调查局(USGS)为代表的多家机构预测，全球油气资源丰富，足以支持以油气为核心的全球能源经济在 21 世纪保持持续繁荣。USGS 研究结果表明：全球常规石油可采储量 $4878×10^8t$，已采出 $1623×10^8t$，剩余探明可采储量 $2358×10^8t$，剩余待发现资源 $897×10^8t$；全球常规天然气可采资源量 $471×10^{12}m^3$，已采出 $95.8×10^{12}m^3$，剩余探明可采储量 $187.3×10^{12}m^3$，剩余待发现资源 $187.9×10^{12}m^3$。近年来美国成功开发了新的油气资源——非常规油气，据多家机构评估全球非常规油可采资源量 $5100×10^8t$，非常规气可采资源量 $2000×10^{12}m^3$，油气资源将大幅增加，全球油气资源枯竭的威胁彻底消除。与此同时，全球油气资源变化的另一个趋势是资源劣质化，油气经济开发将要求更新、更复杂的技术，以及更低的生产成本。油气资源的大幅增加和劣质化已成为影响石油工业发展的重大因素，并将长期起作用。

石油工业的繁荣依赖于油气资源、技术、市场和政治、经济、社会环境。在一定的资源条件下，理论技术是最活跃、最具潜力的变量，石油工业的历史就是一部石油地质学与勘探开发技术发展史。非常规油气依靠水平井和体积压裂技术进步得以成功开发，揭示了全球石油工业未来油气资源大幅度增加和大幅度劣质化的资源前景，也揭示了理论技术创新的巨大威力和理论技术未来发展的无限可能性。所以回顾历史、展望未来，石油工业前景一定是持续发展和前景辉煌的，也一定是更高度依赖石油地质理论和勘探开发技术进步的。

石油天然气地质学(geology of petroleum)，是研究地壳中油气成因、成藏的原理和油气分布规律的应用基础学科，是油气勘探开发的理论基础。人类认识和利用油气的历史由来已久，但现代油气勘探开发一般以 1859 年美国成功钻探的世界上第一口工业油井作为标志。1917 年，美国石油地质学家协会(AAPG)成立，并出版了《美国石油地质学家协会通报》(*AAPG Bulletin*)。1921 年，Emmons 出版 *Geology of Petroleum*，标志着石油天然气地质学成为一门独立的学科。20 世纪 30 年代，McCollough 与 Leverson 正式提出"圈闭学说"，成为常规油气地质理论的核心内容。1956 年，Levorsen 的 *Geology of Petroleum* 问世，实现了石油天然气地质学理论的系统化和科学化，建立了完善的圈闭分类体系，将圈闭划分为构造、地层和复合圈闭，指出储集层、盖层和遮挡条件是油气藏形成的必要条件，圈闭油气成藏是常规油气聚集机理的理论核心。经典的石油天然气地质学的理论核心包括盆地沉降增温增压、有机质干酪根生烃与油气系统理论；由岩石骨架、有效孔隙及充注的可动流体构成的油气储集层理论；含油气盆地、区带、圈闭与油气藏的油气分布理论；能量与物质守恒，由人工干预形成油气储集层不同部位流体压差，从而形成产生和控制流动的油气开发理论。

石油天然气地质学历经百年历史，其发展史深受石油工业勘探开发实践、地质学相关基础学科进展和探测与计算机技术发展的推动。石油工业油气勘探从背斜圈闭油气藏发展到岩性地层油气藏；从陆地推进到海洋，进而到深水；从常规发展到非常规，这些都推动了石油天然气地质学理论的重大突破和新理论、新概念的出现。而地质学基础学科不断出现的重大进展，包括板块构造理论、层序地层学理论、有机质生烃理论都被及时融入石油天然气地质学核心理论之中。地震与测井等地球物理学勘探技术、地球化学分析技术与计算机技术的飞速发展推动了油气勘探开发技术进步，也推动了石油天然气地质学理论的进步与完善。纵观百年石油天然气地质学发展历史，可以看到五个重要节点：①背斜与圈闭理论(19世纪80年代～20世纪30年代)；②有机质生烃与油气系统理论(20世纪60～70年代)；③陆相油气地质理论(20世纪40年代～21世纪初)；④海洋深水油气地质理论(20世纪80年代～21世纪初)；⑤连续型油气聚集与非常规油气地质理论(2000年至今)。

近年来，随着全球油气产量增长和勘探开发规模不断扩大，勘探领域主要转向陆地深层、海洋深水和非常规油气。新的勘探活动不断揭示新的地质现象和新的油气分布规律，许多是我们前所未知的，如陆地深层8000m的油气砂岩和碳酸盐岩储层、海洋深水陆棚的规模砂体分布、非常规油气的"连续性分布"成藏规律，都突破了传统的石油地质学、沉积学认识，揭示了基础理论的突破点和新理论的生长点，石油地质理论正面临着巨大变革的前景和机遇。

深层、深水、非常规勘探地质领域的发展同时也对地球物理和钻井等工程技术提出了更高、更难的技术需求和挑战，刺激石油工业工程技术加速技术创新和发展。与此同时，全球材料、电子、信息和工程制造等学科快速发展，极大地推动了工程技术和装备的更新。地球物理勘探的陆地和海洋反射地震三维技术，钻井工程的深井、水平井钻井和体积压裂技术，3000m水深的海洋深水开发作业能力，以人工智能为特征的信息化技术等都是近年工程技术创新发展的重点和亮点。预期工程技术发展方兴未艾，随着科技创新受到极大重视和科技研发投入持续增加，工程理论技术必将进入快速发展期，基础理论与基础技术已受到关注，也将进入发展黄金期。

我国石油工业历经六十余年快速发展，形成了独立自主的石油工业体系和强大的科技创新能力，油气勘探技术水平已进入全球行业前列。2015年我国原油产量$2.15×10^8$ t，世界排名第四位，天然气产量$1333×10^8$ m^3，世界排名第六位。目前，我国油气勘探开发理论技术水平已经总体达到国际先进水平，其中陆相油气地质理论一直居国际领先地位，在陆上复杂地区的油气勘探技术领域，我国处于领先水平；我国发展了古老海相碳酸盐岩成藏地质理论与勘探配套技术，在四川盆地发现安岳气田，是我国地层最古老、规模最大的海相特大型气田，累计探明地质储量$8500×10^8$ m^3；发展了前陆冲断带深层天然气成藏理论，复杂山地盐下深层宽线大组合地震采集和叠前深度偏移、超深层复杂地层钻完井提速等勘探配套技术，油气勘探深度从 4000m 拓展到 8000m，在塔里木盆地库车深层发现 5 个千亿立方米大气田，形成万亿立方米规模大气区；在油气田开发提高采收率技术领域，大庆油田发展的二次、三次采油提高采收率技术，在全球原油开发技术界一直处于国际领先地位。在海洋油气勘探开发和工程技术领域，我国在近海油气勘探开发方面处于同等先进水平；在深水油气方面，我们已获得重大突破，但在深水工程技术和装备方面，与全球海洋工程强国相比仍有重大差距；在新兴的非常规油气开采技术领域，我国石油工业界起步迅速，已经基本掌握了页岩气、煤层气开采技术，成功开发了四川盆地志留系龙马溪组页岩气田。在油气勘探开发专业服务技术及装备领域，我国近年快速发展，在常规专业技术和装备方面已经全面实现了国产化，高端技术服务和装备已初步具有独立研发先进、新型、高端装备的能力。在技术进步助推下，中国石油集团东方地球物理勘探有限责任公司已成为全球最大物探技术服务公司。但我国石油科技界油气勘探开发面临重大挑战：深层油气成藏富集规律与科学问题；低渗透-致密油气提高采收率技术与理论问题；非常规油气(页岩气、致密油气、煤层气)勘探生产先进技术与科学问题；海洋及深水油气勘探生产重大科学问题；勘探地球物理、测井、钻井压裂新技术与科学问题等。我们也清醒地看到我国要成为真正的石油工业技术强国依然任重道远，我们要正视差距、继续努力，特别是要大力加强基础理论和基础技术。

1997 年 3 月，我国政府高度重视科学技术，确定了建立"创新型国家"的战略方向，采纳科学家的建议，决定开展国家重点基础研究发展计划(973 计划)。973 计划是具有明确国家目标、对国家的发展和科学技术的进步具有全局性和带动性的基础研究发展计划，旨在解决国家战略需求中的重大科学问题，以及对人类认识世界将会起到重要作用的科学前沿问题，提升我国基础研究自主创新能力，为国民经济和社会可持续发展提供科学基础，为未来高新技术的形成提供源头创新。这是我国加强基础研究、提升自主创新能力的重大战略举措。自 1998 年实施以来，973 计划围绕农业、能源、信息、资源环境、人口与健康、材料、综合交叉与重要科学前沿等领域进行战略部署，2006 年又启动了蛋白质研究、量子调控研究、纳米研究、发育与生殖研究四个重大科学研究计划。十几年来，973 计划的实施显著提升了中国基础研究创新能力和研究水平，带动了我国基础科学的发展，培养和锻炼了一支优秀的基础研究队伍，形成了一批高水平的研究基地，为经济建设、社会可持续发展提供了科学支撑。自 973 计划设立以来，能源领域油气行业共设置 27 项(表1)，对推动油气地质理论的研究与应用起到了至关重要的作用，带动了我国油气行业的快速发展。

这 27 个项目选题涵盖了我国石油工业上游和石油地质基础理论、基础技术方面的重大科学问题，既是石油工业当前发展面临的重大挑战，也是石油地质基础理论和基础技术未来的发展方向。这批重大科学问题的研究解决，必将大大推动我国石油天然气勘探开发储量产量的增长，保障国家油气供应安全和社会经济增长的能源需求；同时支持我国石油地质科学技术的进步与深入发展，推动基础研究进入新的阶段。

表1　国家973计划油气行业立项清单

序号	项目编号	项目名称	首席	第一承担单位	立项时间
1	G1999022500	大幅度提高石油采收率的基础研究	沈平平 俞稼镛	中国石油勘探开发研究院	1999
2	G1999043300	中国叠合盆地油气形成富集与分布预测	金之钧 王清晨	中国石油大学(北京)	1999
3	2001CB209100	高效天然气藏形成分布与凝析、低效气藏经济开发的基础研究	赵文智 刘文汇	中国石油勘探开发研究院	2001
4	2002CB211700	中国煤层气成藏机制及经济开采基础研究	宋岩 张新民	中国石油集团科学技术研究院	2002
5	2003CB214600	多种能源矿产共存成藏(矿)机理与富集分布规律	刘池阳	西北大学	2003
6	2005CB422100	中国海相碳酸盐岩层系油气富集机理与分布预测	金之钧	中国石油化工股份有限公司石油勘探开发研究院	2005
7	2006CB202300	中国西部典型叠合盆地油气成藏机制与分布规律	庞雄奇	中国石油大学(北京)	2006
8	2006CB202400	碳酸盐岩缝洞型油藏开发基础研究	李阳	中国石油化工股份有限公司石油勘探开发研究院	2006
9	2006CB705800	温室气体提高石油采收率的资源化利用及地下埋存	沈平平 郑楚光	中国石油集团科学技术研究院	2006
10	2007CB209500	中低丰度天然气藏大面积成藏机理与有效开发的基础研究	赵文智	中国石油天然气股份有限公司勘探开发研究院	2007
11	2007CB209600	非均质油气藏地球物理探测的基础研究	王尚旭	中国石油大学(北京)	2007
12	2009CB219300	火山岩油气藏的形成机制与分布规律	陈树民	大庆油田有限责任公司	2009
13	2009CB219400	南海深水盆地油气资源形成与分布基础性研究	朱伟林	中国科学院地质与地球物理研究所	2009
14	2009CB219500	南海天然气水合物富集规律与开采基础研究	杨胜雄	中国地质调查局	2009
15	2009CB219600	高丰度煤层气富集机制及提高开采效率基础研究	宋岩	中国石油集团科学技术研究院	2009
16	2010CB226700	深井复杂地层安全高效钻井基础研究	李根生	中国石油大学(北京)	2010
17	2011CB201000	碳酸盐岩缝洞型油藏开采机理及提高采收率基础研究	李阳	中国石油化工股份有限公司石油勘探开发研究院	2011
18	2011CB201100	中国西部叠合盆地深部油气复合成藏机制与富集规律	庞雄奇	中国石油大学(北京)	2011
19	2012CB214700	中国南方古生界页岩气赋存富集机理和资源潜力评价	肖贤明	中国科学院广州地球化学研究所	2012
20	2012CB214800	中国早古生代海相碳酸盐岩层系大型油气田形成机理与分布规律	刘文汇	中国石油天然气股份有限公司勘探开发研究院	2012

续表

序号	项目编号	项目名称	首席	第一承担单位	立项时间
21	2013CB228000	中国南方海相页岩气高效开发的基础研究	刘玉章	中国石油集团科学技术研究院	2013
22	2013CB228600	深层油气藏地球物理探测的基础研究	王尚旭	中国石油大学(北京)	2013
23	2014CB239000	中国陆相致密油(页岩油)形成机理与富集规律	邹才能	中国石油集团科学技术研究院	2014
24	2014CB239100	中国东部古近系陆相页岩油富集机理与分布规律	黎茂稳	中国石油化工股份有限公司石油勘探开发研究院	2014
25	2014CB239200	超临界二氧化碳强化页岩气高效开发基础	李晓红	武汉大学	2014
26	2015CB250900	陆相致密油高效开发基础研究	姜汉桥	中国石油大学(北京)	2015
27	2015CB251200	海洋深水油气安全高效钻完井基础研究	孙宝江	中国石油大学(华东)	2015

这 27 个项目现在已基本完成计划合同规定的研究内容，取得丰硕的成果，相当部分研究成果已经被中国石油天然气集团有限公司、中国石油化工集团有限公司和中国海洋石油集团有限公司应用于勘探生产，取得了巨大的经济效益；在科学理论方面的成果也在逐渐显现，我国石油地质学家在非常规油气地质理论方面已逐渐赶上国际前沿，先进理论技术进步渗透石油界与科学界，未来将进一步发挥其效能，显现其深远影响。

这 27 个 973 项目及其成果主要集中在以下几个方面。

(1)大幅度提高采收率技术(2 个项目)，在大型砂岩油田化学驱提高石油采收率基础理论技术研究方面取得了国际领先的成果，并成功应用于大庆油田。

(2)我国天然气地质理论(3 个项目)，针对我国复杂地质条件背景，在形成高丰度构造型气藏和低丰度大面积岩性地层型气藏的成藏机理、富集规律及开发理论技术方面取得重大进展，支撑我国天然气快速增长。

(3)海相碳酸盐岩油气地质理论(4 个项目)，针对我国古老层系海相碳酸盐岩多期演化与高热演化成熟度特点，在古老碳酸盐岩沉积层序恢复、古老油气系统演化、储层分布规律及成藏特征等重大地质基础理论，以及深层复杂气藏勘探开发技术方面取得重大进展。

(4)我国西部叠合盆地构造与油气成藏理论(3 个项目)，在我国西部塔里木等盆地"叠合"特征分析、盆地构造演化解析及多源油气系统长期演化的规律研究中，在盆地构造学和石油地质学基础理论方面取得重大进展。

(5)非常规油气地质(8 个项目，包括煤层气、致密油气、页岩油气、天然气水合物)，非常规油气是近年出现的新油气资源，其成功开发既表现出巨大的经济意义，也揭示了非常规油气地质是一个全新的理论技术领域，是石油地质基础理论和技术新突破和取得重大进展的良好机遇，因此 973 计划给予了重点部署。这批成果包括建立了独具特色的高煤阶煤层气地质理论与开发技术；在古老海相页岩气地质理论和技术上取得重大进展，支持四川盆地志留系龙马溪组页岩气成功大规模开发；在陆相致密油和页岩油地质理论取得重大进展，发展了我国陆相非常规油气地质理论；在天然气水合物地质上取得进展。这批成果追踪和接近国际前沿，显示了我国科学家的学术水平和创造力，未来有进一步扩大的潜力。

(6) 深井、深水钻井与地球物理勘探理论技术(5个项目)，针对油气勘探转向深层、深水与非常规，在深井、深水钻井和地球物理反射地震勘探基础理论技术方面取得重大进展，从工程技术上支撑了我国近年油气勘探开发。

(7) 南海深水石油天然气地质理论(1个项目)，在南海构造沉积演化与深水油气富集规律理论领域取得重大成果。

(8) 沉积盆地多种能源矿产共存机理(1个项目)，在沉积盆地中油气、煤与铀等矿产共存富集机理方面取得重大成果。

石油作为人类社会最重要的能源战略资源，将在一段相当长的时期内发挥无可替代的作用，石油工业仍然是最强大和最具生产力的工业部门。科学技术是石油工业生存发展的永恒动力，基础理论和基础技术创新是动力的不竭源泉，相信石油科技未来必将有更伟大的创新发现，推动石油工业走向更辉煌的未来。

我本人有幸在2007~2015年期间成为973计划第四、五届专家顾问组成员，并担任能源组召集人，亲身经历了这一段石油地质科学蓬勃发展的珍贵时光。回顾历史，十分感慨。感谢科学技术部关注石油工业科技发展，设立27个973计划项目，系统开展石油地质基础理论研究，有效推动了我国油气勘探开发理论技术创新，促进了油气行业的快速发展；感谢这批973计划项目首席科学家及相关研究人员立足岗位、积极奉献，为我国石油科技进步做出了突出贡献；感谢各承担单位在项目研究过程中给予的支持，保障项目顺利实施。"科学技术是第一生产力"，希望我们广大石油地质工作者能够立足行业重大科学问题，持之以恒、开拓进取，不断推进石油地质基础理论研究，为我国油气勘探开发提供不竭的动力。

本套丛书是对973计划油气领域27个项目在基础理论和基础技术方面攻关成果的总结，将陆续出版。相信本套丛书的出版，将会促进研究成果交流，推动我国石油地质理论领域发展。

中国科学院院士

2018年12月

前　言

致密油、页岩油是典型非常规石油资源。赋存或主要产自纯页岩地层的石油，称为页岩油；主要赋存或产自经过运移至致密砂岩、碳酸盐岩与混积岩的石油，称为致密油。二者主要区别是：是否经过运移、储油的岩石类型不同。中国陆相致密油资源丰富、分布范围广、类型多，主要分布在中新生代陆相含油气盆地。中新生代陆相含油气盆地发育与湖相生油岩共生、大面积分布的致密砂岩油、致密碳酸盐岩油和混积岩油，是我国非常规石油研究的重点领域。页岩油资源潜力很大，主要分布在鄂尔多斯、松辽、准噶尔等陆相盆地。

我国石油对外依存度持续攀升，迫切需要提高国内石油生产能力，加快致密油勘探开发，探索突破页岩油，保障国家能源安全。与北美海相致密油相比，我国陆相致密油与页岩油储层分布稳定性较差、非均质性较强、赋存和流动机制较复杂。与常规储层和圈闭成藏相比，致密油与页岩油储层物性差、评价难，传统成藏理论与评价方法遇到很大挑战，成为制约我国致密油与页岩油工业化发展的瓶颈，亟须发展中国陆相致密油与页岩油勘探地质理论和评价方法，推进我国致密油与页岩油规模有效勘探开发，丰富和完善相关地质理论和方法。

2013 年 10 月，科技部批准设立国家重点基础研究发展计划(973 计划)项目"中国陆相致密油(页岩油)形成机理与富集规律"(编号：2014CB239000)，针对性地进行科技攻关，对提高我国石油供给能力、保障国家能源安全具有重要战略意义。

中国石油集团科学技术研究院有限公司作为项目牵头单位，依托中国石油天然气集团有限公司，联合长庆油田分公司、新疆油田分公司、中国石油大学(华东)、西南石油大学、长江大学、中国科学院地质与地球物理研究所、中国科学院力学研究所等单位的专业研究人员，组成以邹才能院士为首的攻关团队，围绕致密油(页岩油)富集规律与资源潜力、湖相细粒沉积机理与分布模式、致密储层成因机理与储集能力、致密油层地球物理响应机理四个科学问题，立足鄂尔多斯、准噶尔两大盆地，以重点剖面、重点井精细研究为抓手，紧跟国际致密油发展前沿，创新"产学研一体化、科技成果同步应用"组织模式，在陆相湖盆细粒沉积模式与有机质富集机理、致密油储层形成机理与微米孔隙-纳米喉道评价方法、致密油"甜点区"分布规律与资源潜力评价、页岩油形成机理与富集模式等取得了理论认识的重大突破和技术方法的重大创新；牵头起草了相应的国家标准，系统评价了中国陆相致密油与页岩油资源潜力；形成了一支国内外专家联合攻关、青年人才支撑、具有自主创新能力的致密油(页岩油)研究团队。

基础研究指导勘探开发实践取得了实效。近期，中国陆相致密油、页岩油勘探开发取得重要突破和进展。致密油、中高成熟度页岩油先后在准噶尔盆地吉木萨尔凹陷芦草沟组与玛湖凹陷风城组、鄂尔多斯盆地三叠系延长组长 7 段、松辽盆地白垩系青山口组、三塘湖盆地二叠系条湖组与芦草沟组、渤海湾盆地沧东凹陷古近系孔店组二段、四川盆地侏罗系、柴达木盆地古近系—新近系等获得一批工业油气流井，初步建成了约 $400×10^4t$ 产能；中低成熟度页岩油也已开展鄂尔多斯盆地长 7 段及松辽盆地嫩江组选区评价研究，并在鄂尔多斯盆地长 7 段开展了现场先导试验，陆相页岩油革命正在积极推进。

本书共七章，系统反映了该项目的原创性研究成果，对中国陆相致密油、页岩油形成机理、富集规律进行了系统的阐述，对推动我国非常规油气地质理论的创新和实践，乃至能源领域的科技进步均具有重要指导意义。

本书前言由邹才能撰写。第一章由邹才能、朱如凯、毛治国、崔景伟等撰写。第二章由雷德文、操应长、邱隆伟、万敏、杨勇强、余宽宏、曲长胜、张少敏等撰写。第三章由付金华、牛小兵、李士祥、罗顺社等撰写。第四章由刘可禹、林缅、杨玉双、妥进才、王晓琦、刘畅等撰写。第五章由查明、冯其红、薛海涛、王森、丁修建、苏阳、田善思等撰写。第六章由曹宏、卢明辉、杨志芳、晏信飞、唐晓明、陈雪莲、孙中春、王振林、孙卫涛、赵峦啸等撰写。第七章由郭秋麟、吴松涛、王社教等撰写。全书由邹才能、朱如凯、毛治国、苏玲统稿。

本书得到了科技部、中国石油天然气集团有限公司、中国石油集团科学技术研究院有限公司及联合单位领导、专家的大力支持和指导；项目团队积极协作、兢兢业业，为项目的圆满完成付出了大量心血。在本书撰写过程中，引用和参考了一些学者的著作、文献等中的相关内容，在此一并表示衷心的感谢。

鉴于作者水平有限，书中疏漏之处在所难免，敬请读者批评指正。

作 者

2021 年 11 月

目　　录

第一章 | 致密油页岩油地质特征

烃源岩生成的油排出运移至常规中高孔渗储层，成为常规油藏，属于源外石油资源；运移到致密储层成为致密油，也属于源外石油资源；滞留在烃源岩中成为页岩油，未经过运移或运移距离很短，属于源内石油资源。作为典型的非常规石油资源，致密油、页岩油亦有其典型的地质特征与富集规律。

第一节 致密油页岩油概念与类型

一、国内外致密油页岩油概念

致密油(tight oil)、页岩油(shale oil)作为一般性描述词出现在 20 世纪 20～30 年代；如在 20 世纪 20 年代，*AAPG Bulletin* 杂志中发表的文章就有 "shale oil" 出现，与油页岩有关，是指来自油页岩中的石油，属于一种人造石油；在 20 世纪 40 年代 *AAPG Bulletin* 杂志中出现了 tight oil，用于描述含油的致密砂岩；但是致密油、页岩油作为专门术语代表一种非常规油气资源，则是近年的事(周庆凡和杨国丰，2012)。在国外，致密油、页岩油没有统一的定义，经常在公开场合互换使用(EIA，2013)。

在国内，致密油、页岩油概念不统一，但多数学者认为页岩油、致密油在地质、开发、工程等方面均存在差异，应定义为两种不同类型的非常规油气资源(图 1-1)(贾承造等，2012a；邹才能等，2012，2013a，2014；童晓光，2012；赵政璋等，2012)。

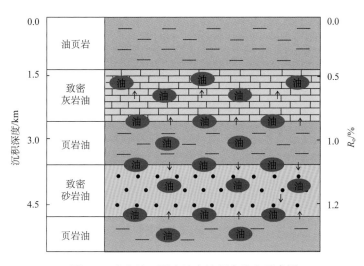

图 1-1 致密油、页岩油在地层中分布示意图

中华人民共和国国家质量监督检验检疫总局和中国国家标准化管理委员会于2017年11月1日发布了《致密油地质评价方法》(GB/T 34906—2017)，2018年5月1日实施。致密油指储集在覆压基质渗透率小于或等于 $0.1×10^{-3}μm^2$(空气渗透率小于 $1×10^{-3}μm^2$)的致密砂岩、致密碳酸盐岩等储集层中的石油，或非稠油类流度小于或等于 $0.1mD/(mPa·s)$ 的石油(储集层邻近富有机质生油岩，单井无自然产能或自然产能低于商业石油产量下限，但在一定经济条件和技术措施下可获得商业石油产量)。

2020年3月31日发布的《页岩油地质评价方法》(GB/T 38718—2020)，于同年10月1日实施。页岩油指赋存于富有机质页岩层系中的石油。富含有机质页岩层系烃源岩内粉砂岩、细砂岩、碳酸盐岩单层厚度不大于 5m，累计厚度占页岩层系总厚度比例小于30%；无自然产能或低于工业石油产量下限，需采用特殊工艺技术措施才能获得工业石油产量，但主要应来自页岩地层。

二、致密油页岩油类型

我国陆相致密油、页岩油发育致密砂岩、致密碳酸盐岩、沉凝灰岩、混积岩、页岩等储层类型，进一步细分为厚层砂岩孔隙型、薄层砂岩孔隙型、厚层含云质砂岩型、沉凝灰岩孔隙型、薄层云岩孔隙型、泥灰岩型及灰岩裂缝型、纯页岩型。按源储分布位置关系可分为源内型、源下型、源上型及侧源型4种，以源内型最为有利。按源储组合关系，可分为源储分异型和源储一体型(表1-1)。

表1-1 我国典型陆相致密油、页岩油类型

储层类型	聚集类型	储层/聚集特点	针对性技术	实例
砂岩、粉砂岩	厚层砂岩孔隙型	储层厚，含油饱和度高，原油性质好，低压-常压	丛式水平井钻完井技术，水力喷砂、桥塞多段多簇压裂；多羟基醇压裂液，"工厂化"作业模式	鄂尔多斯盆地延长组长 7_{1+2} 亚段等
	薄层砂岩孔隙型	储层薄、偏强水敏，含油饱和度低，普遍含水	井身结构优化、井眼轨迹技术，裸眼可开关滑套多段压裂技术，快钻桥塞压裂工艺	松辽盆地扶余油层，柴达木盆地古近系
混积岩	厚层含云质砂岩型	储层较厚，水平应力差异小，油质稠	"六性"岩性识别技术，储层精细评价技术，水平井压裂设计技术	准噶尔盆地吉木萨尔芦草沟组等
沉凝灰岩	沉凝灰岩孔隙型	单层薄，孔隙度高、储层脆性好，压力敏感性较强，原油性质较差	变黏度冻胶压裂液体系，裸眼封隔器分段压裂技术，裂缝监测与评价技术	三塘湖盆地条湖组
湖相碳酸盐岩	薄层云岩孔隙型	单层薄、黏土含量高，含水饱和度较高，油质较差	岩性识别与物性评价技术，直井分段压裂，水平井快钻桥塞压裂工艺	渤海湾盆地沙一段、沙四段，柴达木盆地古近系—新近系
	泥灰岩型及灰岩裂缝型	厚度变化大，裂缝发育，含水饱和度高	小规模酸化解堵，油基钻井液，滑溜水携砂酸压，微地震监测	渤海湾盆地束鹿凹陷泥灰岩，四川盆地侏罗系大安寨段
页岩	纯页岩	黏土含量高，含油饱和度高，脆性指数低	直井分段压裂，水平井体积压裂，原位转化	松辽盆地青山口组、嫩江组，鄂尔多斯盆地长 7_3 亚段

按页岩层系热成熟度,页岩油可分为中高、中低成熟度页岩油两种资源类型(图1-2)。①中低成熟度页岩油:指埋深300m以上且镜质体反射率(R_o)介于0.5%～1.0%的页岩系统中赋存的液态烃和多类有机物的统称。与中高成熟度页岩油相比,此类页岩油资源中以未转化有机质为主,占比达到40%～90%,滞留石油比例仅为5%～60%。由于成熟度较低,页岩油中轻质组分比例较低,分子较大的多环芳香烃、长链烷烃占主体,气油比较低,造成流体本身密度与黏度较大。与此同时,地层压力较低,整体以常压为主,造成地层能量不足;而页岩层系本身渗透能力极低,再加上黏土矿物含量相对较高,造成此类资源难以通过水平井体积压裂改造的方式实现工业化开发。目前来看,原位转化技术可能是实现规模效益开发的关键技术。②中高成熟度页岩油:指R_o介于1.0%～1.5%的页岩系统中赋存的石油资源,整体处于Tissot模式的"液态窗"范围。根据页岩生排滞留烃模式,此类页岩油资源中以滞留石油为主,比例达20%～40%,未转化有机质比例为10%～20%。凝析油或轻质油是中高成熟度页岩油最主要的类型,这也是可能通过水平井体积压裂实现工业开采的主要类型。凝析油和轻质油分子直径为0.5～0.9nm,理论上讲,其在高温高压条件下页岩纳米级孔喉中,更易于流动和开采。美国已在伊格尔福特(Eagle Ford)页岩层段发现了凝析油,气油比高,表明有页岩凝析油存在。中等成熟度的生油页岩,在全球大部分含油气盆地中广泛分布,具有在页岩层系中储集凝析油或轻质油的有利地质条件(赵文智等,2018,2020)。

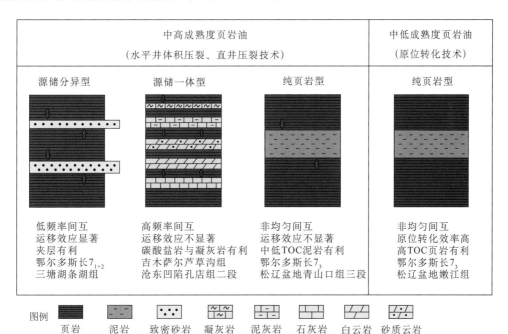

图1-2 中高、中低成熟度页岩油类型及特点

第二节　致密油页岩油地质特征与富集规律

一、致密油地质特征

中国致密油分布范围广,类型多样,呈现良好的勘探开发形势,在鄂尔多斯盆地延长组、准噶尔盆地二叠系、松辽盆地青山口组和扶杨油层发现多个亿吨级储量规模区,在渤海湾、四川等盆地也获重要突破。通过解剖典型实例,致密油具有以下八方面地质特征。

(1)中国致密油以陆相沉积为主,主要与陆相优质生油岩共生,分布较稳定,面积不等,主要分布在中、新生界页岩层系,断陷、拗陷和前陆等盆地都有分布,生油凹陷数量多;TOC值范围跨度较大,一般为2%~15%;热演化程度较低,R_o一般为0.5%~1.3%。

(2)富油气凹陷内致密油源储共生。致密油主要分布于凹陷区及斜坡带,分布面积、规模相对较小,一般单个面积小于2000km²,地层累计厚度大;含油饱和度变化较大,一般介于50%~90%,可动液态烃部分含量相对较低。圈闭界限不明显,优质生油岩区致密油大面积连续分布,一般TOC≥2%。

(3)油气以短距离运移为主。中国陆相地层普遍经历较强烈、复杂的晚期构造运动,对保存条件有一定影响,压力系数变化大,地温梯度较低,一般介于20~40℃/km,致密油既有超压,也有负压;油质相对较重,气油比较低;持续充注,非浮力聚集;一般生油岩成熟区(0.6%≤R_o≤1.3%)气油比高,初期易高产。

(4)致密碳酸盐岩、致密砂岩为两类主要储层。储层物性差,非均质性强,横向变化大,受陆源碎屑影响大;一般填隙物含量较高,孔隙度相对较低,致密储层孔隙度一般为5%~12%,页岩储层孔隙度一般在2%~5%,基质渗透率低,空气渗透率一般不大于$1×10^{-3}μm^2$,孔隙度不大于12%,发育微纳米级孔喉系统,孔喉半径小,主体直径40~900nm,孔隙结构复杂,喉道小,致密砂岩油储层泥质含量高,水敏、酸敏、速敏严重,因而开采过程易受伤害,损失产量可达30%~50%。

(5)致密油层非均质性严重。由于沉积环境不稳定,致密砂层厚度和层间渗透率变化大,有的砂岩泥质含量高,地层水电阻率低,油水层评价困难较大。由于孔喉结构复杂,喉道小,毛细管压力高,原始含水饱和度较高(一般为30%~40%,个别达60%),原油密度多小于0.825g/cm³。

(6)发育天然裂缝系统。岩石坚硬致密,但存在不同程度裂缝,一般受区域性地应力控制,具有一定方向性,对油田开发效果影响较大,裂缝既是油气聚集的通道,也是注水窜流的条件,且人工裂缝多与天然裂缝方向一致。

(7)发育原生致密油和次生致密油。原生致密油主要受沉积作用影响,一般沉积物粒度细,泥质含量高,分选差,以原生孔为主,大多埋深较浅,未经历强烈的成岩作用改造,岩石脆性低,裂缝不发育,孔隙度较高,而渗透率较低,多数为中高孔低渗型。次生致密油一般受多种成岩作用改造,储层原属常规储层,但由于压实、胶结等成岩作用,大大降低了孔隙度和渗透率,原生孔隙残留较少,形成致密层。

(8)单井产量一般较低。一般水平段体积压裂后的单井稳定产量在 10～30t/d；开发试验时间较短，单井累计产量较低，一般为 $0.5×10^4$～$2.5×10^4$t。油层受岩性控制，水动力联系差，边底水驱动不明显，自然能量补给差，产量递减快、生产周期长，稳产靠井间接替，多数靠弹性和溶解气驱采油，油层产能递减快，一次采收率低(8%～12%)，采用注水、注气保持能量后，或重复压裂，二次采收率可提高到 20%～25%(贾承造等，2012b；邹才能等，2012，2013b，2014；赵政璋等，2012；胡素云等，2018，2019；朱如凯等，2019)。

二、致密油富集规律

致密油聚集机理为近源聚集或近源成藏，区域盖层或致密化减孔，致使油遇阻，不能运移进入更远圈闭。形成过程包括烃类初次运移和烃类聚集两个过程，烃类初次运移受源储压差、供烃界面窗口、孔喉结构等控制，近源烃类聚集主要受长期供烃指向、优势运移孔喉系统、规模储集空间等时空匹配控制(邹才能等，2013a，2014；杨智等，2015；胡素云等，2018；朱如凯等，2019；杨智和邹才能，2019)。

(一)大型宽缓构造背景

大型宽缓构造背景，原始沉积时构造平缓、坡度较小，现今地层一般较平缓；处于同一构造背景的区域应有较大分布面积，连续型分布，局部富集。含油面积一般可达几百到几万平方千米，石油储量丰度和产量不受构造控制，局部"甜点区/段"富集；平面上主要分布于盆地斜坡和拗陷中心区。持续沉降盆地的斜坡带和拗陷中心区是致密油发育有利区。

鄂尔多斯盆地三叠系延长组原型盆地，发育于古生界克拉通基底之上，构造活动微弱，斜坡-凹陷区地层平缓，坡度小于 2.5°，利于烃源岩、区域盖层和重力流砂体及深水席状砂体大面积叠置发育，砂体面积达 $3×10^4km^2$。

吉木萨尔凹陷二叠系芦草沟组湖相沉积，地层稳定展布，地层倾角为 3°～5°，横向连续性好，断裂不发育，形成致密储层满凹分布，厚度大于 20m 的储层分布面积为 $870km^2$，占凹陷面积的 70%。

松辽盆地南部乾安地区扶余致密油有利区主体位于斜坡-鼻状构造带。

(二)大面积持续沉降沉积环境

在宽缓的凹陷与斜坡地区，相带宽、发育稳定，有利于形成大面积致密储层。鄂尔多斯盆地长 8_1 段致密粉细砂岩储层分布面积为 $3×10^4$～$5×10^4km^2$，单层厚度为 3～10m，累计厚度为 15～25m，平均孔隙度为 10.8%，平均渗透率为 $0.53×10^{-3}μm^2$；准噶尔盆地吉木萨尔凹陷芦草沟组以粉细砂岩和白云岩为主的致密储层有利面积为 $870km^2$，单层厚度为 0.5～2m，累计厚度为 20～60m，平均孔隙度为 8.75%，平均渗透率为 $0.05×10^{-3}μm^2$。

"甜点区"通常表现为储层物性好、裂缝发育、脆性强等，这些特征正是致密油富集高产的重要控制因素。吉木萨尔凹陷芦草沟组上段致密油分布面积 $536km^2$，在厚度大于 15m、孔隙度大于 6%、脆性指数大于 40%，而且裂缝相对发育的上"甜点区"面积为 180km², 在"甜点区"钻探的吉 172-H 井，初期最高日产油近 70t，目前日产油 20～26m³。

(三)广覆式优质成熟烃源岩

优质烃源岩的发育是致密油形成的首要因素，特别是高丰度的泥岩、页岩等优质烃源岩。我国鄂尔多斯盆地延长组 7 段、准噶尔盆地吉木萨尔芦草沟组、松辽盆地泉头组四段、渤海湾盆地古近系沙河街组三、四段的致密油，其烃源岩也主要为上下发育的优质泥岩、页岩。

以鄂尔多斯盆地长 7 段致密油为例，其中发育两类烃源岩，黑色页岩展布面积 $3.25×10^4$km²(图 1-3)，生烃强度 $235.4×10^4$t/km²，生烃量达 $1012.2×10^8$t；暗色泥岩展布面积 $5.11×10^4$km²，生烃强度 $34.8×10^4$t/km²，生烃量达 $216.4×10^8$t。整体排烃效率达到 40%～80%。富有机质页岩高强度生排烃为致密油大面积连续型聚集提供了保障。

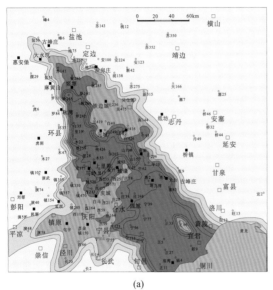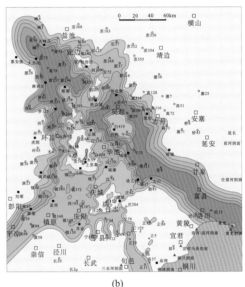

(a)　　　　　　　　　　　　　(b)

图 1-3　鄂尔多斯盆地页岩与泥岩厚度平面图

(a)黑色页岩；(b)暗色泥岩

(四)以纳米级孔喉为主的致密砂岩或致密湖相碳酸盐岩储层

致密储层发育微纳米级孔隙空间，控制致密油规模聚集。中国陆相致密储层发育致密砂岩、混积岩、沉凝灰岩及碳酸盐岩四类储层，尽管储层总体致密，但仍发育微纳米级储集空间，如准噶尔盆地芦草沟组混积岩，发育云坪与滨岸滩砂，整体孔隙度大于 8%，含油饱和度超过 85%，且整体分布面积超过几千平方千米；如鄂尔多斯盆地延长组长 7 段致密油的空气渗透率下限为 $0.3×10^{-3}$μm²，松辽盆地北部大庆长垣致密油的空气渗透率下限为 $0.6×10^{-3}$μm²。大面积展布的相对优质储层为致密油的大面积聚集提供了空间。建立了中国陆相四类储层三级评价标准(表 1-2)，为明确有利储层特征提供了重要的技术支撑。

表 1-2 中国陆相致密储层评价标准

类型		级别	岩性特征	沉积相相带	物性特征		压汞特征		核磁	裂缝发育程度	实例
					渗透率/10⁻³μm²	基质孔隙度/%	主流喉道半径/μm	中值半径/nm	可动流体饱和度/%		
以陆源沉积为主	砂岩	I	砂岩	三角洲前缘砂质碎屑流	>0.08	>8	>0.2	>0.15	>50	中等	鄂尔多斯盆地长7段、松辽盆地扶余、高台子
		II	粉砂岩	三角洲前缘	0.03~0.08	5~8	0.1~0.2	0.05~0.15	25~50	中等	
		III	泥质粉砂岩	前三角洲	<0.03	<5	<0.1	<0.05	<25	低	
	沉凝灰岩	I	玻屑凝灰岩	半深湖	>0.1	>18	>0.5	>0.45	>65	高	三塘湖盆地条湖组
		II	玻屑晶屑凝灰岩、泥质凝灰岩	浅湖-半深湖	0.01~0.1	8~18	0.1~0.5	0.05~0.45	35~65	中等	
		III	硅化凝灰岩	半深湖	<0.01	<8	<0.1	<0.05	<35	差	
以内源沉积为主	混积岩	I	砂质云岩、云质砂岩	前三角洲-半深湖	>0.1	>12	>0.15	>0.15	>50	中等	准噶尔盆地芦草沟组、渤海湾盆地孔店组
		II	碳酸盐岩	前三角洲-半深湖	0.01~0.1	8~12	0.05~0.15	0.05~0.15	35~50	中等	
		III	云质泥岩	三角洲前缘、滩坝	<0.01	5~8	<0.05	<0.05	<35	差	
	碳酸盐岩	I	泥灰岩	浅湖-半深湖	0.75~1	>6	>0.1	>0.15	>60	高	渤海湾盆地沙河街组、四川盆地大安寨段
		II	介壳灰岩	半深湖	0.5~0.75	2~6	0.05~0.1	0.05~0.15	30~60	中等	
		III	泥晶灰岩	半深湖-深湖	0.2~0.5	<2	<0.05	<0.05	<30	低	

(五)源储间互或上下紧密接触

从致密油源储位置关系看,可以划分为四种类型:源储互层型、源下储上型、源上储下型和源储一体型。其中,源储互层型是指致密油储层与生油岩呈薄层状多层叠置,如鄂尔多斯盆地上三叠统长 7 段、准噶尔盆地吉木萨尔凹陷芦草沟组等。鄂尔多斯盆地长 7 段致密油规模主要受控于长 7 段烃源岩与三角洲砂体在垂向上相互叠置的分布。平面上,主要分布在盐池—靖边以南、环县—镇原—灵台以东至杨密涧—延安地区;纵向上,致密油主要分布在以夹持在烃源岩内部致密粉、细砂岩为主的长 7_1 亚段、长 7_2 亚段,砂体叠置发育,有利于石油近源充注。

源储一体最优配置与源储压差控制了致密油高饱和度充注。物理模拟与数值模拟实验表明,生烃增压 38.5MPa,源储压差达 8~16MPa。对全国不同层系致密油统计结果分析表明,源储一体的致密油含油饱和度普遍高于 65%,而源储紧邻的含油饱和度多小于 60%(图 1-4)。

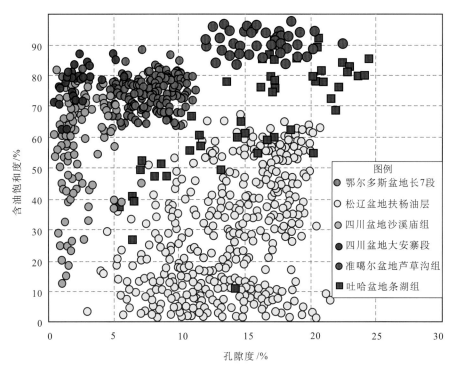

图 1-4 我国典型盆地源储组合含油饱和度与孔隙度关系图

(六)油以短距离运移聚集为主

对于致密储层而言,在油气生成的初期阶段主要起封闭作用,随着深度的增加和烃源岩生烃转化率的不断增大,生油增压强度逐渐增大。当压力增加到可以突破致密储层的孔渗极限后,致密储层便成为油气聚集的有效空间,即强大的源储压差是致密油连续充注成藏的原动力。不同地区致密储层与优质烃源岩配置关系不同，其成藏的源储压差也不尽相同。

鄂尔多斯盆地长 7 段的源岩与致密储层的压力差为 12～15MPa，为连续充注成藏提供了充足的动力条件。松辽盆地青一段烃源岩在大量油气生成时期与下伏的泉四段的源储压差一般为 6～11MPa，也是松辽盆地扶杨油层成藏的原始动力（贾承造等，2012b；邹才能等，2013b，2014；杨智等，2015；胡素云等，2018；朱如凯等，2019）。

三、页岩油地质特征

与源储分离的常规石油和近源聚集的致密油不同，页岩油在聚集机理、储集空间、流体特征、分布特征等方面具有明显的特征，与页岩气有更多相似之处，富有机质页岩既是生油岩，又是储集岩，具有六方面地质特征，主要参数见表 1-3（邹才能等，2013a，2014，2019，2020）。

(1) 源储一体，滞留聚集。页岩油也是典型的源储一体，滞留聚集、连续分布的石油。与页岩气不同，页岩油主要形成在有机质演化的液态烃生成阶段。在富有机质页岩持续生油阶段，石油在页岩储层中滞留聚集，呈现干酪根内分子吸附相、亲油颗粒表面分子吸附相和亲油孔隙网络游离相三种类型，具有滞留聚集特点。只有在页岩储层自身饱和后才向外溢散或运移。因此，处在液态烃生成阶段的富有机质页岩均可能聚集页岩油。

(2) 较高成熟度富有机质页岩，含油性较好。富有机质页岩主要发育在半深湖-深湖沉积环境，常分布于最大湖泛面附近的高位体系域下部和湖侵体系域。富含有机质是页岩富含油气的基础，当有机质开始大量生油后，才会富集有规模的页岩油。高产富集页岩油一般 TOC>2%，有利页岩油成熟度 R_o 介于 0.7%～2.0%，形成轻质油和凝析油，有利于开采。中国陆相优质油源岩常与凝灰岩共生，如鄂尔多斯盆地长 7 段、松辽盆地青 1 段、渤海湾盆地沙 3 段和沙 4 段、准噶尔盆地平地泉组、三塘湖盆地芦草沟组等，均广泛发育薄层-纹层状凝灰岩，常见颜色为浅灰色、浅黄色、紫红色等，单层厚度一般为10～100mm，最厚可达几米。凝灰岩可能主要来自同期火山喷发活动，具有有序纹层结构、大气降落等明显沉积特征，同期活跃的区域构造活动可能是页岩沉积期最大湖泛的主要动力因素，同期频繁的火山喷发、湖底热液等活动，共同促进了富氢有机质页岩的大规模发育。

陆相页岩层系源岩中，页岩与泥岩在各种地球化学指标上差异较大。以鄂尔多斯盆地长 7 段为例，大量测试分析显示，长 7 段页岩有机质丰度和生烃潜量远大于泥岩，页岩生烃潜量是泥岩的 5～8 倍；长 7 段黑色页岩的有机碳平均含量高达 18.5%，是泥岩的5 倍；页岩可溶烃（S_1）平均含量为 5.24mg/g，是泥岩的 5 倍以上；页岩的热解烃（S_2）平均含量为 58.63mg/g，是泥岩的 7 倍，因此页岩的平均生烃潜量（S_1+S_2）约为泥岩的 8 倍，而且页岩的氢指数（HI）、有效碳（PC）、降解率（D）和烃指数都大于泥岩。富有机质页岩不仅是长 7 段烃源岩层系中最主要的生油岩，也是页岩油聚集的主要类型。

表 1-3　页岩油主要地质参数统计表

地质参数		鄂尔多斯盆地 延长组	准噶尔盆地 二叠系	四川盆地 侏罗系	渤海湾盆地 沙河街组	松辽盆地 白垩系	柴达木盆地 古近系-新近系	酒西盆地 白垩系	三塘湖盆地 二叠系	吐哈盆地 侏罗系	江汉盆地 古近系-新近系	南襄盆地 古近系-新近系	苏北盆地 古近系-新近系
储集层特征	沉积相	半深湖-深湖	半深湖-深湖	半深湖-深湖	半深湖-深湖	半深湖-深湖	半深湖-深湖	半深湖-深湖	半深湖-深湖	半深湖-深湖	半深湖-深湖	半深湖-深湖	半深湖-深湖
	岩性	页岩	页岩、云质泥岩	页岩	页岩	页岩	页岩、灰质泥岩	页岩	云灰质泥岩	页岩	页岩	页岩	页岩
	页岩厚度/m	10~40	10~200	20~60	30~200	50~200	30~200	50~200	20~100	30~60	30~100	30~120	30~100
	埋深/m	1500~3000	1800~4500	2000~4500	1500~5000	1800~2400	3500~4600	3500~6000	1000~4500	1000~4500	2500~3500	2300~3700	2500~3500
	储集空间	基质孔、微裂缝	基质孔、微裂缝	基质孔、微裂缝	基质孔、微裂缝	微裂缝、基质孔	基质孔、微裂缝	基质孔、微裂缝	微裂缝、基质孔	微裂缝、基质孔	基质孔	基质孔	微裂缝
	孔隙度/%	~4	~5	~3	~3	3~6	~3	~3	~3	~3	~5	~4	~2
	渗透率/$10^{-3}\ \mu m^2$	~0.1	~0.1	~0.1	~0.1	~0.15	~0.1	~0.1	~0.1	~0.1	~0.1	~0.1	~0.1
	孔喉直径/nm	~300	~300	~100	~200	~200	~150	~300	~300	~300	~200	~200	~200
脆性特征	脆性指数/%	40~55	45~55	45~55	40~80	37~58	40~50	71~90	40~55	40~50	30~40	45~75	20~30
	泊松比	0.20~0.30	0.20~0.30	0.25~0.35	0.20~0.35	0.25~0.35	0.25~0.35	0.21~0.3	0.25~0.30	0.25~0.30	0.25~0.30	0.25~0.30	0.30~0.35

续表

地质参数		鄂尔多斯盆地	准噶尔盆地	四川盆地	渤海湾盆地	松辽盆地	柴达木盆地	酒西盆地	三塘湖盆地	吐哈盆地	江汉盆地	南襄盆地	苏北盆地
		延长组	二叠系	侏罗系	沙河街组	白垩系	古近系—新近系	白垩系	二叠系	侏罗系	古近系—新近系	古近系—新近系	古近系—新近系
含油性特征	TOC/%	3~28	1.4~6.9	1.8~17	2~17	0.7~8.7	0.7~1.2	1.0~2.5	2~8	1~5	1~2	1~3	1~2
	R_o/%	0.6~1.1	0.5~1.0	0.9~1.5	0.35~2.0	0.5~2.0	0.6~1.8	0.5~0.8	0.6~1.2	0.5~0.9	0.6~1.3	0.5~1.2	0.6~1.3
	S_1/(mg/g)	1~6	1~6	1~7	1~10	1~3	1~3	1~3	1~4	1~2	1~2	1~3	1~2
	氯仿沥青"A"/%	0.6~1.2	0.3~1.0	0.3~1.0	0.2~2.0	0.2~1.0	0.3~0.5	0.08~0.2	0.2~0.7	0.1~0.5	0.1~0.7	0.1~0.6	0.1~0.5
流体特征*	原油黏度/(mPa·s)	6.1~6.3	55~125	5~20	5~30	20~200	2.91~30.13	10~250	8.15~545.7	0.7~14	5~350	4~18	—
	原油密度/(g/cm³)	0.8~0.85	0.87~0.92	0.76~0.87	0.67~0.86	0.78~0.87	0.72~0.8	0.82~0.94	0.85~0.90	0.75~0.85	0.8~0.86	0.84~0.87	0.81~0.85
	压力系数	0.75~0.85	1.2~1.6	1.23~1.72	1.30~1.90	1.2~1.58	1.40~1.50	1.30~1.40	1.0~1.2	0.90~1.10	0.90~1.10	0.90~1.10	0.90~1.10
资源特征	分布面积/10^4km²	4~6	2~4	2~3	2~3	2~4	2~3	0.3~0.5	0.5~1	0.7~1	0.2~0.3	0.2	0.2~0.3
	资源量/10^8t	25~40	20~25	15~20	20~25	20~25	5~8	2~3	3~5	2~3	1~2	1~2	1~2

*为近源致密砂岩、致密碳酸盐岩储层中的流体特征参数。

(3)发育微纳米级孔与裂缝系统。页岩油储层中广泛发育纳米级孔喉系统，一般50～300nm是最主要的储集空间，局部发育微米级孔隙。孔隙类型包括粒间孔、粒内孔、有机质孔、晶间孔等。其次，微裂缝在页岩油储层中也非常发育，类型多样，以未充填的水平层理缝为主，次为干缩缝，近断裂带处发育有直立或斜交的构造缝。页岩油储层热演化程度较低、埋深较浅，储集空间较大。大部分页岩中黏土矿物呈片状结构、有机质纹层结构等多种微观结构类型，页岩油多赋存于矿物微观结构或与其平行的微裂缝中。

(4)储层脆性指数较高，易于压裂改造。脆性矿物含量是影响页岩微裂缝发育程度、含油性、压裂改造方式的重要因素。页岩中高岭石、蒙脱石、水云母等黏土矿物含量越低，石英、长石、方解石等脆性矿物含量越高，岩石脆性越强，在外力作用下越易形成天然裂缝和诱导裂缝，利于页岩油开采。中国湖相富有机质页岩脆性矿物含量总体比较高，可达40%以上，如鄂尔多斯盆地延长组长7段湖相页岩中石英、长石、方解石、白云石等脆性矿物含量平均达41%，黏土矿物含量低于50%，长7段中下部页岩中黄铁矿含量较高，平均为9.0%。

(5)地层压力高且油质轻，易于流动和开采。页岩油富集区位于已大规模生油的成熟富有机质页岩地层中，一般地层能量较高，压力系数可达1.2～2.0，也有少数为低压，如鄂尔多斯盆地延长组压力系数仅为0.7～0.9。一般油质较轻，原油密度多为0.70～0.85g/cm^3，黏度多为0.7～20mPa·s，气油比高，在纳米级孔喉储集系统中，更易于流动和开采。

(6)大面积连续分布，资源潜力大。页岩油分布不受构造控制，无明显圈闭界限，含油范围受生油窗富有机质页岩分布控制，大面积连续分布于盆地拗陷或斜坡区。页岩生成的石油较多滞留于页岩中，一般占总生油量的20%～50%，资源潜力大。北美海相页岩分布面积大、厚度稳定、有机质丰度高、成熟度较高，有利于形成轻质和凝析页岩油。

中国陆相富氢有机质页岩主要发育在半深湖-深湖沉积环境，以Ⅰ型和Ⅱ$_1$型干酪根为主，易于生油；页岩成熟度普遍偏低(R_o一般为0.7%～1.3%)，处于生成偏轻阶段；页岩有机质丰度较高，总有机碳含量一般在2.0%以上，最高可达40%；形成商业性页岩油气的有效页岩厚度一般需大于10m。如鄂尔多斯盆地延长组7段中下部富集页岩油层段，具有高TOC、高黄铁矿含量、高S_1、高氯仿沥青"A"和高伽马的"五高"特征(图1-5)，TOC>2%、R_o>0.7%的页岩油富集有利区面积约为$2×10^4km^2$，页岩油资源潜力大。

四、页岩油富集机理

(一)页岩油赋存状态

地层条件下，石油在页岩中一般以干酪根内分子吸附相、亲油颗粒表面分子吸附相和亲油孔隙网络游离相三种相态存在，具有滞留聚集特点。残留液态烃主要以吸附态存在于有机质内部和表面，或以吸附态和游离态存在于黄铁矿晶间孔内。同时，页岩纳米孔喉连通程度、穿越孔喉的贾敏效应、源岩内部压差等限制，导致了部分烃类滞留在页岩孔喉系统内，伴生气溶解在烃类中呈液态相。由于黏土、石英、长石等矿物颗粒表面束缚水膜的存在，矿物基质纳米级孔喉中的液态烃主要呈游离态赋存，其次为吸附态。残留液态烃在微裂纹中主要以游离态存在（邹才能等，2013，2014）。

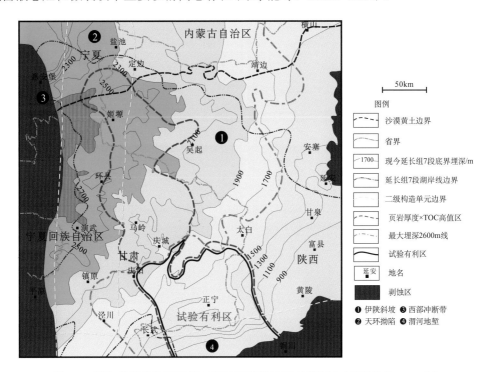

图 1-5　鄂尔多斯盆地延长组 7 段页岩厚度×TOC 平面分布图（单位：m·%）

利用环境扫描电子显微镜（environmental scanning eletron microscope，ESEM）可以对页岩中赋存的石油进行直接观察。环境扫描电镜具有高真空、低真空和环境三种工作方式，可在较低真空的情况下对多孔隙材料与薄膜表面、经化学处理后的微粒吸附现象、流体赋存状态等进行观察分析。通过 X 射线能谱仪及注射系统、冷台及热台，观察含油含水固体样品、胶体样品及液体样品，同时能够进行微观结构动态变化过程的观察。针对我国典型的页岩油储层，低真空环境扫描电子显微镜揭示了鄂尔多斯、松辽盆地等页岩储层原始状态下的原油赋存特征，结合能谱定量分析，验证微孔赋存流体的性质。结果表明，页岩中石油主要以四种方式产出，包括：①油珠状赋存于粒间孔；②油膜状赋存于裂缝；③油膜状覆盖于颗粒表面；④短柱状赋存于粒间孔，其中伊蒙混层等黏土矿物、黄铁矿晶间孔等是吸附态石油主要的赋存空间（图 1-6）。

（二）页岩油滞留富集模式

依据页岩矿物组成、有机碳和残留烃相关分析，结合场发射和环境扫描电镜下页岩孔隙和含油性观察，提出了页岩内部页岩油滞留聚集模式。

图 1-6　页岩油赋存状态环境扫描电镜图片

(a)油珠状赋存于粒间孔；(b)油膜状赋存于裂缝；(c)油膜状覆盖于颗粒表面；(d)短柱状赋存于粒间孔

　　"原位滞留富集"或"原位成藏"是页岩油的聚集机理，包括页岩中烃类释放和烃类排出两个过程，液态烃释放受干酪根物理性质、热成熟度、网络结构等控制，液态烃排出受岩性组合、有效运移通道、压力分布及微裂缝发育程度等控制，流体压力、有机质孔和微裂缝的发育和耦合关系，决定着页岩油的动态集聚与资源规模。

（三）页岩油规模富集地质基础

　　页岩在不同成熟阶段产出油气的机理不同。未成熟有机质页岩可形成"人造油"，成熟有机质页岩地下形成页岩油，高过成熟有机质页岩形成页岩气，可分别称为未熟"人工"页岩油、成熟页岩油、高熟页岩气。

　　中国陆相沉积盆地中富有机质页岩分布层系多、范围广，有机质丰度高、厚度大，主要处于生油窗内，不仅为常规石油资源提供了丰富油源，尚有大量石油滞留于烃源岩内。

1. 良好的烃源岩发育环境奠定了页岩油形成的资源基础

　　经典石油地质学理论认为，石油生成于一定的温度范围，原始有机质沉积以后，首先经过复杂的生物化学作用和聚合缩合作用形成干酪根，干酪根在达到一定的埋藏深度后，在温度的作用下发生热降解作用逐渐生成石油。在干酪根热降解生烃理论指导下，从有机地球化学和光学测定总结出了一套反映有机质热成熟度的参数，如 T_{max}、R_o、时间-温度指数(time-temperature index，TTI)等，这些参数可直接应用于判识干酪根类型、成熟度及生烃潜量等。干酪根的类型与成熟度关系到其在演化过程中生成烃的类型，两者的匹配关系也进一步影响有机质的生烃量。

沉积有机质的划分可有效确定富有机质页岩的分布。页岩内赋存的烃类包括气态烃、轻质油和重质油三部分。用 S_1 值(游离烃含量)、氯仿沥青"A"含量和 TOC 值衡量页岩油含量时，结果有一定差异。S_1 值无法反映原油中重质部分的含量，氯仿沥青"A"含量不能反映 C_{14} 烃类的含量，二者的观测值均低于实际残留油量，且受成熟度影响大，在度量页岩油含量时需进行必要的校正；TOC 值相对稳定，并与 S_1 和氯仿沥青"A"有较好的相关关系，可用于页岩含油量评价。如鄂尔多斯盆地中生界长 7 段页岩 S_1 值、氯仿沥青"A"含量与 TOC 值呈很好的正相关关系。还有其他一些指标也可用于页岩油含量的度量，如黄铁矿含量常与页岩油含量正相关。

陆相湖盆发育淡水与咸化两类典型烃源岩发育环境。研究表明淡水、咸化环境都可以发育高 TOC 页岩。淡水湖盆环境烃源岩 TOC 为 3%～32%，S_1 为 0.2～7.1mg/g TOC，S_2 为 0.3～46.1mg/g TOC；咸化湖盆环境烃源岩 TOC 为 2%～14%，S_1 为 0.01～3mg/g TOC，S_2 为 0.06～110mg/g TOC。

淡水湖盆环境烃源岩有机质具有分段富集的特点，页岩丰度高(TOC 平均为 13.81%)，泥岩丰度相对偏低(TOC 平均为 3.74%)，页岩有机质丰度是泥岩的近 4 倍。有机质富集主要受两大因素控制：一是火山活动、热液作用造成湖泊富营养化和藻类勃发，鄂尔多斯盆地南部铜川露头剖面发育 156 层凝灰岩，研究揭示适宜的火山活动可以提供营养物质，利于生物勃发，当凝灰岩含量为 5%～7%，页岩 TOC 最高，一般大于 20%。深部热液活动可以提供 Fe、Mo、P 等营养元素，促进生物勃发。二是低沉积速率和缺氧安静还原环境利于有机质保存，低沉积速率和低陆源碎屑供给速率降低有机质稀释作用，缺氧或低氧安静还原环境利于有机质保存。

咸化湖盆环境有机质分布非均质性强，页岩 TOC 为 5%～16.1%，平均为 6.1%；泥岩 TOC 为 1%～5%，平均为 3.2%。页岩 TOC 是泥岩的近 2 倍。两大因素控制页岩层系有机质富集：一是早期火山碎屑物质为生物繁盛提供养料，促进有机质富集，火山灰快速水解促进水体中 P、Fe、Mo、V 等元素富集，利于藻类勃发，岩性剖面揭示沉凝灰岩与藻纹层间互发育，藻类体呈层状高度富集；二是咸水水体促进有机质絮凝，提高有机质捕获效率，咸化湖盆细粒沉积与有机质富集物理模拟表明，当盐度从 1%增加到 3%时，有机质捕获效率提高 300%，当沉积浓度从 2%上升至 4%时，有机质捕获效率提高 100%。

2. 广泛发育陆源碎屑与混积岩等储集体提供了良好的聚集空间

陆相页岩层系发育陆源、内源两种沉积模式，形成两类储集体。以陆源沉积为主的湖盆在半深-深湖环境发育砂质碎屑流、滑塌体、浊流等储集体，以内源沉积为主的湖盆在浅湖区发育石灰岩、白云岩等储层，在半深湖-深湖区发育混积岩、凝灰岩、浊积岩等储层。钻探揭示无论是陆源碎屑岩储集体，还是混积岩储集体，储层物性并不差，且单井初产较高。受气候韵律性变化和水动力条件变迁、物源混积、有机质絮凝等多因素综合影响，页岩层系广泛发育纹层，为页岩油大面积形成与富集创造了条件。显微观察发现不同岩性类型的页岩均有纹层结构发育，样品分析表明纹层状页岩具较好的储集性能，纹层状页岩孔隙分布呈双峰态，微米孔隙发育，总体看，纹层状—层状—块状页岩储集性能依次变差，纹层状页岩相是优质储集岩相。

页岩纹层结构十分发育，发育（碳酸盐-石英-长石）-（黏土矿物）-（有机质-黄铁矿）"三元"结构或（黏土矿物）-（有机质-黄铁矿）、（碳酸盐-石英-长石）-（有机质-黄铁矿）"二元"结构，不同矿物组成、岩性组合常相互叠合、共生分布。中国富有机质黑色页岩储集空间包括微米级孔隙、纳米级孔喉和微裂缝，以纳米级孔喉为主，微米级孔隙和微裂缝次之。纳米级孔喉主要为黏土矿物晶间孔、自生石英粒间孔-晶间孔、长石粒间孔、碳酸盐晶间孔、黄铁矿晶间孔等，孔径一般为小于 500nm，局部发育微米级孔隙。黏土矿物主要为伊蒙混层矿物、伊利石和绿泥石，晶间孔以片状为主，绝大多数为纳米级孔喉。白云石、方解石、菱铁矿等矿物，以及石英、钾长石、斜长石等碎屑矿物在页岩中也非常发育，常呈纹层状与黏土矿物相互叠合分布。黄铁矿呈草莓状集合体分散或团簇或沿裂缝呈长条形产出，晶形完好，发育纳米级晶间孔，常与有机质伴生叠置；页岩油储集层中，有机质演化程度相对较低，尚未达到生气窗，有机质内纳米级孔隙的贡献有限，如鄂尔多斯盆地长 7 段页岩内有机质孔多为狭长缝状，发育于有机质与基质边界，孔隙宽 50～200nm。微裂缝按成因可分为成岩微裂缝和构造微裂缝两类：前者主要为纹层间微裂缝，在不同成分纹层间均有发育，微裂缝较窄，宽度一般在 1～10μm，易顺层延续；后者主要为斜交微裂缝，缝面较平直，常见纹层错断，缝内常充填自生碳酸盐矿物、黄铁矿等。据页岩成岩物理模拟实验、纳米级孔喉定量分析等研究，提出中国湖相富有机质页岩（I 型干酪根）孔隙演化模式。实验发现，大孔（孔径大于 50nm）、中孔（孔径为 2～50nm）和微孔（孔径小于 2nm）的比孔容随温度增加呈现出不同的变化趋势。大孔的比孔容随模拟实验温度和压力增加先增加后降低，微孔和中孔的比孔容先降低后增加。整个生排烃过程残留烃的含量是变化的，即随温度增加先增加后减小，在约 350℃时达到最大（150mg/g），这与前人研究提出的残留烃存在一个门限值（100mg/g）的观点不同。实际上，页岩有机质类型、残留烃排烃方式、排烃压力等均可能对排烃产生一定影响，尚需深入研究。

3. 源储一体，近源聚集，发育多个"甜点段"

生烃模拟实验揭示源岩生烃增压 50～60MPa，源储压差达 7～8MPa，生烃增压是页岩油聚集主要动力。纹层状富有机质页岩排烃效率高，实验分析表明纹层状富有机质页岩排烃率高，R_o>0.9% 的纹层状高 TOC 低黏土页岩，排烃效率大于 45%；准纹层状页岩排烃效率平均为 30%～40%；层理状富碎屑矿物页岩排烃效率较低，一般小于 20%。荧光薄片观察发现，微裂缝、纹层是有效的油气运聚通道，烃类荧光多分布于裂缝和纹层中，荧光强度先增后减。

纵向上源储互层频繁，发育多个"甜点段"，如准噶尔盆地吉木萨尔凹陷吉 174 井 60m 页岩段识别出 6 个小层，确定 3 个"甜点段"；渤海湾盆地沧东凹陷孔二段 400m 高阻页岩段识别出 21 个小层，优选出 7 个优质"甜点段"。

鄂尔多斯盆地张 22 井长 7 段富有机质页岩段共计 67m，TOC 纵向上变化快，发育 3 个高 TOC 段和 1 个低 TOC 段，最顶部 38m 页岩段 TOC 含量高，平均值达 7.3%，抽提产率为 3.4kg/t 岩石；最下部两段页岩厚度均为 11m，TOC 平均值为 5.7% 和 4.2%，抽提产率分别达 4.7kg/t 岩石、7.5kg/t 岩石；中间 7m 页岩段 TOC 最低，仅为 3.0%，但抽提量为 8～12kg/t 岩石，是页岩油的富集区间，即"甜点段"（图 1-7）。

从运聚动力来看，陆相页岩油富集动力以饱和浓度差扩散驱动为主，有机地球化学参数表明，长 7"甜点段"族组分与上下生油段具有明显差异。"甜点段"饱和烃含量为 81%，高于上下生油段的 65%～66%，同时 C_8 浓度从 0.17mg/g 降低至 0.07mg/g，基于此计算的排烃量与排烃效率结果表明，"甜点段"以运移富集为主，聚集量最大超过 0.1mg/g；而上下生油段以排烃为主，排烃效率介于 40%～60%（图 1-8）。因此，与页岩气"甜点段"位于高 TOC 段（邹才能等，2019，2020）不同，中国陆相页岩油"甜点段"主要发育在与富有机质页岩紧邻的相对低 TOC 层段，相关认识可为后续页岩油开发提供重要的参考与借鉴价值。

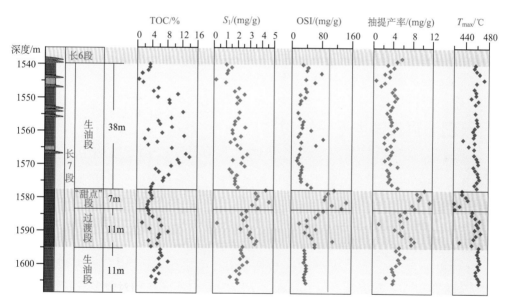

图 1-7 鄂尔多斯盆地张 22 井长 7 段"甜点段"有机地球化学综合柱状图

OSI 为含油饱和度指数，OSI=S_1/TOC×100

4. 页岩层系"甜点段"厚度变化大，但"甜点段"平面分布范围广

页岩层系水平渗透率是垂向渗透率的数十倍至数百倍，利于源内页岩油横向规模运移聚集。纵向上岩性变化快，薄互层状，如吉 174 井芦草沟组地层厚度 246.21m，发育 968 层 54 种岩性，单层厚度平均 0.25m，以粉细砂岩和泥岩为主，钻井取心，含油显示岩心长 53.15m（198 层 39 种岩性），显示段厚度约占地层厚度 22%。平面上页岩分布范围决定页岩油富集区的宏观分布。如鄂尔多斯盆地长 7 段"甜点区"面积为 $0.8×10^4～$

$1.0×10^4km^2$，准噶尔盆地吉木萨尔凹陷芦草沟组"甜点区"面积为 $0.078×10^4km^2$。

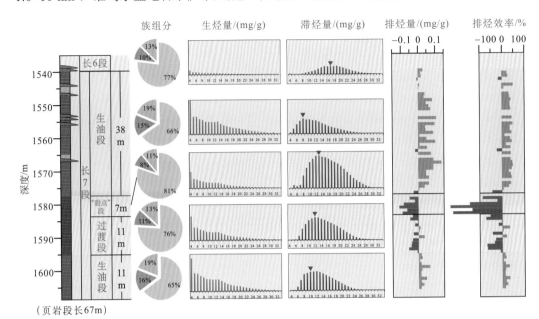

图 1-8　鄂尔多斯盆地张 22 井长 7 段"甜点段"排烃量与排烃效率分布柱状图

族组分饼状图中，蓝色表示饱和烃，红色表示芳香烃，灰黄色表示非烃+沥青

五、致密油页岩油地质特征对比

致密油、页岩油均是非常规石油资源，产层为具极低渗透率的页岩、粉砂岩、砂岩或碳酸盐岩等致密储集层，具有与富有机质源岩紧密接触或临近、原油油质轻的基本地质特征，"致密化减孔聚集"或"致密化成藏"是聚集的核心；在开采方面，均需要利用水平钻井、分级压裂等开采方式。但在地质特征、"甜点区"优选、资源潜力等方面，致密油与页岩油有较明显的差异(表 1-4、表 1-5)。

(1)致密油发育于大面积分布的致密储层(孔隙度 $\phi<12\%$、基质覆压渗透率 $K<0.1×10^{-3}μm^2$、孔喉直径小于 $1μm$)；页岩油储层分布面积相对较小，主要分布在盆地斜坡和拗陷中心区，储层物性更加致密(2%$<\phi<5\%$、基质覆压渗透率以纳达西为主、孔喉直径以 50~300 nm 为主)。

(2)致密油形成需要广覆式分布的成熟优质生油层(Ⅰ型或Ⅱ干酪根、平均 TOC>1%、R_o 为 0.6%~1.3%)，烃源岩进入生油窗开始生成石油，并经过一定运移。页岩油则是石油大量生成运移后滞留在源岩中的石油。

(3)致密油连续性分布的致密储层与生油岩须紧密接触，源储共生，无明显圈闭边界，无油"藏"概念；页岩油源储一体，页岩自身即是生油层，又是储集层。

(4)致密储层内原油密度大于 40°API 或小于 $0.8251g/cm^3$，油质较轻，页岩油原油密度为 0.70~$0.85g/cm^3$，原油属于轻质油或凝析油。

表 1-4 致密油与页岩油地质特征对比表

条件与指标类型			致密油	页岩油
形成条件	构造背景	原始地层倾角	构造平缓，坡度较小	
		同背景构造区面积	分布面积较大	分布面积较小
	沉积条件	盆地类型	以拗陷、克拉通为主	以拗陷、前陆、断陷为主
		沉积环境	陆相、海相	陆相、海陆过渡相、海相
	烃源岩	类型	I、II	I-II$_1$
		TOC	大于2%以上	
		R_o	0.6%~1.3%	0.6%~2.1%
		分布面积	较大	较小
	储层	岩性	致密砂岩、致密碳酸盐岩等	页岩
		渗透率	空气渗透率小于$1\times10^{-3}\mu m^2$的储层所占比例大于70%	10^{-9}~$10^{-3}\mu m^2$
		孔隙度	以小于8%~12%为主	以2%~5%为主
		孔喉大小	以40~900 nm为主	以50~300 nm为主
		孔隙类型	基质孔、溶蚀孔	基质孔、微裂缝
		分布面积	较大	较小
	源储组合		紧密接触	源储一体
	运聚条件	运移特征	以一次运移或短距离二次运移为主	未运移
		聚集动力	以扩散为主，浮力作用受限	生烃增压
		渗流特征	以非达西渗流为主	
分布规律	聚集特征	原油性质	轻质油（密度小于0.825g/cm³）	轻质油或凝析油（密度为0.70~0.85g/cm³）
		分布特征	大面积低丰度连续分布，局部富集，不受构造控制	大面积低丰度连续分布
		边界特征	无明显圈闭界限	
		油气水关系	不含水或含少量水	
		油气水、压力系统	无统一油气水界面，无统一压力系统	
	分布位置	平面位置	盆地斜坡和拗陷中心区，或后期挤压构造的褶皱区	盆地斜坡和拗陷中心区
		纵向分布	与成熟的I、II烃源岩共生	烃源岩内部
		深度	中浅层为主	中深层为主
	流体特征	油气性质	以轻质油或凝析油为主	可能以凝析油和轻质油为主
		油气水共生关系	以束缚水为主	

表 1-5 中国陆相致密油与页岩油主要特征参数表

	特征参数	松辽盆地青山口组	渤海湾盆地沙河街组、孔店组				鄂尔多斯盆地延长组7段	四川盆地侏罗系	酒西盆地白垩系	柴达木盆地古近系—新近系	三塘湖盆地条湖组、芦草沟组	准噶尔盆地	
			辽河凹陷	沧东凹陷	歧口凹陷	束鹿凹陷						吉木萨尔凹陷芦草沟组	玛湖凹陷风城组
烃源性	TOC/%	0.7~8.7	2~21	0.13~12.9	1.09~2.37	1.08~4.0	3~28	0.5~4.27	1~2.5	0.7~1.2	2~8	1.08~26.66	0.42~4.01
	R_o/%	0.5~2.0	0.32~0.7	0.6~1.2	0.7~1.2	0.3~0.5	0.6~1.1	0.9~1.5	0.5~0.8	0.6~1.8	0.5~1.3	0.48~1.12	0.59~1.14
	S_1+S_2/(mg/g)	4.3~23.66	1.24~38.2	22.6	22	9.56~17	7.44~36.43	1~7	6.25~9.1	0.69~3.7	11~28	6~176	2~26
	氯仿沥青"A"/%	0.2~1	0.2~2	0.1~3.65	0.13~0.84	0.12~0.18	0.6~1.2	0.3~1.0	0.08~0.2	0.3~0.5	0.2~0.7	0.3~1.5	0.1~0.5
岩性	岩石类型	页岩，粉砂岩	页岩、粉砂岩、碳酸盐岩、混积岩				页岩，粉砂岩	页岩、碳酸盐岩	云质页岩、云岩	混积岩、页岩、碳酸盐岩	页岩、沉凝灰岩、混积岩	页岩、粉砂岩、云质岩、混积岩	页岩、云质岩、混积岩
	厚度/m	50~200	30~200	300	100~500	20~160	10~40	15~50	50~200	30~200	20~100	20~260	25~175
物性	孔隙度/%	3.4~16	1.2~11.4	0.28~13.2	2.4~12.2	0.5~2.5	6~12	0.35~13.65	2~7	1~15.2	1.1~17.9	5.5~19.84	2~13
	渗透率/mD	0.01~1	0.05~2.14	0.03~10	0.56~1.59	0.5~1.6	0.03~0.5	0.01~0.49	0.05~5	0.02~40.2	0.001~30.1	0.0004~1.95	0.003~47.9
含油性	原油黏度/(mPa·s)	20~200	5~30	8~30	15~31	5	6.1~6.3	5~20	10~200	2.91~30.13	8.15~545.7	55~125	25.7
	原油密度/(g/cm³)	0.78~0.87	0.82~0.86	0.85~0.90	0.85~0.89	0.75~0.82	0.8~0.85	0.76~0.87	0.82~0.87	0.72~0.8	0.85~0.92	0.87~0.93	0.83~0.94
	气油比/(m³/t)	50~120	50~130			200	60~120	179	182	87	50	17	82~110

续表

特征参数		松辽盆地 青山口组	渤海湾盆地沙河街组、孔店组				鄂尔多斯盆地 延长组7段	四川盆地 侏罗系	酒西盆地 白垩系	柴达木盆地 古近系—新近系	三塘湖盆地 条湖组、芦草沟组	准噶尔盆地	
			辽河凹陷	沧东凹陷	歧口凹陷	束鹿凹陷						吉木萨尔凹陷 芦草沟组	玛湖凹陷 风城组
电性（含油饱和度）/%		40~80	60~85	60~85	60~85	38~50	65~85	52~65	54~63	50~65	66~92	70~98	70~98
脆性	脆性指数	37~58	40~80	55~80	70	38~50	40~55	63.4	71~90	40~50	40~55	45~55	35~42
脆性	泊松比	0.25~0.35	0.2~0.35	0.27~0.3	0.15~0.4	0.35	0.2~0.3		0.21~0.30	0.25~0.35	0.25~0.3	0.2~0.3	0.26~0.29
应力	压力系数	1.2~1.58	1.3~1.9	0.96~1.33	0.95~1.17	0.9~1.4	0.75~0.85	1.23~1.72	1.3~1.4	1.4~1.5	1~1.2	1.1~1.3	>1.5
应力	两向应力差/MPa	<10	6~25	6~25	1~2	6~9	5~8		20~30			<6	7~8
埋深/m		1800~2400	1500~5000	1500~5000	1500~5000	1500~5000	1500~3000	1500~2500	3500~6000	3500~4600	1500~4500	1800~4500	1800~4500
有利面积/10^4km²		0.8~1.0	0.6~1.0	0.6~1.0	0.6~1.0	0.6~1.0	7~8	2.33	0.15	0.56	0.5~1	0.6~1.0	0.6~1.0
资源量/10^8t		54.6	4.65	6.8	6.8	4.2	60.5	20.9	0.3	5.9~8.57	3.9	25.1	25.1
勘探进展		致密油建成百万吨产能，页岩油多井获工业油流，古页油平1井获工业油流，井获工业油流于$80×10^4$t现有效动用	雷家、高升地区获探明储量，累计产量大于$80×10^4$t现有效动用	GD1701H和GD1702H水平井持续稳产，优选20口老井重新试油，效果显著		19井见显示，3井获工业油流	2019年发现10亿t大油田，针对长7_3的城页长1、2试油获得高产，探明$7000×10^4$t以上，生产原油$400×10^4$t以上	多井获工业油流	多井获工业油流	英西地区泥灰岩勘探取得突破，发现了规模储量，控制+预测$1×10^8$t以上	已探明储量4000多万吨，页岩油勘探取得突破	已形成10亿t级页岩油储量规模区，产量达$25.6×10^4$t，页1井有望建成规模建产	风南2、7等多井获工业油流，玛页1井开始井获井突破，2019年开始规模建产

第三节　致密油页岩油勘探开发现状

一、国外致密油页岩油勘探开发概况

国外致密油、页岩油勘探主要集中在北美地区，在阿根廷、俄罗斯等也发现了优质的致密油、页岩油资源。本节重点讨论国外致密油、页岩油勘探开发进展，包括美洲及俄罗斯致密油、页岩油勘探开发概况，北美致密油、页岩油降本增效措施及七个重点盆地的典型实例介绍。目前，美国能源信息署(EIA)等机构对美国境内大多数非常规区带，致密油、页岩油均有使用。实际上，Kumar 等(2013)通过大量生产井产量数据分析，认为威利斯顿(Williston)盆地中巴肯(Bakken)致密油产层来自上、下 Bakken 页岩段的贡献率为 12%～52%，平均贡献率约 40%，不能严格区分。本节内容中对典型区带的描述表述为致密油、页岩油。

在全球范围内，北美海相致密油、页岩油借鉴页岩气水平井体积压裂技术，实现了规模化生产，是目前致密油、页岩油勘探开发进展最快的地区，形成了以 Bakken、二叠(Permian)盆地、Eagle Ford、Niobrara 等为代表的多个致密油、页岩油规模勘探开发区带，进一步带动了全球其他地区致密油、页岩油勘探开发的进程。

(一)美国致密油页岩油发展概况

美国致密油、页岩油主要分布于二叠盆地、Williston 盆地、西部海湾(West Gulf)盆地、丹佛(Denver)盆地及阿纳达科(Anadarko)五个海相盆地(Harris，2012；EIA，2013，2017，2019；Zou et al.，2013；Hackley and Cardott，2016)(图 1-9)，主要分布在二叠系、白垩系、泥盆系、石炭系等，寒武系、奥陶系、侏罗系、中新统也有分布，以古生界和中生界页岩系统为主(Jarvie，2011，2012；Harris，2012；Hackley and Cardott，2016)。岩性以致密泥灰岩、云质砂岩和致密砂岩为主。

北美海相致密油、页岩油具有先天优势，赋存丰富的轻质油、页岩凝析油和页岩气，相当规模的页岩处于最佳生油气窗口(R_o 介于 0.9%～1.5%)，大面积连续分布(1×10^4～$7\times10^4km^2$)，孔隙性较好(孔隙度一般大于 7%)，气油比较高(几百至几万)，一般发育超压(压力系数介于 1.3～1.8)，单井累计产量达 3×10^4～10×10^4t 油当量。

继在 Williston 盆地、西加拿大沉积盆地等发现大量致密油、页岩油后，2012 年 3 月，西班牙雷普索尔公司的阿根廷子公司(YPF PE)在门多萨省 Payun Oeste 和 Valle del Rio Grande 区块发现 10×10^8bbl[①]当量致密油、页岩油；2013 年，澳大利亚自然资源公司林肯能源在阿卡林加(Arckaring)盆地发现了储量达 2330×10^8bbl(原地资源量)的世界级致密油、页岩油田。2016 年 11 月，美国地质调查局(United States Geological Survey，USGS)宣称在得克萨斯州西部二叠盆地发现史上最大规模的致密油层，可采储量足有

---

① 1bbl=0.159m³。

200×10^8bbl，Midland 拗陷 Wolfcamp 是目前发现的全球最大的连续型油气聚集层系。非常规油气突破使二叠盆地百年老油田焕发青春，是目前美国致密油、页岩油、页岩气唯一保持产量增长的盆地，2016 年页岩油产量 0.56×10^8t、页岩气产量 730×10^8m³。

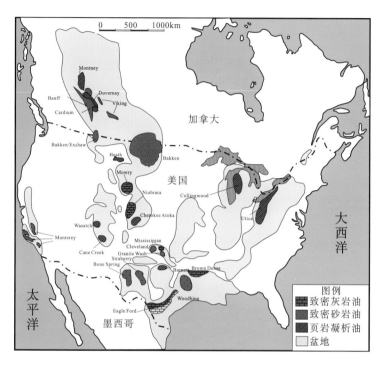

图 1-9 美国主要含油气盆地致密油、页岩油分布

近年来，美国致密油、页岩油发展速度超出预期。2008 年，USGS 对 Williston 盆地美国境内的 Bakken 地层致密油、页岩油资源进行评价，得出技术可采资源量约为 5×10^8t；2013 年 4 月，USGS 第二次评价时，除了评价原有的 Bakken 地层外，还评价了 Three Forks 地层，得出两套地层致密油技术可采资源量约为 10×10^8t(Gaswirth et al.，2013)，比第一次评价多出了一倍。在美国 Bakken 致密油、页岩油勘探生产快速发展的带动下，北美地区乃至全球，致密油、页岩油已成为非常规油气领域的热点。美国致密油、页岩油可采资源量 79.3×10^8t(EIA，2013b，2017)，2019 年，致密油、页岩油产量 3.96×10^8t，原油产量 6.09×10^8t，占石油总产量的 65%(EIA，2020)(图 1-10)。

根据 EIA 的预测，致密油、页岩油将成为全球能源行业的重要接替来源。以美国为例，自 2000 年开始，致密油、页岩油在美国油气产量中占比仅为 1% 左右，但其产量增长很快，到 2010 年，致密油、页岩油的产量占比达到了 12%，仅 4 年左右，在 2016 年致密油、页岩油在美国油气产量中的占比超过了 24%，成为重要的石油来源。随着开发进程的加快，尽管致密油、页岩油开发难度加大，但致密油、页岩油在总体油气供应中的比例保持相对稳定，预测到 2040 年其贡献比例仍为 17%(图 1-11)。

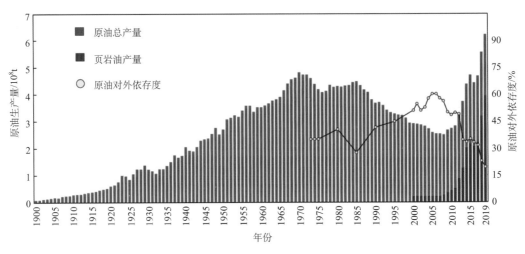

图 1-10　美国原油产量与致密油、页岩油产量分布

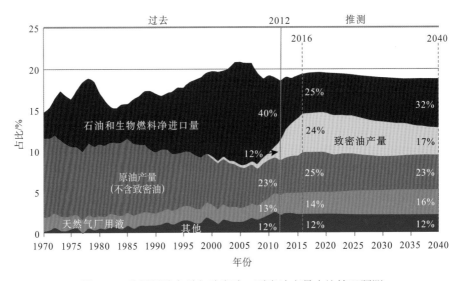

图 1-11　美国原油产量与致密油、页岩油产量占比情况预测

(二)其他地区致密油页岩油发展概况

　　加拿大是除美国之外最大的致密油、页岩油生产国，产量约 40×10⁴bbl/d，加拿大地质调查局评估认为，加拿大致密油、页岩油原始地质储量为 840×10⁸bbl，这一数字远高于 EIA 对加拿大可采致密油、页岩油资源量 88×10⁸bbl 的评估。2014 年以来，加拿大油砂的投资持续下降，而致密油、页岩油投资从 2016 年开始增长，到 2018 年增长了约 100×10⁸加元，这也表明致密油、页岩油具有更大的成本优势和吸引力。近期壳牌公司、雪佛龙公司等在 Duvernay 页岩区带开展了大量前期工作。

阿根廷是北美以外首个实现致密油、页岩油商业开发的国家，目前阿根廷致密油、页岩油产量约为 $5×10^4$bbl/d。阿根廷致密油、页岩油主要位于中南部内乌肯盆地的 Vaca Muerta 页岩区，是全球第四大致密油、页岩油资源区，与美国 Eagle Ford 页岩区具有一定相似性。阿根廷积极吸引外资开发致密油、页岩油资源，包括马来西亚国家石油公司、雪佛龙公司等都已在阿根廷签署了合作开发的协议。其中马来西亚国家石油公司投资约 $23×10^8$ 美元，预计 2022 年产量可以达到 $6×10^4$bbl/d。

俄罗斯致密油、页岩油资源丰富，主要位于西西伯利亚盆地的 Bazhenov 组，评估该组页岩分布面积达上百万平方千米。俄罗斯天然气公司所属石油公司制定了开发计划，希望 2025 年达到规模化的商业开发。其他致密油、页岩油资源丰富的国家包括墨西哥、澳大利亚等，这些国家均有致密油、页岩油发现的报道，但基本处于早期研究阶段。

二、中国陆相致密油页岩油勘探开发进展

中国陆相致密油、页岩油主要发育在准噶尔盆地二叠系(芦草沟组、风城组、平地泉组)、鄂尔多斯盆地长 7 段、松辽盆地白垩系青山口组与嫩江组、渤海湾盆地沙河街组—孔店组、四川盆地侏罗系、柴达木盆地古近系—新近系、三塘湖盆地二叠系(芦草沟组、条湖组)、江汉盆地古近系等，资源潜力大。近期，针对致密油、中高成熟度页岩油勘探开发实践取得重要突破和进展，准噶尔盆地吉木萨尔凹陷芦草沟组与玛湖凹陷风城组、鄂尔多斯盆地长 7 段、松辽盆地青山口组、三塘湖盆地二叠系条湖组与芦草沟组、济阳拗陷沙河街组、沧东凹陷孔店组二段、潜江凹陷潜江组、泌阳凹陷核桃园组 3 段、四川盆地侏罗系、柴达木盆地古近系—新近系等获得一批工业油气流井；中低成熟度页岩油也已开展鄂尔多斯盆地长 7 段及松辽盆地嫩江组选区评价研究，并在鄂尔多斯盆地长 7 段开展了现场先导试验，陆相页岩革命正在积极推进。

(一)致密油页岩油探索历程

1. 页岩裂缝性油藏勘探开发阶段

自 20 世纪 50 年代以来，国外就已经对一些页岩油气藏进行了开采，如阿根廷的圣埃伦那油田，美国的圣马丽亚谷油田、卢申油田和鲁兹维利特油田，苏联的萨累姆油田和南萨累姆油田等，1979 年在萨累姆油田还采用了地下核爆炸开采试验，广泛压裂 Bazhenov 组沥青质页岩，以强化开采，获得显著效果(高瑞祺，1984)。

我国在东部陆相盆地页岩段中发现了多个"页岩裂缝性油藏"。如 1973 年在济阳拗陷东营中央隆起带钻探的河 54 井，在沙河街组三段下亚段 2928～2964.4m 页岩层中中途测试，以 5mm 油嘴放喷，产原油 91.3t/d 和天然气 2740m³/d，获得工业油气流(董冬等，1993)。在松辽盆地北部的英 3、英 5、英 8、英 12、大 4、大 11 和古 1 等井的青山口组富含有机质黑色泥岩中，发现了良好的油气显示和工业油气流，英 12 井的 2033.7～2083.65m 井段，日产油 4.56m³、气 497m³，其他如英 3 井、大 111 井都属于低产油流井(高瑞祺，1984)。1976 年，东濮凹陷文 6 井在 3132.0～3136.5m 见褐色油浸泥岩 3.5m/2

层，随后相继在文留、淮城、卫城、胡状、庆祖、刘庄等地区发现泥岩裂缝油气。在柴达木盆地、吐哈盆地、酒西盆地、江汉盆地、苏北盆地、四川盆地中均发现了具有工业价值的页岩裂缝油气藏或重要的油气显示，有的单井初产量达 80~90t/d。

总体上，页岩裂缝出油已成共识，但由于受当时传统油气成藏理论及工程工艺技术的束缚，将其视为页岩裂缝性常规油气藏，作为隐蔽油气藏勘探的一个领域。

2. 致密油页岩油勘探开发阶段

国内文献中较早使用的概念包括有"低渗透致密油层"(周厚清和辛国强，1992)、"致密油气层"(马强，1995)、"致密油层"(付广等，1998)、"致密砂岩油藏"(张金亮和常象春，2000)、"致密油藏"(李忠兴等，2006)。2009 年，在国内引入"连续型"油气藏概念，提出了"连续型砂岩油藏""连续型砂岩气藏""致密砂岩油气""页岩油气""致密油""页岩油"等术语(邹才能等，2009，2010)。

2011 年，中国石油在西安召开了致密油研究会议，致密油成为非常规资源，首次在鄂尔多斯盆地延长组陆相页岩中发现纳米级孔中赋存石油。2012~2013 年，中国石油召开两次致密油气推进会，推动了致密油气工业化试验；2013 年，评价中国致密油地质资源量 125.8×10⁸t，明确了发展的资源基础；中国石油勘探开发研究院组建页岩油研发团队和纳米油气工作室，成立 CNPC-SHELL 页岩油研发中心，超前开展页岩油基础研究和致密储层微观孔隙表征。2013 年，科技部批准 973 项目"中国陆相致密油(页岩油)形成机理与富集规律"立项；2014 年，长庆油田发现了国内第一个亿吨级致密大油田——新安边油田，开辟了中国非常规石油新领域；国家能源局批准成立"国家能源致密油气研发中心"，成为国家致密油科技创新的重要平台。2016 年，启动了国家科技重大专项"致密油富集规律与勘探开发关键技术"；中国工程院举办了页岩油原位转化高端论坛，推动了页岩油领域发展。2017 年，中国石油勘探开发研究院提出"关于启动页岩油'地下炼厂'工程，推动我国石油革命的建议""页岩油原位转化实验室建设和原位转化先导试验请示报告"。2018 年，国家标准《致密油地质评价方法》(GB/T 34906—2017)颁布实施，推动了陆相致密油规模发展；2020 年，《国家标准页岩油地质评价方法》(GB/T 38718—2020)颁布实施，引领了陆相页岩油革命。2017~2020 年，中国石油积极筹建页岩油原位转化实验室和准备现场先导试验，开展了鄂尔多斯盆地长 7 段及松辽盆地嫩江组中低成熟度页岩油的选区评价研究，并在鄂尔多斯盆地长 7 段开展了现场先导试验(赵文智等，2018；付金华等，2019)(图 1-12)。

通过加强基础研究，加强选区评价和"甜点区/段"分布预测研究和工程技术攻关，在地质认识、地球物理技术和工程技术等方面取得了一系列进展。近期，加强重点地区攻关，加大了勘探开发力度，在 11 个区块的勘探相继获得了发现和突破(邹才能等，2013，2014，2019；杨华等，2013，2016；杜金虎等，2014，2019；付金华等，2015，2019；赵贤正等，2018，2019；梁世君等，2019；李晓光等，2019；吴河勇等，2019；王小军等，2019；李国欣和朱如凯，2020)；在准噶尔、鄂尔多斯、渤海湾、松辽等盆地开展了致密油、页岩油的工业化试验，部署了一批重点井，取全取准了第一手资料，证实了地质认识的正确性与工程技术攻关的有效性，初步建成了多个规模产能区，鄂尔多斯盆地发现 $10×10^8$t 级庆城大油田(4000m 水平井试验成功)，吉木萨尔页岩油国家级示范区获批设立，目前，中国石油已探明致密油、页岩油地质储量 $7.37×10^8$t，剩余控制+预测量 $18.3×10^8$t，建成产能 $400×10^4$t。

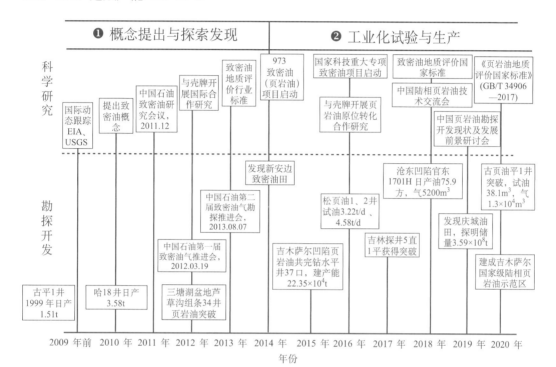

图 1-12 中国石油工业致密油、页岩油研究探索历程

2010 年，中国石化针对常规探井页岩层段开展了页岩油老井复查复试工作。结果显示，东部探区页岩层段油气显示丰富，93 口井获工业油流。济阳拗陷共有 322 口井见到页岩油气显示，35 口井获得工业油气流，累计产油超过万吨的井有 5 口。其中，沾化凹陷新义深 9 井在沙三下亚段 3355.11～3435.29m 试油日产油 38.5t，累计产油 11346t；东营凹陷河 54 井在沙三下亚段 2962～2964.4m 井段进行中途测试，日产油 91.3t，日产气 $2740m^3$，累计产油 27896t，展示了济阳拗陷页岩油良好的勘探前景。在老井复查复试的基础上，通过选区评价，优选了东部探区南襄盆地泌阳凹陷古近系核桃园组、济阳拗陷古近系沙河街组、南方探区四川盆地元坝地区中侏罗统千佛崖组为重点，进行页岩油专探井钻探。在泌阳凹陷，2010 年常规探井 AS1 井在古近系核桃园组核三段页岩见良好显示，直井压裂试获最高日产油 $4.68m^3$，揭示核三段为勘探突破目的层，随后部署实施 2 口水平井进行分段压裂求产，BYHF-1 井垂深为 2450m，对 1044m 水平段实施 15 级分段压裂，最高日产油 20.5t；BY2HF 井垂深为 2816m，对 1402m 水平段实施 22 级分段压裂，最高日产油 25t。在济阳拗陷，优选沾化凹陷和东营凹陷沙四上亚段—沙三下亚段，部署 L69 井等 4 口井进行系统取心，心长累计达到 1010.26m，为济阳拗陷页岩油气

的系统研究奠定了基础。在页岩油形成条件研究的基础上，部署实施了 BYP1 井、BYP2 井、BYP1-2 井、LY1HF 井 4 口页岩油专探井，用于评价不同类型页岩的储集性能、含油气性、可压裂性及产能，4 口井均获得了低产页岩油流，但由于页岩热演化程度较低、页岩油密度大、可流动性差、工程工艺技术的适应性较差，未取得预期效果。在四川盆地针对侏罗系千佛崖组二段部署实施了 YYHF-1 井，对 1051m 水平段分 10 段压裂，每段 2 簇射孔，试油获页岩油 14t/d，气 $0.72×10^4m^3/d$，累计产油 2943t、产气 $305.32×10^4m^3$（孙焕泉，2017；孙焕泉等，2019）。

2014 年以来，重点围绕陆相页岩油"甜点区/段"预测、可流动性和可压裂性进行技术攻关，揭示了陆相页岩油赋存、流动和富集机理，形成了页岩油储层表征、含油性评价、"甜点区/段"预测和资源评价等技术，建立了基于地质工程一体化的页岩油选区评价方法，并针对不同油区、不同地层特点，积极探索"多尺度复杂缝网压裂""小规模高导流通道压裂"和"二氧化碳干法压裂"等直井压裂工艺，取得了较好的增产效果（孙焕泉等，2019）。

陕西延长石油（集团）有限责任公司（以下简称延长石油）自 2013 年以来，通过勘探开发实践，逐步落实长 7 段资源量约为 $9×10^8t$，高资源丰度地区分布在定边、吴起、志丹南及直罗-富县地区。

（二）鄂尔多斯盆地长 7 段

1. 基本概况

鄂尔多斯盆地位于华北地台西南部，是中国第二大沉积盆地，也是中国陆上油气勘探最早的盆地。现今鄂尔多斯盆地四周被不同时期的造山带环绕，形成"盆""山"分布格局。东部以离石断裂带与山西地块的吕梁山隆起带相接，北侧以河套地堑南界断裂为界，南侧以渭河地堑北界断裂为界，西部以桌子山东断裂、银川地堑东界断裂和青铜峡断裂为界，南北长 700km，东西宽 400km，总面积 $25×10^4km^2$，地层近于水平，地层倾角小于 1°，是一个稳定沉降、拗陷迁移的多旋回克拉通边缘盆地，中生代之前是大华北盆地的一部分，中生代后期逐渐与华北盆地分离，并演化为一大型内陆盆地。根据盆地基底性质、现今构造形态及特征，盆地划分为伊盟隆起、渭北隆起、晋西挠褶带、伊陕斜坡、天环拗陷及西缘逆冲带六个一级构造单元。

1907 年，中国陆上第一口油井（延 1 井）诞生于陕北延长县。20 世纪 50～70 年代，在盆地西北部的灵武、盐池、定边等地区发现了李庄子、马家滩、马坊、大水坑、马岭、华池、元城、城壕等油田，在陕北地区发现了吴起、直罗、王洼子等含油面积较小、低产、低渗透、以侏罗系油藏为主的小油田。20 世纪 80～90 年代，发现并探明了安塞和靖安等亿吨级三叠系大油田。2000 年以来，发现了西峰油田、姬塬油田、华庆油田。2011 年以来，在非常规油气地质理论指导下，应用水平井和体积压裂技术，在陕北发现了中国第一个亿吨级大型致密油田——新安边油田（杨华等，2013，2016；姚泾利等，2013，2015；付金华等，2015，2019）。

2. 地质特征

延长组最大湖侵期——长 7 段油层组沉积期，半深湖-深湖沉积广泛，以厚层深灰、灰黑色泥岩、页岩沉积为主，底部普遍发育凝灰岩，具有高阻、高伽马、高时差、低密度的"三高一低"显著测井响应特征，厚度由几米到几十米。长 7 段页岩有机质丰度高，TOC 值为 3%～25%（最高可达 36%）、热解生烃潜量 S_1+S_2 值 2～8mg/g、氯仿沥青"A"含量超过 0.1%、总烃含量以大于 500ppm 为主；Ⅰ-Ⅱ$_1$ 型干酪根，显微组成以无定型的腐泥组和壳质组为主；处于成熟阶段，R_o 为 0.7%～1.2%，热解 T_{max} 介于 435～455℃。

鄂尔多斯盆地长 7 段沉积期，北东、南西等物源在湖盆沉积中心深水区汇聚，受两套物源体系控制，北东向物源体系影响下的缓坡三角洲前缘沉积和南西方向物源体系影响下的陡坡重力流沉积，砂体大面积连片，呈北西-南东向沿湖盆轴向分布，砂体延展约 150km，宽 25～80km，砂地比大于 30% 的面积超过 8000km²。主力油层埋深一般为 1200～2300m，砂岩厚度大，单砂层厚度一般为 2～25m，累计厚度一般为 5～50m。储集层岩性主要为细砂岩和粉砂岩，储层致密，纵横向非均质性强。岩石类型以岩屑长石砂岩和长石岩屑砂岩为主，岩屑砂岩和长石砂岩次之。孔隙类型一般为溶孔型或粒间孔-溶孔型，喉道细小，平均中值半径仅 0.14μm，平均排驱压力为 2.08MPa。根据岩心分析资料统计，长 7 段储层物性较差，孔隙度多分布在 5.0%～11.0%，平均 7.9%；渗透率多分布在 0.04×10^{-3}～0.18×10^{-3}μm²，平均为 0.12×10^{-3}μm²，属致密砂岩储层（图 1-13）。从长 7$_1$ 亚段与长 7$_2$ 亚段储层孔隙度和渗透率分布对比来看，长 7$_1$ 亚段储层孔隙度以 3%～9% 为主，渗透率主要分布在小于 0.1×10^{-3}μm² 范围，而长 7$_2$ 亚段储层孔隙度主要分布在 6%～12%，渗透率以 0.05×10^{-3}～0.3×10^{-3}μm² 为主。在长 7$_2$ 亚段储层中，孔隙度大于 9% 的样品占 26.17%，而长 7$_1$ 亚段仅为 14.86%；长 7$_2$ 亚段渗透率大于 0.1×10^{-3}μm² 的样品占 38.76%，长 7$_1$ 亚段仅为 26.42%。储层整体物性较差，但长 7$_2$ 亚段储集砂体物性相对好于长 7$_1$ 亚段。

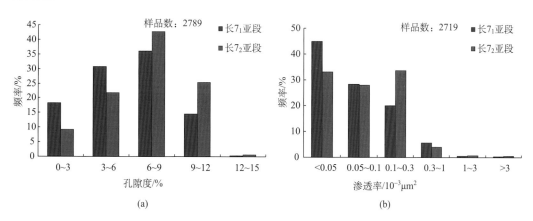

图 1-13 鄂尔多斯盆地新安边地区长 7$_1$ 亚段和长 7$_2$ 亚段物性分布

(a)孔隙度分布；(b)渗透率分布

致密油、页岩油原油性质较好，流动性强。地表条件下的原油密度一般为 0.83～0.88 g/cm³，地层条件下原油密度为 0.70～0.76g/cm³，平均黏度约为 1.0mPa·s，凝固点为

17~20℃。油层压力普遍较低，现今地层压力为 7~18MPa，压力系数多分布于 0.65~0.85。储层含油饱和度高，75%以上的含油致密储层一般不含水，密闭取心分析储集层含油饱和度一般可达 65%~85%。脆性矿物含量较高(致密砂岩大于 80%，页岩大于 40%)，水平地应力差 5~7MPa。经过压裂改造，直井试油产量一般为 4~30t/d，局部相对高渗区试油产量可超过 60t/d，多口水平井试油单井产量达百吨以上。新安边油田长 7 段地层水总矿化度平均 53.31g/L，水型为 $CaCl_2$ 型，表明油藏封闭性好，油藏保存条件好。

鄂尔多斯盆地致密油、页岩油主要分布于中生界大型拗陷湖盆中心。纵向上，致密油主要发育在长 7_1 亚段、长 7_2 亚段，页岩油主要分布在长 7_3 亚段；平面上主要分布在湖盆中部的三角洲前缘砂体、砂质碎屑流砂体和半深湖-深湖相区(图 1-14)。长 7_3 亚段至长 7_1 亚段沉积期为水退过程，三角洲向湖盆中心进积，三角洲前缘水下分支河道侧向迁移速度加快，使得河道频繁迁移改道，河道砂体相互叠覆，砂体规模增大，且横向连通性也得到增强，整体构成大范围的储集体展布。三角洲前缘砂体发育，具有砂体厚度大、分布面积广、复合连片等特点。其中，紧邻主力生油层长 7_3 亚段底部和长 7_2 亚段顶部暗色泥岩的砂体，在横向上大面积复合连片，为油气的侧向运移提供了良好的通道。如新安边地区纵向上长 7_2 亚段砂体厚度大，分布稳定，砂体延伸长为 40~80km，砂体宽为 3~20km，砂岩厚度较大，单砂体厚度一般为 3~15m，累计厚度一般为 10~30m，砂体连续性、规模及连通性好于长 7_1 亚段，相互叠置的砂体为油气垂向运移提供了通道。这为石油向长 7_2 亚段短距离垂向运移及侧向运移提供了更有利的条件，使得长 7_2 亚段含油砂体分布面积更大，因此长 7_2 亚段含油面积分布范围相对长 7_1 亚段更大。

3. 勘探开发现状与潜力

鄂尔多斯盆地湖盆中部中生界延长组大范围优质烃源岩与大面积、厚层储集体互层共生，面积 $10×10^4km^2$，地史期生烃增压曾导致强排烃作用，共同控制了延长组长 7 段大面积叠合致密油、页岩油的形成，石油未经大规模长距离运移或源内滞留。致密油"甜点区"主要受均质块状砂体分布控制，页岩油"甜点区"主要受富有机质页岩地层厚度和天然裂缝分布控制(杨华等，2013，2016；姚泾利等，2013，2015；付金华等，2015，2019)。

长 7 段自下而上可再分为长 7_3 亚段、长 7_2 亚段和长 7_1 亚段，层系内长 7_3 亚段广覆式页岩与大面积粉细粒砂岩紧密接触或互层共生，源储配置好，油气近源高压充注，致密油、页岩油勘探潜力巨大(杨华等，2016；林森虎等，2017；黄振凯等，2018；付金华等，2019；崔景伟等，2019)。2018 年以来，长庆油田分公司按照岩性组合、砂地比、连续砂体厚度等因素，将长 7 段页岩油划分为多期叠置砂岩发育型(Ⅰ类页岩油)、厚层页岩夹薄层砂岩型(Ⅱ类页岩油)和纯页岩型(Ⅲ类页岩油)三种类型，长 7_1 亚段和长 7_2 亚段主要发育Ⅰ类页岩油，长 7_3 亚段主要发育Ⅱ类和Ⅲ类页岩油(付金华等，2019，2020)。

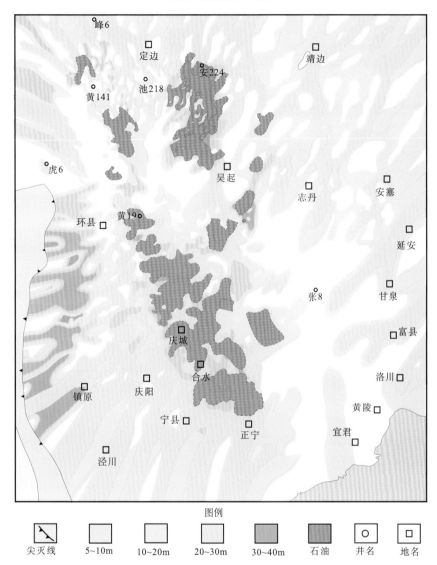

图 1-14 鄂尔多斯盆地中生界延长组 7 段砂体分布与石油分布

1) Ⅰ类致密油、页岩油资源量

通过对鄂尔多斯盆地Ⅰ类致密油、页岩油的系统地质研究,为刻度区解剖分析、类比区的选择、有效储层边界的确定等提供了依据。根据Ⅰ类页岩油的特点,在充分论证的基础上,选取了体积法、地质类比法和最终可采储量(estimated ultimate recovery,EUR)法作为资源量计算的主要方法(付金华等,2020),其中体积法评价资源量为 $41.52×10^8$t,地质类比法评价评价资源量为 $43.17×10^8$t,EUR 法评价资源量为 $36.58×10^8$t,综合权重系数,确定鄂尔多斯盆地Ⅰ类致密油、页岩油资源为 $40.529×10^8$t(表 1-6)。

表 1-6　鄂尔多斯盆地长 7 段 I 类致密油、页岩油资源量综合评价结果

计算方法	计算结果/10^{8}t	权重系数	综合结果/10^{8}t	可采系数	可采资源量/10^{8}t
体积法	41.52	0.4			
地质类比法	43.17	0.3	40.529	0.117	4.74
EUR 法	36.58	0.3			

2) II 类页岩油资源潜力

近年来,长庆油田分公司在鄂尔多斯盆地长 7 段半深湖-深湖区完钻了数百口探评井(包括水平井),取得了大量的岩心资料,初步掌握了 II 类致密油、页岩油储层特性。盆地探井较多,储层资料丰富,体积法(黄文彪等,2014;王社教等,2014)可有效估算评价区的资源量,计算公式为

$$Q=V\rho K$$

式中, Q 为致密油、页岩油资源量,t; V 为页岩体积, m^3; ρ 为岩石密度, t/m^3; K 为致密油、页岩油可动烃含量, mg/g。

对各井泥岩、页岩储层评价表明,长 7$_3$ 亚段厚 35m 左右的地层中富有机质页岩累计厚度一般大于 12m,岩石平均密度 2.4t/m^3。而页岩中的可动烃含量可通过岩石热解法、石油醚抽提法、二氯甲烷萃取法等实验获取,对盆地内不同区块探井长 7$_3$ 亚段页岩岩石热解实验表明,岩石中平均可动烃含量为 4.57mg/g、石油醚抽提得到平均可动烃含量为 6.27mg/g、二氯甲烷萃取法得到平均可动烃含量为 6.41mg/g。以 2019 年完钻两口水平井的城 80 区块为刻度区例子进行计算,城 80 区块面积约 220km^2,富有机质页岩厚度取平均值大约 15m,体积约 33.0×10^{8}m^3,采用长 7 段页岩三种实验方法获得的平均可动烃含量,体积法得出该长 7$_3$ 亚段页岩油资源量分别为 0.36×10^{8}t、0.50×10^{8}t 和 0.51×10^{8}t(付金华等,2020)。

页岩油中的烃类以游离态、吸附态及溶解态等多种形式赋存在储层孔隙中。而岩石热解实验中的 S_1 仅测了 300℃之前热解出的烃,仍有一部分高碳数烷烃和芳烃未能在 300℃前热解出来而体现在 S_2 中;同时在进行热解实验前,页岩样品中残留烃的轻质部分已挥发,在实测 S_1 中没有体现(陈小慧,2017)。因此,岩石热解法得到的可动烃含量偏小。石油醚、二氯甲烷、环己烷等进行烃类萃取分离时,岩石中沥青的萃取率可接近 100%,但在实际开采中,难以有效获取页岩油储层中吸附态烃类,因而利用有机溶剂萃取分离技术获得的可动烃值偏大。为此,本次研究根据三种方法的特点及鄂尔多斯盆地致密油、页岩油勘探开发现状,采用德尔菲法对不同方法得到的盆地资源量赋予不同的权重,其中岩石热解法权重 0.3、石油醚抽提法权重 0.35、二氯甲烷萃取法 0.35,综合计算得到城 80 井区长 7$_3$ 亚段页岩中的石油地质资源量为 0.46×10^{8}t。长 7$_3$ 层系内"甜点段"储层主要为细砂岩和粉砂岩,依据其含油饱和度,按照体积法估算可知,细砂岩资源量为 0.087×10^8~0.128×10^{8}t,粉砂岩资源量为 0.145×10^8~0.195×10^{8}t,初步评价城 80 区块长 7$_3$ 亚段 II 类页岩油资源量达 0.692×10^8~0.783×10^{8}t(表 1-7)。若采用原位改质加

热技术，生烃总量和资源量将进一步提升。全盆地各井岩性统计表明，长 7_3 亚段 II 类致密油、页岩油岩性组合在盆地分布面积约 $1.5 \times 10^4 km^2$，而半深湖-深湖区重力流成因砂体覆盖面积达到 $0.39 \times 10^4 km^2$，参照城 80 区块 II 类致密油、页岩油资源量，估算全盆地长 7_3 亚段 II 类致密油、页岩油远景资源总量约为 $33 \times 10^8 t$，其中"甜点区/段"细砂岩和粉砂岩中石油资源量 $2.74 \times 10^8 \sim 3.82 \times 10^8 t$。

表 1-7　城 80 区块长 7_3 亚段页岩油(可动烃)资源量计算表

类型	总体积 /$10^8 m^3$	岩石密度 /(t/m^3)	平均可动烃含量/(mg/g)			页岩油(可动烃)资源量/$10^8 t$			德尔菲法综合评价 /$10^8 t$
			岩石热解法	石油醚抽提法	二氯甲烷萃取法	岩石热解法	石油醚抽提法	二氯甲烷萃取法	
页岩	33.0	2.4	4.57	6.27	6.41	0.36	0.50	0.51	0.46
细砂岩	体积法估算资源量 $0.087 \times 10^8 \sim 0.128 \times 10^8 t$								
粉砂岩	体积法估算资源量 $0.145 \times 10^8 \sim 0.195 \times 10^8 t$								
合计	$0.692 \times 10^8 \sim 0.783 \times 10^8 t$								

3）I 类致密油、页岩油勘探开发成效

长庆油田着眼 $5000 \times 10^4 t$ 稳产资源及技术储备，以地质理论创新为突破口，积极转变盆地长 7 页岩油勘探评价思路，借鉴国外非常规油气"水平井+体积压裂"开发理念(慕立俊等，2019)，坚持勘探开发一体化，积极开展地质、地球物理、测井、工程等多学科一体化攻关试验。经过多年勘探实践，2014 年在鄂尔多斯盆地新安边地区 I 类致密油、页岩油探明地质储量 $1.01 \times 10^8 t$，预测地质储量 $2.58 \times 10^8 t$，探明了中国陆上首个亿吨级 I 类致密油、页岩油大油田——新安边油田(图 1-15)。2019 年，在鄂尔多斯盆地庆城地区延长组长 7 烃源岩层系内发现了我国最大的致密油、页岩油田——庆城油田，新增探明地质储量 $3.58 \times 10^8 t$，预测地质储量 $6.93 \times 10^8 t$，合计 $10.51 \times 10^8 t$，长 7 段致密油、页岩油勘探实现了历史性突破。

2011～2017 年，长庆油田在陇东地区先后建成西 233、庄 183、宁 89 三个水平井攻关试验区，共完钻 24 口水平井，试油单井平均日产超百立方米。截至 2019 年 12 月，试验区 24 口水平井初期平均单井日产油 13.07t，目前平均 6.47t，投产时间平均 5.8 年，平均单井累计产量 $1.79 \times 10^4 t$（表 1-8），最高单井累计产量达到 $4.2 \times 10^4 t$（阳平 7），试验区累计产油 $42.99 \times 10^4 t$，呈现出良好的稳产潜力。

表 1-8　鄂尔多斯盆地长 7 攻关试验区 24 口水平井生产数据表

井区	层位	井数 /口	试油平均单井日产油 /t	投产时间	生产天数/天	初期产量		目前产量		井区累计产油 /$10^4 t$	平均单井累计产油 /$10^4 t$
						平均单井日产油/t	平均单井含水率/%	平均单井日产油/t	平均单井含水率/%		
西 233	长 7_2	10	118.84	2011.12	2293	13.91	29.7	6.49	27.2	20.27	2.03
庄 183	长 7_1	10	106.06	2013.10	1871	14.07	33.4	7.15	23.8	18.94	1.89
宁 89	长 7_1	4	85.20	2015.8	1265	8.48	48.9	4.73	28.1	3.78	0.95
总计/平均		24	107.91			13.07		6.47		42.99	1.79

0 10 20 30 40km

图 1-15　鄂尔多斯盆地延长组长 7 段 I 类致密油、页岩油勘探成果图

此外，开展不同井排距、不同水平段水平井、五点井网、七点井网水平井开发试验，以期进一步提高单井产量，提高开发效益，形成稳定的开发政策。规模运用水平段 1500～2000m、井距 400m 长水平井压裂蓄能开发，水平井压裂段数由 12～14 增加到 22 段，单井入地液量由 $1.2 \times 10^4 m^3$ 上升到 $2.9 \times 10^4 m^3$，加砂量由 $1000 \sim 1300 m^3$ 提高到 $3500 m^3$，投产后初期单井产量由 8～9t/d 上升到 17～18t/d，形成了主体开发技术。

2018 年以来，长庆油田分公司加大了非常规油气勘探力度，按照"直井控藏、水平井提产"的总体思路，集中围绕长 7 段页岩层系进行系统勘探评价开发工作，加大了石油预探评价直井的井位部署。同时以"建设国家级开发示范基地、探索黄土塬地貌工厂化作业新模式、形成智能化-信息化劳动组织管理新架构"为目标，根据"多层系、立体式、大井丛、工厂化"的思路，以水平井水平段 1500～2000m、井距 400m 为主，同时开展 200m 小井距试验，进行水平井规模开发。

截至 2020 年底，围绕庆城地区长 7 页岩层系内砂质发育"甜点区"共实施直井 248 口，225 口井获工业油流，69 口日产量超过 20t/d，控制有利含油范围 3000km²，实现了长 7 段烃源岩内油藏勘探突破。同时，针对黄土塬地貌井场受限、干旱缺水、作业周期长等难题，创新形成了以"大井丛水平井布井、连续供水供砂系统保障、高效施工装备配套、钻试投分区同步作业"等为特色的作业新模式，"国家级开发示范基地"进展顺利。庆城大油田开发示范区已完钻水平井 154 口，平均水平段长度 1715m，投产 97 口，平均单井初期日产油 18.6t，目前日产油 11.4t，已建产能 114×10⁴t，日产油水平 1003t。其中的一口开发井新平 238-77 井，水平段长度 2740m，体积压裂改造加砂 1565.6m³，入地液量 3.02×10⁴m³，2017 年 1 月开始生产，初期日产油 22.42t，含水 73.3%，目前日产油 23.63t，含水 18.8%，累计生产 947 天，累计产油已达 24894t。长 7 段页岩油的开发，实现了纵向上多层动用，大幅提高了储量动用程度，多项技术指标创优，一次储量动用程度由 50%提高到 85%，初期采油速度由 0.6%达到 1.8%，单井钻井周期由 29 天降低到 19 天，单井试油周期由 45 天降低到 30 天。投产井平均单井累计产油 2564t，预计第一年单井累产油 4126t，前三年累计产油量达到 8525t，开发效果大幅提升，建成了长 7 段页岩油开发示范区。

4）Ⅱ类致密油、页岩油勘探新突破

在长 7 段Ⅰ类致密油、页岩油实现规模勘探效益勘探开发的基础上，同时Ⅱ、Ⅲ类页岩油直井勘探突破出油关，完试油井 29 口，获工业油流井 13 口，但单井试采效果差、产量降低快、累计产油量低，对这两类储层仍然未实现突破(付金华等，2019)。基于该情况，2019 年长庆油田为探索长 7₃ 亚段以厚层页岩夹薄砂岩组合类型的Ⅱ类页岩油勘探方式和工艺技术，实现资源—储量—产量的转化，优选城 80 井区开展Ⅱ类页岩油(含薄砂岩夹层型页岩)风险勘探先导试验，部署并完钻了两口页岩油水平井，试油均获日产百吨以上的高产油流(付金华等，2020)，该发现对推进盆地长 7₃ 最大湖侵期沉积的页岩油新类型勘探意义重大。

为保障水平段"甜点段"精准入靶，在实施水平井之前，先实施城页 1、2 井的导眼井进行了Ⅱ类页岩油进行"甜点段"评价。对长 7₃ 亚段开展了全取心分析，目标层段长 7₃ 亚段整体为三套岩性组合，以厚层页岩中夹薄层砂岩的组合类型为主，单层砂厚 2～7m，属于典型的Ⅱ类页岩油。根据岩心、录井、测井及测试分析等资料，导眼井长 7₃ 亚段发育 4 层细砂岩，厚 12m，4 层粉砂岩，厚 4.5m。其中，细砂岩平均泥质含量为 26%，核磁有效孔隙度为 5.2%，含油级别以油斑为主；粉砂岩平均泥质含量为 31.6%，核磁有效孔隙度为 3.8%，含油级别以油迹为主。综合岩性、物性、含油性、可动性等参数分析，优选了块状层理油斑细砂岩为"甜点段"。通过优化水平井轨迹设计,两口水平井的钻探情况达到了部署要求,两口水平井间距 200m。城页 1 井水平段 1570m,钻遇砂体944.4m,砂岩钻遇率 60.2%;钻遇油层 746.3m、差油层 154.4m,油层钻遇率 57.4%。城页 2 井水平段 1750m,钻遇砂体 812.6m,砂岩钻遇率 46.4%;钻遇油层 537.1m,差油层159.3m,油层钻遇率 39.8%。

针对"甜点段"储层非均质性强,制定了"'甜点段'细分密切割,页岩段选择性改造"的适应性压裂改造方案,主攻细砂岩,沟通粉砂岩。通过分级分段差异化压裂,城页 1 井压裂 12 段、51 簇,排量 $5.0 \sim 13.0 m^3/min$,暂堵剂 62.5kg,加砂 $1188.4 m^3$,砂地比 11.5%~17.3%,入地总液量 $16501 m^3$,2019 年 12 月 2 日完试,最终试油产量121.38t/d。城页 2 井压裂 10 段、32 簇,排量 $5.0 \sim 13.0 m^3/min$,加酸 $30.0 m^3$,暂堵剂 29.0kg,加砂 $789.3 m^3$,砂地比 11.1%~16.9%,入地总液量 $11733.6 m^3$,2019 年 11 月 24 日完试,最终试油产量 108.38t/d。城页 1、城页 2 水平井页岩油风险勘探的攻关试验突破,开辟了鄂尔多斯盆地页岩油勘探的新类型,对整个盆地的长 7_3 亚段Ⅱ类页岩油的勘探具有重要实际指导作用。Ⅱ类页岩油风险勘探目标主要为大套烃源岩层段内的薄层砂岩,该类页岩油岩性组合在长 7_3 亚段分布面积约 $1.5 \times 10^4 km^2$,资源勘探开发潜力大。新类型页岩油水平井风险勘探的成功,随着技术手段不断的提高和勘探的深入,Ⅱ类页岩将成为鄂尔多斯盆地石油资源战略接替的新类型。

庆城大油田的发现和页岩油新类型的勘探突破,为长庆油田二次加快发展提供了重要的资源基础。通过深化研究、技术进步、精细管理,鄂尔多斯盆地 2019 年页岩油年产量达 $82.3 \times 10^4 t$,2020~2022 年,年均建产能 $100 \times 10^4 t$ 以上,2022 年年产油能力达到$300 \times 10^4 t$。2023~2025 年,年均建产能 $120 \times 10^4 t$ 以上,2025 年年产油能力达到 $500 \times 10^4 t$,预计致密油、页岩油原油产量达到 $400 \times 10^4 t$,原油产量贡献率达到 14%,将会开创盆地致密油、页岩油勘探开发的新局面。

(三)准噶尔盆地吉木萨尔凹陷芦草沟组

准噶尔盆地位于新疆北部,面积约 $13 \times 10^4 km^2$,是一个赋存于拼合地块之上的多期叠合盆地。早—中二叠世,准噶尔地块与周边板块发生陆陆碰撞,进入挤压造山阶段,南特提斯构造域准噶尔地块、塔里木古地块、哈萨克斯坦地块等与西伯利亚地块俯冲碰撞。在准噶尔盆地周缘褶皱山系向盆地的冲断推覆作用下,深层断陷开始上隆,在东部卡拉麦里山前、西北缘地区和北天山(南缘地区)形成了三个独立发展的前陆盆地。受沉积期古地理背景影响,存在玛湖、盆 1 井西、沙湾、沙帐、东道海子、吉木萨尔、博格达山前等多个大型沉积沉降中心,发育一套咸化湖泊准同生期白云石化作用、火山及陆源碎屑沉积作用形成的混积岩,平面上白云质岩与碎屑岩呈互补关系,主要分布于湖盆中心区与斜坡地带。这套混积岩构成下二叠统风城组、中二叠统下乌尔禾组(平地泉组和芦草沟组),为重要的页岩油富集层位(匡立春等,2012;支东明等,2019a;王小军等,2019)。

风城组主要分布于玛湖凹陷、盆 1 井西凹陷和沙湾凹陷,具有细粒纹层沉积结构,富含有机质和分散状黄铁矿，是凹陷内最主要的烃源岩。自下而上，风城组可分为三段：风一段为白云质泥岩、白云质粉砂岩、泥质白云岩、凝灰岩等细粒混积岩；风二段为白云岩、泥质白云岩等混积岩夹碱矿层；风三段主要为泥质白云岩、白云质泥岩等混积岩。中二叠统下乌尔禾组(芦草沟组和平地泉组)在玛湖、盆1井西、沙湾、沙帐、东道海子、吉木萨尔、博格达山前等多个沉积沉降中心均有分布，是准噶尔盆地另一套主力烃源岩。在东部博格达山前和吉木萨尔凹陷芦草沟组，自下而上分为两段，均为细粒混合沉积，下部主要为灰色白云质砂岩、白云质泥岩，上部为泥质白云岩、砂屑白云岩、灰色泥岩和白云质泥岩，上"甜点段"就发育在该段的上部，含油性好。平地泉组主要分布于卡拉麦里山南的山前地区，其中，五彩湾-石树沟凹陷已获页岩油勘探突破，而阜康凹陷平地泉组虽有钻揭证实为一套烃源岩，但是页岩油勘探尚未引起广泛关注。五彩湾-石树沟凹陷钻揭的平地泉组，为暗色湖沼相泥质细粒沉积，自下而上可划分为三段：平一段为深灰色泥岩夹砂岩、泥灰岩、油页岩；平二段为灰色泥岩与块状砂岩互层；平三段为灰色、灰绿色泥岩夹少量铁质砂岩、碳质泥岩薄层(支东明等，2019a)。

准噶尔盆地中—下二叠统的油气勘探已近半个世纪，但以非常规油气勘探开展时间很短。自2010年，先后在吉木萨尔凹陷、玛湖凹陷、沙帐断褶带等地多口钻井在芦草沟组、风城组、平地泉组均见到不同程度的油气显示。尤其芦草沟组白云质泥岩有机质丰度高，具有较高的生烃潜量，探井在芦草沟组黑灰色泥岩与细粒白云质岩类互层均见良好油气显示，具备形成源内页岩油富集的可能性。为进一步落实吉木萨尔凹陷页岩油勘探潜力，2011年部署吉25井，在芦草沟组压裂试油，获日产油18.25t的工业突破，证实了吉木萨尔凹陷为芦草沟组页岩油勘探的有利区。2012～2014年，对玛湖凹陷风城地区的下二叠统风城组部署风南7井、风南14井、百泉2井等井获工业突破，卡拉麦里山前五彩湾-石树沟凹陷的中二叠统平地泉组部署的火北1井、火北2井、石树1井、石树2井等均获得不同程度的突破。证明盆地中—下二叠统发育的含白云质陆相湖盆细粒混积烃源岩层系，具备形成页岩油聚集成藏的条件(支东明等，2019a)。

1. 基本概况

吉木萨尔凹陷位于准噶尔盆地东部隆起的西南部，北以吉木萨尔断裂为界，南以三台断裂为界，西以老庄湾断裂和西地断裂为界，向东逐渐过渡到古西凸起，吉木萨尔凹陷是一个在中石炭统褶皱基底上发育起来的西断东超的箕状凹陷。凹陷内构造平缓，地形单一。吉木萨尔凹陷从石炭纪至今经历了海西、印支、燕山、喜马拉雅等多期构造运动。各期构造运动在凹陷的西部以沉降为主，东部则以抬升为主；在北部和南部同时发生断裂和抬升，但是北部活动强度大于南部。凹陷东部自白垩系以下的地层全部遭受剥蚀。

吉木萨尔凹陷二叠系从下至上主要发育井井子沟组、芦草沟组和梧桐沟组三套地层，其中井井子沟组与芦草沟组为整合接触关系，芦草沟组与梧桐沟组为不整合接触关系。芦草沟组埋藏深度1000～4500m，地层厚度200～300m。

2. 地质特征

吉木萨尔芦草沟组泥岩、页岩、泥质砂岩、钙质砂岩有机含量分布范围较宽,为1%～22%,主要分布区间小于2%,56%以上样品有机碳含量小于1.5%,为Ⅱ型干酪根。不同岩性、不同层段页岩有机碳含量分布特征不同,碳酸盐质泥岩包括白云质泥岩和钙质泥岩,有机碳含量普遍较高,90%以上样品有机碳含量大于1.5%,有机碳含量大于3%的样品大于75%。硅质泥岩有机碳含量次之,70%以上样品有机碳含量大于1.5%,有机碳含量大于3%的样品大于40%。碳酸盐岩既可以为好的烃源岩,也可以是较好储集岩,45%以上样品有机碳含量大于1.5%,有机碳含量大于3%的样品大于32%。硅质砂岩有机碳含量均较低,90%以上样品有机碳含量小于1.5%。烃源岩烃指数大多大于350mg/g TOC,岩石最高热解峰温基本小于450℃,主要处于成熟阶段。有机质成熟度分布于0.7%～1.2%。干酪根碳同位素值主要分布在−28‰～−24‰,均值为−27‰;氯仿沥青"A"碳同位素值则主要分布在−32‰～−30‰,有机质类型以Ⅱ为主。

吉木萨尔凹陷芦草沟组共发育五类岩石类型,包括碳酸盐质泥岩、硅质泥岩、碳酸盐岩、碳酸盐质砂岩与硅质砂岩,在储层物性、主要孔隙类型及压汞资料展示的优势孔喉直径均存在一定的差异性。物性方面,五种岩性在纵向上交错分布,物性极差,孔隙度介于2%～22%,主体小于10%,渗透率介于0.0001×10^{-3}～$20 \times 10^{-3} \mu m^2$,主体小于$1.0 \times 10^{-3} \mu m^2$(图1-16),但碳酸盐岩、碳酸盐质砂岩与砂岩孔隙度(主体小于20%)优于泥岩类样品(主体小于10%),云质粉细砂岩储集层物性较好,孔隙度为12%～20%,渗透率整体小于$1 \times 10^{-3} \mu m^2$;孔隙类型方面,碳酸盐岩、碳酸盐质砂岩与砂岩以粒间孔和溶蚀孔为主,而泥岩类以黏土矿物粒内孔为主,有机质孔发育程度较低;优势孔喉直径方面,含碳酸盐

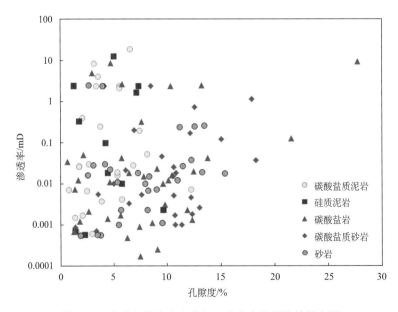

图1-16 准噶尔盆地吉木萨尔凹陷致密储层物性散点图

泥岩 7～100nm，泥岩 7～78nm，含碳酸盐砂岩 25～142nm、砂岩 178～2.9μm、碳酸盐岩 18～650nm。因此，总体看，有利储层排序为碳酸盐质砂岩、砂岩、碳酸盐岩、碳酸盐质泥岩与泥岩。

吉木萨尔凹陷原油主要分布在芦草沟组上"甜点段"和下"甜点段"砂岩中。原油总体具有三高特征，即密度高($0.88\sim0.93g/cm^3$)、凝固点高(4～44℃)和黏度较高。分别就两个层位来看，原油特征又略有差异。芦草沟组 25 块原油样品分析，上"甜点段"地面原油密度为 $0.881\sim0.896g/cm^3$，平均为 $0.888g/cm^3$；50℃地面原油黏度为 45.65～133.16mPa·s，平均为 73.45mPa·s，吉 37 井取得的地下原油黏度为 10.98mPa·s；原油凝固点为 12.5～35.8℃，平均为 24.8℃。下"甜点段"(18 块样品)地面原油密度为 0.909～$0.924g/cm^3$，平均为 $0.915g/cm^3$；50℃地面原油黏度为 80.47～434.92mPa·s，平均为 300.56mPa·s；原油凝固点为 0.4～20.0℃，平均为 8.7℃。上"甜点段"的原油密度、黏度和流度均较下"甜点段"有所改善，并且上"甜点段"原油抽提物组分饱和烃含量相对高，下"甜点段"则显示原油抽提物的芳香烃含量高。可能的原因是上"甜点段"和下"甜点段"原油来源不尽相同，不仅与烃源岩成熟度不高有关，很大程度上还与母质类型有关(支东明等，2019b；王小军等，2019)。

二叠系优质成熟烃源岩广覆式大面积分布，纵向上与细粒云质岩储集层互层分布，表现为源储一体、近源运聚、纵向上整体含油特征。吉木萨尔凹陷芦草沟组烃源岩厚度大于 200m 的地区面积达 806km^2，吉 5 井钻遇烃源岩厚达 280m，主要以深灰色泥岩、灰黑色泥岩、白云质泥岩为主，吉 17 井—吉 5 井一带烃源岩厚度可达 350m 以上。凹陷中心区较边缘区烃源岩厚度大，有机质丰度与成熟度更高。吉木萨尔凹陷芦草沟组处于斜坡构造背景，烃源岩和云质岩致密储集层厚度均较大，横向连续性好，展布稳定，无明显圈闭界限、源储一体分布，面积大。致密储集层也发育在湖盆中心区域，与生油岩在空间、时间上都构成了最佳的生储盖配置，由此决定了最富集区带为凹陷中心区域和斜坡区(图 1-17)。纵向上发育两个"甜点段"，"甜点区"分布主要受成熟度、富有机质页岩厚度、高孔隙致密储集层厚度控制。上"甜点段"平面上分布于凹陷大部，"甜点区"主要分布在凹陷中部；下"甜点段"整个凹陷均有分布，"甜点区"主要分布在凹陷中西部。

3. 勘探开发现状与潜力

准噶尔盆地吉木萨尔凹陷面积 1278km^2，处于单斜背景，埋藏适中，烃源岩丰度高、厚度较大，整体上云质岩较发育，云质岩储集层中溶蚀孔发育，源储匹配好。经井震标定、对比追踪解释，Ⅰ类云质岩储集层分布范围为 460km^2，Ⅱ类云质岩储集层分布范围 594km^2。油气显示层段埋深一般为 3000～3500m，厚达 100～200m，且整个凹陷均有分布；发育上、下"甜点段"，储集层脆性较好，脆性矿物含量高，脆性矿物含量高(致密储集层大于 80%，页岩大于 60%)，弹性模量大于 1.0×10^4MPa，泊松比小于 0.35；水平地应力差值较小，一般小于 6MPa，利于体积压裂。目前芦草沟组在上、下"甜点段"均获得工业油流，为重要的勘探领域。该区存在的主要难题是成熟度较低，伴生油质较重、气油比较低、地层压力较低等，在进一步提高产能方面具有较大挑战性，但整体上储集层碳酸盐含量较高，脆性较好，有利于进行大规模改造，具有较大勘探潜力。

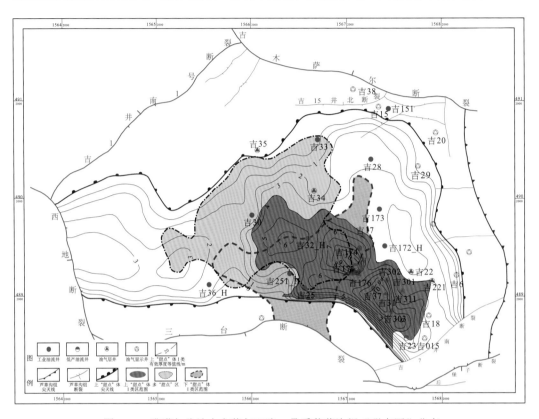

图 1-17　准噶尔盆地吉木萨尔凹陷二叠系芦草沟组"甜点区"分布

准噶尔盆地吉木萨尔二叠系芦草沟组有利区资源量 $11.12×10^8t$，其中，Ⅰ类区资源量 $2.98×10^8t$，Ⅱ类区资源量 $6.2×10^8t$，Ⅲ类区资源量 $1.95×10^8t$。已完钻页岩油井 122 口，投产水平井 35 口，直井 22 口，已建成产能 $22.35×10^4t$，其中 JHW023 井最高日产油 88.3t，386 天累计产油 15942t，JHW025 井最高日产油 108.3t，448 天累计产油 13839t；2017～2018 年上"甜点段"提交探明储量 $2546×10^4t$。探明储量范围内投产 15 口井，目前开井 9 口，日产油 200.8t，平均单井日产油 29.2t；探明储量范围外投产 5 口井，目前正常开井生产 2 口，日产油 15.6～39t；2019 年计划实施评价+产能井 90 口，建产能 $102×10^4t$。规划安排 2025 年产量有望达到 $200×10^4t$（王小军等，2019；郭旭光等，2019；支东明等，2019b）。

（四）松辽盆地白垩系泉四段与青山口组

1. 基本概况

松辽盆地扶余油层（泉四段）沉积时期，盆地整体进入拗陷阶段，逐渐形成了一个统一的大盆地构造格局，沉积范围拓展，盆地边缘地形高，盆地中心低，湖泊大面积分布。

由于气候干旱、地势平坦，湖泊分布局限且水体浅，发育短暂，河流作用占据优势，发源于盆地周边的多条水系向盆地中央汇集，枯水期在拗陷中心部位交汇，并向东流出盆地。由于不同时期河流沉积叠加，分流河道砂体大面积错叠连片分布。河道、分流河道沉积遍及整个中央拗陷区，砂岩单层一般厚 2~5m，累计厚度一般可达 20~60m。青山口组主要为滨湖相、浅湖相、较深湖相沉积，自下而上分成三段：青一段为灰黑色泥岩、粉砂质泥岩、油页岩，青二和青三段由灰或灰黑色泥岩、钙质粉砂岩及介形虫层组成，偶夹生物灰岩。底部以厚约 20m 的灰黑色泥岩夹黑褐色油页岩为标志层与下伏白垩系下白垩统泉头组灰绿色泥岩分界，顶部以灰色泥岩与上覆白垩系上白垩统姚家组灰色钙质粉细砂岩区别，上下均为整合接触。发育于凹陷内的青山口组青二段分布稳定，邻近主力烃源岩层，并且其具有较好的生烃能力，目前探井钻遇的储层随物性较差，但普遍见含油显示。

2. 地质特征

青山口组烃源岩分布面积 $2.03×10^4km^2$。其中青一段和青二段 TOC>2%、R_o=1.0%~1.3%的优质成熟烃源岩面积大于 $8000km^2$。青一段暗色泥岩是松辽盆地的主力烃源岩，厚度大、有机质丰度高、成熟度高，生油母质主要为倾向生油的陆相 I 型干酪根。松辽盆地北部青一段平均厚度为 60m；平均 TOC 为 2.13%；氯仿沥青"A"平均值为 0.43；总烃平均值为 $4.149×10^{-3}$，一般主要分布在 $1×10^{-3}~8×10^{-3}$；生烃潜量 S_1+S_2 平均值达 18.49mg/g，主要分布在 10~35mg/g，综合评价为最好生油岩。有效烃源岩约 $1×10^4km^2$，有机质成熟度 R_o 为 0.7%~1.3%，古龙凹陷与三肇凹陷主体 R_o>0.9；生烃凹陷的主体部位排烃强度都在 $4×10^6~6×10^6t/km^2$ 以上。在齐家-古龙凹陷主体，青二段、青三段的烃源岩也达到了较好成熟烃源岩的标准(TOC>0.5%，R_o>0.75%)，排烃强度一般在 $5×10^5~4×10^6t/km^2$。青一段源岩 TOC 为 0.37%~5.94%，平均为 2.17%，生油潜量(S_1+S_2) 为 1.06~20mg/g，平均为 9.00mg/g；青二段、青三段烃源岩有机质丰度高，有机碳含量为 0.36%~3.26%，平均为 1.84%，生油潜量为 0.91~18.22mg/g，平均为 8.99mg/g。青山口组烃源岩有机质类型主要为 I-II$_1$ 型，更倾向于生油。青一段烃源岩 R_o 为 1.06%~1.10%，青二段、青三段源岩 R_o 为 0.96%~1.05%，烃源岩均已达到成熟阶段。齐家-古龙凹陷青一段普遍具有超压的特征(压力系数 1.35~1.7)，面积超过 $0.5×10^4km^2$。现今地层也普遍具有超压，压力系数为 1.2~1.55。松辽盆地北部青山口组烃源岩的多期排烃和巨厚源岩层产生的超压是形成大面积致密油、页岩油的重要基础。

扶余致密储层，从岩石成分上来看，以长石岩屑砂岩为主，含少量岩屑长石砂岩，其中石英和长石相对含量偏低，喷出岩岩屑相对含量偏高，含有少量变质岩岩屑与沉积岩岩屑，岩石成分成熟度较低。从粒度上来看，致密砂岩储层主要以细砂岩为主，含有少量的粉砂岩及中砂岩。岩石整体致密，孔隙连通性差，储层中原生孔隙与次生孔隙共存。原生孔隙为压实与胶结残余的粒间孔隙，主要发育于石英与长石颗粒含量较高的储层中，呈三角形或多边形，孔隙边缘平直，内部洁净，无明显的溶蚀痕迹，孔隙半径较大，连通性相对较好，常见油气充注现象。次生孔隙主要有长石及岩屑粒内与边缘溶孔，少量碳酸盐胶结物粒间溶孔，以及黏土矿物的晶间孔隙。其中，溶蚀孔隙形状不规则，半径较小，连通性较差，并且长石及岩屑颗粒溶蚀孔隙常与原生孔隙伴生；黏土矿物的晶间孔隙主要包括伊利石晶间孔隙与高岭石晶间孔隙，此类孔隙数量多，但半径小，主要为以纳米级孔隙，孔隙多呈孤立状，连通性差。物性统计表明，储层孔隙度主要分布范围为 2%～14%，平均为 8.54%，其中孔隙度小于 10% 的储层占 70.04%；渗透率主要分布范围为 $0.01×10^{-3}$～$5×10^{-3}μm^2$，平均为 $0.493×10^{-3}μm^2$，其中小于 $1×10^{-3}μm^2$ 的储层占 92.80%；储层孔隙度与渗透率相关性较差，并且不同含油饱和度的储层，物性无明显差异，即储层含油饱和度受储层物性的控制作用较小。根据高压压汞分析，储层孔喉半径分布范围大，为 0.018～1.776μm，平均为 0.206μm，其中孔喉半径的主要分布范围为 0.1～0.25μm。总体上，储层物性差，孔喉半径小，且尺度分布范围广，为致密砂岩储层所具有的储集物性特征（黄微等，2013；柳波等，2018）。

青二段致密砂岩储层是青一段最大湖泛期沉积过后水退背景下的高位体系域产物，以纵向叠置、横向广布的三角洲前缘相带薄层席状粉砂岩为特征。储层累计厚度较大（70～110m），单层厚度 0.2～2.55m，整体表现为灰黑色、黑灰色泥岩夹棕灰色油斑、油迹粉砂岩，砂地比为 10%～35%。储层岩性以含泥-泥质粉砂岩为主，其次为含介形虫粉砂岩和含钙粉砂岩、粉砂质泥岩。储层物性普遍很差，孔隙度一般为 2%～10%，岩石基质（排除裂隙因素）渗透率为 $0.02×10^{-3}$～$1.0×10^{-3}μm^2$，一般低于 $0.1×10^{-3}μm^2$。储集空间以残余粒间孔为主，发育少量微裂隙及溶蚀孔隙，裂隙的发育可大大提高储集岩的渗透性。致密砂岩储层的孔隙度为 2.1%～10.7%，平均为 5.6%，基质渗透率为 $0.02×10^{-3}$～$16.3×10^{-3}μm^2$，平均渗透率为 $0.39×10^{-3}μm^2$，一般低于 $0.5×10^{-3}μm^2$，具裂隙岩样的渗透率高达 $16.3×10^{-3}μm^2$。根据凹陷内青山口组致密砂岩薄片和扫描电镜分析，碎屑颗粒占 80%～90%，绝大多数储集岩具颗粒支撑结构。石英占碎屑颗粒的 20%～37%，平均为 29%，单晶石英占绝对优势。长石占碎屑颗粒的 23%～41%。砂岩、碳酸盐岩含量较高，平均为 7.4%，多为方解石胶结物。黏土矿物以伊利石为主，由于黏土矿物的存在大大降低了凹陷内青山口组储层的渗透性。

页岩储集空间主要为粒间孔、黏土矿物晶间孔和有机质孔，连通性差，孔隙度 7%～11%，以纳米孔为主，孔隙半径分布在 200～700nm，发育页理缝和构造缝。

松辽盆地青山口组为松辽盆地最主要烃源岩层系，以青一段源岩质量最好。青二段源岩内发育高Ⅲ、高Ⅳ油层组，三角洲前缘砂岩型与砂泥互层型页岩油资源分布在青山口组一段中上部和青山口组二段中下部，砂岩型分布在龙虎泡齐家地区，砂泥互层型分布在齐家到古龙西侧，纯页岩型主要分布在青山口组一段，主要分布在齐家-古龙到三肇地区；主力烃源岩青一段之下发育扶余致密油层，受多物源体系砂体控制，中央拗陷区内普遍发育。

松辽盆地北部白垩系青山口组致密砂岩储层主要是三角洲前缘亚相沉积，砂体类型以河口坝、席状砂和远砂坝为主，由于砂岩在源岩内呈大面积连续错叠分布，储层与烃源岩的互层状接触关系，有利于烃源岩生成的油气可直接进入储层。致密储层的形成受沉积条件和后期成岩作用两方面的影响，沉积过程中，由于含泥含钙导致了储层低孔、低渗透的形成,成岩过程中强烈的压实作用和胶结作用是形成特低孔、特低渗储层的主要原因。由于储层物性的制约和围岩的良好封盖条件,普遍含油。在局部构造和超压作用的共同影响下,发育的局部裂缝对储集空间的孔渗条件具有较好的改造作用,形成了孔隙-裂缝双重孔隙体系,有利于形成局部的"甜点区/段"富油区。

3. 勘探开发现状与潜力

中央拗陷区扶余油层除齐家-古龙凹陷埋深大于 2400m 区域外均含油,已提交储量区外工业油流井 123 口、低产油流井 242 口、见油显示井 228 口,展现出整体含油局面(图 1-18)。依据储集层物性和有效厚度展布情况,划分两类勘探区:Ⅰ类区,储集层孔隙度为 9%~12%、局部大于 12%,渗透率为 $0.3×10^{-3}$~$1.5×10^{-3}μm^2$,有效厚度为 3~8m;Ⅱ类区,储集层孔隙度小于 10%、渗透率小于 $0.3×10^{-3}μm^2$、有效厚度为 1~5m。其中,Ⅰ类区分布在构造高部位和斜坡区,储集层物性较好、有效厚度相对较大,单井产量低,部分已提交石油控制和预测储量;Ⅱ类区分布在构造翼部和构造低部位,储集层物性差、有效厚度小,以低产井为主。在Ⅰ类区的局部"甜点区"钻探了垣平 1 井,进行超长水平井多段大规模压裂试油获得 71.26t/d 的高产工业油流,该井 2012 年 3 月 28 日进行试采初期产油 20m³/d,截至 2013 年 6 月底累计产油 10219.8m³,现日产油 18.62m³,展现了水平井有效开发动用的前景;在Ⅱ类区钻探了葡平 1 井,进行水平井密集切割体积压裂试油获得 40.8m³/d 的高产工业油流,截至 2013 年 6 月底累计产油 2497.1m³,现日产油 9.23m³。

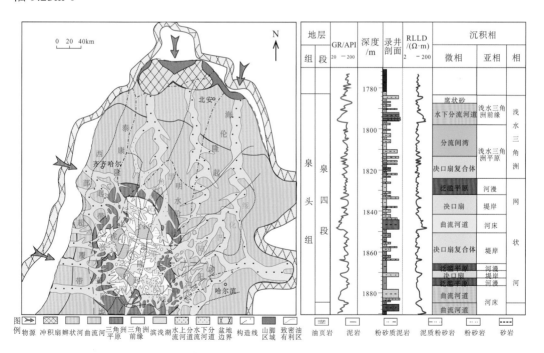

图 1-18 松辽盆地北部白垩系扶余致密油分布特征

近年来，在"储层精细分类、纵向精细分层、平面精细分区"的基础上，结合分层精细编制孔隙度、油层厚度、油水分布和构造图等，逐层分析油层变化规律，分类、分层、分区计算致密油资源量。松辽盆地北部扶余油层致密油资源量 $11.1×10^8t$，其中 I 类资源 $8.1×10^8t$，II 类资源 $3.0×10^8t$。2013 年以来新增石油控制储量 $2.20×10^8t$，石油预测储量 $2.51×10^8t$，实现了致密油产量商业性突破，累计产油 $32.04×10^4t$。松辽盆地南部立足乾安致密油勘探开发效果显著，确定致密油资源量 $9.7×10^8t$，落实剩余资源量 $7.2×10^8t$，已发现三级储量 $1×10^8t$，建产能 $20×10^4t$，2015 年以来，钻井、压裂等施工费用下降 40%～55%，综合开发成本降至 55 美元/bbl，展现了致密油勘探开发的希望与前景。

页岩油勘探开发可追溯到大庆油田 1981 年在古龙凹陷英 12 井首获工业油流(油 $3.83t/d$，气 $441m^3/d$)，发现泥岩裂缝油藏。1983～1991 年，建立了试验区，先后钻探英 18 等 5 口井，英 18、哈 16 井获工业油流。1998 年钻探古平 1 井，水平段长度 1001.5m，筛管完井抽汲日产油 1.51t；2010 年哈 18 井采用纤维转向压裂获 3.58t/d 工业油流，2011 年完钻的齐平 1 井日产油达 10.2t，实现了页岩油产量突破；2017 年松页油 1 井和松页油 2 井日产油分别达 3.22t 和 4.93t；2018 年英 X57 井日产原油 3.28t。截至目前，累计产油 $90.08×10^4t$。2019 年已完成古页 1 井综合评价，待试油，古页油平 1 井已开始钻探。目前，大庆油田将青山口组页岩油划分为三种类型：I 类致密油、页岩油受内三角洲内前缘相控制，砂层发育，单层厚大于 2m，源储比小于 50%，已实现商业开发；II 类致密油、页岩油受外前缘相控制，砂泥岩互层，单层厚为 0.5～2m，源储比为 50%～90%；III 类页岩油为纯页岩型，受深湖相控制。采用体积法初步估算资源量为 $64.01×10^8$～$75.47×10^8t$(吴河勇等，2019)。

吉林油田 2018～2019 年完钻探井 18 口，10 口获得工业油流，其中黑 197 井直井日产油 20.04t；针对乾安-大安纯页岩型完钻 6 口探井，初步圈定两个"甜点区"，"甜点区"资源量超 $10.3×10^8t$。

4. 三塘湖盆地条湖组与芦草沟组

1)基本概况

三塘湖盆地位于新疆东北部，属于哈密地区，呈北西-南东向展布，总面积 $2.3×10^4km^2$。一级构造单元分为北部隆起带、中央坳陷带和南部冲断带，中央坳陷带进一步分为五个凸起和六个凹陷，其中马朗-条湖凹陷面积为 $3200km^2$，是盆地油气勘探和开发的主要领域(图 1-19)。三塘湖盆地沉积地层包括石炭系、二叠系、三叠系、侏罗系、白垩系、古近系、新近系和第四系。二叠系仅发育中二叠统，从下到上分为芦草沟组和条湖组。

芦草沟组划分三段，其中芦二段富有机质源岩段沉积分布稳定，源储匹配关系好。受火山喷发强度控制，源储交互分布。短期喷发，火山尘吸附有机质，沉入湖中，形成有机质/凝灰质纹层，源岩单层厚度 2～20m。长期喷发，火山灰大量沉积，形成一定厚度的凝灰岩与白云岩互层，后期产生蚀变与溶蚀，形成较好的储层。

条湖组沉积时期，受印支运动影响，三塘湖盆地发育一套富火山岩湖相沉积建造。

条湖组主要分布在马朗-条湖凹陷,地层南厚北薄,向北剥蚀尖灭,由下到上可分为三段:一段、三段是一套以喷溢相火山岩为主的建造,二段以火山间歇期泥岩及沉凝灰岩沉积为主。条湖组前期勘探主要以火山岩内幕及风化壳型油藏为目标,发现条二段底部有良好油气显示。条二段发育火山角砾岩、火山碎屑沉积岩、玻屑晶屑沉凝灰岩、火山熔岩,夹凝灰质泥岩和煤系泥岩。条湖组致密油储存于条二段火山碎屑岩底部,为一套玻屑晶屑沉凝灰岩。2012年以来,新发现条湖组沉凝灰岩致密油,且已形成了亿吨级增储上产新领域,为三塘湖盆地的重要接替领域(梁世君等,2012,2019;梁浩等,2014)。

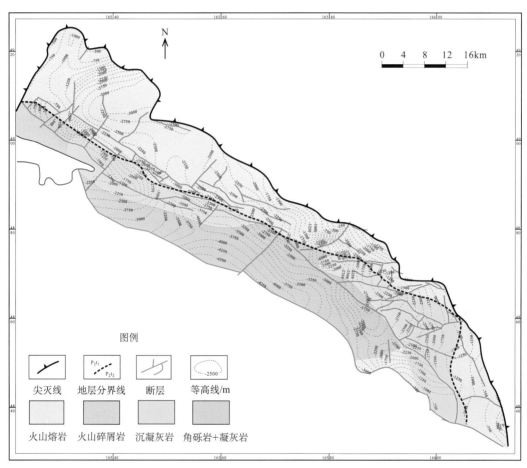

图 1-19　三塘湖盆地马朗-条湖凹陷构造与岩相展布图

2) 地质特征

芦草沟组烃源岩主要分布于马朗凹陷和条湖凹陷,干酪根类型以Ⅰ型和Ⅱ型为主,R_o 值主要为 0.5%~1.3%,处于低熟-成熟阶段,烃源岩厚度为 100~300m。其中,马朗凹陷主要为沉凝灰岩,富含生物碎屑、藻类,有机质呈纹层富集态分布,有机质丰度高,TOC 值平均为 3.87%,S_1+S_2 平均达 26.23mg/g,氯仿沥青 "A" 含量平均为 0.32%,整体评价为好-极好烃源岩,凹陷中心区有机质丰度更高,为极好烃源岩;条湖凹陷 TOC 值平均达 7.96%，S_1+S_2 平均值可达 19.45mg/g，氯仿沥青"A"含量平均为 0.1072%，烃源岩综合评价为较好。

芦草沟组储层岩性复杂多样，为白云质凝灰岩、凝灰质白云岩、灰质凝灰岩等混积岩沉积，纵向从厘米到米级尺度纹层间互。储集空间包括粒间孔、晶间孔、溶蚀孔有机质孔和微裂缝。洼陷区孔隙度为 2.4%，北斜坡带孔隙度为 6%。

芦草沟组原油性质变化较大，原油密度(20℃)为 0.85～0.92g/cm³，原油黏度(50℃)为 20～600mPa·s。地层压力系数为 1.0～1.2。洼陷区含油饱和度为 30%～80%，北斜坡带含油饱和度为 30%～60%。

条湖组烃源岩主要发育于条二段，岩性为泥岩和沉凝灰岩，有机质丰度差-中等，不同岩性烃源岩有机质丰度不同，干酪根类型以Ⅲ型和Ⅱ₂型为主，目前处于低熟-成熟阶段，R_o 值主要为 0.5%～0.9%，T_{max} 主要为 420～450℃，烃源岩厚度为 100～600m，生烃潜量不大。

条湖组储层岩性主要为火山碎屑岩，包括火山角砾岩、凝灰岩、沉凝灰岩、玻屑晶屑沉凝灰岩、凝灰质砂岩、凝灰质粉砂岩和凝灰质泥岩，目前已发现的工业油流井主要分布于条二段玻屑晶屑沉凝灰岩中，粒度较细，整体为沉凝灰岩沉积，分选中等-较好。储集层厚度一般为 10～25m，目前井控有利储层面积近 40km²，且平面分布稳定，主要集中在马朗-条湖凹陷腹部及北部斜坡带。全岩 X 射线衍射数据显示，条湖组致密油储集层石英和斜长石矿物含量高，为 30%～70%，黏土矿物含量较低，储集层整体脆性指数高。条湖组沉凝灰岩储层孔隙类型一般为溶孔型或粒间孔-溶孔型，喉道细小，平均中值半径仅 0.12μm，平均排驱压力 9.37MPa，中值压力介于 1～200MPa，非均质性极强。条湖组致密油储集层 109 个样品的物性统计结果表明，有 94%的样品孔隙度大于 4%，其中孔隙度大于 16%的样品占 43.1%，孔隙度峰值区间为 16%～20%。渗透率小于 $0.5×10^{-3}μm^2$ 的样品占 92.6%，其中有 47.4%样品渗透率低于 $0.05×10^{-3}μm^2$。孔隙度与渗透率的相关性较差，这主要与局部溶蚀及少量微缝有关。

条湖组致密油原油密度较大，流动性稍差。地表条件下的原油密度一般为 0.89～0.91g/cm³，地层地温梯度为 2.7～2.9℃/100m，地层温度 53～64℃，对应的原油黏度 58～83mPa·s，凝固点 15～20℃，含蜡量介于 20%～30%。条湖组压力系数介于 0.9～1.16，属于正常压力系统。储层含油饱和度高，62.7%的样品含油饱和度大于 60%，最大可达 92%。

条湖组致密油主要来自下伏芦草沟组优质烃源岩，芦草沟组烃源岩生成的石油通过油源断层，穿过条湖组一段，进入上覆条二段，在油源断裂附近聚集，原油垂向运移距离为 100～500m(梁浩等，2014)。

综合来看，三塘湖盆地芦草沟组烃源岩分布广泛，中央拗陷区最大钻遇厚度超 600m，有效烃源岩面积达 2000km²，为三塘湖盆地致密油聚集奠定了良好的物质基础。沉凝灰岩岩相区分布范围较大，储层物性好，利于石油聚集。马朗凹陷构造背景相对宽缓，斜坡区面积大，在油源断裂周围油气局部富集，平面上形成连续分布的"甜点区"(图 1-20)。

3)勘探开发现状与潜力

三塘湖盆地条湖组致密油有利勘探区带面积约为 561km²，资源量为 1.43×10⁸t。马朗凹陷"甜点区"主要位于马朗凹陷中部地区，条湖凹陷"甜点区"主要位于条 7、条 19 井区，"甜点区"致密油储集层厚度一般为 10～25m，已探明石油地质储量 3698.35×10⁴t。储集层改造后增产效果显著，水平井多段压裂后初产可达 100m³/d 以上，后期稳产约可达 20m³/d，其中芦 101H 井水平井最高日产油 65t，目前日产油 18.87t，累计生产 174 天，产油 4802t，具备良好的勘探开发前景。马朗凹陷二叠系条湖组致密油基本实现了规模开发，累计建成产能 48.15×10⁴t，2018 年产油 25.9×10⁴t，累计产油 49.5×10⁴t。

芦草沟组页岩油在条湖-马朗凹陷全区分布，面积 3086km²，资源量 13.75×10⁸t，地层厚度 50～300m。在前期勘探中 54 口钻遇该地层，其中 51 口井见油显示，马 L1-3H 井芦草沟组获得日产油 18.5t，马 68 井老井复查获突破，日产油 19.2t，整体落实有利目标 8 个，面积达 100km²。芦页 1 井风险探井，钻遇芦二段凝灰岩储层，有望获得突破。

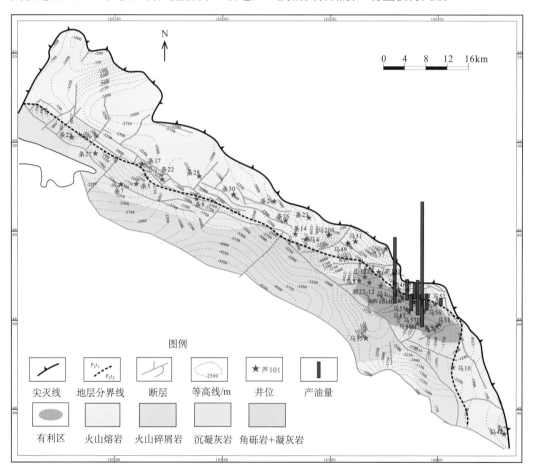

图 1-20　三塘湖盆地二叠系条湖组沉凝灰岩与有利区分布

5. 柴达木盆地扎哈泉下干柴沟组—上干柴沟组

1) 基本概况

根据致密油、页岩油形成的沉积环境、源储共生关系、源岩条件、储层特征与分布分析，柴达木盆地存在碎屑岩和碳酸盐岩两种类型致密油、页岩油，分布在下干柴沟组—上干柴沟组。其中下干柴沟组以碳酸盐岩为主，主要分布在柴西南区，储层厚度在 $2\sim11m$，多数为 $3\sim6m$，纵向上储层分布较多，横向上分布较稳定；上干柴沟组以碎屑岩为主，在柴西地区分布较广，储层厚度在 $2\sim46m$，纵向上油层分布少，横向上延伸较远(付锁堂等，2013；付锁堂，2016；张道伟等，2019a)。2012 年，在扎哈泉斜坡针对上干柴沟组烃源岩层系薄砂体钻探扎 2 井，压裂后日产油 $17.2m^3$，拉开了柴达木盆地致密油、页岩油勘探的序幕，发现柴西南扎哈泉亿吨级储量规模，其中扎平 1 井试采产量稳定，目前日产油 11t，已累计产油 2970t。近年来，碳酸盐岩型致密油、页岩油勘探取得了重要成果。截至 2019 年 4 月，英雄岭构造带的英西-英中区块累计圈定含油面积 $155km^2$，累计申报三级地质储量油气当量 1.54×10^8t，英西油田申报探明石油地质储量 3463.16×10^4t，溶解气地质储量 $34.72\times10^8m^3$；预测石油地质储量 184×10^4t，溶解气地质储量 $2.33\times10^8m^3$；控制石油地质储量 7415×10^4t，溶解气地质储量 $58.91\times10^8m^3$，英中狮 58 区块申报新增石油预测地质储量 3190×10^4t，溶解气地质储量 $44.52\times10^8m^3$(张道伟等，2019b)。

2)地质特征

柴达木盆地古近系烃源岩形成于内陆咸化湖盆环境，其主要发育层位为下干柴沟组上段，岩性以暗色钙质泥岩和页岩为主，部分为有机质含量较高的泥质碳酸盐岩。柴西下干柴沟组上段(E_3^2)烃源岩主要发育在红狮、扎哈泉、英雄岭和小梁山四个主力生烃凹陷，岩性以暗色泥岩和泥灰岩为主，厚度介于 $100\sim1000m$，面积 $1.2\times10^4km^2$，有效烃源岩有机碳含量一般为 0.4%~1.2%，有机质类型以 I - II_1 型为主。在柴西南的红狮、扎哈泉、英雄岭凹陷埋藏深度一般在 $3500\sim4600m$，R_o 为 0.6%~1.2%。柴西上干柴沟组(N_1)烃源岩主要发育在狮子沟—英东—乌南以北的广大区域，岩性以暗色泥岩和泥灰岩为主，厚度在 $100\sim700m$，面积 $1\times10^4km^2$，有效烃源岩有机碳含量一般为 0.4%~0.8%，有机质类型以 I - II_1 型为主，有机质成熟度相对较低，R_o 为 0.4%~1.2%。

与国内其他盆地相比，柴达木盆地古近系—新近系烃源岩虽然有机质丰度不高，但在特殊的咸化湖盆沉积过程中，源岩具有烃转化率较高的特点，在有机碳含量相同的条件下，有机质烃转化率高达 30%以上，远高于其他盆地淡水湖相烃源岩。近年来，在柴达木盆地西部发现一定规模有机质丰度较高的优质咸化湖相烃源岩，其 TOC 值一般在 1%，最高可达 4%以上；生烃潜量一般大于 6mg/g，最高可达 40mg/g；氢指数一般在 500mg/g TOC 以上，最高可达 900mg/g TOC 以上。有机质类型以 I 型和 II_1 为主，少量 II_2 型，为轻油型有机质，"可溶有机质"明显高于淡水湖相烃源岩，这正是该地区在中浅层发现的一批"未熟-低熟油田"的重要物质来源。通过模拟实验证实，有机质在成熟演化阶段也具有较高的生烃潜力，符合经典的油气生成模式(张斌等，2018)。

柴达木盆地有两类致密油储集岩。柴西地区碎屑岩储层多为长石岩屑砂岩和岩屑砂岩，成分成熟度低，泥质杂基含量较高，并经常伴有灰质岩。碳酸盐岩包括藻灰岩、泥晶灰岩、颗粒灰岩等，常与碎屑岩互层出现，胶结物为钙质、泥质或硬石膏。柴北缘致密油储集岩性主要为致密砂岩，以中细砂岩为主，长石岩屑含量较高，压实作用强烈，颗粒间凹凸接触明显。

据岩心物性统计，柴达木盆地致密油、页岩油储层孔隙度平均为 4%～9.4%，渗透率平均为 0.2×10^{-3}～$1\times10^{-3}\mu m^2$，多数小于 $1\times10^{-3}\mu m^2$，储层类型属于特低孔、特低渗储层。柴西地区下干柴沟组上段（E_3^2）物性普遍比上干柴沟组（N_1）要小，孔隙度一般为 5%～7%，渗透率为 0.2×10^{-3}～$0.7\times10^{-3}\mu m^2$，上干柴沟组（N_1）孔隙度为 6%～8%，渗透率小于 $0.8\times10^{-3}\mu m^2$。

通过成岩作用分析认为，柴北缘致密砂岩物性主要受压实和溶蚀作用双重控制，其强度要比柴西地区大，颗粒间见凹凸接触，粒间孔多数已成粒缘缝，物性比柴西地区差。柴西地区粉砂岩的物性主要受沉积作用和后期的压实、胶结作用共同控制，不同地区有差异，如乌南地区主要以钙质和灰泥质减孔为主，扎哈泉地区则以压实减孔为主，少量的钙质减孔。碳酸盐岩储层物性主要受表生的淡水风化淋滤作用和构造作用的影响，胶结作用是其岩性致密的主要原因，其次才是压实作用。

源储共生关系是致密油气形成最重要的地质条件之一。源储共生关系主要受沉积特征及其演化的控制。柴西地区古近系—新近系广泛发育的半深湖-深湖相泥岩，以及与其互层或位于其附近的辫状河三角洲和滨浅湖相砂体、粒屑灰岩、藻灰岩等为致密油的形成提供了良好的源储共生关系（图 1-21）。以英西地区为代表的混积碳酸盐岩储集层主要为细粒岩，勘探已证实除局部发育缝洞型储集层外，其余储集层均为细粒碳酸盐岩类储集层。研究表明，"源储"关系作为页岩油能否有效开发的关键因素，对页岩油系统评价和"甜点区/段"优选至关重要。柴达木盆地下干柴沟组上段整体含油性较好，所有泥质碳酸盐岩段和钙质页岩段样品均具有较高的荧光级别，荧光以黄色和绿黄色为主，表明其组分主要为油质。测井、录井和分析测试资料在纵向上具有较好的规律性，即与每个泥岩段相邻的泥质碳酸盐岩储集层段具有较好的物性和含油性。这表明在"源储"叠置发

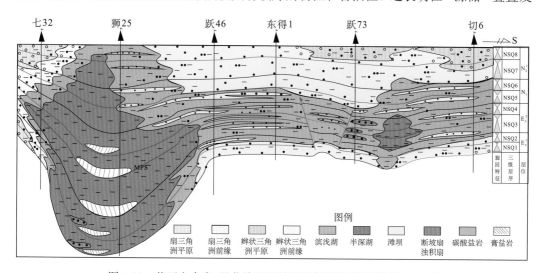

图 1-21　柴西七个泉-昆北地区源储配置剖面图（付锁堂等，2013）

育的基础上，广泛发育的裂缝网络构成了油气短距运移的通道，使油气在碳酸盐岩储集层段聚集。因此，柴达木盆地下干柴沟组上段致密油、页岩油主体属于短距运移的近源或源内型(张道伟等，2019a)。

　　3) 勘探开发现状与潜力

　　致密油、页岩油以自生自储为特点，所以其分布距最初的生油区往往不远。从致密油、页岩油储层的分布与烃源岩分布关系来看(图1-22)，柴达木盆地致密油、页岩油多处于生烃凹陷中心，如小梁山-南翼山；或紧邻生烃凹陷的构造斜坡区，如七个泉-跃进、扎哈泉、乌南 N_1 油藏。柴西地区致密油、页岩油总资源量达 $8.57 \times 10^8 t$，主要分布在三大领域：①环英雄岭构造带-跃进斜坡下干柴沟组上段(E_3^2)，该区带紧邻红狮凹陷，勘探面积 $1269 km^2$，发育柴西地区品质最好的烃源岩，储层岩性为滨浅湖-半深湖相灰云岩；②跃东-乌南上干柴沟组(N_1)，该区带紧邻切克里克凹陷，勘探面积 $8536 km^2$，储层岩性为滨浅湖滩坝相砂岩；③小梁山-南翼山油砂山组(N_2)，该区带紧邻小梁山生烃凹陷，勘探面积 $4229 km^2$，储层岩性主要为滨浅湖混积岩(张道伟，2019b)。

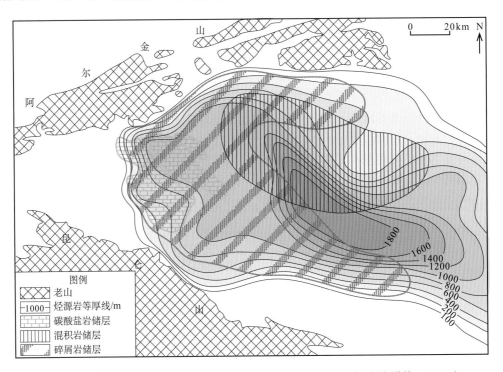

图1-22　柴达木盆地西部地区新生界页岩与致密储层分布叠合图(张道伟，2019b)

6. 四川盆地侏罗系

　　四川盆地侏罗系分布面积约 $18 \times 10^4 km^2$，地层厚度 $500 \sim 4500 m$，是一套既含油又含气的重要含油气层系。侏罗系主要发育在湖相沉积体系中，构造上属于川中低缓褶皱带，自南东向北西逐渐倾伏，总体构造宽平，断裂少。全区发育五套含油层系，自下向上分为珍珠冲段、东岳庙段、大安寨段、凉高山组及沙溪庙组，东岳庙段和大安寨段储层为介壳灰岩，其余层段储层为粉-细砂岩，具备大面积整体含油的条件。平面上，沙溪庙组、凉高山组及大安寨段储层展布面积均超过 $10×10^4km^2$，占盆地总面积的 56%以上；纵向上，储层相互叠置，沙溪庙组沙一段砂岩厚度 10～200m，凉高山组砂岩平均厚度大于 30m，大安寨段介壳灰岩主体厚度介于 5～30m，最大超过 40m，三层累计厚度超过 300m。

侏罗系发育四套生油岩，主要集中分布在下侏罗统，包括珍珠冲段、东岳庙段、大安寨段及凉高山组黑色页岩，烃源条件良好，具有展布范围广、有机质生烃潜量大及生烃强度高等特点。有效烃源岩展布面积为 $10.0×10^4km^2$，厚度为 40～240m，TOC 为 0.8%～3.0%，生烃潜量为 6.59～7.24mg/g，R_o 介于 0.9%～1.4%，生烃强度较高，如川中东北部，生烃强度大于 $20×10^4t/km^2$ 的面积有 $7×10^4km^2$，生烃强度大于 $50×10^4t/km^2$ 的面积有 $3.5×10^4km^2$。

四川盆地侏罗系陆相致密油、页岩层系勘探，过去主要聚焦于大安寨段介壳灰岩、沙溪庙组砂岩等，以侏罗系为目的层井 1229 口，大安寨段累计完钻井 1037 口，发现油气田 5 个、含油气构造 18 个，探明石油储量为 $8118.38×10^4t$，天然气储量为 $145.92×10^8m^3$，累计生产原油 $626.72×10^4t$，凝析油 $164.50×10^4t$，天然气 $44.50×10^8m^3$，2018 年年产原油 $2.37×10^4t$，天然气 $2824×10^4m^3$。已发现油气藏主要为构造油气藏，含油气层系多、油质轻、无边水和底水，压力系数较高，但是油气藏规模较小、储层厚度薄、横向变化大、物性差、硬度大，规模有效改造难度大，以直井压裂为主的储层改造，工艺技术单一，施工规模小。历经多次探索，侏罗系油气勘探取得了一定成效，但尚未实现油气规模效益开发。

大安寨段湖相页岩油气具有埋藏浅、保存条件好、地层压力系数高等优越条件，按照有机碳含量大于 1.5%的范围，计算页岩油资源量为 $70×10^8t$，页岩气的资源量为 $3.5×10^{12}m^3$。射洪—遂宁—南充—蓬安—仪陇—南部页岩油气勘探有利区近 $1×10^4km^2$（杨跃民等，2019；邹才能等，2019；杨智和邹才能，2019）。

近期在富有机质、较高孔隙大安寨段黑色页岩段探索，有多口井出油气，展现出良好的发现前景。龙浅 2 井大安寨段页岩储层钻试取得较好效果，黑色页岩厚度 56m、平均孔隙度5.8%、测试产量2659m³/d，明显大于介壳灰岩的厚度3～13m、平均孔隙度1.2%、测试产量 150m³/d；秋林 19 井大安寨段页岩试获工业油流，页岩厚度 36.7m、平均孔隙度 7%、直径压裂获日产油 2.3～4.1m³、日产气 1500m³；元坝、涪陵地区 21 口井钻遇大安寨段页岩，页岩厚度 20～80m，孔隙度 4.35%～5.15%，直井压裂测试 12 口井获高产油气流，单井日产油 54～67.8m³、日产气 $1.4×10^4$～$50.7×10^4m^3$。如果用水平井体积压裂，有望更大幅度提高产量。

7. 渤海湾盆地古近系

在渤海湾盆地，页岩油勘探在多个凹陷取得重要突破。大港油田在沧东凹陷孔二段 15 口直井获得工业油流，自 2018 年 9 月至今，官东 1701H 累计产油 6696t，天然气 $38.5×10^4m^3$；官东 1702H 井累计产油 8335t，天然气 $45.5×10^4m^3$，持续稳产，初步形成亿吨级增储战场，2019 年底将实现 $5×10^5t$ 页岩油产量，在渤海湾盆地致密油、页岩油的工业化开发上实现零的突破；歧口凹陷沙一下亚段老井复查初见成效，优选 20 口老井重新试油，效果显著。

胜利油田在济阳拗陷有 800 余口井在济阳拗陷页岩层系见到油气显示,40 口致密油、页岩油井初产达到工业油流标准,各凹陷均在页岩层系见到工业性油气流,累计产油超过 11×10^4 t。其中,梁页 1HF 井获 1.8t/d 油流,累计产油 724t;渤页平 1 井、渤页平 2 井分别获得 1.5t/d 和 6.5t/d 油流,累计产油分别为 148t 和 130t;樊 159 井直井压裂后日产油达 19.7t。2019 年 5 月,胜利油田成立页岩油勘探开发一体化项目组,对页岩油勘探开发进行攻关;胜利油田对页岩油设立了"两个三年"目标:第一个三年是指在 2020 年取得页岩油勘探开发先导试验的成功;第二个三年是指在 2023 年形成页岩油商业开发规模(宋国奇等,2015;孙焕泉等,2019,宋明水,2019)。

辽河油田在辽西凹陷雷家地区探明储量 1342×10^4 t,累计产油 78.8×10^4 t,近期部署预探井 14 口,在杜三油层新增探明储量 681.82×10^4 t,在高升地区新增探明储量 4711×10^4 t。

华北油田束鹿凹陷束探 1H、束探 2X、束探 3 井试采效果好,晋 97、晋 116X、晋 98X 等多口井获得工业油流,初步估算井控石油地质储量约 4000×10^4 t,展示了致密油、页岩油良好的勘探前景。

冀东高柳地区高 80-12 井 Es_3^4,经压裂改造后,日产页岩油 0.26t,展示高柳断层以南地区的沙一段、拾场次洼斜坡带 Es_3^3 底至 Es_3^5 致密油、页岩油勘探前景。

8. 中低成熟度页岩油原位转化潜力

1)基本特征

中低成熟度页岩油具有可转化资源潜力很大、滞留液态烃油质偏稠、可动油比例偏低、固体有机物占比较高、常规压裂改造技术难以实现商业开发等特征(表1-9)。有机质热成熟度不高,R_o 值多小于 1.0%。与中高成熟度页岩油成熟度的上限划分有交叉,具体情况可根据研究区确定。如果一个探区页岩油以中高成熟度为主,则成熟度上限可适当向低值区移动,具体应以原油地下流动能力和单井累计采出量来决定,上限可以取 0.9%,不宜太低。中低成熟度页岩油以重质油、沥青和尚未转化的有机质为主,靠水平井和压裂技术难以获得经济产量,必须采用地下原位加热转化技术才能获得经济产量。有机质含量一般大于 6%,主体丰度宜在 8%~12%,而且越高越好,以保证有足够多液态烃和多类有机物残留,满足地下原位加热时有足够多的烃类生成。有机质类型以 I 型和 II_1 型为主,以保证加热条件下向液态烃转化更容易,且数量足够大。页岩储集空间较小,孔隙度多数小于 3%,有机孔不发育,主要为黏土矿物晶间孔、碎屑矿物粒间孔、层理缝、微裂缝等。地层塑性大、脆性矿物含量少,人工压裂改造技术难以形成有效的流动通道。

表 1-9 中国陆相中低成熟度页岩油地质参数统计表

盆地	层系	TOC/%	干酪根类型	HI/(mg/g)	R_o/%	厚度/m	有利区面积/km²
鄂尔多斯	三叠系延长组 7 段	6~38	I - II_1	320~650	0.6~1.0	15~64	18000
松辽	白垩系嫩江组	4~18	I - II	365~820	0.6~0.75	10~23	12000
准噶尔	二叠系平地泉组	5~11	I - II	350~780	0.65~1.0	15~100	450
	二叠系风城组	4~6	I - II	300~640	0.7~1.0	30~120	800

2）规模动用技术

目前已有的调研、实验和现场先导试验均表明，地下原位加热是实现页岩油规模开发利用的最优选项。页岩油地下原位转化可称之为"地下炼厂"，是利用水平井电加热轻质化技术，持续对埋深 300～3000m 的富有机质页岩层段加热，使多类有机质发生轻质化转化的物理化学过程，其中重油、沥青等有机物会大规模向轻质油和天然气转化，并将焦炭和 CO_2 等污染物留在地下，对环境保护是有利的。理论上，利用电加热器向地下页岩层注入热量，主要经历两个动态演变过程，实现生烃、增压、成储、保压与提高采收率的目标：①蓄热生烃增压过程。加热阶段初期，页岩段温度缓慢升高，地层压力随热膨胀而增加。当温度持续上升到一定水平(约 280℃)(Kibodeaux，2014)，轻烃气和石油开始产生。温度进一步升高，气油比变大，页岩段内流体流动能力显著增加，油气流动生产能力已经具备。②成储保温保压提高流度过程。加热到后期，温度达到峰值(约330℃)(Kibodeaux，2014)，页岩段因热作用发生层理剥离，书页状层间微裂缝大规模形成，页岩段具备规模储集与输导油气能力(图 1-23)，气油比进一步升高，生成的气体中含有大量的硅酸三钙(C_3S)和硅酸四钙(C_4S，一种很好的溶剂)，与高温裂解产生的天然气和轻质油相结合，使液态烃黏度降低、流动性增强，这样页岩段完全具备了规模储集油气、允许油气流动的能力，又因持续加热，保持相对恒温，油气不断生成和气油比增高的过程使地层压力可以保压，油气生产过程得以持续，直至生烃过程中止。整个页岩段原位加热转化过程可以达到很高的采收率。

页岩油地下原位转化，主要有三方面的技术优势：一是地下原位转化过程可实现清洁开采。无需水力压裂、占地少、无尾渣废料、无空气污染、基本没有地下水污染，可以最大限度减少开采过程对生态环境的破坏。二是原位转化油气资源采出程度高。原位转化过程中会产生超压流体系统和微裂缝系统，增加了页岩地层的渗流通道、驱动力及高效泄流能力，可实现相当高的原油采出率，最终采出率可达 60%～70%。三是地下原位加热转化的油品质量好。地下高温条件下，页岩地层中未转化的有机质通过人工加热加速降解形成轻质油和天然气；残存于页岩中的重油和沥青通过热裂解形成低碳数烃，黏度显著降低。

经过多年研究与现场试验探索，适合地下原位转化的页岩油，须满足以下五个条件：一是页岩集中段有机质丰度要高，TOC 平均值大于 6%，而且越大越好，另外，有机质类型以 Ⅰ、Ⅱ₁型干酪根为好，产液态烃能力强；二是页岩集中段厚度一般大于 15m，净地比大于 0.8；三是页岩热演化程度适宜，R_o 值一般为 0.5%～1.0%；四是埋藏深度、分布面积适宜，埋深小于 3000m，连续分布面积大于 50km²；五是页岩目的层段具有较好的顶底板封闭条件，遮挡层厚度应大于 2m，断层不发育，且地层含水率小于 5%，不存在活动水。

要实现中国中低成熟度页岩油商业开采的技术突破，还面临一些科学问题亟待解决：①富有机质页岩形成与分布机理，如高 TOC 值页岩段沉积古环境学特征与生物过度繁盛控制因素不明，富有机质页岩页理形成的机理与控制因素待落实，富有机质页岩层内有机质类型分布及非均质性分布控制因素与环境学响应不清等；②原位转化的动力学机制及最佳转化条件，如热转化条件下有机质与无机矿物间相互作用及动力与阻力消长关系待明确，页岩有机物转化的最佳物理化学窗口与转化条件等待研究；③工程技术问题的解决方法有待进一步探索，如千米级地下加热高恒温控制技术及稳定性待攻关，电加热管材料与制造技术需探索，小井眼与小井距(5～8m)准确定位水平井钻井技术及控制系统需现场试验检验等。陆相中低成熟度页岩油能否进入商业开发周期，核心是以井组累计采出量能否形成商业规模、单井和井组产量规模是否有经济规模，以及井下加热系统的耐久性能否支撑经济开采的最小时限为前提，应通过先导试验，攻关核心技术装备，形成自主知识产权的关键技术。同时，落实"甜点区"评价标准，并探索优化最佳工艺流程，以加快推进中国陆相页岩油革命。

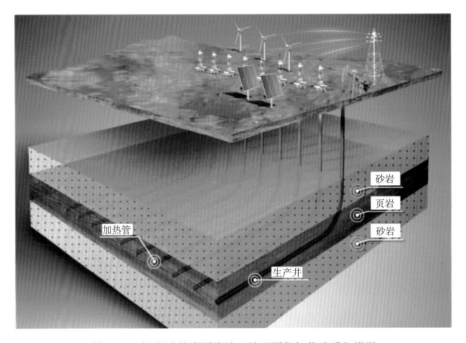

图 1-23　中-低成熟度页岩油"地下原位加热改质"模型

参 考 文 献

陈小慧. 2017. 页岩油赋存状态与资源量评价方法研究进展. 科学技术与工程, 17(3): 136-144.

崔景伟, 朱如凯, 范春怡, 等. 2009. 页岩层系油气资源有序共生及其勘探意义——以鄂尔多斯盆地延长组长 7 页岩层系为例. 地质通报, 38(6): 1052-1061.

董冬, 杨申镳, 项希勇, 等. 1993. 济阳拗陷的泥质岩油气藏. 石油勘探与开发, 20(6): 15-22.

杜金虎, 何海清, 杨涛, 等. 2014. 中国致密油勘探进展及面临的挑战. 中国石油勘探, 19(1): 1-9.

杜金虎, 胡素云, 庞正炼, 等. 2019. 中国陆相页岩油类型、潜力及前景. 中国石油勘探, 24(5): 560-568.

付广, 姜振学, 张云峰. 1998. 大庆长垣以东地区扶余致密油层成藏系统的划分与评价. 特种油气藏, 3(2): 12-17.

付金华, 喻建, 徐黎明, 等. 2015. 鄂尔多斯盆地致密油勘探开发新进展及规模富集可开发主控因素. 中国石油勘探, 20(5): 9-19.

付金华, 牛小兵, 淡卫东, 等. 2019. 鄂尔多斯盆地中生界延长组长 7 段页岩油地质特征及勘探开发进展. 中国石油勘探, 24(5): 601-614.

付金华, 李士祥, 牛小兵, 等. 2020. 鄂尔多斯盆地三叠系长 7 段页岩油地质特征与勘探实践. 石油勘探与开发, 47(5): 870-883.

付锁堂. 2016. 柴达木盆地油气勘探潜在领域. 中国石油勘探, 21(5): 1-10.

付锁堂, 张道伟, 薛建勤, 等. 2013. 柴达木盆地致密油形成的地质条件及勘探潜力分析. 沉积学报, 31(4): 672-682.

高瑞祺. 1984. 泥岩异常高压带油气的生成排出特征与泥岩裂缝油气藏的形成. 大庆石油地质与开发, 3(1): 160-167.

郭旭光, 何文军, 杨森, 等. 2019. 准噶尔盆地页岩油"甜点区"评价与关键技术应用——以吉木萨尔凹陷二叠系芦草沟组为例. 天然气地球科学, 30(8): 1168-1179.

胡素云, 朱如凯, 吴松涛, 等. 2018. 中国陆相致密油效益勘探开发. 石油勘探与开发, 45(4): 737-749.

胡素云, 闫伟鹏, 陶士振, 等. 2019. 中国陆相致密油富集规律及勘探开发关键技术研究进展. 天然气地球科学, 30(8): 1083-1093.

黄薇, 梁江平, 赵波, 等. 2013. 松辽盆地北部白垩系泉头组扶余油层致密油成藏主控因素. 古地理学报, 15(5): 635-644.

黄文彪, 邓守伟, 卢双舫, 等. 2014. 泥页岩有机非均质性评价及其在页岩油资源评价中的应用——以松辽盆地南部青山口组为例. 石油与天然气地质, 35(5): 704-711.

黄振凯, 刘全有, 黎茂稳, 等. 2018. 鄂尔多斯盆地长 7 段泥页岩层系排烃效率及其含油性. 石油与天然气地质, 39(3): 513-521, 600.

贾承造, 邹才能, 李建忠, 等. 2012a. 中国致密油评价标准、主要类型、基本特征及资源前景. 石油学报, 33(3): 343-350.

贾承造, 郑民, 张永峰. 2012b. 中国非常规油气资源与勘探开发前景. 石油勘探与开发, 39(2): 129-136.

匡立春, 唐勇, 雷德文, 等. 2012. 准噶尔盆地二叠系咸化湖相云质岩致密油形成条件与勘探潜力. 石油勘探与开发, 39(6): 657-667.

李国欣, 朱如凯. 2020. 中国石油非常规油气发展现状、挑战与关注问题. 中国石油勘探, 25(2): 1-13.

李晓光, 刘兴周, 李金鹏, 等. 2019. 辽河拗陷大民屯凹陷沙四段湖相页岩油综合评价及勘探实践. 中国石油勘探, 24(5): 636-648.

李忠兴, 王永康, 万晓龙, 等. 2006. 复杂致密油藏开发的关键技术. 油气田开发, (3): 60-64.

梁浩, 李新宁, 马强, 等. 2014. 三塘湖盆地条湖组致密油地质特征及勘探潜力. 石油勘探与开发, 41(5): 563-572.

梁世君, 黄志龙, 柳波, 等. 2012. 马朗凹陷芦草沟组页岩油形成机理与富集条件. 石油学报, 33(4): 588-594.

梁世君, 罗劝生, 王瑞, 等. 2019. 三塘湖盆地二叠系非常规石油地质特征与勘探实践. 中国石油勘探,

24(5)：624-635.

林森虎, 汪梦诗, 袁选俊. 2017. 大型坳陷湖盆定量化沉积相编图新方法——以鄂尔多斯盆地中部长 7 油层组为例. 岩性油气藏, 29(3)：10-17.

柳波, 石佳欣, 付晓飞, 等. 2018. 陆相泥页岩层系岩相特征与页岩油富集条件——以松辽盆地古龙凹陷白垩系青山口组一段富有机质泥页岩为例. 石油勘探与开发, 45(5)：828-838.

马强. 1995. 致密油气层 DST 测试分析. 试采技术, 16(4)：9-15.

慕立俊, 赵振峰, 李宪文, 等. 2019. 鄂尔多斯盆地页岩油水平井细切割体积压裂技术. 石油与天然气地质, 40(3)：626-635.

宋国奇, 徐兴友, 李政, 等. 2015. 济阳坳陷古近系陆相页岩油产量的影响因素. 石油与天然气地质, 36(3)：463-471.

宋明水. 2019. 济阳坳陷页岩油勘探实践与现状. 油气地质与采收率, 26(1)：1-12.

孙焕泉. 2017. 济阳坳陷页岩油勘探实践与认识. 中国石油勘探, 22(4)：1-14.

孙焕泉, 蔡勋育, 周德华, 等. 2019. 中国石化页岩油勘探实践与展望. 中国石油勘探, 24(5)：569-575.

童晓光. 2012. 非常规油的成因和分布. 石油学报, (S1)：20-26.

王社教, 蔚远江, 郭秋麟, 等. 2014. 致密油资源评价新进展. 石油学报, 35(6)：1095-1105.

王小军, 杨智峰, 郭旭光, 等. 2019. 准噶尔盆地吉木萨尔凹陷页岩油勘探实践与展望. 新疆石油地质, 40(4)：402-413.

吴河勇, 林铁峰, 白云风, 等. 2019. 松辽盆地北部泥(页)岩油勘探潜力分析. 大庆石油地质与开发, 38(5)：78-86.

杨华, 李士祥, 刘显阳, 等. 2013. 鄂尔多斯盆地致密油、页岩油特征及资源潜力. 石油学报, 34(1)：1-11.

杨华, 牛小兵, 徐黎明, 等. 2016. 鄂尔多斯盆地三叠系延长组长 7 段页岩油勘探潜力. 石油勘探与开发, 43(4)：590-599.

杨跃明, 黄东, 杨光, 等. 2019. 四川盆地侏罗系大安寨段湖相页岩油气形成地质条件及勘探方向. 天然气勘探与开发, 42(2)：1-12.

杨智, 邹才能. 2019. "进源找油"：源岩油气内涵与前景. 石油勘探与开发, 46(1)：173-184.

杨智, 侯连华, 陶士振, 等. 2015. 致密油与页岩油形成条件与"甜点区"评价. 石油勘探与开发, 42(5)：555-565.

姚泾利, 邓秀芹, 赵彦德, 等. 2013. 鄂尔多斯盆地延长组致密油特征. 石油勘探与开发, 40(2)：150-159.

姚泾利, 赵彦德, 邓秀芹, 等. 2015. 鄂尔多斯盆地延长组致密油成藏控制因素. 吉林大学学报(地球科学版), 45(4)：983-992.

张斌, 何媛媛, 陈琰, 等. 2018. 柴达木盆地西部咸化湖相优质烃源岩形成机理. 石油学报, 39(6)：674-685.

张道伟, 马达德, 陈琰, 等. 2019a. 柴达木盆地油气地质研究新进展及勘探成果. 新疆石油地质, 40(5)：505-512.

张道伟, 马达德, 伍坤宇, 等. 2019b. 柴达木盆地致密油"甜点区(段)"评价 与关键技术应用——以英西地区下干柴沟组上段为例. 天然气地球科学, 30(8)：1134-1149.

张金亮, 常象春. 2000. 民和盆地致密砂岩油藏油气充注史及含油气系统研究. 特种油气藏, 7(4)：5-8.

赵文智, 胡素云, 侯连华. 2018. 页岩油地下原位转化的内涵与战略地位. 石油勘探与开发, 45(4)：

537-545.

赵文智, 胡素云, 侯连华, 等. 2020. 中国陆相页岩油类型、资源潜力及与致密油的边界. 石油勘探与开发, 47(1): 1-10.

赵贤正, 周立宏, 蒲秀刚, 等. 2018. 陆相湖盆页岩层系基本地质特征与页岩油勘探突破——以渤海湾盆地沧东凹陷古近系孔店组二段一亚段为例. 石油勘探与开发, 45(3): 361-372.

赵贤正, 周立宏, 蒲秀刚, 等. 2019. 断陷湖盆湖相页岩油形成有利条件及富集特征——以渤海湾盆地沧东凹陷孔店组二段为例. 石油学报, 40(9): 1013-1029.

赵政璋, 杜金虎, 邹才能, 等. 2012. 致密油气. 北京: 石油工业出版社.

支东明, 唐勇, 杨智峰, 等. 2019a. 准噶尔盆地吉木萨尔凹陷陆相页岩油地质特征与聚集机理. 石油与天然气地质, 40(3): 524-536.

支东明, 唐勇, 郑孟林, 等. 2019b. 准噶尔盆地玛湖凹陷风城组页岩油藏地质特征与成藏控制因素. 中国石油勘探, 24(5): 615-623.

支东明, 宋永, 何文军, 等. 2019c. 准噶尔盆地中-下二叠统页岩油地质特征、资源潜力及勘探方向. 新疆石油地质, 40(4): 369-401.

周厚清, 辛国强. 1992. 致密油气储层泥浆损害实验研究. 大庆石油地质与开发, 11(4): 15-19.

周庆凡, 杨国丰. 2012. 致密油与页岩油的概念与应用. 石油与天然气地质, 33(4): 541-544, 570.

朱如凯, 邹才能, 吴松涛, 等. 2019. 中国陆相致密油形成机理与富集规律. 石油与天然气地质, 40(6): 1168-1184.

邹才能, 陶士振, 袁选俊, 等. 2009. "连续型"油气藏及其在全球的重要性: 成藏、分布与评价. 石油勘探与开发, 36(6): 669-683.

邹才能, 张光亚, 陶士振, 等. 2010. 全球油气勘探领域地质特征、重大发现及非常规石油地质. 石油勘探与开发, 37(4): 129-146.

邹才能, 朱如凯, 吴松涛, 等. 2012. 常规与非常规油气聚集类型、特征、机理及展望. 石油学报, 33(2): 173-187.

邹才能, 杨智, 崔景伟, 等. 2013a. 页岩油形成机制、地质特征及发展对策. 石油勘探与开发, 40(1): 14-26.

邹才能, 张国生, 杨智, 等. 2013b. 非常规油气概念、特征、潜力及技术. 石油勘探与开发, 40(4): 385-399, 454.

邹才能, 陶士振, 侯连华, 等. 2014. 非常规油气地质学. 北京: 地质出版社.

邹才能, 杨智, 王红岩, 等. 2019. "进源找油": 论四川盆地非常规陆相大型页岩油气田. 地质学报, 93(7): 1551-1562.

邹才能, 潘松圻, 荆振华, 等. 2020. 页岩油气革命及影响. 石油学报, 2020, 41(1): 1-12.

Hackley P C, Cardott B J. 2016. Application of organic petrography in North American shale petroleum systems: A review. International Journal of Coal Geology, 163: 8-51.

Harris C. 2012. Sweet spots in shale gas and liquids plays: Prediction of fluid composition and reservoir pressure//AAPG Annual Convention and Exhibition, Long Beach.

Jarvie D M. 2011. Unconventional oil petroleum systems: Shales and shale hybrids//AAPG International Conference and Exhibition, Calgary.

Jarvie D M. 2012. Shale resource systems for oil and gas: Part 2-shale-oil resource systems//Breyer J A. Shale Reservoirs-Giant Resources for the 21st Century: AAPG Memoir, 97: 89-119.

Kibodeaux K R. 2014. Evolution of porosity, permeability, and fluid saturations during thermal conversion of oil shale. Society of Petroleum Engineers. DOI: 10. 2118/170733-MS.

Kumar S. Hoffman T, Prasad M. 2013. Upper and lower Bakken shale production contribution to the middle bakken reservoir. Unconventional Resources Technology Conference, Denver.

US Energy Information Administration(EIA). 2013a. Technically recoverable shale oil and shale gas resources: An assessment of 137 shale formations in 41 countries outside the United states. https://www. eia.gov/analysis/studies/worldshalegas/pdf/overview.pdf.

US Energy Information Administration (EIA). 2013b. Status and outlook for shale gas and tight oil development in the U. S. https://www.eia.gov/pressroom/presentations/sieminski_05212013.pdf.

US Energy Information Administration (EIA). 2017. Annual Energy Outlook 2017 with projection to 2050. https://www.ourenergypolicy.org/resources/annual-energy-outlook-2017-with-projections-to-2050/.

US Energy Information Administration(EIA). 2019. Annual energy outlook 2019 with projections to 2050. Washington: US Energy Information Administration.

US Energy Information Administration(EIA). 2020. Annual energy outlook 2020 with projections to 2050. Washington: US Energy Information Administration.

Zou C N, Zhu R K, Tao S Z, et al. 2013. Unconventional Petroleum Geology. Amsterdam: Elsevier.

第二章 | 咸化湖盆白云石化作用及致密储层分布规律

本章以准噶尔盆地二叠系广泛发育的致密储层为研究对象，重点对玛湖凹陷风城组湖盆咸化机制、吉木萨尔凹陷芦草沟组细粒沉积作用和致密储层成储机制等科学问题进行了系统的研究，提出了吉木萨尔凹陷致密油"甜点区"的分布规律，也为类似湖盆有利"甜点区"的寻找提供了借鉴。

第一节 准噶尔盆地二叠系湖盆咸化机制

一、主要自生矿物类型及特征

准噶尔盆地玛湖凹陷风城组和吉木萨尔凹陷芦草沟组沉积时期湖盆经历了不同程度的咸化，湖盆咸化的各个阶段均有代表性的盐类矿物，主要包括碳酸盐矿物、硫酸盐矿物、卤化物及硼硅酸盐矿物（表 2-1）；其中，碳酸盐矿物的含量及种类占绝对优势。碳酸盐矿物类型根据阳离子的类型划分为 Mg-Ca 碳酸盐矿物，主要为方解石（$CaCO_3$）、白云石[$CaMg(CO_3)_2$]、铁白云石[$CaFe(CO_3)_2$]；这些矿物为湖盆咸化初期沉淀而出的碳酸盐矿物，含量高，在玛湖凹陷风城组及吉木萨尔凹陷芦草沟组均广泛发育。芦草沟组自生矿物主要以白云石为主，玛湖凹陷风城组咸化程度较高，发育蒸发高级阶段的自生矿物，包括碳酸盐矿物（碱矿）、硫酸盐矿物、卤化物、硼硅酸盐矿物等（表 2-1）。

表 2-1 玛湖凹陷风城组和吉木萨尔凹陷芦草沟组咸化湖盆主要自生矿物

矿物大类	亚类	主要的盐类矿物	分布层位与位置
碳酸盐	Mg-Ca 碳酸盐	方解石（$CaCO_3$） 白云石[$CaMg(CO_3)_2$] 铁白云石[$CaFe(CO_3)_2$]	风城组、芦草沟组，浅湖及湖盆边缘带
	Mg-Na 碳酸盐、 Ca-Na 碳酸盐	碳钠镁石[$Na_2Mg(CO_3)_2$] 氯碳钠镁石（$Na_2CO_3 \cdot MgCO_3 \cdot NaCl$） 碳钠钙石 $Na_2Ca_2(CO_3)_3$ 或 $Na_2CO_3 \cdot 2CaCO_3$	风城组，过渡带
	Na 碳酸盐 （碱矿）	碳酸氢钠石（$Na_2CO_3 \cdot 3NaHCO_3$） 天然碱（$Na_2CO_3 \cdot NaHCO_2 \cdot 2H_2O$） 小苏打（$NaHCO_3$）	风城组，湖盆中心
硫酸盐		硬石膏（$CaSO_4$）	风城组，含量少
硼硅酸盐		硅硼钠石（$NaBSi_3O_8$）	风城组
卤化物		石盐（$NaCl$）	风城组，含量少

1. Mg-Ca 碳酸盐矿物(方解石、白云石、铁白云石)

方解石、白云石为湖盆咸化初期产物,在玛湖凹陷风城组、吉木萨尔凹陷芦草沟组均发育,玛湖凹陷风城组白云石成岩变化强烈。从白云石的形貌特征上,可以识别出自形-半自形的泥晶白云石、亚微米级微球状白云石和砂糖状粉晶白云石,前两者形成于近地表环境,后者主要形成于埋藏期(图 2-1)。

1)微球状白云石

微球状白云石主要分布在含大量藻纹层的黑色沉凝灰岩中,呈纹层状产出,多与藻纹层伴生,形成于相对深水环境中。这类白云石易在埋藏期发生重结晶和交代作用,原始面貌保持较差。在扫描电镜下,亚微米级微球状白云石以微球状、团簇状发育为主,粒径小于 1μm,多介于 0.1~0.2μm,这类白云石常附着在藻壁上生长。

2)自形-半自形泥晶白云石

自形-半自形泥晶白云石最常见,分布广泛,主要分布为浅水环境形成的泥晶云岩、内碎屑颗粒云岩的基质和颗粒之中。白云石在扫描电镜下多表现为自形和半自形状,白云石晶体直径介于 1~10μm,主要集中在 3.4~5.0μm,属泥晶级别。泥晶白云石的阴极发光特征主要为暗红色,与近地表成因的白云石颜色一致(Machel,1997)。共生矿物主要包括石膏和石盐,表明其形成于咸化环境中。由泥晶白云石组成的泥晶云岩中各种暴露构造较为常见,表明其形成于浅水环境。

主要类型	微球状白云石	自形-半自形泥晶白云石	砂糖状铁白云石
基本特征	与藻纹层伴生,呈纹层状产出	岩心中暴露成因构造发育,常与石膏和盐岩共生	交代早期由泥晶白云石和微球状白云石形成
微观形貌特征	 2μm	 10μm	 30μm
粒径分布/μm	<1	0~10	8~30
形成环境	半深湖-深湖环境	浅水蒸发环境	浅埋藏成岩环境(<80℃)
成因机制	微生物诱导成因	同生期交代成因	埋藏期交代成因

图 2-1 吉木萨尔凹陷芦草沟组白云石成因类型

2. 其他碳酸盐矿物

风城组碳酸盐矿物的类型代表了不同的咸化阶段。方解石及白云石是湖盆咸化初期阶段形成的矿物,湖盆盐度不高,优先沉淀出来;Mg 离子、Ca 离子和 Na 离子混合出现在碳酸盐矿物中,代表一种过渡状态;纯净的钠碳酸盐是 Mg 离子、Ca 离子均消耗完以后形成的碳酸盐矿物,主要为碱矿,代表了湖盆咸化的高级阶段。关于方解石及白云石等常见的初级蒸发阶段的碳酸盐矿物，现有的文献论述较多，本节重点介绍过渡状态的碳酸盐矿物，以及碱矿的特征和形成过程(图 2-2)。

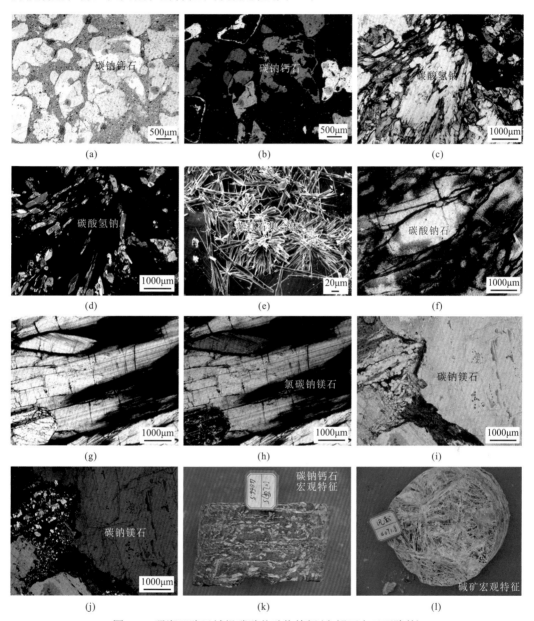

图 2-2 玛湖凹陷风城组碳酸盐矿物特征(方解石白云石除外)

(a)碳钠钙石晶体，没有一定的晶体形态，分布于长英质为主的沉凝灰岩中，并呈包裹长石石英小颗粒的状态产出，染色可以染成淡红色，具有和方解石相似的染色特征，样品位于凹陷中心区风南 5 井，4071.35m，单偏光；(b)碳钠钙石晶体正交光下的特征，凝灰质光性较差，样品同(a)，视域相同；(c)碳酸氢钠晶体，晶体形态较好，比较干净透明，风南 5 井，4070.54m 单偏光(照片来自新疆油田资料)；(d)碳酸氢钠晶体，风南 5 井，4070.54m，正交光(照片来自新疆油田资料)；(e)扫描电镜下呈簇状分布的苏打石晶体，风南 5 井，4068.24m；(f)碳酸钠石晶体，风南 5 井，4064.64m(照片来自新疆油田资料)；(g)、(h)氯碳钠镁石光学显微镜下特征，风南 5 井，4064.64m(照片来自新疆油田资料)；(i)、(j)碳钠镁石晶体，风 26 井，3300.17m(照片来自新疆油田资料)；(k)碳钠钙石宏观产出状态，呈蝌蚪状、星点状分布在暗色的凝灰质孔隙中，风南 5 井含碱层段暗色层；(l)碱矿宏观特征，干净透明的碱矿晶体，风南 5 井碱矿层段天然碱（$Na_2CO_3 \cdot NaHCO_2 \cdot 2H_2O$）：是碱层中分布最广，衍射强度较高的钠碳酸盐矿物类型。天然碱也是工业制备碱（Na_2CO_3）主要的原材料，如美国绿河组的碱矿及东非近代碱湖产出的钠碳酸盐多为天然碱。国内典型的碱矿为河南省泌阳凹陷的安棚碱矿，其矿物类型主要以天然碱为主，风城组的天然碱也具有重要的经济价值（图 2-3、图 2-4）。

碳酸氢钠石（$Na_2CO_3 \cdot 3NaHCO_3$）：在检测的样品中衍射强度很高，表明其在风城组碱矿层中所占的比例高。这种矿物在实验室中可以通过苏打（Na_2CO_3）或由天然碱与水和二氧化碳反应合成。碳酸氢钠石是富含 $NaHCO_3$ 组分的，反映沉积环境高二氧化碳含量的特征（图 2-3、图 2-4）。

碳酸氢钠（$NaHCO_3$）：在风城组中含量很低，仅在几个样品中有微弱的衍射强度。重碳酸盐反映的是高 CO_2 含量的环境特征，但是这种矿物的结晶以及保存条件脆弱，大量碳酸氢钠石的存在证明沉积环境的高二氧化碳含量。

泡碱（$Na_2CO_3 \cdot 10H_2O$）：在风城组中未检测出泡碱，这一类钠碳酸盐矿物的特征是不含 $NaHCO_3$ 成分，即 CO_2 的含量比较低，或者是在沉积环境温度比较低的情况下形成。风城组中没有泡碱，表明风城组碱矿沉积时，环境条件比较干旱炎热，不同于现代形成于我国内蒙古及高原区的碱湖。

除了以上这些碳酸盐矿物，风城组还含有其他一些盐类矿物，常见的如硬石膏、石盐，但其含量非常低。硬石膏含量在取心段含量很低，呈放射状晶簇分散分布在沉凝灰岩基质中，石盐在光学显微镜下很难看到，在扫描电镜下能见到。

以上碳酸盐矿物按照金属阳离子的类型分为三类：第一类为 Mg-Ca 碳酸盐，主要为方解石和白云石，这类碳酸盐矿物主要分布在玛湖凹陷夏子街地区的浅水平台区，或者呈环带状分布在盆地边缘。第二类为 Mg-Ca-Na 碳酸盐，这类碳酸盐矿物中阳离子是 Mg-Na 组合，也可以是 Ca-Na 组合形成碳钠镁石、氯碳钠镁石、碳钠钙石矿物，这类碳酸盐矿物代表的是 Mg、Ca 离子消耗得差不多，浓度不足以形成方解石及白云石等 Mg、Ca 阳离子型碳酸盐矿物，而一部分碱金属 Na 离子参与形成过渡型碳酸盐矿物。过渡型碳酸盐矿物主要发育在斜坡过渡环境及深水凹陷区沉积水体相对淡化的阶段。第三类是碳酸盐矿物中的金属阳离子全部为碱金属 Na 离子，形成纯净的重碳酸钠石、天然碱、碳酸钠石，本节将这种纯净的钠碳酸盐矿物统称为碱矿。

风城组的盐类矿物种类丰富，并且局部层段富集程度高，蒋宜勤（2012）对该组盐类矿物进行了系统的总结研究。随着研究的深入，风城组的盐类矿物逐渐被揭示，但就其组合关系，以及其代表的咸化湖盆水体的演变及其形成机理仍然模糊不清。

上述碳酸盐矿物不论是在层位还是古地貌分布上都分带明显，从浅水区至深水区，从 Mg-Ca 碳酸盐矿物过渡至 Mg-Ca-Na 碳酸盐矿物，再过渡至 Na 碳酸盐矿物，具有"牛眼"分布模式，代表沉积水介质蒸发强度及水体盐度的依次增加。由于三类碳酸盐矿物代表了湖盆咸化不同阶段形成的碳酸盐矿物，三类矿物很难共生，分异度较高（图 2-5）。

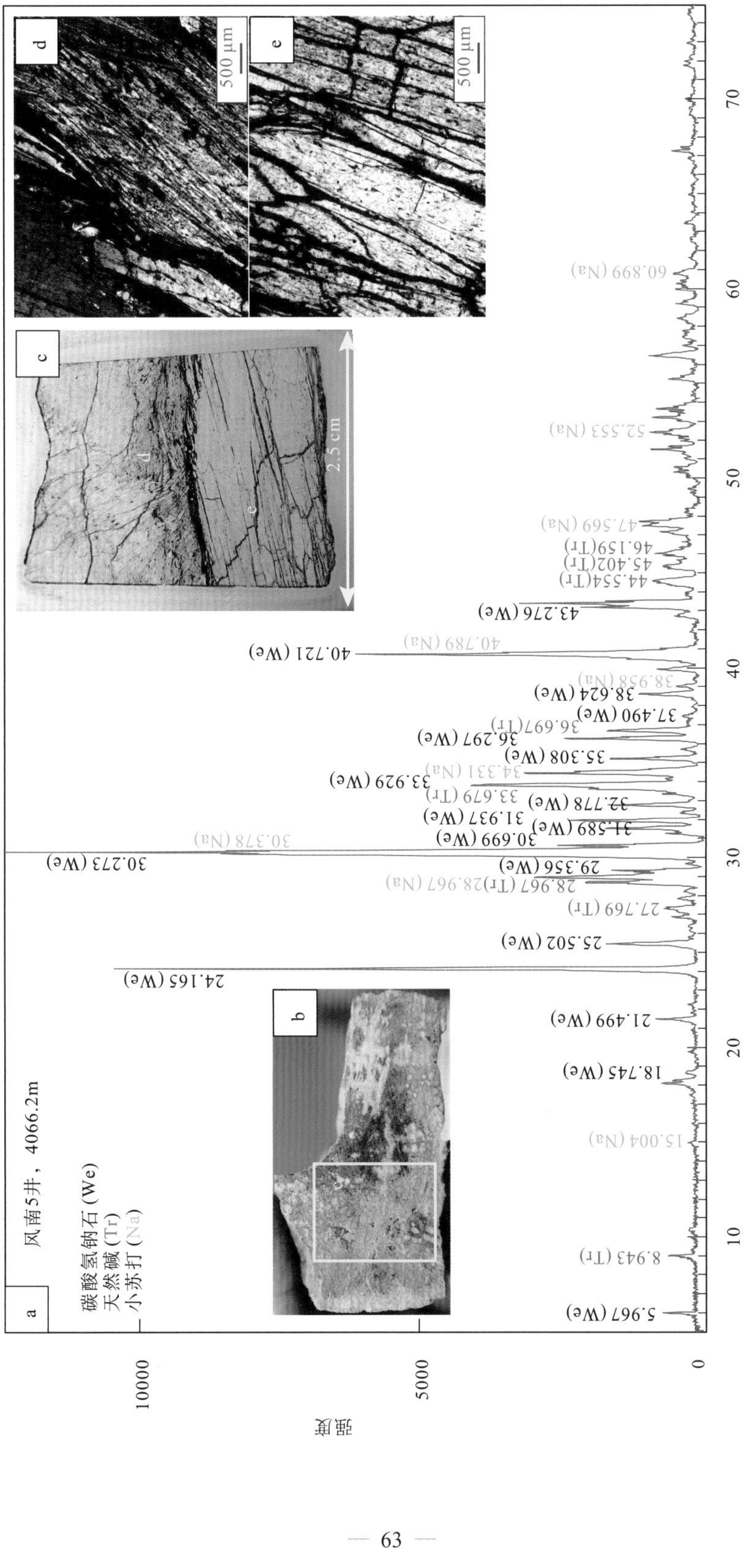

图 2-3 碱矿样品 XRD 衍射结果及样品岩石学特征

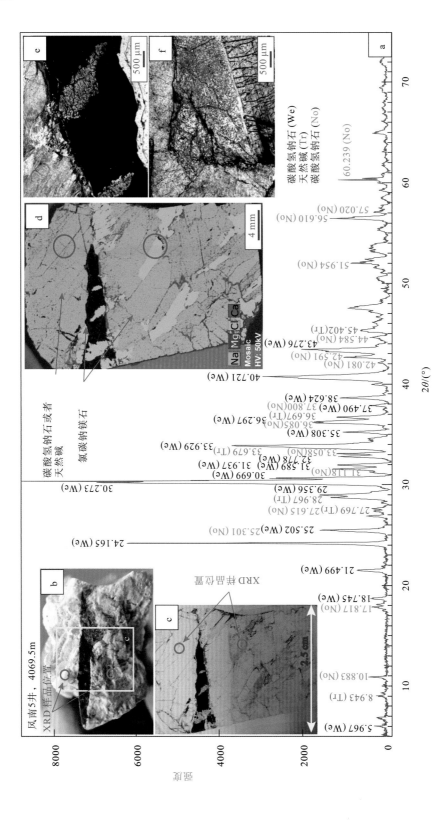

图 2-4 厚层结晶良好的碱矿样品 XRD 衍射结果及样品岩石学特征

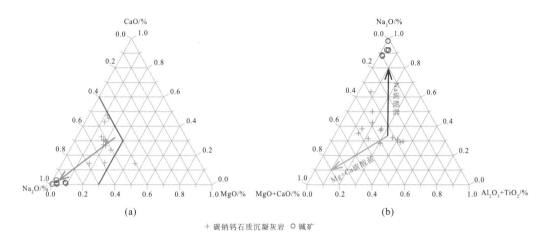

图 2-5　风南 5 井取心段主量元素三角图

3. 硫酸盐矿物

风城组硫酸盐蒸发矿物含量少，多呈漂浮状产出(图 2-6)。即使在卤水咸化程度很高的含碱层段，硬石膏依然没有大量产生。风城组沉积时期的卤水构成是控制蒸发矿物以碳酸盐为主的主要因素。

4. 卤化物

风城组的盐类矿物中卤化物所占比例非常低，偶尔有石盐假晶呈漂浮状态产出于凝灰岩中(图 2-7)。与硫酸盐矿物一样，卤水离子构成决定了湖盆在咸化过程中卤化物含量很低。

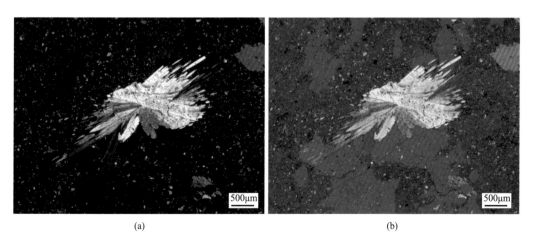

图 2-6　风城组硬石膏产出状态(风南 5 井，4069.36m)

(a)硬石膏呈漂浮状态产出于凝灰岩中，含量极少，正交光；(b)含硬石膏的凝灰岩正交光加石膏试板后特征，视域同(a)

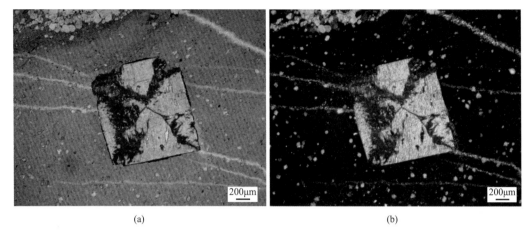

(a)   (b)

图 2-7   风城组石盐假晶镜下特征(风南 1 井, 4183.3m)

(a)凝灰岩中石膏假晶特征, 单偏光; (b)正交光下特征, 视域同(a)

5. 硼硅酸盐矿物

硅硼钠石是碳酸盐型盐湖常见的矿物, 国内报道比较早的如泌阳凹陷古近系含碱岩系油页岩中的含水硅硼钠石[$NaBSi_2O_5(OH)_2$], 填补了国内该矿物的空白(李玉堂等, 1990)。这种矿物形成时, 湖盆咸化具有高的 pH, 使得迁入湖盆的陆源碎屑物中的氧化硅遭受溶解而活化, 成岩阶段当 pH 降低时, 水硅硼钠石从孔隙卤水中沉淀下来, 具有指相意义(李玉堂等, 1990)。这种矿物的形成首先要求湖盆中存在大量的硼, 硼的来源可能来自深部热水。硅硼钠石($NaBSi_3O_8$)在准噶尔盆地被发现, 分布产量较大(孙玉善, 1994), 最初发现时, 该类矿物主要分布于风城组黑色泥质白云岩中。该次研究发现, 该类矿物主要和白云石或铁白云石伴生, 在碱矿层中也有分布, 但很难见到高度富集的硅硼钠石岩(图 2-8)。

硅硼钠石是风城组重要的蒸发矿物, 风南 1 井硅硼钠石宏观产出状态包括以下几种: ①均匀分布在铁白云石基质中, 在压实过程中, 碳酸盐矿物溶解形成压溶缝合线, 硅硼钠石在压溶过程中部分溶解[图 2-9(a)], 这种分布状态的硅硼钠石自形程度最好, 单个晶体相对分离, 不易于搭成格架, 形成晶间孔隙, 晶体排列方向杂乱, 表明原地生长而非异地搬运形成; ②雪花状分布, 硅硼钠石局部富集形成不规则的团块状, 硅硼钠石之间镶嵌接触, 发育一定的晶间孔, 硅硼钠石团块切穿成纹层状富集[图 2-9(b)]; ③团块状富集, 但不连续, 切面与宏观沉积纹层平行, 宏观上与岩石的纹层方向一致, 局部富集, 晶体镶嵌接触[图 2-9(c)], 晶体自形程度好, 发育良好的晶间孔, 可以作为油气储集空间[图 2-9(d)~(f)]。

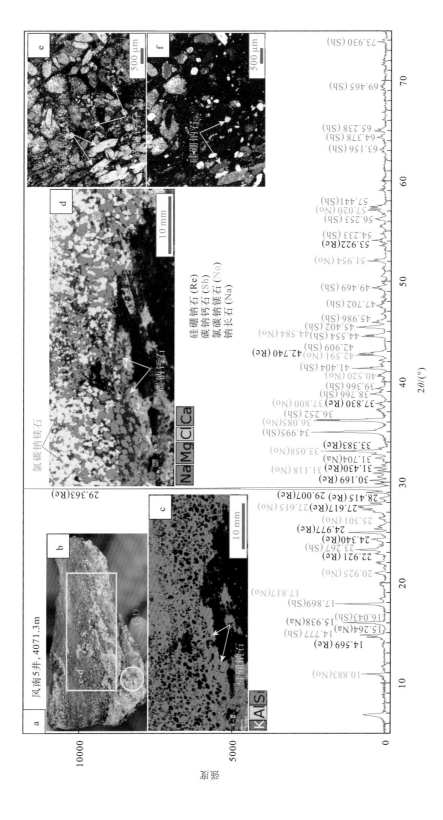

図 2-8　富含硅硼钠石的样品 XRD 衍射结果及样品岩石学特征

图 2-9　风南 1 井硅硼钠石产出状态宏观特征

(a) 呈自形晶体均匀分布在铁白云石基质中，在压实的过程中碳酸盐矿物溶解形成压溶缝合线，部分硅硼钠石也能被压溶，4041.45m，岩石薄片宏观特征 (以下均为岩石薄片宏观特征)；(b) 雪花状分布的硅硼钠石团块，分布在泥晶铁白云石基质中，4237.2m；(c) 硅硼钠石顺层分布，呈团块状富集在一起，4210.1m；(d) 团块状分布的硅硼钠石，局部形成硅硼钠石岩，硅硼钠石晶体自形程度高，可以形成晶间孔，4423.5m；(e) 局部富集的硅硼钠石，晶体自形程度一般，呈镶嵌状接触，4252.9m；(f) 层状分布的硅硼钠石，硅硼钠石的自形程度比较差，和暗色的富含有机质的凝灰质混合在一起，4252.7m

二、咸化矿物分布规律

玛湖凹陷风城组盐类矿物齐全，基于单井岩心、测井曲线及地震剖面研究，建立了咸化湖盆沉积模式，并以玛湖凹陷为例探讨咸化湖盆自生矿物的分布规律。除陡坡带以外，各沉积环境中均发育大量的自生盐类矿物。在湖盆咸化初级阶段，主要形成方解石和白云石等镁钙碳酸盐矿物，分布于整个湖盆细粒岩沉积范围。在湖盆咸化高级阶段，白云石主要发育在宽缓的湖盆边缘沉积系统中；当 Mg、Ca 离子消耗殆尽后，随着湖水的继续浓缩，Na 碳酸盐蒸发析出，主要分布在湖盆的蒸发中心。

百泉 1 井岩性代表控盆大断裂附近的沉积序列，风城组厚度达到 1750m，主要沉积岩相类型为扇三角洲沉积，反映了强烈的构造运动，云质岩类主要位于该井的下部，其余大部分井段为砾岩。风南 7 井岩性代表蒸发中心沉积，其主要特征为细粒凝灰岩、沉凝灰岩与层状钠碳酸盐交互沉积，蒸发沉积岩表现为高电阻率，可以从测井曲线上很容易识别出来。风南 1 井岩性代表浅湖沉积，包含了钠碳酸盐、碳钠钙石、硅硼钠石等自生盐类矿物。夏 72 井和夏 76 井岩性代表火山活动区域的沉积类型，以火山碎屑岩、凝灰岩、沉凝灰岩为主，北西-南东向剖面上高电阻特征也反映了厚层富含蒸发岩的层段存在。

地震剖面显示了风城组顶面为不整合面，蒸发岩主要位于风南 5 井、风南 7 井为代表的蒸发中心。沉降中心靠西，百泉 1 井沉积厚度最大、岩石粒度最粗。夏字号井火山物质含量增加，代表火山活动区域的沉积(图 2-10)。

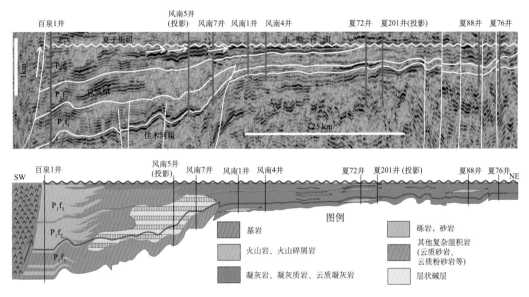

图 2-10　玛湖凹陷风城组地震剖面及岩相解释(据雷德文，2017，有修改)

基于单井岩心特征精细描述及钻井垂向序列特征研究，建立了玛湖凹陷风城组沉积模式，可以划分为浅湖沉积系统、斜坡、盐湖中心及控盆断裂一侧的陡坡带。湖盆整体上具有宽缓的边缘，封闭的水文条件使边缘沉积系统复杂化。咸化矿物在整个湖盆内部同沉积环境单元内的分布特征如下(图 2-11)：

1. 边缘带

风城组沉积时期玛湖凹陷的边缘带是一个宽缓的沉积系统，总体上深度不大，湖盆结构具有宽缓的形态特征，类似于"坪"的特征。由于风城组沉积时期封闭的水文系统特征，宽缓的湖盆边缘易于周期性暴露和周期性被水覆盖。封闭水文系统导致湖平面的波动幅度增大，影响了该环境中的沉积记录。该环境中可以见到藻球粒、微生物席、干裂、硅质沉积、再旋回的内碎屑等典型的沉积环境标志。另外，方解石、白云石主要在该环境中沉积，形成云质岩类。

2. 斜坡带

斜坡带连接浅湖沉积系统和蒸发中心。相对于浅湖及蒸发中心，该带的湖底地形坡度较大，在古地震的作用下，松软的沉积物容易失稳形成同沉积阶段的软沉积变形构造，如风南 1 井滑塌变形构造发育。

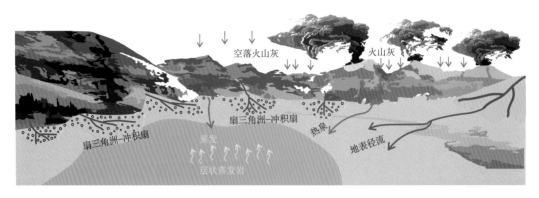

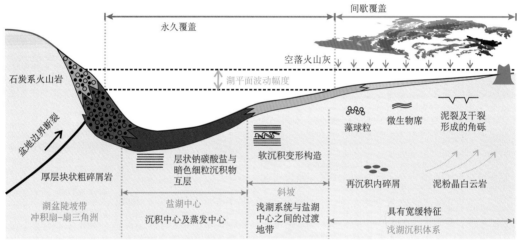

图 2-11　准噶尔盆地二叠系咸化湖盆咸化矿物分布模式

3. 盐湖中心

盐湖中心岩性以层状钠碳酸盐为代表，属于卤水覆盖的区域，使得层状盐类矿物不被溶解而保存在地层记录中。与蒸发岩交互的细粒岩粒度最细，一般缺乏方解石、白云石等镁、钙碳酸盐矿物，这些初级蒸发矿物在湖盆卤水浓缩的初期阶段就在宽缓的湖盆边缘沉积系统中蒸发沉淀析出，形成云质岩类。随着气候周期性的变动，化学沉积与机械沉积交互，形成蒸发湖盆中心的盐韵律沉积。

4. 陡坡带

陡坡带主要位于西侧控盆断裂附近，沉积物粒度最粗，厚度最大。玛湖凹陷风城组为机械沉积与化学沉积的混合，热液流体对风城组化学沉积有深远影响。通过现代东非碱湖构造环境及沉积环境的类比，认为风城组沉积时期热泉发育，热泉通过淋滤火山岩、火山碎屑岩提供大量的溶质，随着气候的波动形成富含盐类矿物的细粒混合沉积。

三、咸化矿物形成机理

（一）吉木萨尔凹陷芦草沟白云石成因

1. 古湖泊

原生碳酸盐岩碳氧稳定同位素是分析古环境和古气候变化的重要手段，已广泛应用于古海洋学和古湖泊学的研究中（Drummond et al.，1995；刘春莲等，1998）。湖泊水体的开放程度影响着湖相原生碳酸盐岩碳和氧同位素的变化规律，水文条件开放湖泊，由于水体的频繁更替，碳、氧同位素主要反映地表径流、地下水和降水等注入水的同位素特征，具有彼此独立、不具相关性的特征。水体滞留时间长、封闭性的湖泊，受蒸发作用的影响强烈，当蒸发作用增强时，较轻的 $\delta^{16}O$ 和 $\delta^{12}C$ 优先从湖水中逸出，导致水体中 $\delta^{18}O$ 和 $\delta^{13}C$ 含量呈共同增加趋势，具有良好线性相关特征。通常，相关系数越大，表明湖泊封闭程度越高。现代开放型淡水湖泊中原生碳酸盐岩 $\delta^{18}O$ 和 $\delta^{13}C$ 均为负值，落入第三象限，封闭型咸水、半咸水湖泊 $\delta^{13}C$ 基本为正值，$\delta^{18}O$ 正负均有，投点大多数落入第一、第二象限（Talbot and Kelts，1990；Li and Ku，1997；蔡观强等，2009；袁剑英等，2015）。

根据吉 32 井芦草沟组"甜点段"碳酸盐岩碳、氧同位素分布和纵向变化情况分析（图 2-12），下"甜点段"沉积时期 $\delta^{18}O$、$\delta^{13}C$ 投点落入第二象限，除旋回底部方解石脉间样品外，大部分样品 $\delta^{18}O$ 和 $\delta^{13}C$ 变化曲线同步，$\delta^{18}O$ 和 $\delta^{13}C$ 具有较强相关性，相关系数 $R^2=0.54$，单期沉积旋回内 $\delta^{18}O$ 和 $\delta^{13}C$ 相关性更高。在每期旋回底部碳、氧同位素值均有较大幅度的变化，表现为 $\delta^{13}C$ 异常高、$\delta^{18}O$ 异常低的特征。氧同位素的快速异常偏移可能是由于大量富含 $\delta^{16}O$ 水体快速注入，致使湖水水体呈现开放状态所造成的。由于水体滞留时间短，碳、氧同位素无相关性，水体封闭后，碳、氧同位素具有较高的相关性。荧光显微镜镜下观察，岩心中发育藻类有机质，繁盛藻类能够大量吸收湖水中的 $\delta^{12}C$，造成湖水中 $\delta^{13}C$ 富集，尤其是 $\delta^{13}C$ 异常高的岩性段中均发育藻纹层。综合分析认为，大量富含 $\delta^{16}O$ 水体的输入和湖盆有机生物藻类的繁盛是造成碳、氧同位素异常变化的主要原因。

碳、氧同位素特征表明，吉木萨尔凹陷芦草沟组下"甜点段"沉积时期大量淡水周期性注入湖泊，形成了早期短时间水体开放的畅流湖泊环境，后期为水体长时间滞留的封闭湖泊环境。上"甜点段"沉积时期 $\delta^{18}O$、$\delta^{13}C$ 投点落入第二象限，样品 $\delta^{18}O$ 和 $\delta^{13}C$ 变化曲线同步，具有强相关性，相关系数 $R^2=0.91$，表明吉木萨尔凹陷芦草沟组上"甜点段"沉积时期湖泊为封闭湖泊。

2. 古盐度

碳酸盐岩碳氧同位素能够 反映湖水盐度的特征（Keith and Weber，1964；袁剑英等，2015）。Keith 和 Weber（1964）提出利用碳酸盐岩的 $\delta^{13}C$ 和 $\delta^{18}O$ 值区分侏罗纪及时代更新的淡水碳酸盐岩和海相碳酸盐岩的经验公式 $Z=2.048(\delta^{13}C+50)+0.498(\delta^{18}O+50)$，通常认为 $Z<120$ 为淡水石灰岩，当 $Z>120$ 时为海相石灰岩。赵加凡等（2005）通过对中国青海湖、柴达木盆地和美国西部地区咸化湖碳酸盐岩碳氧同位素研究发现，现代陆相咸化湖泊碳酸盐岩碳、氧同位素 Z 值都大于 120。陈登辉等(2011)通过 Z 值确定辽西地区义县盆地上白垩统碳酸盐岩为陆相咸化湖泊沉积。

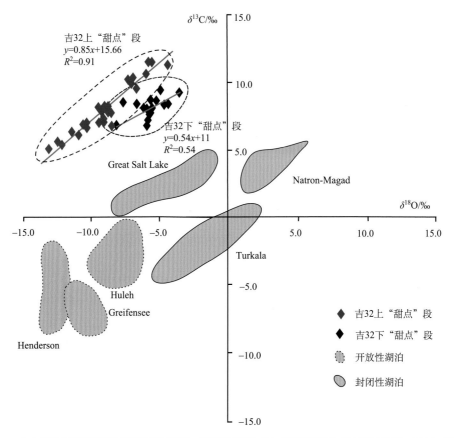

图 2-12　吉木萨尔凹陷芦草沟组碳酸盐岩碳、氧同位素组成与沉积环境分析(据刘传联，1998，有修改)

前人研究结果表明，利用中、新生代样品碳、氧同位素计算沉积时湖水盐度是有效的，而中生代以前的样品，可能受到成岩作用和"年代效应"的影响，计算出的盐度会出现偏差。前人总结不同地质年代碳酸盐岩碳、氧同位素的特征，二叠系碳酸盐岩 $\delta^{13}C$ 比新生界碳酸盐岩 $\delta^{13}C$ 高约 1.50‰，二叠系碳酸盐岩 $\delta^{13}O$ 比新生界碳酸盐岩 $\delta^{13}O$ 低约 2.60‰(Keith and Weber，1964)。对时代更老的碳酸盐岩 $\delta^{13}C$ 和 $\delta^{18}O$ 值进行年代效应校正，可以使校正后的碳、氧同位素计算得到的古盐度结果更接近实际(邵龙义和张鹏飞，1991)。

吉木萨尔凹陷芦草沟组下"甜点段"碳酸盐岩 Z 值介于 132.6～142.6，平均值为 139.1；上"甜点段"碳酸盐岩 Z 值介于 134.0～146.0，平均值为 139.1，表明芦草沟组沉积时期普遍盐度较高，为咸化湖相沉积。水体盐度明显受蒸发量与降雨量变化的影响，氧同位素值特征能够推测古盐度的变化趋势，氧同位素值越大，表明蒸发量越大，湖水盐度越高。

从芦草沟组下"甜点段"氧同位素纵向变化可知，沉积旋回之间平均盐度相差不大，但是一个完整旋回中盐度变化明显，具有盐度由低变高或由低变高、再由高变低的变化规律。上"甜点段"Z 值变化具有由高变低的振荡变化趋势，结合岩性特征，岩心中发育交错层理，反映水动力逐渐增强，表明水体受大量湖水注入影响或水体动荡造成底部盐度分层消失。

利用盐度公式 $S=\delta^{18}O+21.2/0.61$ 计算沉积时期湖泊水体盐度(王兵杰等，2014)，吉32 井下"甜点段"盐度介于 19.2‰～33.3‰，平均值为 28.7‰，上"甜点段"盐度介于27.9‰～31.8‰，平均值为 29.4‰。咸化湖泊具有较高的 Sr/Ba 值，吉 32 井芦草沟组下"甜点段"Sr/Ba 值介于 0.20～3.68，平均值为 1.58；上"甜点段"Sr/Ba 值介于 0.19～4.54，平均值为 1.30，表明沉积时期湖水盐度较高且频繁变化。

3. 古气候及古水深

吴绍祖等(2002)、李强等(2002)对新疆准噶尔盆地二叠纪时期古气候研究表明，芦草沟组沉积时期，由于板块碰撞造山作用，强烈的火山活动导致盆地范围内的温室事件，中二叠世准噶尔盆地古气候以炎热为主，间歇出现温暖潮湿的气候环境。

吉木萨尔凹陷沉积时期为咸化湖盆沉积环境，受盆地范围炎热气候影响，发育准同生期云化作用混积岩(匡立春等，2012)。封闭湖泊湖水水位变化受蒸发量和降雨量控制，当蒸发量大于降雨量时，湖水水位明显下降，同时受蒸发作用的影响，相对较轻的 $\delta^{16}O$ 从水体中逸出，湖水中 $\delta^{18}O$ 的含量显著增高，导致湖中沉积的碳酸盐岩的 $\delta^{18}O$ 的值增大。相反，降雨量大于蒸发量时，具有高 $\delta^{16}O$ 含量的地表水注入湖盆，湖水中 $\delta^{18}O$ 的含量明显下降(Talbot and Kelts，1990；Li and Ku，1997；蔡观强等，2009；袁剑英等，2015)。

从吉 32 井芦草沟组下"甜点段"$\delta^{18}O$ 值的变化趋势看，沉积旋回早期由于受到降雨注入的影响，湖水水位相对较高，$\delta^{18}O$ 值明显偏低；随着降雨量的减小，蒸发量增强，湖水水位下降，$\delta^{18}O$ 值逐渐增高；沉积旋回的末期，由于降雨量再次增大，水位开始逐渐回升，$\delta^{18}O$ 值表现为降低的趋势。芦草沟组下"甜点段"$\delta^{18}O$ 向高值强烈变化，表明沉积时期气候干旱，蒸发作用强烈。

Mg/Ca 比值反映古气候的变化，干旱气候条件下 Mg/Ca 比值为高值，潮湿气候条件下 Mg/Ca 比值为低值(宋明水，2005)。从吉 32 井芦草沟组下"甜点段"Mg/Ca 比值纵向变化可知，Mg/Ca 比值具有由低值变为高值或由低值变为高值后再降低的趋势(图 2-13)。Mg/Ca 比值变化趋势表明，旋回早期降水量大于蒸发量，湖水水位上升；当降雨量有所减少时，蒸发作用仍保持较高强度，此时湖水水位快速下降；旋回晚期降雨量再度增大，湖水水位随之上升，此时降雨量小于早期，水位也低于早期水位。

从吉 32 井芦草沟组上"甜点段"$\delta^{18}O$ 值的变化趋势表明，$\delta^{18}O$ 值变化较大，表明取心段沉积时期湖水深度频繁变化，水体深度由深变浅。上"甜点段"水体深度的周期变化规律性不如下"甜点段"水体深度变化明显，结合岩性、沉积构造特征分析，表明上"甜点段"水体深度变化具有短期振荡的特征，总体具有由深变浅的趋势(图2-14)。

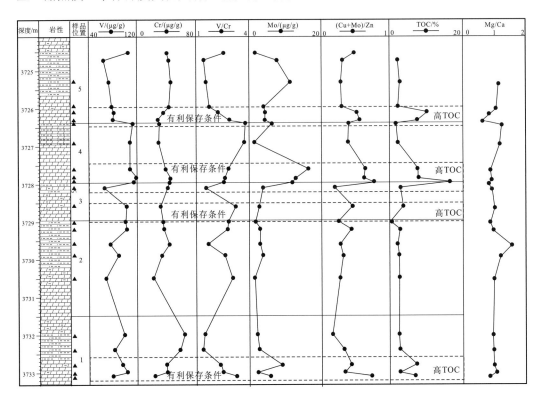

图 2-13　吉木萨尔凹陷芦草沟组下"甜点段"沉积时期古湖泊特征

4. 咸化矿物来源及形成过程

一般来说，碳酸盐岩中放射性 Sr 同位素主要有壳源和幔源两种来源，如果碳酸盐岩的形成受幔源锶的影响，$^{87}Sr/^{86}Sr$ 比值较低，$^{87}Sr/^{86}Sr$ 比值大于 0.7095，表明其受到壳源 Sr 的影响。10 个泥晶白云岩样品的 $^{87}Sr/^{86}Sr$ 比值为 0.705854~0.70733，平均为 0.706294，与地幔中的 $^{87}Sr/^{86}Sr$ 比值(0.70350)非常接近，表明白云石的形成可能与火山物质有关。三块含云质粉砂岩样品的 $^{87}Sr/^{86}Sr$ 比值为 0.710267~0.716026，平均为 0.713147，远高于 0.7095，表明这些样品受到壳源锶的影响，造成白云石中的 $^{87}Sr/^{86}Sr$ 比值升高，表明细粒沉积岩中的粉砂质组并非火山成因，而来源于壳源物质的风化和剥蚀[图2-15(a)]。

Moller(1980)的研究表明，岩浆成因与沉积成因的白云石在 Yb/La-Yb/Ca 交会图的分布具有明显的差异，火山成因碳酸盐岩的 Yb/La 和 Yb/Ca 比值往往大于 10^{-4}，沉积成因的碳酸盐岩 Yb/Ca 约为 10^{-7}。将研究区泥晶白云岩样品的稀土元素(REE)分析数据经球粒陨石标准化，将样品投点绘制 Yb/La-Yb/Ca 交会图，所有泥晶白云岩样品都分布于火山成因的范围内[图2-15(b)]，表明白云石的形成与火山物质具有亲缘关系(朱世发等，2014)。

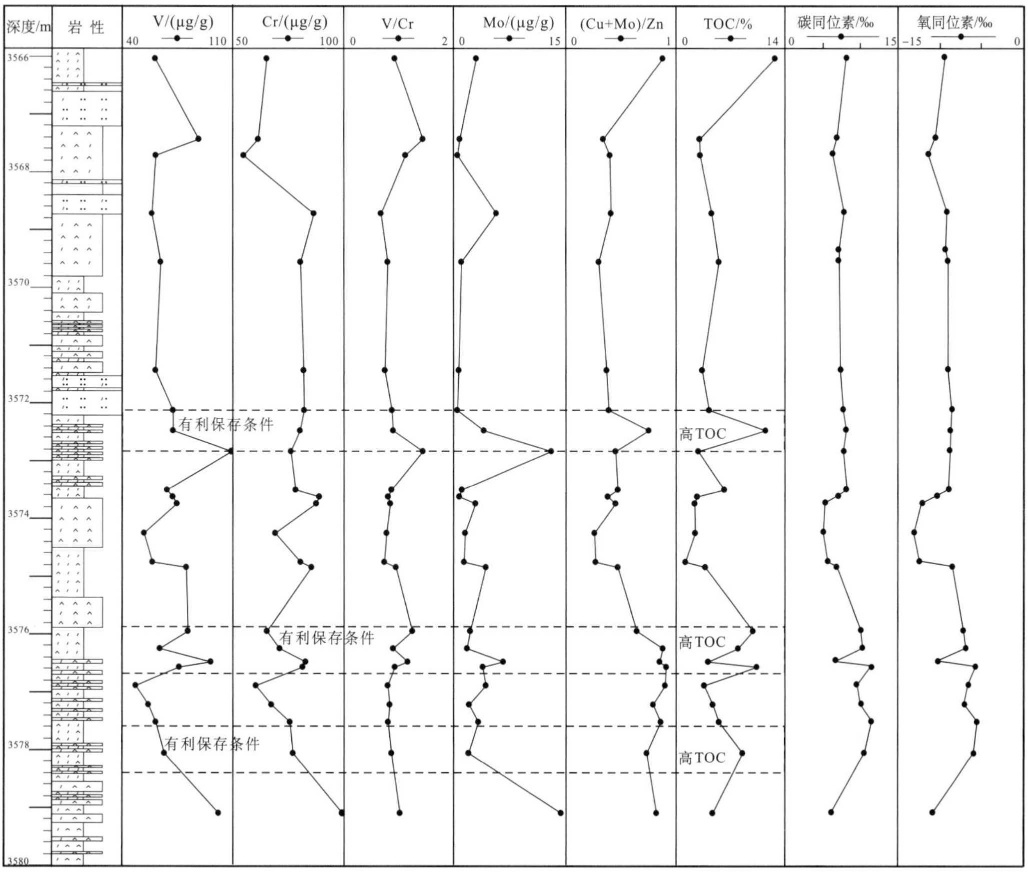

图 2-14 吉木萨尔凹陷芦草沟组上"甜点段"沉积时期古湖泊特征

　　芦草沟组主要包括两个水进—水退沉积旋回，可划分为两个完整的三级层序；高云质段主要对应高位体系域，这一时期湖盆气候相对干旱，湖盆逐渐萎缩，泥晶云岩段发育大量的暴露及浅水沉积构造，表明白云石的形成环境为相对浅水环境。扫描电镜下发现纤维状石膏及石盐矿物集合体，表明泥晶白云石形成时蒸发作用强烈、盐度较高。白云石的垂向分布受米级高频沉积旋回控制。这些泥晶白云石主要形成于湖平面频繁动荡的干旱环境，蒸发作用较强烈。由于湖盆周缘大量火山物质的供给，造成水体中大量的 Mg^{2+}、Ca^{2+} 富集，气候干旱，Ca^{2+} 首先结晶析出，造成湖盆内 Mg/Ca 比增大，多余的 Mg^{2+} 对早期形成的方解石组分进行交代，在浅水区形成大量的交代成因泥晶白云石（图 2-16）。这些浅水区受重力流作用影响，在湖盆较深水处往往以纹层状、团块状及星散状产出。

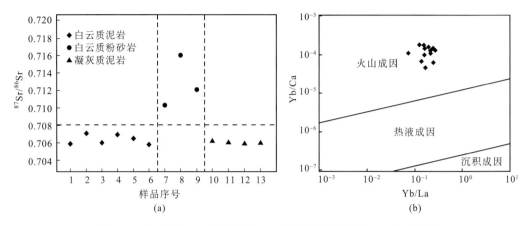

图 2-15　吉木萨尔凹陷芦草沟组云质岩类地球化学特征及成因判别

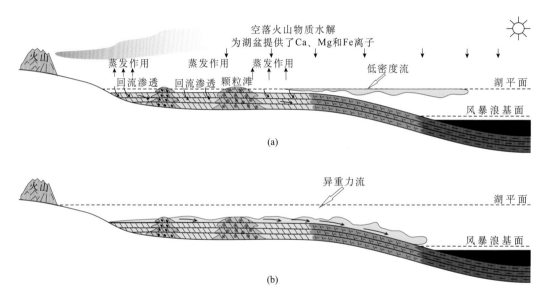

图 2-16　芦草沟组近地表白云石的形成模式

(a)干旱期:限制性咸湖湖盆;(b)洪水期:半咸化湖盆,洪水携带云质组分进入湖盆内再沉积

(二)玛湖凹陷风城组碱矿成因

　　玛湖凹陷风城组沉积时期湖盆强烈咸化,盐类矿物中碳酸盐矿物占绝对主导,为典型的碱性盐湖(碳酸盐型盐湖)。盐类的沉淀过程及盐类矿物的类型取决于输入湖盆的原始物质组成,即卤水中元素的构成控制了湖盆盐类矿物的沉淀。Eugster(1980)建立了湖盆卤水构成及演化规律模式(图2-17)。盐类矿物的蒸发沉淀要求湖盆相对封闭,盆地周边的流体携带的矿物质在湖盆中不断富集,蒸发量大,形成盐类矿物层。封闭湖盆卤水的演化可以分为三条路径。路径 I 中卤水的碳酸氢根含量远大于 Mg^{2+}、Ca^{2+},Mg^{2+}、Ca^{2+}相对缺失,蒸发序列表现为钙质沉淀—天然碱,基本上不会有石膏的沉淀,肯尼亚的马加迪湖就是典型的代表。风城组沉积时期湖盆的卤水沿着图2-17中路径 I 演化,控制了

以上蒸发矿物的类型和析出顺序。

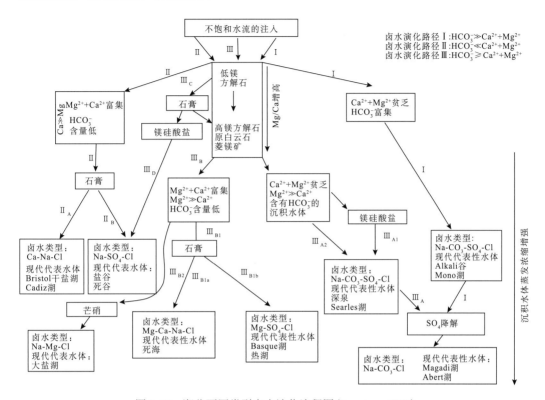

图 2-17　湖盆不同类型卤水演化流程图（Eugster，1980）

　　玛湖凹陷风城组沉积时期，火山活动强烈，石炭纪至早二叠世是火山活动的高峰期。火山活动对提高大气的二氧化碳分压及沉积水介质溶解 CO_2 量具有重要的作用，火山喷发可以排出大量的气体。通过现代火山排放气体的统计，主要为水蒸气，其次是 CO_2 气体，明显高于 SO_2 含量（Coffey and Mankin，2003）。据现代火山的 CO_2 排放量的计算，火山活动排放的 CO_2 是构成"温室效应"的重要因素（Williams et al.，1992）。活动的火山贡献了大气中大量的 CO_2 和 H_2S，在火山喷发期及火山静默期均有影响（Hernández et al.，2015）。火山活动的气体排放也是碳循环的重要环节，准噶尔盆地的火山活动为古大洋闭合期主动大陆边缘岛弧型火山（Xiao et al.，2008；Pirajno et al.，2011；Xu et al.，2013；Yin et al.，2013；Choulet et al.，2015；Li et al.，2015）。原准噶尔洋沉积地层，特别是含碳酸盐矿物比较高的沉积地层，在板块汇聚、消亡过程中俯冲至陆壳之下，高温变质作用过程中，原海洋沉积的碳酸盐矿物经过重新变质形成硅酸盐和 CO_2，随火山活动带入大气及地表沉积水体，完成碳的循环。

　　风城组沉积时期，火山口较多，足以提供大量火山气体。火山活动又可分水下火山及陆上火山活动。水下火山活动排出的大量火山气体直接溶解在沉积水体中，生成 HCO_3^-，提高了 HCO_3^- 的浓度。陆上火山喷发释放的大量 CO_2 气体改变了大气组成，

大气中 CO_2 浓度的提高使得大气与沉积水体之间进行 CO_2 气体的交换,大气中的 CO_2 气体溶于沉积水体,或者沉积水体中的 CO_2 气体脱离沉积水体进入大气,直到达成平衡。

风城组沉积时期气候干旱炎热,早期沉积水体面积有限。早二叠世,准噶尔盆地古海洋向南退出,在天山北缘及乌鲁木齐一带保留有残留海洋沉积,玛湖地区整体为浅湖,接受西北方向大量冲积物的堆积(Bian et al.,2010)。在风城组沉积早期,古湖盆整体为浅水环境,随后逐渐发育成具有拗陷中心的湖盆。风城组沉积早期,大部分的火山喷发位于陆地上,主要依靠大气中高 CO_2 分压使 CO_2 溶解在沉积水体中,形成碳酸盐矿物沉积所需的充足的 HCO_3^-。

碳酸盐矿物的类型主要由阳离子类型控制,形成玛湖凹陷风城组大规模的 Na 碳酸盐,需要大量 Na^+。研究发现,肯尼亚现代碱湖火山活动强烈,火山作用是重要的 Na^+ 来源,玛湖凹陷风城组大量的 Na^+ 来源也与火山活动具有密切的关系。

Na 离子的来源可能为周围风化物质的带入,也可能是深部物质的供给,都与该地区的火山岩有重要关系。早二叠世频发的火山活动、断裂系统、复杂的构造背景及亚热带的古气候提供了碳酸盐矿物沉淀的重要物质来源(Lu et al.,2015)。

气温和降水是控制盐湖存在的主要气候因素。盐类矿物是在蒸发量大于补给量(降雨量+径流量)的干旱或半干旱气候条件下的产物。Zhu 等(2005)通过系统的孢粉学研究认为,准噶尔盆地在二叠纪时期属于半干旱气候,雨量较少。玛湖凹陷在早二叠世具备干旱蒸发的气候条件,蒸发量大于补给量的情况出现频繁,易导致封闭湖盆盐类矿物的沉淀析出。盆地周缘的洪积扇导致洪积物与盐湖沉积伴生。玛湖凹陷风城组沉积时期,盐类矿物主要发育在湖盆中心区、斜坡区及浅水平台区,凹陷边缘发育厚层的冲积相粗碎屑岩,说明风城组沉积时期的古气候环境为易发生洪水沉积的干旱环境。

综合以上特征,建立了碱湖碱韵律层形成过程示意图(图 2-18)。含碱层段韵律性反映了沉积环境变化的周期性。

阶段一:气候温暖潮湿,雨水较多,注入湖盆的水流量较大,导致流水的注入量大于蒸发量。此时湖盆沉积水介质还未达到盐类矿物沉淀的饱和阶段或初级阶段,湖盆底部沉积的是流水带入及空降的火山碎屑。在风南 5 井,含碱层段以 4067.6m、4072.1m 的暗色沉凝灰岩为代表,表面基本见不到盐类矿物斑点,湖盆沉积水体比较深,湖平面较高,气候温暖潮湿,蒸发量小。

阶段二:气候开始由温暖潮湿向炎热干燥转变,雨水减少,注入湖盆的流水逐渐小于蒸发量。强烈的蒸发作用导致湖平面降低,沉积水介质盐度增高,Mg^{2+} 和 Ca^{2+} 优先和沉积水体中的 HCO_3^- 结合,在其他颗粒之间的孔隙中沉淀结晶出碳钠钙石和氯碳钠镁石。早期形成的盐类矿物充填陆源注入的碎屑颗粒及火山碎屑颗粒之间的孔隙,呈包裹颗粒的状态产出,盐类矿物自身形态差,宏观上表现为白色的碳钠钙石斑点(图 2-18)。该阶段湖盆沉积水体相对较深,随着蒸发量的加大,水介质浓度已经达到盐类矿物析出的矿化度,碳钠钙石和氯碳钠镁石优先选择在颗粒孔隙之间析出。

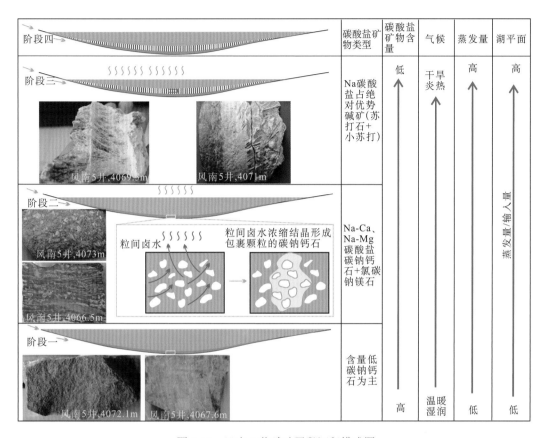

图 2-18　风南 5 井碱矿层段沉积模式图

阶段三：气候炎热干旱，随着蒸发量的继续加大，沉积水介质中的 Na^+ 与剩下的 HCO_3^- 结合形成纯净的碳酸钠盐类矿物。由于气候炎热干旱，基本上没有流水注入，即没有外源沉积物质输入，碱矿层很干净。

阶段四：由于气候周期性波动，形成干旱炎热的气候转变为温暖潮湿的气候背景。沉积过程又开始重复以上过程，频繁的周期性气候变化形成了风城组含碱层段频繁互层的岩石组合特征。

整体上说，一个完整的沉积周期内，随着气候由温暖潮湿转变为干旱炎热，湖平面下降并且蒸发量增大，碳酸盐矿物一次结晶析出，气候干旱炎热，盐类矿物含量越高。由于风城组沉积时期水体中 HCO_3^- 占主导，阳离子主要为 Na^+ 碱性离子，湖盆在咸化蒸发浓缩的过程中，主要形成钠碳酸盐矿物，即碱矿。

第二节 吉木萨尔凹陷芦草沟组细粒沉积作用

一、沉积微相类型及其展布

（一）主要沉积相类型及特征

吉木萨尔凹陷芦草沟组主要发育三角洲沉积体系和湖泊沉积体系两种类型，进一步可分为七种亚相，包括砂质浅滩、碳酸盐岩浅滩、云坪、泥坪、半深湖-深湖、三角洲前缘、混合坪（匡立春等，2012；斯春松等，2013；邵雨等，2015；蒋宜勤，2015；Qiu et al.，2016）。

1. 砂质浅滩亚相

岩石类型主要为含砂屑粉砂岩，常发育浪成交错层理和浪成砂纹层理，单层厚度相对较薄，一般不超过1m[图2-19(a)～(c)]。砂质浅滩主要包括两种滩脊和滩席微相类型，滩脊代表水动力条件较强，岩性主要为粉砂岩、云质粉砂岩和含砂屑粉砂岩，颗粒成熟度较高；滩席主要发育在弱水动力条件下，岩性主要为白云质粉砂岩，白云质成分含量相对较高，块状结构，在岩心中常见各种生物钻孔，顶面往往发育泥裂构造[图2-19(d)、(e)]。

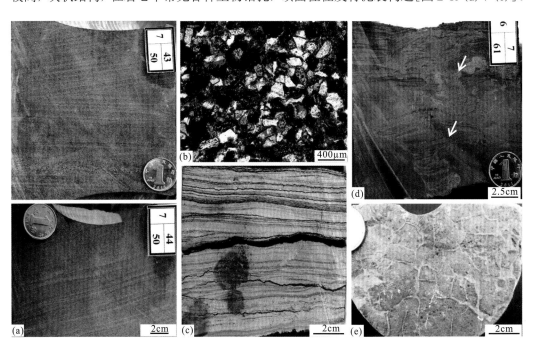

图 2-19 砂质浅滩亚相沉积组构特征

(a)和(b)交错层理含内碎屑的粉砂岩中见交错层理，吉174井，3282.43m；(c)云质粉砂岩中见波状层理，吉174井，3119.12m；(d)云质粉砂岩中见生物钻孔，吉174井，3119.1m；(e)云质粉砂岩中见泥裂，吉174井，3192m

2. 碳酸盐岩浅滩亚相

该亚相主要发育在坡度相对平缓的湖泊周缘区域。垂向上碳酸盐岩浅滩主要分布于芦草沟组上"甜点段"内，上"甜点段"沉积时期具备更高的盐度和很少的陆源碎屑供给，单层厚度薄，一般不超过20cm，波状层理及冲洗层理发育。该亚相主要包括砂屑浅滩和生物浅滩两种类型，砂屑浅滩一般代表高能环境，其物质来源主要为近源、未固结的碳酸盐遭受侵蚀形成，砂屑颗粒磨圆、分选较差，粒间孔发育；生物浅滩发育规模有限，主要与泥晶碳酸盐岩共生，其生物颗粒相对完整（图2-20）。

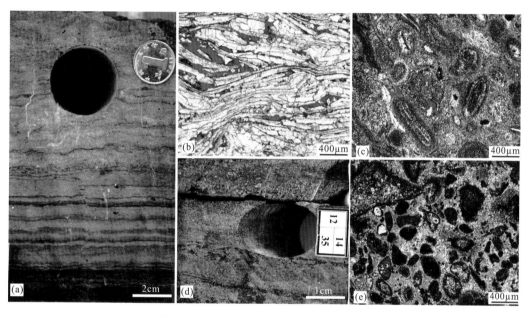

图2-20 碳酸盐岩浅滩亚相沉积组构特征

(a)和(b)纹层状生物介壳灰岩，吉174井，3165.32m；(c)鲕粒云岩，吉174井，3183.36m；(d)含油砾屑颗粒云岩，吉174井，1890.62m；(e)砂屑云岩，吉174井，3218.1m

3. 云坪亚相

云坪亚相在垂向上主要发育在"甜点段"内，以滨岸带发育为主，常常受到潜水面的影响。由于气候相对较干旱，毛细管受蒸发作用的影响较强烈，潜水带的盐度相对于湖水盐度较大，受到较强的化学沉淀作用影响，有利于碳酸盐类矿物（白云石、方解石）形成。云坪亚相发育块状层理及浪成交错层理，沉积物颜色主要为浅灰色，常夹杂少量粉砂质、细粉砂质及泥质组分，云质成分以泥晶、微晶为主，白云石结构主要为他形及半自形结构，粒径小，一般不超过5μm，岩心中可见形成于准同生阶段的暴露构造，如干裂纹、同生角砾、泥裂等，表明其形成环境为蒸发作用较强的高盐度滨浅水相环境（图2-21），白云石的有序度相对较低，反映其形成于成岩作用早期。

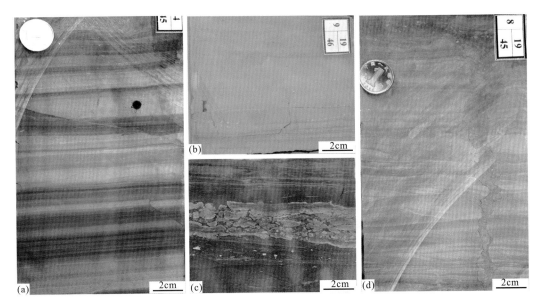

图 2-21　云坪亚相沉积组构特征

(a)浅色泥晶云岩与暗色沉凝灰岩互层，吉 174 井，3146m；(b)深灰色块状构造泥晶云岩，吉 174 井， 3125.1m；(c)角砾
状泥晶云岩薄层，吉 174 井，3235.8m；(d)泥晶云岩中见浪成纹层，顶部发育溶蚀缝，吉 174 井，3148.5m

4. 泥坪亚相

泥坪亚相分布范围有限，主要发育在水动力较弱的地区，如滨岸区相对较低洼的地带及陆源碎屑供应较少的地区，岩性主要为泥岩、细粉砂质泥岩，颜色相对较深，主要为灰绿色、黑色，偶尔可见相对较薄的浅灰色粉砂质条带，生物扰动现象普遍。

5. 半深湖-深湖亚相

半深湖-深湖亚相垂向上主要发育在上下"甜点段"之间，岩性以泥岩、细粉砂质泥岩、含云泥岩为主，泥岩中夹杂粒度较细的薄层细粉砂岩，颜色主要为深灰色或黑色，沉积构造以块状构造为主，发育水平层理。水体较深，整体为缺氧环境，有机组分含量高，岩心和镜下常见连续状的藻纹层，同时可见鱼化石。局部地区受重力流影响，内部可见砂质条带和块状砂岩[图 2-22(a)～(f)]。

6. 三角洲前缘亚相

三角洲前缘亚相主要发育在湖盆边部，发育规模有限，沉积微相类型包括水下分流河道、分流间湾及分流河口坝等。受芦草沟组沉积时期气候影响，三角洲前缘亚相向湖盆供给的粉砂质沉积物主要分布在芦草沟组底部，岩性主要为粉砂岩和细砂岩，分选较好，偶见少量含砾砂岩。水下分流河道发育多种沉积构造，如板状交错层理、平行层理、槽状交错层理及冲刷-充填构造，常见反映较强水动力特征的冲刷面滞留沉积[图 2-22(g)]，粒度主要为正粒序特征；分流河口坝微相岩性粒度较细，一般为粉细砂岩，粒度特征表现为反粒序特征，测井曲线为漏斗形，发育浪成交错层理、小型波状层理和楔状交错层理等；分流间湾粒度更细，岩性主要为泥质沉积，夹少量粉细砂岩，含植物残体和生物介壳，发育浪成波痕、水平层理及透镜状层理。

图 2-22 半深湖-深湖亚相和三角洲前缘亚相岩石结构特征

(a)富含藻纹层的沉凝灰岩，荧光下为黄绿色，吉 174 井，1890.62m；(b)藻纹层的显微特征，吉 32 井，3731.4m；(c)深黑色沉凝灰岩中见鱼化石，吉 174 井，3146.19m；(d)块状含泥质沉凝灰岩中见云质条纹，吉 174 井，3187.1m；(e)块状泥质沉凝灰岩中见云质团块，吉 174 井，3165.58m；(f)泥质沉凝灰岩中见薄层浊流粉砂，吉 174 井，3130.9m；(g)向上变细的分流河道沉积，底部见定向砾石，吉 174 井，3427.95m

(二)沉积演化

根据过吉 191—吉 31—吉 176—吉 174—吉 34—吉 33—吉 15 井南北向连井剖面可知(图 2-23)，吉木萨尔凹陷芦草沟组沉积时期发育两期水进—水退沉积旋回，分别对应为芦草沟组一段和芦草沟组二段。芦草沟组一段沉积早期，湖泊水体深度相对较浅，相当于低位体系域，湖盆的东南部和北部发育三角洲前缘亚相，陆源碎屑供给充足，南部物源的供给强度和影响范围明显大于北部物源，沉积砂体由湖盆边缘吉 191 井向湖盆中心

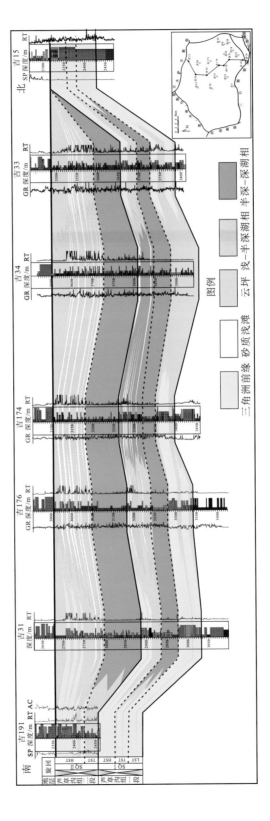

图 2-23　吉木萨尔凹陷芦草沟组南北向沉积剖面相

吉 174 井附近推进。随着湖平面逐渐上升，湖盆进入湖侵时期，三角洲前缘亚相主要发育在吉 191 井附近，砂体逐渐退积，分布范围变小，湖盆内以湖相泥质沉积为主，局部发育浊积成因的薄层粉砂岩。芦草沟组一段沉积晚期，气候干旱，发生湖退，南部吉 191—吉 31 井一带和北部吉 15—吉 33 井一带以三角洲前缘亚相沉积为主，砂体向湖盆中心发生进积，沉积物粒度较细，沉积物供应速率较低。受强烈蒸发作用影响，湖泊水体咸化程度较高，发育以碳酸盐组分为主的混合沉积。芦草沟组一段沉积时期，盆地范围内火山活动频繁，火山活动喷发出的大量火山物质被风或流水携带入湖沉积，形成了由碳酸盐、陆源碎屑与火山物质组成的混合沉积，发育薄层的粉砂质碎屑颗粒夹层。

芦草沟组二段沉积早期，气候由干旱变为潮湿，再次发生湖侵，湖平面逐渐上升，物源供给较少，湖盆广泛发育湖相泥岩，夹少量浊积成因的薄层粉细砂岩，受构造活动影响，湖盆北部地层遭受严重剥蚀，南部吉 191 井附近以小规模的云坪亚相沉积为主。芦草沟组二段沉积晚期，气候干旱，湖平面逐渐下降，湖水咸化程度较高，以碳酸盐岩沉积为主。湖盆南部陆源供给逐渐增强，吉 191—吉 31 井发育三角洲前缘亚相，向湖盆中心逐步推进。湖盆周缘受波浪改造、陆源碎屑注入等影响，以碳酸盐组分和陆源碎屑混合沉积为主，湖盆中部以泥级长英质与泥晶云岩沉积为主，受水体深度的周期波动影响，形成了厚层白云岩夹薄层粉砂岩的沉积特征。

（三）沉积相平面展布

芦草沟组沉积时期受气候、构造活动、陆源碎屑供给速率、湖平面变化等因素影响，沉积物以陆源碎屑、火山碎屑、碳酸盐组分为主，平面上具有从湖盆边部至湖盆中心呈环带状展布的特征。盆地边部以粉砂级碎屑沉积为主，盆地中心以泥级颗粒沉积为主，如泥晶白云岩、火山尘、泥等。气候干旱潮湿交替变化，碳酸盐岩供给强度发生规律变化，火山活动具有突发性，使湖盆内沉积物类型及分布更加复杂。

吉木萨尔凹陷芦草沟组下"甜点段"沉积时期，三角洲前缘、砂质浅滩、混合坪、云坪等为主要的沉积亚相（图 2-24）。芦草沟组下"甜点段"沉积时期，气候相对干旱，发生湖退，盆地南部物源供给逐渐增强，形成了向北东向展布的以三角洲前缘亚相为主的沉积环境，由湖盆边部向湖盆中心，沉积相带由三角洲前缘亚相向砂质浅滩亚相和混合坪亚相逐渐过渡，其中砂质浅滩亚相以粉砂岩、含云粉砂岩等为主，砂质含量较高，含少量火山碎屑颗粒。湖盆内部发育混合坪亚相，陆源碎屑、火山物质和云质成分含量较高，频繁互层变化。湖盆中心吉 30 井—吉 34 井附近，发育半深湖-深湖相沉积，以泥晶云岩和火山凝灰质混积为主；湖盆北部有陆源输入，规模小于南部物源，发育砂质浅滩和混合坪亚相，分布面积有限。

吉木萨尔芦草沟组上"甜点段"沉积时期，气候炎热干旱，湖盆发生大规模湖退，发育大规模的云坪沉积，在湖盆周缘受陆源供应影响，发育混合坪沉积，凹陷中东部及西部地区以浅湖-半深湖相交替沉积为主，与下"甜点段"相比面积有所减小（图 2-25）。

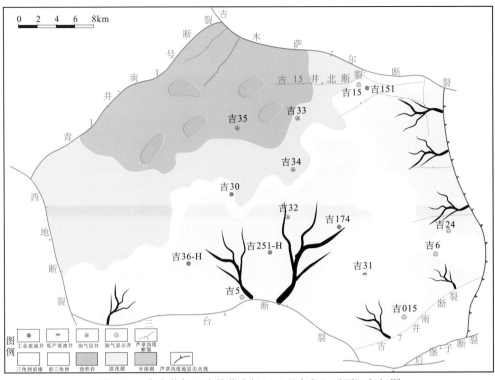

图 2-24 吉木萨尔凹陷芦草沟组下"甜点段"平面沉积相图

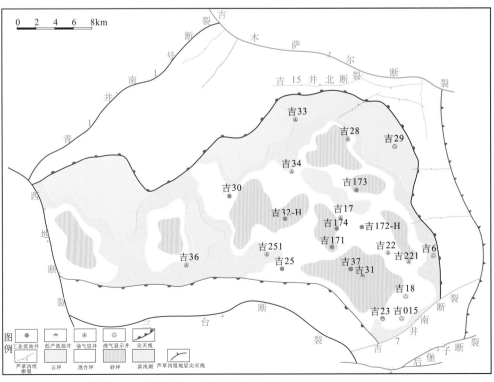

图 2-25 吉木萨尔凹陷芦草沟组上"甜点段"平面沉积相图

二、无机细粒组分混合方式

吉木萨尔凹陷芦草沟细粒沉积岩中矿物类型复杂，发育正常火山碎屑岩类、内源沉积岩类、陆源沉积岩类(斯春松等，2013；朱国华等，2014；邵雨等，2015)，为典型的复杂混合细粒沉积岩(蒉克来等，2015)，主要的储层类型为云质粉砂岩和粉砂质云岩(匡立春等，2015)。不同学者提出了三角洲-湖相沉积体系(斯春松等，2013)和地幔热液喷流模式(蒋宜勤等，2015)等观点。但三角洲-湖相沉积体系无法合理解释细粒沉积岩中高粉砂质含量、高云质含量的现象；由于火山口数量及影响范围有限，热液喷流作用难以形成大面积分布的泥晶白云岩(朱国华等，2014)。

河流-三角洲携带陆源碎屑进入湖盆，为细粒沉积岩提供碎屑颗粒是被大家广泛接受的观点(袁选俊等，2015；蒲秀刚等，2016)。在我国的一些淡水湖盆，水体相对较深，水体易于形成密度梯度，利于细粒组分悬浮搬运，陆源碎屑的粒径分布范围较宽，常见粒序层理和冲刷充填构造，往往会带来黏土矿物(Giles et al.，2013)。吉木萨尔凹陷芦草沟组细粒沉积岩中陆源碎屑组分的粒径分布范围较窄，主要介于 0.02~0.1mm，黏土矿物含量较低，上下"甜点段"内未见河道沉积或冲刷充填构造，含云质粉砂岩段主要为层状结构和块状结构。

高频沉积旋回分析表明，随着湖平面的下降，云质组分增多，后期伴随着湖盆的进一步变浅，粉砂质组分明显增大(图 2-26)，在代表浅水环境的云岩和粉砂岩中，常常发育古土壤和暴露成因构造(图 2-27)，这些粉砂质组分并非由三角洲搬运而来，准噶尔盆地及其周缘地区二叠系芦草沟组时期，季风携带火山物质进入湖盆沉积的观点已被广泛接受，风既然可以携带火山物质进入，也可以携带粉砂质组分进入湖盆内。

在干旱和半干旱气候的湖泊和干盐湖中，风携带粉尘入湖沉积的现象较为常见(Evans et al.，2004；Bruning-Madsen and Awadzi，2005；Qiang et al.，2007；Haliva-Cohen et al.，2012)。在大部分现代湖盆中，风成砂质沉积物主要以纹层状出现在湖相沉积物中，或具块状结构，季风携带陆源碎屑经过搬运沉降到浅的咸化湖盆中，遭受间歇性的干旱作用影响，沉积物表面往往形成大量的泥裂(Giles et al.，2013)。

哈萨克斯坦和乌兹别克斯坦交界处的咸海(Aral Sea)，夏季温度最高为 40℃，湖盆内发育大量碳酸盐岩沉积，从 1960 年到 2011 年，风携带大量物质进入湖盆，6800km^2 的湖泊基本消失殆尽，风力作为一种动力，大面积为湖盆提供物源(Gaybullaev et al.，2014)。

吉木萨尔凹陷芦草沟组陆源碎屑颗粒粒径与典型的风成砂粒度相一致(Smalley et al.，2015)，棱角状的陆源碎屑多呈星散状分布于白云石基质中，表明陆源碎屑颗粒主要通过风的作用搬运至湖盆内部，与湖盆内早期沉积物混合沉积。季风搬运陆源碎屑机制的提出，可以更好地解释吉木萨尔凹陷芦草沟组时期(云质)粉砂岩呈面状分布的特点，这一认识可以更合理地解释粉砂质纹层和云质纹层频繁互层的现象。

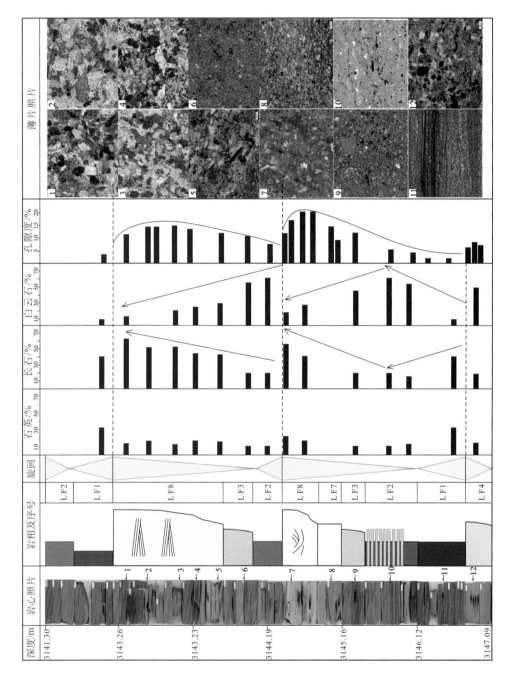

图 2-26 吉木萨尔凹陷高频沉积旋回矿物垂向发育特征

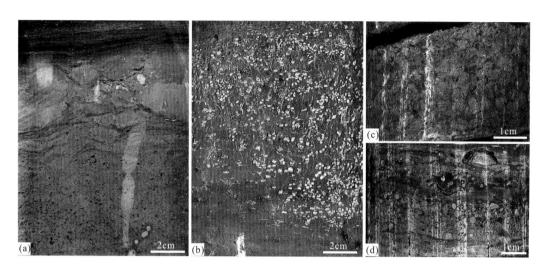

图 2-27　浅水环境发育的古土壤和暴露成因构造

(a)泥晶云岩的顶部见泥裂,吉 174 井,3115m;(b)古土壤层中见植物根茎,吉 302 井,2864.37m;(c)角砾状泥晶云岩间见绿色泥岩,吉 303 井,2588.50m;(d)砾屑颗粒云岩中见生物介壳,吉 303 井,2589.2m

三、有机组分类型及富集规律

(一)有机组分主要类型

吉木萨尔凹陷芦草沟组下"甜点段"烃源岩有机质的赋存形式分为有形态有机质、无形态有机质和次生有机质三类,有机显微组分细分为腐泥组、壳质组、镜质组、惰质组和次生组 5 组 12 组分(曲长胜等,2017a)。有形态有机质包括藻类残体,呈颗粒状、块状的陆生高等植物碎屑,如惰质体、镜质体和壳质体。无形态有机质为无固定形态结构的沥青质体、矿物沥青基质。次生有机质包括包裹类有机质和充填类有机质,包裹类有机质是指包裹在碳酸盐矿物晶格中的有机包裹体,方解石脉体中尤为发育;充填类有机质是指赋存于原地或脉体、裂缝及孔隙中的沥青有机质。吉木萨尔凹陷芦草沟组下"甜点段"烃源岩有机显微组分以腐泥体最发育,次生体含量次之,可见少量镜质体和惰质体,壳质组极为少见(图 2-28)。

(二)有机组分发育规律

吉木萨尔凹陷芦草沟组混积岩有机组分的富集和分布与沉积环境关系密切(图 2-29)。湖底水体安静,处于还原环境,有机组分主要为藻类体、无定形体,呈层状、似层状藻纹层富集,含少量细小的来源于高等植物的惰质体。

镜下矿物鉴定发现,深水环境形成的泥晶云岩中含有大量火山灰物质,火山灰物质来源为盆外火山喷发,随风飘落湖盆中,细小的火山灰在水体中迅速水解,释放出大量 K^+、Ca^{2+}、Mg^{2+}、Fe^{2+}、P^{3+} 等离子(张文正等,2009;李登华等,2014)。充足的营养物质促使了湖泊中藻类等浮游植物的繁盛,水生藻类大量繁殖的同时可诱发碳酸盐矿物的沉淀，有机质组分与矿物可能絮凝成较大颗粒，以悬浮沉降为主。

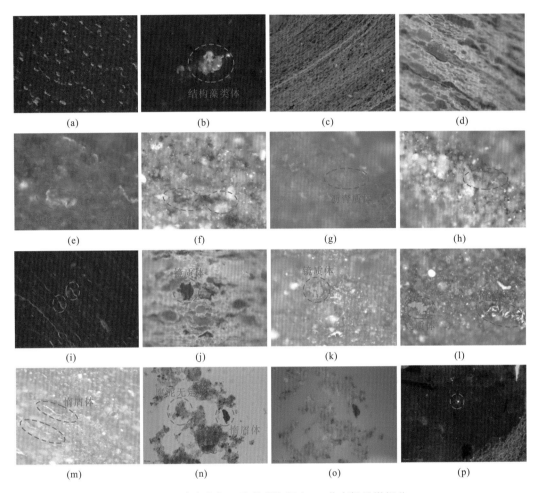

图 2-28 吉木萨尔凹陷芦草沟组吉 32 井有机显微组分

(a)结构藻类体，蓝紫光激发荧光，200 倍，吉 32 井，3733.00m，云质凝灰岩，全岩光片；(b)结构藻类，蓝紫光激发荧光，500 倍，吉 32 井，3733.00m，云质凝灰岩，全岩光片；(c)层状藻，降解藻，蓝紫光激发荧光，吉 32 井，3731.40m，含方解石泥晶云岩，200 倍；(d)层状藻、惰质体，蓝紫光激发荧光，500 倍，吉 32 井，3727.95m，泥晶云岩，全岩光片；(e)无结构藻类体、沥青质体，蓝紫光激发，500 倍，吉 32 井，3728.30m，凝灰质云岩，全岩光片；(f)同一视域，无结构藻类体、沥青质体，反射白光，500 倍，吉 32 井，3728.30m，凝灰质云岩，全岩光片；(g)沥青质体、沥青，蓝紫光激发荧光，500 倍，吉 32 井，3728.60m，含凝灰云岩，全岩光片；(h)沥青质体、沥青，反射白光，500 倍，吉 32 井，3728.60m，含凝灰云岩，全岩光片；(i)孢子体，蓝紫光激发荧光，500 倍，吉 32 井，3727.60m，泥晶云岩，全岩光片；(j)镜质组，蓝紫光激发荧光，500 倍，吉 32 井，3727.95m，泥晶云岩，全岩光片；(k)同一视域，镜质组，反射白光，500 倍，吉 32 井，3727.95m，泥晶云岩，全岩光片；(l)无结构镜质体、惰质体，反射白光，500 倍，吉 32 井，3727.60m，泥晶云岩，全岩光片；(m)与(d)同一视域，层状藻、惰质体，反射白光，500 倍，吉 32 井，3727.95m，泥晶云岩，全岩光片；(n)腐泥无定形体、惰质体，透射白光，200 倍，吉 32 井，3728.60m，含凝灰质云岩；(o)同一视域，腐泥无定形体，藻类降解严重，蓝紫光激发荧光，呈黄褐色荧光，惰质体不发光，吉 32 井，3728.60m，含凝灰质云岩，200 倍；(p)方解石脉体中烃类体及沥青，轻质烃类组分发白色荧光，方解石脉体浸染烃类体，吉 32 井，3731.45m，含方解石脉泥晶云岩，100 倍

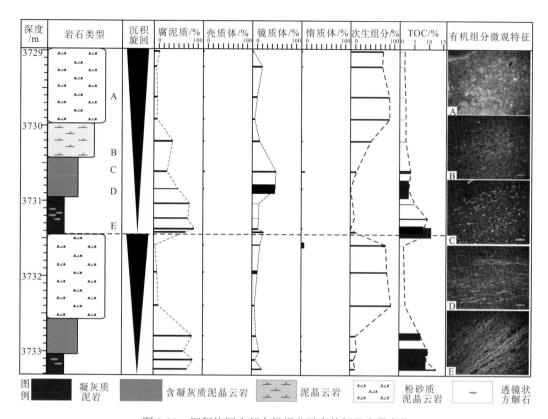

图 2-29 沉积旋回内部有机组分赋存特征及含量变化

当湖泊水体变浅时，岩心中碎屑颗粒逐渐增多，形成纹层，当纹层增多、增厚时，藻类等有机组分呈顺层状或局部富集型发育。有机组分的富集明显受温度、水动力、底水环境、陆源碎屑、火山物质输入量等因素影响。当陆源碎屑大量输入时，水动力较强、水体浑浊，不利于浮游藻类等生物繁殖。受水流的扰动作用影响，水体底水处于充氧环境，有机组分易遭到降解，生物有机质向溶解、胶体或聚合体有机质转化，这些有机质通过絮凝、范德瓦耳斯力等作用聚集沉积下来，有机质组分中藻类体的含量明显降低，陆生高等植物有机质组分比例相对增大。

当湖水水体较浅时，沉积物中碎屑颗粒粒径较大，含量高，以块状构造为主。低等水生有机质零星分散或少见。受水动力、波浪搅动等因素影响，湖泊水底环境动荡，处于氧化环境，原地生长的藻类或被氧化破坏，或向其他类型有机质转化，或被波浪破碎成小颗粒搬运至水体深处，难以在原地有效保存，藻类体含量低，颗粒状陆生高等植物含量增大，部分岩心中可见炭屑。

四、细粒沉积作用及沉积模式

吉木萨尔凹陷芦草沟组上下"甜点段"沉积期，为浅水高震荡型咸化湖盆，湖盆内细粒沉积岩的形成明显被气候的周期性变化所控制。气候潮湿期，水域面积较大，湖泊

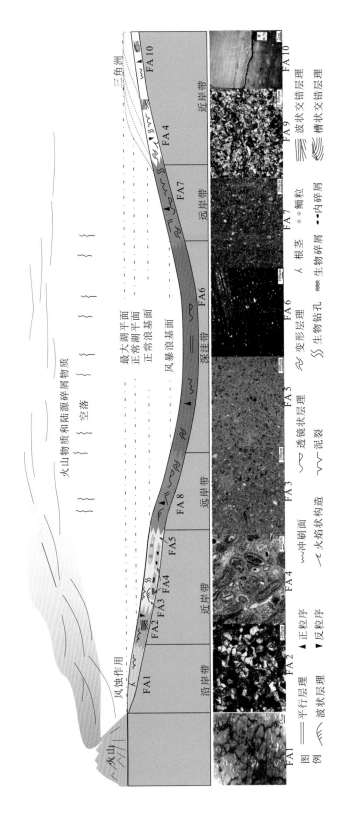

图 2-30 吉木萨尔凹陷芦草沟组复杂细粒岩的风运-湖改沉积模式

表层水体与下层水体由于温度差异导致循环受阻,深湖区形成了大面积缺氧环境,硫酸盐还原作用较强。大量富含 Fe、Mg 元素的中基性火山灰被季风带入湖盆,引起藻类物质的大量繁殖,甚至勃发,促使大量藻纹层形成。气候干旱期,湖盆水体变浅,水体动荡,不利于藻类物质的保存,此时水体盐度较高,白云石大量生成,随着湖盆的萎缩,湖盆边部早期的泥晶白云岩暴露至地表,接受大气淡水的改造,形成了同生角砾、泥裂、垂直溶蚀缝,长时期的改造使泥晶云岩向土壤转化。

季风携带湖盆边部早期沉积的陆源碎屑物质、泥晶白云岩和砂屑颗粒向湖盆内搬运。沿岸地区的风成砂粒度相对较粗,单层厚度接近 1m。湖盆中心区风成砂粒度较细,主要以纹层状(1~2cm)或星散状赋存于半深湖沉积物中。这些风成砂进入湖盆后,后期接受湖浪的淘洗和改造,细粒组分(凝灰质晶屑和细粒粉砂)被带入湖盆内部沉积,粉砂岩和火山玻屑等粗粒组分主要在湖盆边部沉积下来。由岸向湖方向,依次发育滨岸砂滩、浅湖混合坪、浅湖云坪和半深湖富有机质沉凝灰岩等沉积微相(图 2-30)。

滨岸砂坪主要发育块状层理,岩性以含云质粉砂岩为主,陆源碎屑颗粒多为棱角状。浅湖混合坪位于波浪作用带,岩性为含粉砂质泥晶云岩和含凝灰质泥晶云岩,不等粒的陆源碎屑颗粒和火山碎屑物质往往呈星散状分布于泥晶白云岩中,部分混合坪受后期波浪改造的影响,发育波状纹层和浪成砂纹层理。浅湖云坪受波浪影响较弱,主要为深灰色泥晶白云岩,偶见透镜状层理,季风带来陆源碎屑有时与泥晶云岩呈薄互层状分布。湖盆中部水体较为安静,为缺氧环境,利于藻类的生长和保存,风携带的陆源碎屑含量相对较低,泥级火山物质含量较高。

受风力搬运和湖浪的联合作用,造成了吉木萨尔凹陷细粒沉积岩成面状分布。火山物质和大量的藻类分布于湖盆深水区,相对较粗的粉砂质组分和泥晶白云岩位于湖盆边部。气候频繁变化造成了粉砂岩和富有机质岩的规律性互层,垂向上构成了良好的生储盖组合。

第三节 致密储层特征及分布规律

一、致密储层岩石学特征及分类

(一)致密储层组分

吉木萨尔凹陷二叠系芦草沟组细粒混积岩矿物成分多样,主要包括长石、石英、白云石、方解石、黏土矿物、黄铁矿及沸石等,具有多种产状和成因来源。

复杂的矿物成分及含量组合特征与其他盆地细粒沉积岩类致密油储层存在明显差异(朱国华等,2014),反映了一种碎屑沉积岩与化学沉积岩过渡或者火山碎屑岩与正常沉积岩过渡的混合沉积岩类。不同深度段内各矿物成分相对含量差异较大,纵向上各矿物成分相对含量频繁发生变化(图 2-31),表明岩石类型及其组合规律极其复杂。

长石平均含量最高,包括钾长石和斜长石,其中钾长石含量较少,分布范围为 0%～23.4%,主要集中在 0%～5%,平均为 4.0%;斜长石以钠长石为主,相对含量变化范围广，为 0%~73.5%，集中在 10%~35%，平均为 24.6%。

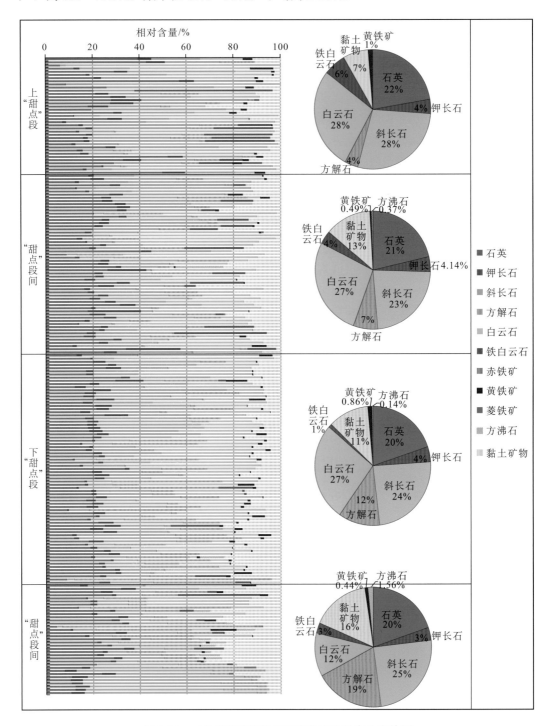

图 2-31　二叠系芦草沟组岩石矿物成分纵向分布特征

长石主要存在四种组构类型，即陆源长石碎屑颗粒、岩屑中的长石矿物、火山来源的钠长石晶屑及充填于孔隙中的自生钠长石晶体。通过薄片鉴定及扫描电镜观察分析，陆源长石碎屑为单晶颗粒，具有一定的磨圆度，表面略污浊，粒度总体上较其他类型长石粗；中基性火山岩岩屑中富含长石斑晶，以钠长石为主，其次沉积岩岩屑中也常见长石矿物；钠长石晶屑分散于火山灰中，晶体磨圆差，棱角-次棱角状，较为干净，颗粒较小。

石英相对含量为 4.6%～52%，集中在 15%～30%，平均含量为 20.81%（图 2-31），主要有陆源石英碎屑颗粒、自生石英、生物来源石英及火山来源石英晶屑四种形式。陆源石英碎屑颗粒具有一定的磨圆，主要存在于粉细砂岩中；自生石英包括充填孔隙的自生石英单晶和石英自生加大边；生物来源石英主要为放射虫等产生的生物硅，常以板条状连晶聚集形式存在；火山凝灰质中的石英晶屑较为干净，呈棱角-次棱角状，以斑晶形态分布于火山灰或存在于火山岩岩屑中。

方解石相对含量 0%～84.4%，集中在 0%～20%，平均 10.3%，包括灰质岩屑或内碎屑、灰质生物碎屑、灰泥杂基及自生方解石沉淀等类型。白云石分布广泛，相对含量 0%～91.5%，集中在 0%～50%，平均为 26.56%。白云石主要以云质岩屑或内碎屑、自生白云石沉淀以及云泥等形式存在。

黏土矿物含量较低，相对含量集中在 0%～15%，平均为 11.9%，包括蒙皂石、伊蒙混层、绿蒙混层，少量伊利石和绿泥石。黄铁矿普遍存在，但含量低，分布范围为 0%～11%，平均为 1.0%，以自生黄铁矿为主，包括莓球状、纤柱状和他形粒状黄铁矿三种产状。

（二）岩石类型划分

吉木萨尔凹陷二叠系芦草沟组致密油储层岩石组分多样、矿物成分复杂，为碎屑沉积岩与化学沉积岩过渡或火山碎屑岩与正常沉积岩过渡的复杂混合沉积岩类。关于复杂混合沉积岩的分类命名，诸多学者提出了方案（沙庆安，2001；伏美燕等，2012；姜在兴等，2013；王杰琼等，2014），在前人分类方案基础上，建立了新的方案，对该类复杂混合沉积岩石类型进行划分。

岩石类型划分的基本原则是选用的分类组分既能够定量识别鉴定，又能够反映岩石的成因特征，并且划分结果具有较强的实用性与可操作性，能够指导勘探开发。

二叠系芦草沟组致密油储层岩石中陆源碎屑组分、碳酸盐组分及火山碎屑组分容易定量识别鉴定，含量分布变化大，含量组合关系可以反映岩石成因特征与储层质量好坏，能够作为该类复杂岩石类型划分的三个端元组分。同时，岩石中普遍含有机质组分，对"源储一体"型致密油储层成岩作用、储集物性及含油性具有重要的影响，应该作为致密油储层岩石类型划分的另一重要组分。

本节选用"四组分三端元"分类方案，对芦草沟组致密油储层岩石类型进行划分。"四组分"是指有机质组分、陆源碎屑组分、碳酸盐组分及火山碎屑组分，"三端元"是指陆源碎屑含量、碳酸盐含量及火山碎屑含量（图 2-32）。

鉴于有机质组分在致密油储层中的重要作用，首先以 TOC 值 1.5%与 4%为界，将吉木萨尔凹陷二叠系芦草沟组致密油储层岩石划分为贫有机质（TOC＜1.5%）、中有机质（1.5%＜TOC＜4%）与富有机质（TOC＞4%）三种类型；然后，以陆源碎屑含量、碳酸盐含量及火山碎屑含量为"三端元"，将三者的含量进行归一化处理，计算三种组分的相对百分含量，以各相对含量50%为界，将每一类有机碳含量级别的岩石划分为四大类（图2-32）。

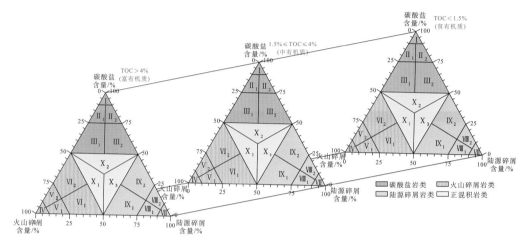

图2-32　致密储层的岩石学三端元四组分分类方案

Ⅰ-碳酸盐岩；Ⅱ$_1$-含凝灰碳酸盐岩；Ⅱ$_2$-含(粉)砂/泥质碳酸盐岩；Ⅲ$_1$-凝灰质碳酸盐岩；Ⅲ$_2$-(粉)砂质/泥质碳酸盐岩；Ⅳ-凝灰岩；Ⅴ$_1$-含(粉)砂/泥质沉凝灰岩；Ⅴ$_2$-含灰/云沉凝灰岩；Ⅵ$_1$-(粉)砂/泥质沉凝灰岩；Ⅵ$_2$-灰质/云质沉凝灰岩；Ⅶ-(粉)砂岩/泥岩；Ⅷ$_1$-含凝灰(粉)砂岩/泥岩；Ⅷ$_2$-含云/灰(粉)砂岩/泥岩；Ⅸ$_1$-凝灰质(粉)砂岩/泥岩；Ⅸ$_2$-灰/云质(粉)砂岩/泥岩；X$_1$-火山碎屑型正混积岩；X$_2$-陆源碎屑型正混积岩；X$_3$-碳酸盐型正混积岩

当某一端元组分的相对含量大于50%时，以该组分为岩石类型的主名，如陆源碎屑岩类、碳酸盐岩类及火山碎屑岩类。致密油储层中陆源碎屑岩类主要为(粉)砂岩类或泥岩类。碳酸盐岩类主要为泥晶白云岩类及少量灰岩类。火山碎屑岩类主要为凝灰岩与沉凝灰岩类。当三种端元组分的相对含量均小于50%时，表示三种端元组分的高度混合，定名为正混积岩类（王杰琼等，2014）。

对于前三大类岩石的详细分类，参照传统的分类命名方式，遵循三级命名原则，结合成分、构造及组分含量(10%、25%和50%)进行划分，例如，某一岩石中粉砂质含量为55%，白云质+泥质含量为28%，火山凝灰质含量为12%，泥质含量为5%，有机碳含量为1.3%，且为块状构造，命名为贫有机质块状含凝灰白云质粉砂岩；对于正混积岩，则根据含量最高的端元组分命名为"××型正混积岩"（图2-32），如某一岩石中火山碎屑组分含量为43%，碳酸盐组分含量为27%，陆源碎屑组分含量为30%，有机碳含量为2.4%，且为块状构造，命名为中有机质块状火山碎屑型正混积岩。

根据上述分类原则，吉木萨尔凹陷二叠系芦草沟组致密油储层中每一类有机碳含量级别的岩石可以分为四大类，进一步详细划分为18小类。

在上述岩石分类命名中，陆源碎屑岩类应该明确粒级，如细砂、粉砂及泥等；碳酸盐岩类应该体现晶粒大小与结构组分特征，如泥晶、粉晶、砂屑、鲕粒及生物碎屑等；

并且各类岩石的命名中可根据研究需要体现构造特征，如块状、纹层状及页状等。

上述方案一方面能够反映成因特征，对储层具有重要影响，并且可以将鉴别与计量的主要岩石组分反映到岩石分类命名中；另一方面，尊重传统，分类具有定量的界线，遵循了三级命名原则。

研究中只要确定岩石组分和含量，即可明确主要的岩石类型，并进行详细分类命名，具有较强的实用性与可操作性。

二、致密储层储集性

(一)储集物性特征

吉木萨尔凹陷芦草沟组致密储层孔隙度主要分布范围为 2%～14%，平均为 7.85%，其中孔隙度小于 10%的样品占 68.4%；储层渗透率主要分布范围为 0.001×10^{-3}～$1.0\times10^{-3}\mu m^2$，平均为 $0.110\times10^{-3}\mu m^2$，其中小于 $1.0\times10^{-3}\mu m^2$ 的样品占 84.2%（图 2-33）。根据高压压汞分析，储层孔喉半径为 0.01～$38.93\mu m$，主要分布范围为 0.1～$0.25\mu m$。致密储层物性差，孔喉半径小。

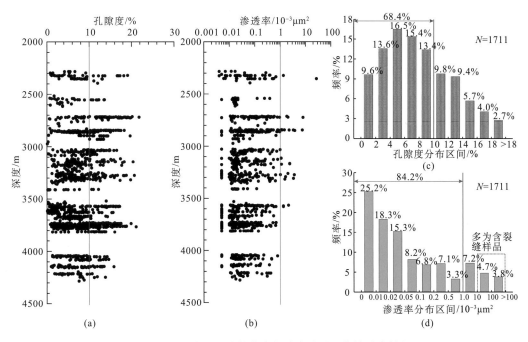

图 2-33　吉木萨尔凹陷芦草沟组致密油储层物性分布特征

(二)孔隙特征

孔隙是流体赋存于岩石中的基本储集空间，孔隙大小主要影响储层的储集能力。孔隙类型主要为火山凝灰物质发生溶蚀形成的粒间溶孔，长石、中基性火山岩岩屑颗粒溶蚀形成的粒内溶孔，晶间孔，微裂缝及少量的鲕粒间溶孔及生物格架内孔隙等。不同储集岩中主要发育的孔隙类型有所差异，陆源碎屑岩类储层剩余粒间孔隙相对含量高于其他岩性储层，碳酸盐岩类储层和沉凝灰岩类储层粒间溶孔相对含量高于其他岩类。

统计表明，上、下"甜点段"孔隙发育，物性好，"甜点段"间物性差；整体上，原生孔隙不发育，仅在"甜点段"部分物性相对较好的储层中保存了少量原生孔隙，次生孔隙普遍发育且含量较高，尤其在物性相对较差的储层中，次生孔隙占绝对优势，剩余粒间孔相对较少，相对百分含量小于20%；溶蚀孔隙含量占绝对优势，相对百分含量大于60%（图2-34）。

1. 陆源碎屑岩类储层

碎屑岩储集空间类型按产状可以分为孔隙和裂缝，其中孔隙又可以分为粒间孔隙、粒内孔隙和填隙物内孔隙，粒间孔隙又可以分为残余粒间孔隙和粒间溶扩孔隙，填隙物内孔隙又可以分为杂基内孔隙和胶结物内孔隙；裂缝主要可以分为构造裂缝和成岩裂缝。

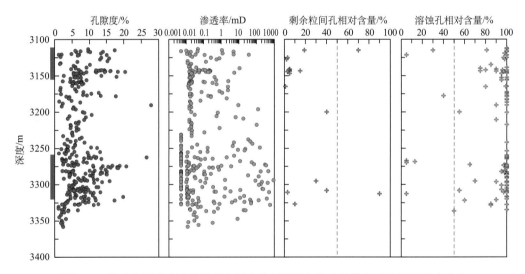

图2-34　芦草沟组致密油储层剩余原生粒间孔隙与次生孔隙相对含量及纵向分布

陆源碎屑岩类储层主要以粒间火山凝灰物质发生溶蚀形成的粒间溶孔，以及长石颗粒发生溶蚀形成的溶孔为主[图2-35(a)～(c)]。凝灰质粉砂岩由于凝灰质溶蚀产生大量次生溶蚀孔隙，是陆源碎屑岩类储层最重要的储集空间。长石颗粒溶孔主要是长石边缘的溶蚀及粒内溶蚀产生的溶孔，有时可见长石颗粒被整体溶蚀产生的铸模孔；部分粉细砂岩及云质粉砂岩中可见少量剩余原生孔隙，云屑粉砂岩中还可见到云屑溶解产生的溶孔。灰质粉砂岩由于方解石的强胶结作用一般孔隙不发育，泥质粉砂岩和粉砂质/云质/灰质泥岩主要以极少量孤立的孔隙和微孔为主，孔隙空间不发育。

2. 碳酸盐岩类储层

孔隙类型以火山凝灰物质发生溶蚀形成的溶孔以及晶间溶孔为主，含少量的鲕粒间溶孔及生物格架内孔隙[图2-35(d)～(f)]。

碳酸盐岩类储层中凝灰质含量相对较低，凝灰质泥晶云岩发育较少，多为含凝灰质/粉砂质泥晶云岩，孔隙多为少量的凝灰质溶蚀产生的次生孔隙。晶形相对较好的泥-粉晶云岩可见相对较多的白云石晶间溶孔，以云泥成分为主的泥晶云岩中孔隙不发育，一般为白云石晶间溶孔，铸体薄片镜下孔隙不可见，扫描电镜下可见白云石的弱溶蚀现象。鲕粒白云岩溶孔较为发育，主要为凝灰质组分的溶解及鲕粒间溶孔，生物格架灰岩可见连通性好的生物格架间孔隙。

3. 火山碎屑岩类储层

火山碎屑岩类储层孔隙类型以火山凝灰物质发生钠长石化及溶蚀形成的溶孔为主[图 2-35(g)～(i)]。凝灰物质分为团块状和分散状两种，分散状凝灰物质往往是细粒凝灰发生溶蚀，形成连通性相对较好的次生孔隙；团块状凝灰物质发生溶蚀往往产生球状或近球状溶蚀孔洞，伴随着溶孔往往发育自生钠长石化，钠长石晶体多以简单双晶形式近垂直地自孔隙边缘向孔隙中心生长，强烈的溶蚀可以使岩石产生钠长石化作用。

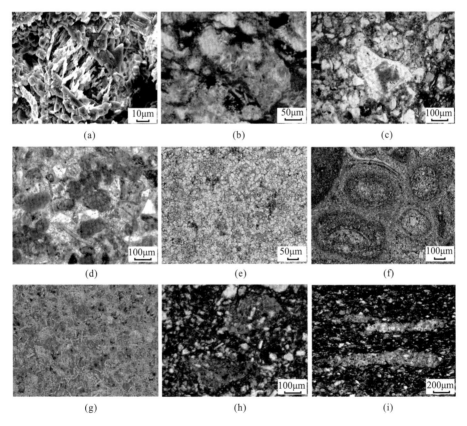

图 2-35　吉木萨尔凹陷芦草沟组致密油储层主要储集岩孔隙类型

(a)吉 174 井，3114.86m(SEM)，粉砂岩，长石溶蚀孔隙；(b)吉 174 井，3125.3m，粉砂岩，岩屑溶蚀孔隙；(c)吉 174 井，3310.8m，含云粉砂岩，长石溶蚀孔隙；(d)吉 301 井，2760m，砂屑白云岩、长石及岩屑溶蚀孔隙；(e)吉 174 井，3134.79m(−)，粉晶云岩，晶间孔隙；(f)吉 174 井，3183.36m(−)，鲕粒间及内部溶蚀孔隙；(g)吉 174 井，3262.59m(−)，凝灰质强溶蚀，形成大量次生孔隙；(h)吉 32 井，3732.1m，团块状凝灰质溶蚀形成次生孔隙；(i)吉 303 井，2589.8m(−)，长石颗粒及团块状凝灰质溶蚀形成孔隙

(三)孔喉结构

1. 毛细管压力曲线分布

孔喉的分选性、孔喉分布的歪度决定了毛细管压力曲线的形态。从不同渗透率级别($K \leqslant 0.01 \times 10^{-3} \mu m^2$、$0.01 \times 10^{-3} \mu m^2 < K \leqslant 0.1 \times 10^{-3} \mu m^2$、$0.1 \times 10^{-3} \mu m^2 < K < 1.0 \times 10^{-3} \mu m^2$、$K \geqslant 1.0 \times 10^{-3} \mu m^2$)样品的高压压汞曲线看(图2-36),随着渗透率的增大,孔喉的歪度明显由细歪度向粗歪度变化。

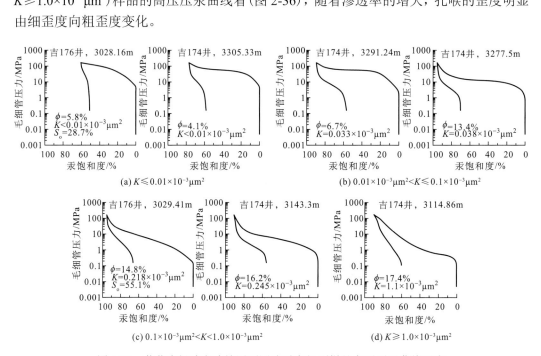

图2-36　芦草沟组致密油储层不同渗透率级别样品高压压汞曲线形态

ϕ 为孔隙度;K 为渗透率;S_o 为会油饱和度

恒速压汞可以区分孔隙和喉道,致密油储层孔隙半径平均值分布范围为106.7～132.23μm,平均为124.49μm;喉道半径平均值分布范围为0.1～1.87μm,主要分布在0.1～0.3μm范围内,平均为0.32μm;孔喉半径比差异较大,分布范围从26.32～701.12,整体较高,平均为391.02;平均毛细管半径分布范围0.18～4.22μm,平均为1.06μm;储层恒速压汞进汞饱和度相对较高,主要分布在40%～90%范围内,平均为53.92%。储层以微米级孔隙、纳米级喉道为特征,形成了致密储层的微-纳米级孔喉系统。

2. 孔喉结构定量特征参数

根据孔喉参数特征分布可以看出(表2-2),芦草沟组致密油储层孔喉半径小,排驱压力及中值压力高,分选好,均质系数小,整体上孔喉结构较差。

从实测高压压汞样品的最大孔喉半径 R_d、中值孔喉半径 R_c50 及平均孔喉半径 R_m 的分布可以看出,以0.5μm孔喉半径为界(孔喉直径1μm以下为纳米级孔喉),在最大孔喉半径中,有66.3%的样品为纳米级别;在中值孔喉半径中,有99.1%的样品为纳米级别;

在平均孔喉半径中，有 86.8%的样品为纳米级别，说明在低渗透储层中，纳米级孔喉系统发育(图 2-37)。

表 2-2 孔喉结构特征参数统计表

孔喉结构参数	最大值	最小值	平均值
分选参数	4.08	0.96	1.97
排驱压力/MPa	26.17	0.02	4.24
最大孔喉半径/μm	38.93	0.03	0.1
中值压力/MPa	163.2	0.79	35.14
中值半径/μm	0.93	0.01	0.06
均质系数	0.55	0.08	0.21
变异系数	0.38	0.06	0.15
孔喉体积比	12.76	0.91	4.27

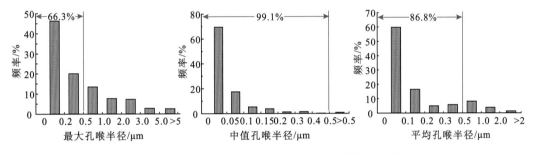

图 2-37 芦草沟组致密油储层孔喉半径分布直方图

对不同岩性致密油储层(粉砂岩、泥晶云岩、砂质/泥质泥晶云岩)的孔喉结构系统进行分析，绘制了致密油储层样品点的孔喉半径分布区间及不同级别喉道半径($<0.1\mu m$、$0.1\sim1\mu m$、$1\sim10\mu m$)所控制的进汞量(图 2-38)，可以看出粉砂岩储层主要发育纳米级孔喉系统，少量微米级孔喉系统，其孔隙主要由纳米-微米级喉道控制；泥晶云岩储层主要发育纳米级孔喉系统，其孔隙主要由纳米级喉道控制；砂质/云质泥岩储层主要发育纳米级孔喉系统，其孔隙主要由纳米级喉道控制。

从陆源碎屑岩类储层和碳酸盐岩类储层不同渗透率级别岩心孔喉半径分布可以看出，渗透率越小，峰值孔喉半径越小，分布范围较窄；渗透率增大，峰值孔喉半径增大且分布范围变宽(图 2-39)。当渗透率 $K \leqslant 0.01 \times 10^{-3} \mu m^2$ 时，孔喉分布一般在 $0.0045 \sim 0.018\mu m$，峰值孔喉半径小于 $0.008\mu m$；当 $0.01 \times 10^{-3} \mu m^2 < K \leqslant 0.1 \times 10^{-3} \mu m^2$ 时，孔喉分布一般在 $0.0045 \sim 0.036\mu m$，峰值孔喉半径为 $0.008 \sim 0.018\mu m$；当 $0.1 \times 10^{-3} \mu m^2 < K < 1.0 \times 10^{-3} \mu m^2$ 时，孔喉分布一般在 $0.008 \sim 0.144\mu m$，峰值孔喉半径为 $0.018 \sim 0.072\mu m$；当渗透率 $K \geqslant 1.0 \times 10^{-3} \mu m^2$ 时，孔喉分布一般在 $0.287 \sim 2.299\mu m$，峰值孔喉半径$>0.5\mu m$。

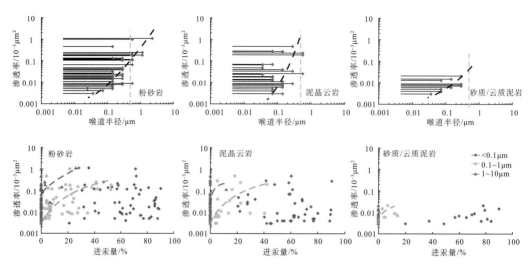

图 2-38　芦草沟组致密油储层不同渗透率级别孔喉系统分布特征

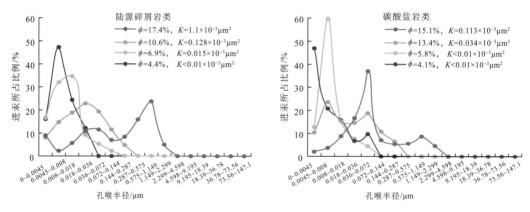

图 2-39　芦草沟组致密油储层不同渗透率级别孔喉半径分布特征

陆源碎屑岩类储层和碳酸盐岩类储层不同渗透率级别的岩心孔喉半径累积频率分布显示，随着渗透率的增大，细小孔喉所占比例越来越少，大孔喉所占比例逐渐增多（图 2-40）。

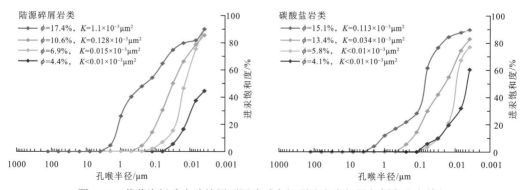

图 2-40　芦草沟组致密油储层不同渗透率级别孔喉半径累积频率分布特征

高压压汞测试可以精确地得到岩石的孔道大小和分布(图 2-41)。不同渗透率级别的样品,其孔道半径大小及分布性质差异不大,分布范围和峰值都比较接近,主要分布于 90～200μm,峰值基本在 150μm 左右;不同渗透率级别的样品,其喉道半径大小及分布差异很大,随着渗透率的增大,喉道半径分布范围逐渐变宽,小喉道比例降低,大喉道所占比例明显增加,曲线峰值对应的喉道所占比例也逐渐减小,喉道分选性变差。不同渗透率级别低渗储层,其孔道半径分布差异不大,而喉道则随着渗透率的增加其分布范围变宽、峰值半径增大,渗透率对喉道的变化敏感,喉道控制着储层物性。

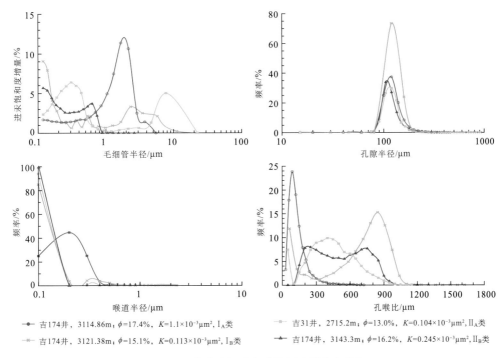

图 2-41　芦草沟组致密油储层孔道分布特征

3. 致密储层渗透率贡献

从不同渗透率级别样品进汞量-渗透率贡献分布图中可以看出,进汞量分布曲线要滞后于渗透率贡献分布曲线[图 2-42(a)],绘制了不同岩性致密储层样品点累积渗透率达 90%时的进汞量[图 2-42(b)],累积渗透率达 90%时,进汞量一般都小于 50%,说明对渗透率贡献较大的孔喉占较小的体积,大部分小孔喉渗透率贡献率很小。粉砂岩储层累积渗透率达 90%时进汞量相对较高,主要分布在 20%～50%;泥晶云岩储层累积渗透率达 90%时进汞量一般小于 40%;砂质/泥质云岩储层累积渗透率达 90%时进汞量最低,一般小于 25%。

统计了累积渗透率达 70%时不同岩性样品点的喉道半径,绘制了致密储层对渗透率起主要贡献(累积渗透率贡献为 70%)的孔喉半径分布图(图 2-43)。粉砂岩储层其渗透率主要由 0.1～0.3μm 的喉道贡献;砂质/云质泥岩储层其渗透率主要由 0.05～0.15μm 的喉道贡献；泥晶云岩储层其渗透率主要由 0.05～0.15μm 的喉道贡献。分别对粉细砂岩、云质粉砂岩、泥质粉砂岩、灰质粉砂岩、砂质泥岩、云质泥岩、砂质/泥质泥晶云岩及泥晶云岩储层对渗透率起主要贡献(累积渗透率贡献为 70%)的孔喉半径分布进行精细刻画。粉细砂岩、云质粉砂岩渗透率主要由 0.15～0.5μm 喉道贡献；泥质粉砂岩渗透率主要由 0.05～0.3μm 的喉道贡献；灰质粉砂岩渗透率主要由 0.05～0.2μm 的喉道贡献(图 2-44)。泥岩类储层对渗透率起主要控制作用的喉道半径小，砂质泥岩渗透率主要由 0.05～0.1μm 的喉道贡献；云质泥岩渗透率主要由 0.05～0.3μm 的喉道贡献。砂质/泥质泥晶云岩以及泥晶云岩储层对渗透率起主要作用的喉道半径分布比较一致，渗透率均主要由 0.05～0.2μm 的喉道贡献(图 2-45)。

对不同级别孔喉对渗透率的贡献进行定量分析，根据高压压汞实验中压力的分布，结合毛细管压力测量孔喉半径 R 分级方法，将孔喉区间分为四个区间：$R>10\mu m$、$1\mu m \leqslant R<10\mu m$、$0.1\mu m \leqslant R<1\mu m$、$R<0.1\mu m$。统计每个样品点四个孔喉区间所占的进汞量，计算每个样品中四个孔喉区间的孔隙度，绘制不同孔喉区间孔隙度与样品总渗透率交会图(图 2-46)。$R>10\mu m$ 的大孔喉半径控制的孔隙度对渗透率无影响；$1\leqslant R<10\mu m$ 的孔喉半径控制的孔隙度对渗透率($0.1\times10^{-3}\mu m^2 \leqslant K<10\times10^{-3}\mu m^2$)呈较明显的正相关关系，但只有粉砂岩储层 $1\mu m \leqslant R<10\mu m$ 的孔喉半径控制的孔隙度才对渗透率有贡献，泥晶云岩和砂质/云质泥岩控制的孔隙度才对渗透率贡献为零。$0.1\mu m \leqslant R<1\mu m$ 的孔喉半径控制的孔隙度对渗透率($0.001\times10^{-3}\mu m^2 \leqslant K<1.0\times10^{-3}\mu m^2$)呈较明显的正相关关系，$R<0.1\mu m$ 的孔喉半径控制的孔隙度与总渗透率关系复杂。这两类孔喉半径控制的孔隙度对样品的渗透率具有主要贡献，说明致密油储层小孔喉对渗透率的贡献最大。

高压压汞可以得到每个孔喉区间对渗透率的绝对贡献，在上述研究基础上，研究不同孔喉区间控制的孔隙度的绝对渗透率贡献(图 2-47、图 2-48)。$1\mu m \leqslant R<10\mu m$ 的孔喉半径控制的孔隙度绝对渗透率贡献在 $0.01\times10^{-3}\mu m^2$ 以上，呈明显的正相关关系，但这部分渗透率在样品总渗透率中仅占小部分，且这类储层主要为粉砂岩储层。$0.1\mu m \leqslant R<1\mu m$ 的孔喉半径控制的孔隙度对绝对渗透率贡献在 $0.001\times10^{-3}～1.0\times10^{-3}\mu m^2$，呈较明显的正相关关系；$R<0.1\mu m$ 孔喉半径控制的孔隙度绝对渗透率贡献在 $0.0001\times10^{-3}～1.0\times10^{-3}\mu m^2$，孔喉半径控制的孔隙度与总渗透率关系复杂。这两类孔喉半径控制的孔隙度对样品的渗透率贡献了绝大部分，说明致密油储层小孔喉对渗透率的贡献最大。

(四)孔喉结构与物性关系

微观孔喉结构对宏观物性的影响是致密储层孔喉结构表征的最终目的。近年来，国内外部分学者对不同孔喉参数下的孔渗关系、常规压汞参数与物性、孔喉半径与储层物性及孔喉比与储层物性等之间的定量关系进行了大量有益的探讨，利用上述不同方法得到的孔喉结构参数来评价储层孔喉结构，取得了较好的成果。

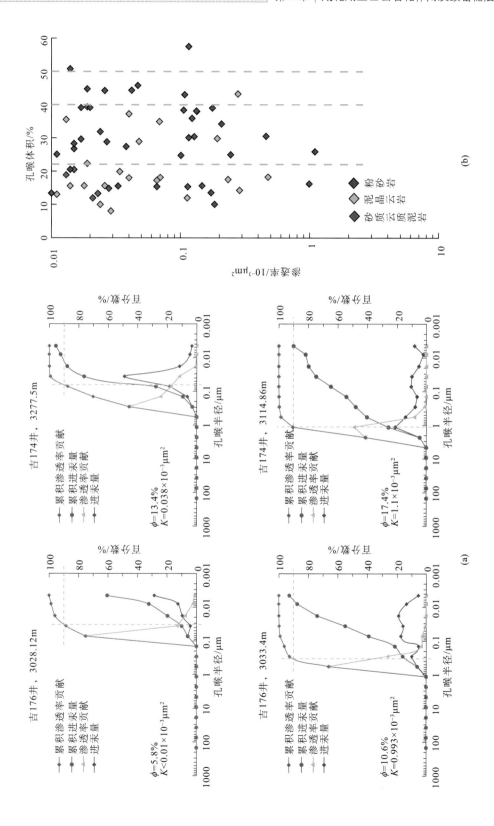

图 2-42 进汞量-渗透率贡献分布特征

(a) 不同渗透率级别样品进汞量-渗透率贡献分布图；(b) 累积渗透率贡献达到 90%时的进汞量

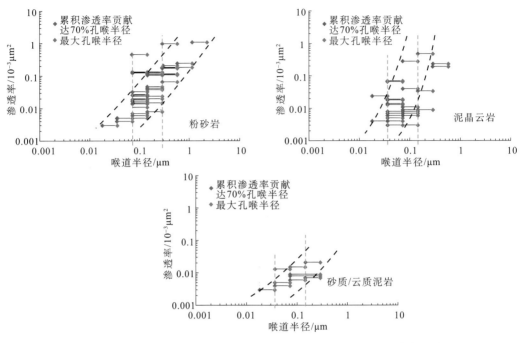

图 2-43 对渗透率起主要贡献(累积渗透率贡献为 70%)的孔喉半径分布

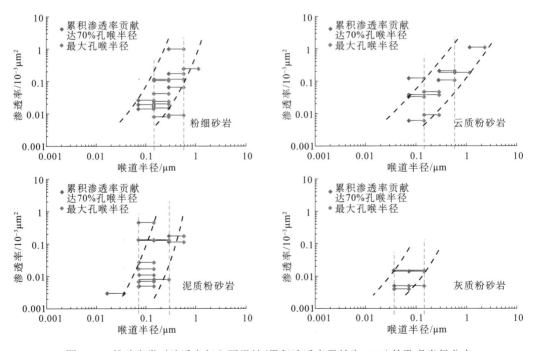

图 2-44 粉砂岩类对渗透率起主要贡献(累积渗透率贡献为 70%)的孔喉半径分布

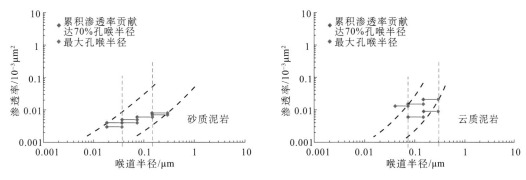

图 2-45 泥岩类对渗透率起主要贡献(累积渗透率贡献为 90%)的孔喉半径分布

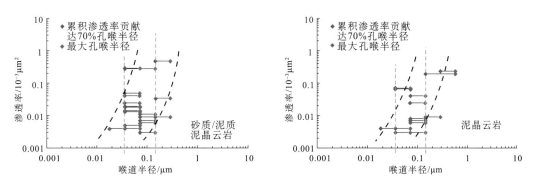

图 2-46 云岩类对渗透率起主要贡献(累积渗透率贡献为 70%)的孔喉半径分布

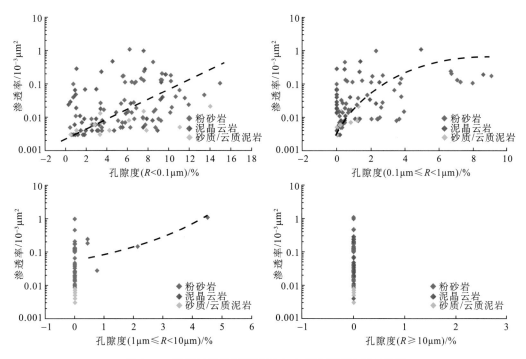

图 2-47 致密油储层不同孔喉大小对渗透率的相对贡献

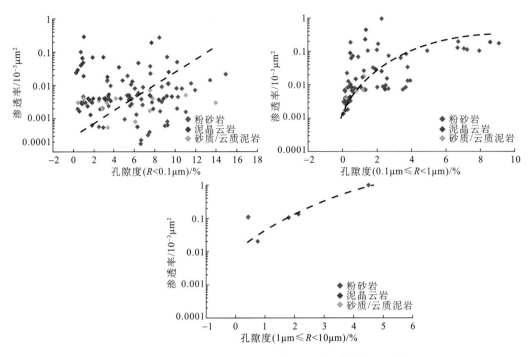

图 2-48 致密油储层不同孔喉大小对渗透率的绝对贡献

目前对微观孔喉结构与宏观物性之间关系的研究尚处于初步探讨阶段,微观孔喉结构与宏观物性之间的定量关系尚不确定,不同级别孔喉结构对储层物性的贡献量尚不明确。

选取通过高压压汞分析获得的最大孔喉半径、中值孔喉半径、平均孔喉半径等喉道表征参数分别与孔隙度、渗透率以及储层品质指数进行相关性分析。陆源碎屑岩类储层喉道参数与孔隙度和渗透率拟合关系均较好,与储层品质指数相关性较弱,整体上喉道参数与物性参数相关性好(图 2-49)。碳酸盐岩储层喉道参数与孔隙度拟合关系较好,与渗透率相关性较低,与储层品质指数相关性差,整体上喉道参数与物性参数相关性较差(图 2-50)。

通过对比陆源碎屑岩类储层与碳酸盐岩类储层喉道参数与储层宏观物性的相关关系分析可以看出,整体上陆源碎屑岩类储层喉道参数与储层孔隙度、渗透率、储层品质指数的相关性好,尤其与渗透率的相关性更为明显,说明陆源碎屑岩类储层由于剩余粒间孔发育,孔喉结构相对较好,对储层的渗流能力控制强,而碳酸盐岩类储层由于主要是粒间溶孔,孔喉结构差,对储层渗流能力贡献不大。

三、致密储层成岩作用及成孔机理

(一)成岩作用

吉木萨尔凹陷二叠系芦草沟组致密油储层成岩作用复杂多样,不同岩石类型、不同岩石组分类型表现出不同的成岩作用特征。

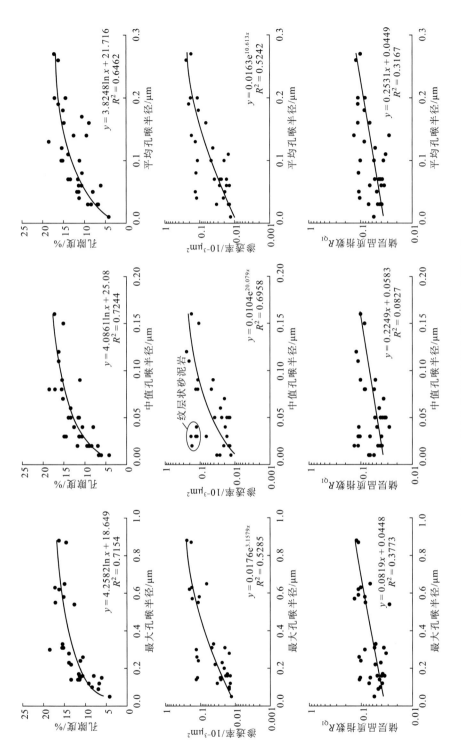

图 2-49 陆源碎屑岩类储层喉道参数与宏观物性关系

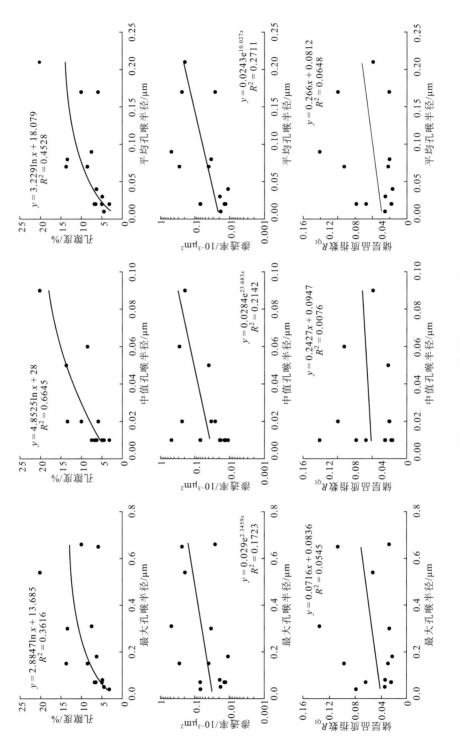

图 2-50 碳酸盐岩类储层喉道参数与宏观物性关系

1. 陆源碎屑岩类

陆源碎屑岩类中，云质粉砂岩压实作用较强，长石颗粒及火山碎屑中的长石晶屑中等溶蚀为主，少量自生石英，同时可见去白云石化方解石；凝灰质粉砂岩粒度较细，以长石碎屑颗粒及长石晶屑、玻屑溶蚀为主，整体上次生孔隙较发育，常见黏土矿物和沸石充填粒间；砂屑粉砂岩以泥晶云质砂屑为主，长石碎屑颗粒和长石晶屑溶蚀较强，形成自生石英和沸石，砂屑内部选择性溶蚀。粉砂质/凝灰质/云质泥岩，以块状为主，少量为层状，有机质含量较高，压实作用强烈，黄铁矿发育（图2-51）。

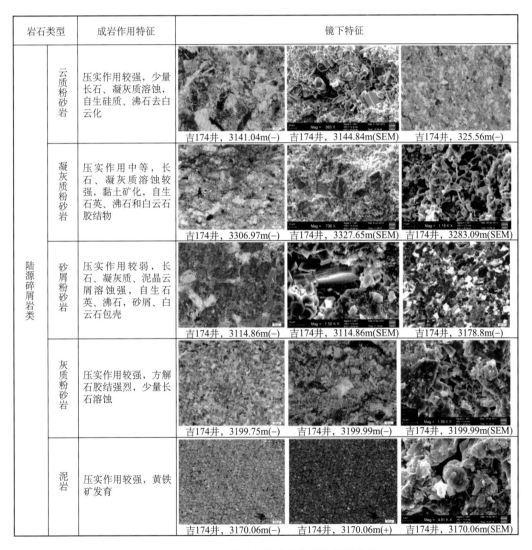

图2-51 陆源碎屑岩类成岩作用特征及差异

2. 碳酸盐岩类

碳酸盐岩类中，泥晶云岩压实作用强烈，可见缝合线，泥晶白云石重结晶，形成较大的粉晶，体积减小，可形成孔隙，同时少量云泥发生溶蚀；砂屑泥晶云岩中云屑或鲕粒内部常发生选择性溶蚀，火山碎屑中的长石颗粒已发生溶蚀；凝灰质泥晶云岩以凝灰质溶蚀强烈为特征，残余晶形较好的钠长石晶体，溶孔中常见自生石英。粉砂质泥晶云岩压实作用较强，可见白云石晶间溶蚀孔隙，可能为云泥溶蚀；粉晶云岩中内碎屑发育，火山碎屑或云质碎屑内发生溶蚀，形成自生硅质，并残余钠长石；研究区还发育少量砂屑灰岩、生物碎屑灰岩、含凝灰粉晶灰岩等，以凝灰质和灰泥溶蚀为主(图 2-52)。

岩石类型		成岩作用特征	镜下特征		
碳酸盐岩类	泥晶云岩	压实作用强烈，泥晶白云石重结晶，云泥溶蚀形成晶间孔	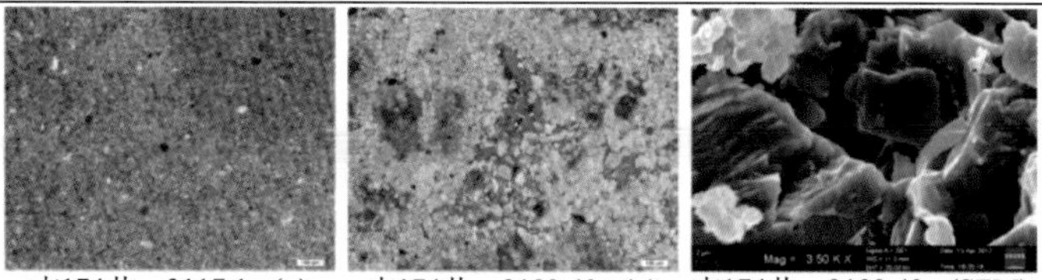 吉174井，3117.1m(-)	吉174井，3182.43m(-)	吉174井，3182.43m(SEM)
	砂屑泥晶云岩	压实作用中等，云屑内部及杂基中云泥、火山物质溶蚀	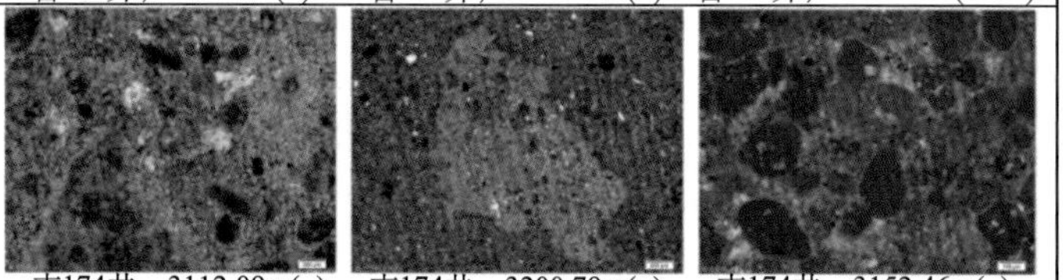 吉174井，3112.09m(-)	吉174井，3200.79m(-)	吉174井，3152.46m(-)
	凝灰质泥晶云岩	压实作用较弱，长石、凝灰质溶蚀较强，自生石英、沸石	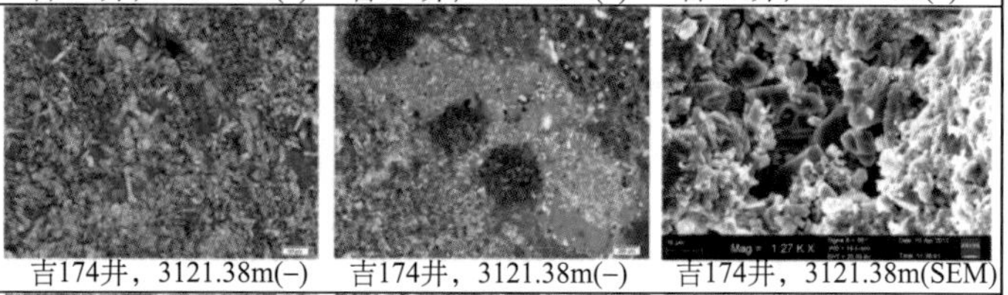 吉174井，3121.38m(-)	吉174井，3121.38m(-)	吉174井，3121.38m(SEM)
	粉砂质泥晶云岩	压实作用较强，泥晶白云石重结晶形成晶间孔，云泥溶蚀	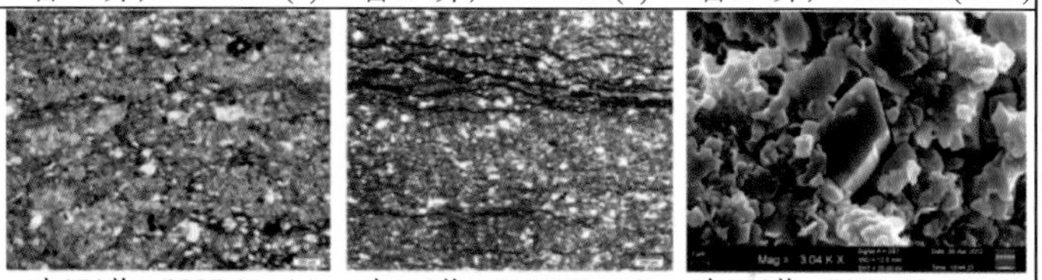 吉174井，3297.45m(-)	吉174井，3116.51m(-)	吉174井，3282.14m(SEM)
	粉晶云岩	压实作用中等，火山物质溶蚀，云泥溶蚀，重结晶，自生石英	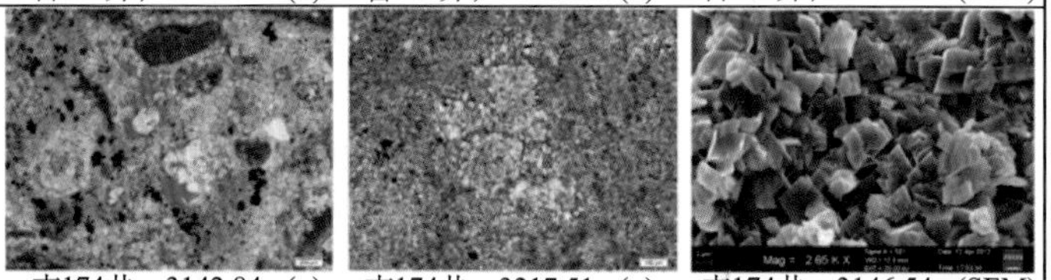 吉174井，3142.84m(-)	吉174井，3217.51m(-)	吉174井，3146.54m(SEM)
	石灰岩	压实作用中等，灰泥、凝灰质溶蚀中等	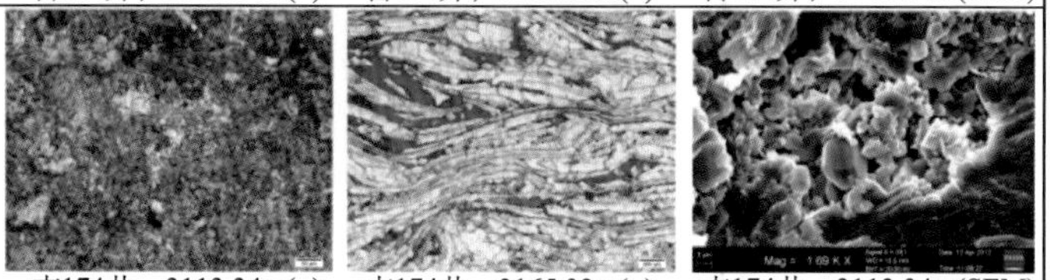 吉174井，3113.34m(-)	吉174井，3165.32m(-)	吉174井，3113.34m(SEM)

图 2-52 碳酸盐岩类成岩作用特征及差异

3. 火山碎屑岩及正混积岩类

沉凝灰岩类火山物质含量较高，以长石碎屑颗粒及细粒凝灰质中的长石晶屑、玻屑等强烈溶蚀为特征，次生孔隙发育，钠长石晶体普遍，常见伊蒙混层等黏土矿物，以及火山玻璃脱玻化形成的石英晶体(图2-53)。

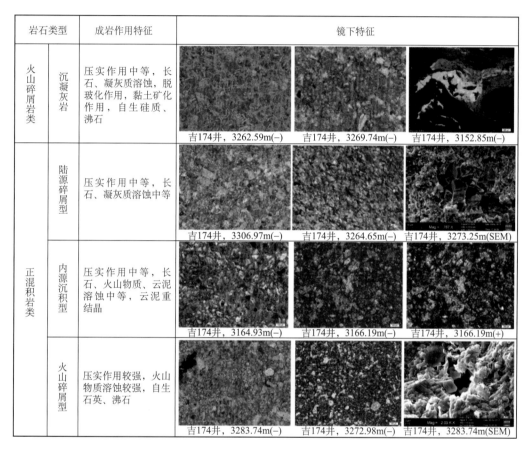

岩石类型		成岩作用特征	镜下特征		
火山碎屑岩类	沉凝灰岩	压实作用中等，长石、凝灰质溶蚀，脱玻化作用，黏土矿化作用，自生硅质、沸石	吉174井，3262.59m(-)	吉174井，3269.74m(-)	吉174井，3152.85m(-)
正混积岩类	陆源碎屑型	压实作用中等，长石、凝灰质溶蚀中等	吉174井，3306.97m(-)	吉174井，3264.65m(-)	吉174井，3273.25m(SEM)
	内源沉积型	压实作用中等，长石、火山物质、云泥溶蚀中等，云泥重结晶	吉174井，3164.93m(-)	吉174井，3166.19m(-)	吉174井，3166.19m(+)
	火山碎屑型	压实作用较强，火山物质溶蚀较强，自生石英、沸石	吉174井，3283.74m(-)	吉174井，3272.98m(-)	吉174井，3283.74m(SEM)

图 2-53　火山碎屑岩类及正混积岩类成岩作用特征及差异

(二)成孔机理

致密油储层成孔机理主要包括：①压实压溶作用双重效应。强烈压实作用造成脆性矿物破裂，形成微裂缝。由于碳酸盐、火山凝灰质等的不稳定性，压溶作用与岩石纹层界面共同作用演化形成缝合线，缝合线中充填有机物质，包括运移沥青和少量原始沉积有机质，是致密油储层中重要的烃类储集和运移的通道。②溶蚀作用成孔效应。在近地表-浅埋藏阶段，凝灰质等易溶组分，受大气水的影响，易发生变；有机质热演化过程中形成有机酸和CO_2等酸性流体，凝灰质、长石、碳酸盐等受有机酸、CO_2等酸性流体溶蚀作用，形成次生溶蚀孔隙，是最显著的成孔作用(图2-54)。③黏土矿物转化增孔。黏土矿物如蒙脱石向伊利石的转化等过程脱水，增加晶间孔隙，有利于收缩缝的形成。

④白云石化作用。暗色沉凝灰岩层在埋藏期，释放出大量的 Mg^{2+}，沿着裂缝和孔隙进入泥晶云岩和云质粉砂岩中，造成泥晶白云石围绕某些颗粒长大，结晶形成粒度较粗的砂糖状白云石，形成大量的晶间孔隙，后期随着 Mg^{2+} 增多，晶间孔隙被铁白云石胶结物，储集性能减少(图 2-55)。

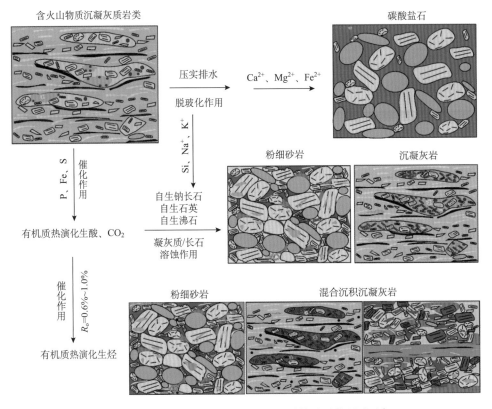

图 2-54 吉木萨尔凹陷二叠系芦草沟组酸性溶蚀作用成孔机理

第四节 有利储层分布规律

芦草沟组上"甜点段"纵向上主要发育三套储层，岩性为砂屑云岩、粉细砂岩和云质粉细砂岩，油层横向发育稳定，连续性好。中部的粉细砂岩油层以岩屑长石质粉细砂岩为主，油层主体厚度大于 4m，横向连续性好，是水平井钻井的重要目标。

上"甜点段"上部的砂屑云岩层中油层厚度分布在 1.0～12.7m，平均为 5.8m，在凹陷东南部最厚；中部粉细砂岩段的油层厚度比上部油层薄，主要为 1.8～7.8m，平均为 5.0m，在凹陷中部吉 32 井区附近达到最厚；下部云屑砂岩段油层厚度分布在 2.6～9.6m，平均为 5.4m，在凹陷中部吉 32、吉 251 井区最厚。

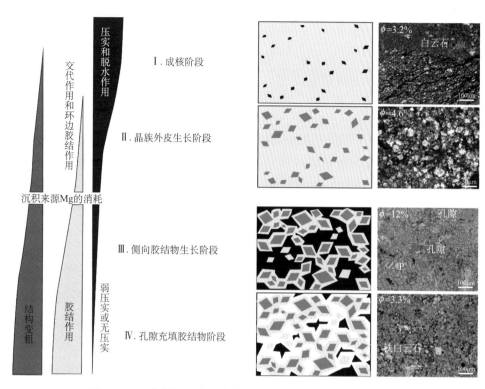

图 2-55　吉木萨尔凹陷二叠系芦草沟组白云石化作用成孔机理

芦草沟组下"甜点段"油层以互层的云质粉砂岩薄层为主，横向分布稳定，中部油层主体区域厚度大于 4m，是水平井钻井目标层。

芦草沟组下"甜点段"上部油层厚度分布在 0.3～6m，平均为 2.5m，在凹陷中西部吉 251、吉 36 井区厚度最大，向东逐渐减薄；中部油层厚度大，在 0.6～9m 范围，平均为 5m，是水平井的有利目标区；下部油层厚度主要分布在 0.51～7m，平均为 3m，油层厚度在吉 251、吉 305 井区较大，向周围逐渐减薄。

根据"甜点段"储层的孔隙度对吉木萨尔凹陷芦草沟组上、下"甜点段"进行了分类，根据 TOC 对芦草沟组二段和一段的烃源岩进行了分类。综合芦草沟组"甜点段"储层物性、TOC，对芦草沟组二段和一段致密油进行有利区综合分类评价。致密油成藏埋深下限为 2300m，致密油评价结果中去除埋深小于 2300m 的部分。

埋深 2300m 以下，"甜点段"孔隙度及相应厚度、有机碳分别都达到Ⅰ类标准的为Ⅰ类致密油有利区；都达到Ⅱ类标准而未达到Ⅰ类标准的为Ⅱ类致密油有利区；都达到Ⅲ类标准而未达到Ⅰ、Ⅱ类标准的为Ⅲ类致密油有利区。

评价结果显示，芦草沟组二段Ⅰ类有利区面积 126.6km²，Ⅱ类有利区面积 199.4km²，Ⅲ类有利区面积 42.7km²（图 2-56）；芦草沟组一段Ⅰ类有利区面积 92km²，Ⅱ类有利区面积 423.7km²，Ⅲ类有利区面积 198.9km²（图 2-57）。

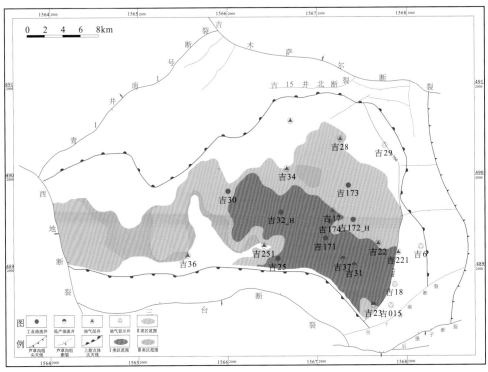

图 2-56 芦草沟组二段(上"甜点段")致密油分类评价图

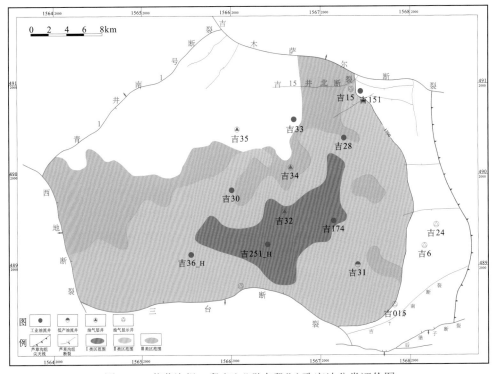

图 2-57 芦草沟组一段(下"甜点段")致密油分类评价图

　　上、下"甜点段"储层厚度与烃源岩厚度评价表明，优质烃源岩厚度大，分布较广，以富有机质云泥岩、沉火山尘凝灰岩等为主，有机碳含量多大于3.5%，同时储层横向分布稳定，累计厚度较大，通过源岩与储层评价图叠置，可以获得致密油有利分布区。

　　通过岩性、物性、含油性、源岩特性、电性等特征分析(图2-58)，岩性控制储层物性的好坏，不同岩性的物性对比分析表明，云质粉细砂岩、砂屑云岩、岩屑长石粉细砂岩物性好，具有良好的储集空间，能够作为有效储层；物性控制储层含油性，物性越好，储层中含油级别通常越高；岩性控制脆性，通常粉砂质云岩、粉砂岩等储层由于脆性矿物含量高，脆性高于周围烃源岩，有利于产生微裂缝，有利于油气的运移和聚集；岩性控制储层敏感性，岩石中黏土矿物含量，尤其是蒙脱石，对储层的敏感性影响较大，整体上岩石中蒙脱石黏土矿物含量较低，碳酸盐含量较高，敏感性较弱；岩性控制烃源岩特性，源储以薄互层形式叠置分布，富有机质泥云岩、沉火山尘凝灰岩具有良好的生烃能力，与其邻近的储层形成源储一体的致密油层系。

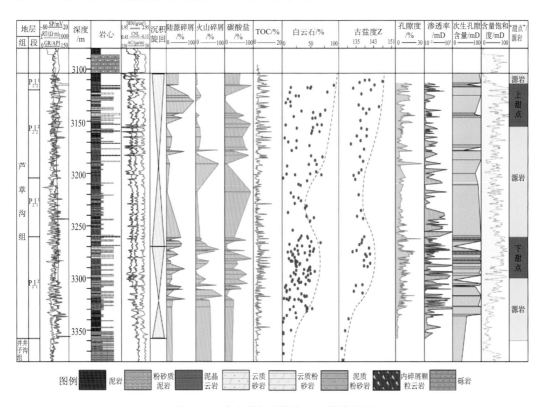

图 2-58　吉木萨尔凹陷吉 174 井铁柱子

参 考 文 献

蔡观强, 郭锋, 刘显太, 等. 2009. 东营凹陷沙河街组沉积岩碳氧同位素组成的古环境记录. 地球与环境, 37(4): 347-353.

陈登辉, 巩恩普, 梁俊红, 等. 2011. 辽西上白垩统义县组湖相碳酸盐岩碳氧稳定同位素组成及其沉积环境. 地质学报, 85(6): 987-992.

伏美燕, 张哨楠, 赵秀, 等. 2012. 塔里木盆地巴楚-麦盖提地区石炭系混合沉积研究. 古地理学报, 14(2): 155-164.

姜在兴, 梁超, 吴靖, 等. 2013. 含油气细粒沉积岩研究的几个问题. 石油学报, 34(6): 1031-1039.

蒋宜勤. 2012. 准噶尔盆地乌夏地区二叠系风城组云质岩类特征与成因及储层控制因素, 西安: 西北大学.

蒋宜勤, 柳益群, 杨召, 等. 2015. 准噶尔盆地吉木萨尔凹陷凝灰岩型致密油特征与成因. 石油勘探与开发, 42(6): 741-749.

匡立春, 唐勇, 雷德文. 2012. 准噶尔盆地二叠系咸化湖相云质岩致密油形成条件与勘探潜力. 石油勘探与开发, 39(6): 657-667.

李登华, 李建忠, 黄金亮, 等. 2014. 火山灰对页岩油气成藏的重要作用及其启示. 天然气工业, 34(5): 56-65.

李强, 吴绍祖, 屈迅, 等. 2002. 试论准噶尔石炭纪—三叠纪重要气候事件. 新疆地质, 20(3): 192-195.

李玉堂, 袁标, 刘成林, 等. 1990. 国内水硅硼钠石的首次发现. 岩石矿物学杂志, 9(1): 170-174.

刘传联. 1998. 东营凹陷沙河街组湖相碳酸盐岩碳氧同位素组分及其古湖泊学意义. 沉积学报, 16(3): 109-114.

刘春莲, Fürsich F T, 白雁, 等. 2004. 三水盆地古近系湖相沉积岩的氧、碳同位素地球化学记录及其环境意义. 沉积学报, 22(1): 36-40.

蒲秀刚, 周立宏, 韩文中, 等. 2016. 细粒相沉积地质特征与致密油勘探——以渤海湾盆地沧东凹陷孔店组二段为例. 石油勘探与开发, 43(1): 1-10.

曲长胜, 邱隆伟, 操应长, 等. 2017a. 吉木萨尔凹陷二叠系芦草沟组烃源岩有机岩石学特征及其赋存状态. 中国石油大学学报(自然科学版), (2): 30-38.

曲长胜, 邱隆伟, 杨勇强, 等. 2017b. 吉木萨尔凹陷芦草沟组碳酸盐岩碳氧同位素特征及其古湖泊学意义. 地质学报, (3): 605-616.

沙庆安. 2001. 混合沉积和混积岩的讨论. 古地理学报, 3(3): 63-66.

邵龙义, 张鹏飞. 1991. 酸盐岩的氧,碳稳定同位素组成及古盐度和古温度. 中国煤炭地质, 3(1): 1-26.

邵雨, 杨勇强, 万敏, 等. 2015. 吉木萨尔凹陷二叠系芦草沟组沉积特征及沉积相演化. 新疆石油地质, 36(6): 635-641.

斯春松, 陈能贵, 余朝丰, 等. 2013. 吉木萨尔凹陷二叠系芦草沟组致密油储层沉积特征. 石油实验地质, 35(3): 528-533.

宋明水. 2005. 东营凹陷南斜坡沙四段沉积环境的地球化学特征. 矿物岩石, 25(1): 67-73.

孙玉善. 1994. 中国西部地区首次发现硅硼钠石. 石油与天然气地质, 15(2): 264-265.

王兵杰, 蔡明俊, 林春明. 2014. 地塘沽地区古近系沙河街组湖相白云岩特征及成因. 古地理学报, 16(1): 5-76.

王杰琼, 刘波, 罗平, 等. 2014. 塔里木盆地西北缘震旦系混积岩类型及成因. 成都理工大学学报(自然科学版), 41(3): 339-346.

吴绍祖, 屈迅, 李强. 2002. 准噶尔芦草沟组与黄山街组的古气候条件. 新疆地质, 20(3): 183-186.

蒉克来, 操应长, 朱如凯, 等. 2015. 吉木萨尔凹陷二叠系芦草沟组致密油储层岩石类型及特征, 石油学报, 36(12): 1495-1507.

袁剑英, 黄成刚, 曹正林, 等. 2015. 咸化湖盆白云岩碳氧同位素特征及古环境意义: 以柴西地区始新统下干柴沟组为例. 地球化学, 44(3): 254-266.

袁选俊, 林森虎, 刘群, 等. 2015. 湖盆细粒沉积特征与富有机质页岩分布模式——以鄂尔多斯盆地延长组长 7 油层组为例. 石油勘探与开发, 42(1): 34-43.

张文正, 杨华, 彭平安, 等. 2009. 晚三叠世火山活动对鄂尔多斯盆地长 7 优质烃源岩发育的影响. 地球化学, 38(6): 573-582.

赵加凡, 陈小宏, 金龙. 2005. 柴达木盆地第三纪盐湖沉积环境分析, 西北大学学报（自然科学版）, 35(3): 342-346.

朱国华, 张杰, 姚根顺, 等. 2014. 沉火山尘凝灰岩: 一种赋存油气资源的重要岩类——以新疆北部中二叠统芦草沟组为例, 海相油气地质, 19(1): 1-7.

朱世发, 朱筱敏, 刘英辉, 等. 2014. 准噶尔盆地乌-夏地区风城组云质岩岩石学和岩石地球化学特征. 地质论评, 60(5): 1113-1122.

Bian W H, Hornung J, Liu Z H, et al. 2010. Sedimentary and palaeoenvironmental evolution of the Junggar Basin, Xinjiang, Northwest China. Palaeobiodiversity & Palaeoenvironments, 90(3): 175-186.

Bruning-Madsen H, Awadzi T W. 2005. Harmattan dust deposition and particle size in Ghana. Catena, 63(1): 23-38.

Choulet F, Michel F, Dominique C, et al. 2015. Toward a unified model of Altaids geodynamics: Insight from the Palaeozoic polycyclic evolution of West Junggar (NW China). Science China Earth Sciences, 59(1): 25-57.

Coffey M T, Mankin W G. 2003. VOLCANOES | Composition of Emissions. Encyclopedia of Atmospheric Sciences, 53(3): 2490-2494.

Drummond C N, Patterson W P, Walker J C. 1995. Climatic forcing of carbon-oxygen isotopic covariance in temperate-region marl lakes. Geology, 23(11): 1031-1034.

Eugster H P. 1980. Geochemistry of evaporitic lacustrine deposits. Annual Review of Earth and Planetary Sciences, (8): 35-63.

Evans R D, Jefferson I F, Kumar R, et al. 2004. The nature and early history of airborne dust from North Africa; in particular the Lake Chad basin. Journal of African Earth Sciences, 39(1): 81-87.

Gaybullaev B, Chen S C, Gaybullaev G. 2014. The large Aral Sea water balance: A future prospective of the large Aral Sea depending on water volume alteration. Carbonates and Evaporites, 29(2): 211-219.

Giles J M, Soreghan M J, Benison K C, et al. 2013. Lakes, loess, and paleosols in the Permian Wellington Formation of Oklahoma, USA: Implications for paleoclimate and paleogeography of the Midcontinent. Journal of Sedimentary Research, 83(10): 825-846.

Haliva-Cohen A, Stein M, Goldstein S L, et al. 2012. Sources and transport routes of fine detritus material to the Late Quaternary Dead Sea basin. Quaternary Science Reviews, 50: 55-70.

Hernández P A, Melián G, Giammanco S, et al. 2015. Contribution of CO_2 and H_2S emitted to the atmosphere by plume and diffuse degassing from volcanoes: The Etna volcano case study. Surveys in Geophysics, 36(3): 327-349.

Keith M L, Weber J N. 1964. Isotopic composition and environmental classification of selected limestones and fossils. Geochimicaet Cosmochimica Acta, 28: 1787-1816.

Li D, He D F, Santosh M, et al. 2015. Tectonic framework of the northern Junggar Basin Part II: The island arc basin system of the western Luliang Uplift and its link with the West Junggar terrane. Gondwana Research, 27(3): 1110-1130.

Li H C, Ku T L. 1997. δ^{13}C-δ^{18}O covariance as a paleohydrological indicator for closed-basin Lakes. Palaeogeogr, Palaeoclimatol Palaeoecol, 133（1/2）: 69-80.

Lu X C, Shi J A, Zhang S C, et al. 2015. The origin and formation model of Permian dolostones on the northwestern margin of Junggar Basin, China. Journal of Asian Earth Sciences, 105: 456-467.

Machel H G. 1997. Recrystallization versus neomorphism, and concept of "significant recrystallization" in dolomite research. Sedimentary Geology, 113: 161-168.

Pirajno F, Seltmann R, Yang Y Q. 2011. A review of mineral systems and associated tectonic settings of northern Xinjiang, NW China. Geoscience Frontiers, 2(2): 157-185.

Qiang M, Chen F, Zhang J, et al. 2007. Grain size in sediments from Lake Sugan: A possible linkage to dust storm events at the northern margin of the Qinghai-Tibetan Plateau. Environmental Geology, 51（7）: 1229-1238.

Qiu Z, Tao H, Zou C, et al. 2016. Lithofacies and organic geochemistry of the Middle Permian Lucaogou Formation in the Jimusar Sag of the Junggar Basin, NW China. Journal of Petroleum Science and Engineering, 140: 97-107.

Smalley I J, Kumar R, Dhand K H, et al. 2005. The formation of silt material for terrestrial sediments: Particularly loess and dust. Sedimentary Geology, 179（3）: 321-328.

Talbot M R, Kelts K. 1990. Paleolimnological signatures from carbon and oxygen isotopic ratios in carbonates from organic carbon-rich lacustrine sediments. AAPG Memoir, 50: 99-112.

Williams S N, Schaefer S J, Lopez M L, et al. 1992. Global carbon dioxide emission to the atmosphere by volcanoes. Geochimica et Cosmochimica Acta, 56: 1765-1770.

Xiao W J, Han C M, Yuan C, et al. 2008. Middle Cambrian to Permian subduction-related accretionary orogenesis of Northern Xinjiang, NW China: Implications for the tectonic evolution of central Asia. Journal of Asian Earth Sciences, 32(2-4): 102-117.

Xu Q Q, Ji J Q, Zhao L, et al. 2013. Tectonic evolution and continental crust growth of Northern Xinjiang in northwestern China: Remnant ocean model. Earth-Science Reviews, 126: 178-205.

Yin J Y, Long X P, Yuan C, et al. 2013. A Late Carboniferous-Early Permian slab window in the West Junggar of NW China: Geochronological and geochemical evidence from mafic to intermediate dikes. Lithos, 175-176: 146-162.

Zhu H C, Ouyang S, Zhan J Z, et al. 2005. Comparison of Permian palynological assemblages from the Junggar and Tarim Basins and their phytoprovincial significance. Review of Palaeobotany & Palynology, 136(3): 181-207.

第三章 | 淡水湖盆细粒沉积与富有机质页岩形成机理

本章定量-半定量分析了鄂尔多斯盆地长 7 段沉积期古气候和古水体性质,恢复了古沉积环境,阐述了该背景下细粒沉积特征及展布规律,明确了中生界最主要的一套富有机质页岩的形成机理,建立了半深湖-深湖沉积环境下岩相-沉积相-有机相分布模式。

第一节 湖盆古环境

恢复长 7 段古环境及演化特征,探讨古环境演化与富有机质页岩形成的关系,对明确烃源岩和细粒砂质沉积发育规律及指导勘探部署具有一定的意义。对于古环境恢复,研究方法众多,常量元素和微量元素地球化学方法定量分析是最常用的方法和手段,在众多盆地沉积古环境恢复中广泛应用(刘刚和周东升,2007;张彬和姚益民,2013;胡俊杰等,2014;梁文君等,2015;张天福等,2016;雷开宇等,2017;王峰等,2017)。

对于古气候恢复,通常用 Mg/Ca 比值法(Wilder et al.,1996;熊小辉和肖加飞,2011;冯乔等,2018)、MgO/CaO 比值法(冯乔等,2018)、CaO/MgO・Al$_2$O$_3$ 比值法(Lerman,1978;吴丰昌等,1996;陈敬安等,1996;陈敬安和万国江,1996b)、Sr/Cu 比值法(刘刚和周东升,2007;熊小辉和肖加飞,2011)等来进行综合判识。对于古盐度的恢复,运用较多的有 Sr/Ba 比值法(王益友等,1979;叶黎明等,2008;王鹏万等,2011;熊小辉和肖加飞,2011;胡俊杰等,2014)、Rb/K 比值法(叶黎明等,2008)、$m=100 \times$(MgO/Al$_2$O$_3$)值法(熊小辉和肖加飞,2011;王鹏万等,2011)、B 元素法(Couch,1971;Walker and Price,2008;张天福等,2016)、V/Ni 比值法(冯乔等,2018)、Th/U 比值法(冯乔等,2018)、B/Ga 比值法(邓宏文和钱凯,1993)。对于古氧化还原环境的恢复,常选取对氧化还原敏感的元素来进行分析(Jomes and Manning,1994),一般采用 V/Cr(Jomes and Manning,1994;Scheffler et al.,2006;刘刚和周东升,2007)、Ni/Co(Jomes and Manning,1994;刘刚和周东升,2007)、V/(V+Ni)(Hatch and Leventhal,1992;Arthur and Sageman,1994;熊国庆等,2008)、Fe^{2+}/Fe^{3+}(熊小辉和肖加飞,2011)、U/Th(Jomes and Manning,1994)、Ce/Ce*(其中 Ce* 表示 Ce 异常值)(Elderfield and Greaves,1982;李军等,2007)、Eu/Eu*(其中 Eu*表示 Eu 异常值)(Elderfield and Greaves,1982;李军等,2007)、(Cu+Mo)/Zn 比值法(Hallberg et al.,1976)等进行分析。

通过系统对鄂尔多斯盆地周缘 19 条延长组露头剖面取样 160 块和盆地内 25 口井(剖面位置和井位置见图 3-1)取样 129 块,共 289 块基本分布于盆地整个区域的样品进行地球化学元素测试分析,选取适用性的方法对长 7 段沉积期古环境进行恢复。样品主要集中在长 7 段,共 243 块,其中长 7$_1$ 亚段有样品 80 块、长 7$_2$ 亚段 79 块、长 7$_3$ 亚段 84 块,延长组长 9—长 8 段、长 6—长 1 段等其他层位共有样品 46 块。主要利用泥岩常量元素及微量元素等多种方法，基于盆缘及盆内大量样品分析，半定量-定量地分析鄂尔多斯盆地延长组长 7 段沉积期的古温度、古盐度、古还原氧化性。同时，深入分析长 7 段各个小段的沉积环境变化规律，旨在认识环境演化与富有机质页岩和页岩油形成的关系。

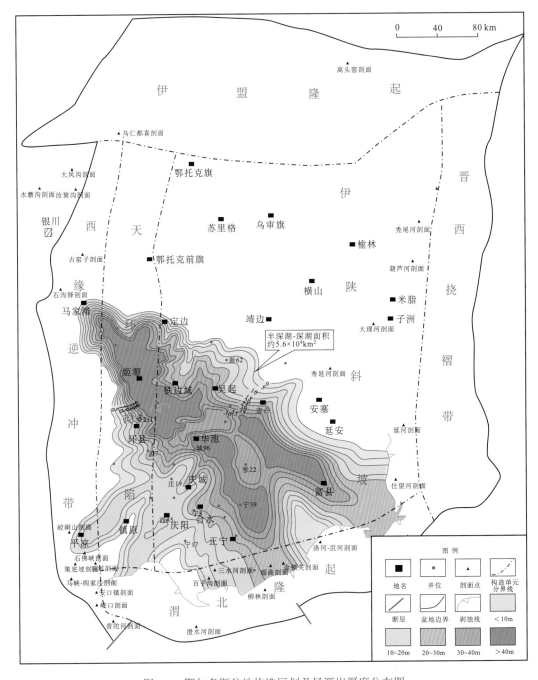

图 3-1　鄂尔多斯盆地构造区划及烃源岩厚度分布图

一、古气候

延长组长 7 段(自上而下细分为长 7_1 亚段、长 7_2 亚段和长 7_3 亚段共三个小段)沉积期是盆地三叠纪湖盆发育的鼎盛时期,湖泊面积广,半深湖、深湖区广泛分布于盆地西南部,面积约 $5.6×10^4km^2$(图 3-1),沉积了一套广泛分布的细粒沉积岩。

不同气候环境下的沉积物元素富集特征存在一定的差异,根据各元素的沉积环境特征,通过地球化学元素中的 CaO、MgO、Al_2O_3、K_2O 等常量元素和 Sr、Ba、Rb 等微量元素,综合利用 CaO/MgO·Al_2O_3 比值法、Sr/Cu 和 Rb/Sr 比值法,结合前人对该区孢粉组合特征的研究,对长 7 段沉积期古气候特征进行综合分析。

1. CaO/MgO·Al_2O_3 比值法判识

碳酸盐沉积记录主要取决于湖泊原始沉积通量,基本上不受早期成岩作用的影响。对于陆源碎屑输入基本稳定的湖泊,内生碳酸钙沉淀直接影响沉积物碳酸盐含量的相对高低,而内生碳酸钙沉淀包含了许多气候变化信息(Lerman,1978),内生碳酸钙的沉淀量与气温呈正比关系(吴丰昌等,1996)。湖泊沉积物中碳酸盐矿物主要为白云石和方解石,CaO/MgO 值基本上反映了沉积物方解石与白云石比值的变化(陈敬安等,1996;陈敬安和万国江,1996)。淡水湖泊中的白云石主要来源于陆源碎屑,一般不是内生沉淀的,方解石包含了由陆源搬运而来的外源组分和湖泊内生碳酸钙沉淀(陈敬安等,1996;陈敬安和万国江,1996),用 Al_2O_3 含量可以校正陆源碎屑输入的变化(陈敬安和万国江,1996)。对于陆源碎屑输入基本稳定的长 7 沉积期湖泊,CaO/MgO·Al_2O_3 比值可灵敏地反映内生碳酸盐含量的相对高低,具有指示气温变化的意义,其高值指示温暖时期,低值指示相对寒冷时期(吴丰昌等,1996;陈敬安和万国江,1996)。

长 7 段 CaO/MgO·Al_2O_3 平均值为 0.112,较长 9—长 8 段的 0.139、长 6—长 1 段的 0.148 和整个延长组的 0.117 要低(表 3-1),总体反映了长 7 段湖盆发育鼎盛期的气温较延长组其他沉积时期的要稍低些,这与鄂尔多斯盆地中晚三叠世湖盆演化及气候变迁有较好的吻合性(吉利明等,2006a,2006b;阎存凤等,2006;张才利等,2011),总体反映了湖盆形成早期为干旱炎热的气候特征,进入湖盆发育鼎盛的长 7 沉积期,雨水充沛,形成了大面积发育的湖区,为温暖湿润的气候特征,之后湖盆萎缩阶段温度有所升高。

为了纵向上能更细致地研究长 7 段沉积期各个阶段古气温的变化,对长 7 段盆地周缘露头 122 块剖面样品和盆地内部钻井取心 121 块样品,共 243 块样品的 CaO/MgO·Al_2O_3 值,分长 7_3 亚段、长 7_2 亚段和长 7_1 亚段进行对比分析,CaO/MgO·Al_2O_3 均值分别为 0.101、0.112、0.125(表 3-1),长 7_1 亚段最高,长 7_2 亚段次之,长 7_3 亚段最低。纵向上长 7_3 亚段 CaO/MgO·Al_2O_3 低值点较长 7_2 亚段和长 7_1 亚段的要多,自长 7_3 亚段到长 7_1 亚段,比值有微弱增大的趋势(图 3-2)。为分析盆缘与盆内古沉积环境是否存在差异性,对长 7 段的三个小段分盆缘和盆内两种类型,做元素及元素比值数据的分布图(图 3-3)。CaO/MgO·Al_2O_3 图中,自长 7_3 亚段到长 7_1 亚段,盆缘样品和盆内样品分布的中位数均呈增大趋势(图 3-3),反映了古气温自长 7 段沉积早期到晚期呈逐渐上升的特点。长 7_3 亚段和长 7_2 亚段盆缘样品的中位数要小于盆内的，长 7_1 亚段盆缘样品中位数与盆内的基本相当，总体反映了不同区域温度存在一定的差异，但差异较小。综上所述，水体深度最大、水域面积最广的长 7_3 亚段沉积期气温较长 7_2 和长 7_1 气温要稍低，盆缘古气温较盆内的稍低，长 7 段自早到晚存在温度微弱变高的趋势。

表 3-1 鄂尔多斯盆地延长组地球化学元素及元素比值统计表

参数	长9—长8段	长7_1亚段	长7_2亚段	长7_3亚段	长7段	长6—长1段	延长组
CaO/10^{-2}	1.19~5.32 / 2.57(30)	0.48~4.45 / 2.09(80)	0.03~5.03 / 2.01(79)	0.18~6.33 / 1.79(84)	0.03~6.33 / 1.96(243)	1.10~3.88 / 2.79(16)	0.03~19.93 / 2.13(289)
MgO/10^{-2}	0.14~4.81 / 1.31(30)	0.28~9.68 / 2.38(80)	0.14~17.79 / 2.14(79)	0.04~47.74 / 2.89(84)	0.04~47.74 / 2.48(243)	0.25~3.24 / 1.55(16)	0.04~47.28 / 2.46(289)
Al$_2$O$_3$/10^{-2}	12.74~20.74 / 17.32(30)	7.47~24.66 / 15.01(77)	8.2~27.48 / 15.82(76)	1.12~24.8 / 15.78(82)	1.12~27.48 / 15.54(235)	13.67~2132 / 1737(16)	1.12~27.48 / 15.84(282)
K$_2$O/10^{-2}	0.57~7.35 / 3.29(30)	1.1~4.73 / 2.78(77)	1.17~4.16 / 2.67(76)	0.14~5.46 / 2.68(85)	0.14~5.46 / 2.71(236)	2.51~4.76 / 3.38(16)	0.14~7.35 / 2.81(289)
Sr/10^{-1}	100~1563 / 317(30)	61~597 / 211(80)	57~718 / 228(79)	38~957 / 275(84)	38~957 / 239(243)	86~475 / 277(16)	38~3870 / 265(289)
Ba/10^{-1}	85~1985 / 781(30)	175~1127 / 650(80)	153~1614 / 717(79)	174~1732 / 672(84)	153~1732 / 679(243)	390~1056 / 726(16)	85~1985 / 694(289)
B/10^{-1}	8.1~74.3 / 34.13(30)	7.25~86.4 / 32.67(76)	3.05~78.9 / 32.10(76)	3.1~87.6 / 33.25(82)	3.05~87.6 / 32.69(234)	9.95~104 / 46.29(16)	3.05~104 / 33.62(280)
V/10^{-1}	4.5~190 / 107.10(30)	17.5~371 / 105.03(76)	12~379.1 / 115.27(76)	8.7~443 / 131.74(82)	8.7~443 / 117.72(234)	53.8~159.9 / 11552(16)	4.5~443 / 116.45(280)
Ni/10^{-1}	2.68~68.3 / 31.19(30)	2.46~5.01 / 30.26(76)	3.46~57.8 / 30.82(76)	2.31~71.6 / 32.12(82)	2.31~71.6 / 31.09(234)	17.6~52.8 / 37.81(16)	2.31~71.6 / 31.49(280)
Th/10^{-1}	9.13~66.5 / 25.90(30)	10.6~59 / 23.68(62)	9.36~66.3 / 23.83(61)	8.92~48.7 / 23.59(52)	8.92~66.3 / 23.71(175)	12.3~44 / 25(16)	8.92~66.5 / 24.10(221)
U/10^{-1}	1.39~15.4 / 5.12(30)	1.86~18.3 / 4.67(62)	1.71~71.07 / 8.44(61)	1.51~55.1 / 9.09(52)	1.51~71.7 / 7.30(175)	1.54~11.6 / 4.34(16)	1.39~71.7 / 6.79(221)
Rb/10^{-1}	70.4~2269 / 135.97(30)	27.2~209.7 / 113.16(62)	57.3~211.9 / 111.21(76)	8.7~255.9 / 116.12(83)	8.7~255.9 / 113.57(236)	86.7~217.6 / 151.03(16)	8.7~255.9 / 117.96(283)
Cu/10^{-1}	7.65~78.8 / 39.44(30)	9.6~100.4 / 35.26(63)	9.5~145.9 / 40.57(61)	7.1~138.2 / 42.19(53)	7.1~145.9 / 39.17(177)	14.4~60.9 / 43.78(16)	7.1~145.9 / 39.55(224)
CaO/MgO·Al$_2$O$_3$	0.057~0.295 / 0.139(30)	0.027~0.239 / 0.125(77)	0.002~0.313 / 0.112(76)	0.001~0.514 / 0.101(82)	0.001~0.514 / 0.101(235)	0.067~0.213 / 0.148(16)	0.001~0.514 / 0.117(282)
Sr/Ba	0.21~1.94 / 0.44(30)	0.13~0.91 / 0.33(80)	0.07~0.88 / 0.34(79)	0.06~0.94 / 0.38(80)	0.06~0.94 / 0.35(239)	0.19~0.73 / 0.38(16)	0.06~1.94 / 0.36(285)
V/(V+Ni)	0.56~0.91 / 0.76(30)	0.59~0.91 / 0.77(76)	0.68~0.97 / 0.78(76)	0.51~0.97 / 0.79(82)	0.51~0.97 / 0.78(234)	0.70~0.89 / 0.75(16)	0.51~0.97 / 0.78(280)
Th/U	1.34~14.54 / 6.38(30)	0.96~15.67 / 6.10(62)	0.28~9.77 / 5.26(61)	0.28~12.38 / 4.48(52)	0.28~15.67 / 5.33(175)	3.11~9.21 / 6.43(16)	0.28~15.67 / 5.55(221)
Sr/Cu	2.52~25.24 / 7.09(30)	2.54~26.70 / 6.71(62)	1.75~28.22 / 7.20(61)	0.88~29.37 / 8.19(50)	0.88~29.37 / 7.31(174)	2.17~23.78 / 7.44(16)	0.88~29.37 / 7.24(220)
1000Rb/K$_2$O	2.86~6.21 / 4.18(29)	1.70~7.11 / 4.11(77)	2.52~7.57 / 4.30(76)	2.52~7.37 / 4.41(81)	1.70~7.57 / 4.28(234)	3.28~5.87 / 4.42(16)	1.70~7.57 / 4.27(289)
Rb/Sr	0.07~1.66 / 0.62(30)	0.07~2.28 / 0.70(77)	0.12~2.15 / 0.63(76)	0.01~6.72 / 0.69(83)	0.01~6.72 / 0.67(236)	0.25~2.23 / 0.68(16)	0.01~6.72 / 0.66(283)

注：$\dfrac{最小值\sim最大值}{平均值（样品个数）}$。

为了分析区域及纵向上的差异，选取了位于湖盆中部深水区的一口长 7 段全取心井张 22 井(井位置见图 3-1)进行系统采样分析，包括长 6 底段和长 8 顶段共 125m 厚的岩心中，基本等间距地选取了 27 块样品进行了地球化学元素分析。总体来看，CaO/MgO·Al$_2$O$_3$ 值分布在 0.010~0.174，长 7_3 亚段、长 7_2 亚段和长 7_1 亚段平均值分别为 0.062、0.068 和 0.072，呈增高趋势(图 3-4)，与上述分析的整个盆地长 7 段变化趋势一致，反映了长 7 沉积演化期由早期的湖盆发育鼎盛阶段向后期的逐渐萎缩阶段，古气温呈微弱升高趋势。

与贵州红枫湖 1960～1990 年平均气温 13～15℃条件下沉积物 CaO/MgO・Al$_2$O$_3$ 比值主要分布在 0.043～0.104（吴丰昌等，1996）和云南洱海地区 1954～1985 年期间年均气温 15℃条件下沉积物 CaO/MgO・Al$_2$O$_3$ 比值主要分布在 0.03～0.06 相比（陈敬安等，1996；陈敬安和万国江，1996），鄂尔多斯湖盆长 7 段沉积物中 CaO/MgO・Al$_2$O$_3$ 平均值的 0.112 和延长组的 0.117，均较洱海和红枫湖地区要高。通过比较，可判断延长组沉积期的年平均古气温较洱海地区的 15℃和红枫湖的 13～15℃要高，由此确认长 7 段沉积期年均古气温至少大于 15℃。

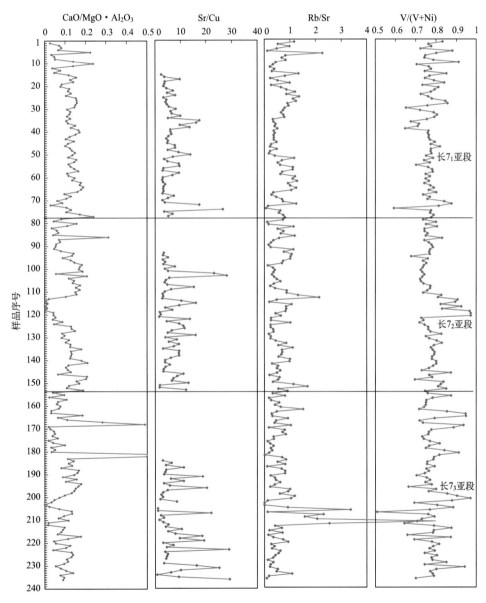

图 3-2 鄂尔多斯盆地长 7 段古气候和古氧化还原环境地球化学指标变化特征

2. Sr/Cu 和 Rb/Sr 比值法判识

沉积物中微量元素受古气候影响,不同气候条件下微量元素的富集存在明显的差异,Rb、Cu 等喜湿型元素与 Sr 等喜干型元素的比值常用来分析古气候特征(刘刚和周东升,2007;熊小辉和肖加飞,2011),Sr/Cu 和 Rb/Sr 比值被广泛用于恢复古气候。

Sr/Cu<10 指示温湿气候,Sr/Cu>10 指示干热气候(Lerman,1978)。延长组 Sr/Cu 值主要分布在 1~10,平均值为 7.24(表 3-1),长 7 段 Sr/Cu 值主要分布在小于 10 的区间(图 3-2),平均值为 7.31。Sr/Cu 图的中位数主要分布在 3~5(图 3-3),小于湿润与干热气候分界线,指示了长 7 沉积期主要为温暖湿润的气候特征。

Rb 在风化作用中相对稳定,而 Sr 则较易发生淋失(陈骏等,2001)。气候湿润时降水多、风化较强烈,Sr 容易淋失,使 Rb/Sr 比值升高;气候干旱时降水较少、风化强度相对降低,母岩中残留更多的 Sr,使 Rb/Sr 比值变低(陈骏等,2001)。换言之,Rb/Sr 高值指示湿润气候,低值指示干旱气候。延长组 Rb/Sr 值主要分布在 0.4~1.5,平均值为 0.66;长 7 段主要分布在 0.2~1.2(图 3-2),平均值为 0.67(表 3-1),中位数主要分布在 0.4~0.7(图 3-3)。总体较鄂尔多斯盆地北部侏罗系湿润向干热气候转变的 Rb/Sr 值(0.15~0.3)分布区间高(雷开宇等,2017),揭示了延长组乃至长 7 段沉积期主要为温暖湿润的古气候特征。

对比 Sr/Cu 和 Rb/Sr 垂向分布曲线,两者大致呈镜像变化趋势,Rb/Sr 高值点对应 Sr/Cu 低值点,两者相互印证,综合反映了长 7 段沉积期主要为温暖湿润的古气候特征。

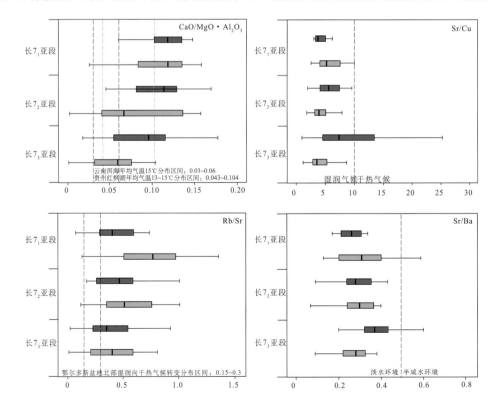

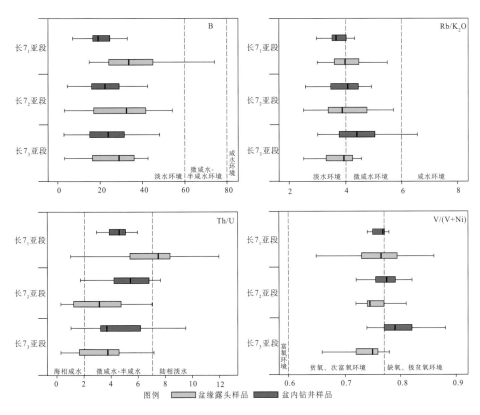

图 3-3 鄂尔多斯盆地长 7 段地球化学元素及元素比值分布箱线图

众多学者利用孢粉组合特征对长 7 沉积期古气候特征进行了研究。吉利明等(2006a，2006b)通过对陇东地区长 8 段和长 7 段分别以 *Aratisporites-Punctatisporites* 和 *Asseretospora-Walchiites* 为代表的孢粉组合进行分析，反映了温带-亚热带暖湿或湿热气候特征。周利明(2016)选取位于长 7 沉积期半深湖-深湖沉积区的盆地东南部耀州区瑶曲剖面(位置见图 3-1)，采集页岩样品进行孢粉组合特征分析，孢粉以 *Dictyophyllidites-Punctatisporites-Taeniaesorites* 组合为特征，推断出长 7 段沉积期为温暖潮湿的温带-亚热带气候。

根据以上地球化学元素比值分析，并结合不同学者利用孢粉组合特征对长 7 段古气候的判识，综合确定了鄂尔多斯盆地长 7 段沉积期为古气温大于 15℃的温暖潮湿的温带-亚热带气候特征(付金华，2018)。

二、古水体性质

鄂尔多斯盆地上三叠统沉积期处于湖水淡化过程，中—晚三叠世盆地不但完全脱离海水的直接影响，而且印支期强烈的差异性构造活动使盆地快速沉降，导致大型湖泊的形成，湖泊缺乏与海域的连通，属于逐渐被大气降水冲淡的湖泊(吉利明等，2006b)。研究古水体物化性质的无机化学方法较多，本次主要运用泥岩中的 Sr、Ba、B、Ga、V、

Ni、Rb、Th、U 等微量元素对延长组古湖泊水体性质进行分析(郑荣才和柳梅青,1999;李进龙和陈东敬,2003;文华国等,2008)。

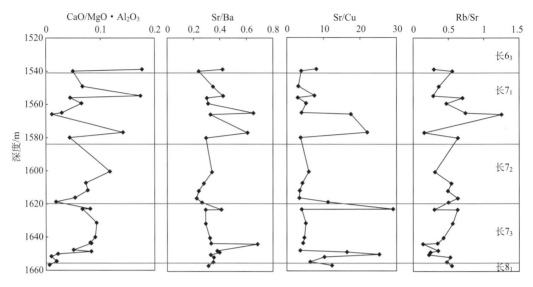

图 3-4　鄂尔多斯盆地张 22 井延长组长 7 段 CaO/MgO·Al$_2$O$_3$、Sr/Ba、Sr/Cu、Rb/Sr 分布特征图

1. 古盐度

Sr/Ba 值是古湖泊水体盐度判别的一种有效方法,Sr 比 Ba 在水中溶解度高,因此 Sr 迁移得更远,Sr/Ba 值可间接地反映陆相与海相沉积的区别(叶黎明等,2008;熊小辉和肖加飞,2011;王鹏万等,2011;胡俊杰等,2014)。Sr/Ba 值小于 0.5 为淡水环境,值为 0.5~1.0 时为半咸水环境,值大于 1 时为咸水环境(王益友等,1979;王敏芳等,2005)。延长组 Sr/Ba 平均值为 0.36,长 7 段平均值为 0.35,长 9—长 8 段平均值为 0.44,长 6—长 1 段平均值为 0.38(表 3-1),均小于 0.5,为淡水环境。长 7 段 Sr/Ba 值主要分布在 0.2~0.5(图 3-5),其中长 7$_3$亚段、长 7$_2$亚段和长 7$_1$亚段均值分别为 0.38、0.34、0.33,总体较为接近。盆缘与盆内两种类型样品的 Sr/Ba 值图中,主要分布区间与中位数值无明显规律性差异(图 3-3),反映了水体性质相似,均为淡水特征。通过鄂尔多斯盆地长 7 段 Sr/Ba 值介于 0.19 到 0.69 之间的分析(张才利等,2011),判定长 7 段沉积期湖盆整体为陆相淡水环境。

B 元素常用来指示古盐度(Couch,1971),水体中 B 含量与盐度存在线性正相关关系,水体盐度越高,沉积物吸附的 B 离子就越多(Couch,1971)。一般而言,海水环境下的 B 含量在 80~125ppm,而淡水环境的 B 含量多小于 60ppm。延长组 B 元素含量平均值为 33.62ppm(表 3-1),长 7 段主要分布在 10~50ppm(图 3-5),平均值为 32.69ppm。B 元素含量图中样品的中位数较为相近,均小于 40ppm(图 3-3),表明长 7 段沉积时水体为淡水性质。其中盆缘的 B 元素含量稍大于盆内的,反映了盆地周缘的水体盐度较盆内的要高些。

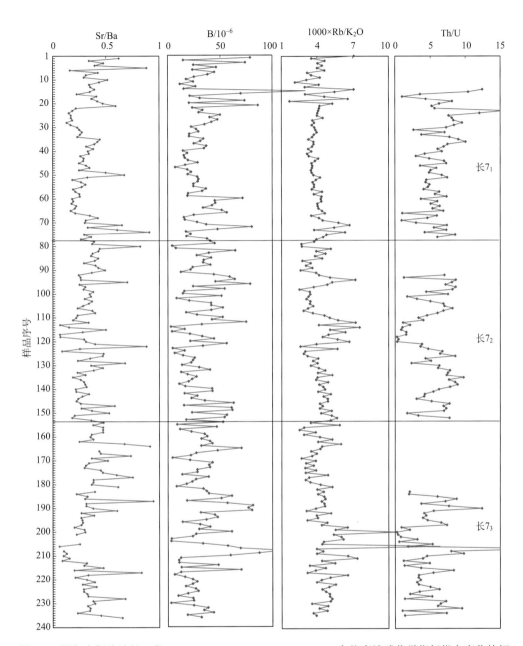

图 3-5　鄂尔多斯盆地长 7 段 Sr/Ba、B、1000×Rb/K$_2$O、Th/U 古盐度地球化学指标纵向变化特征

Rb/K$_2$O 也常用来是判断沉积区古盐度特征。由于 Rb 与 K 元素的值不在一个数量级上，因此利用 1000×Rb/K$_2$O 进行判别：大于 6 的为海相沉积环境，4～6 的为微咸水相，小于 4 的为淡水相(叶黎明等，2008)。延长组平均值为 4.27(表 3-1)，长 7 段样品数据主要分布在 2～6(图 3-5)，平均值为 4.28。图中样品的分布区间及中位数分布在淡水和微咸水环境(图 3-3)。1000×Rb/K$_2$O 与 Sr/Ba 的判别图中，样品点主要分布在淡水-微咸水区域，微咸水-半咸水区域也有部分样品点(图 3-6)，总体反映了长 7 段沉积期水体为

淡水-微咸水的特征。

Th/U 值可作为判识海陆相沉积的一个指标，一般来说，Th/U 值大于 7 的为陆相淡水沉积环境，2～7 的为微咸水-半咸水沉积环境，小于 2 的为海相咸水沉积环境(张文正等，2008)。长 7 段 Th/U 值主要分布在 2～8，平均为 5.33(表 3-1)，主要分布在大于 2 的区间(图 3-5)，长 7_3 亚段、长 7_2 亚段和长 7_1 亚段均值分别为 4.48、5.26、6.10，由此判断为陆相淡水-微咸水-半咸水的沉积环境。图 3-3 中，Th/U 值主要分布在微咸水-半咸水区域，其中长 7_3 亚段和长 7_2 亚段盆内样品的分布区间和中位数值均较盆缘的大，反映了盆缘水体盐度稍高的特点。Th/U 与 Sr/Ba 的判别图中，样品点主要分布在微咸水-半咸水区域，其次分布在淡水-微咸水区域(图 3-6)。判识长 7 期沉积水体整体为陆相微咸水-半咸水的沉积环境。

综合 Sr/Ba、B、Rb/K₂O、Th/U 等方法的分析，结合张文正等(2006，2008)通过延长组长 7 段、长 9 段及长 6 段烃源岩的干酪根组成与类型、干酪根碳同位素、正烷烃组成研究等恢复的古湖泊沉积环境为淡水环境，综合判识长 7 沉积期为陆相微咸水-淡水的水体性质，盆地边缘水体盐度稍高于盆地内部(付金华等，2018)。

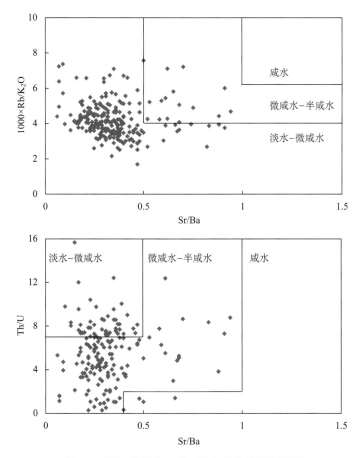

图 3-6　鄂尔多斯盆地长 7 段古盐度分析判别图

2. 古氧化还原环境

沉积环境氧化还原性判断要选取对氧化还原敏感的元素进行分析。一般认为 V、Cd、Cr、Co、Cu、U 等主量元素和 Zn、Fe、Cu 等微量元素对环境还原环境的改变较为敏感（Jomes and Manning，1994）。样品在还原条件下，水体中的 V 比 Ni 以更有效的有机络合物形式沉淀下来（Hatch and Leventhal，1992），V/(V+Ni)值被广泛应用于沉积环境氧化还原性的判识（Arthur and Sageman，1994）。

Jomes 和 Manning（1994）在西北欧晚侏罗世暗色泥岩的古氧相研究中，认为 V/(V+Ni)大于 0.77 时为缺氧、极贫氧环境，0.60～0.77 时为贫氧、次富氧环境，小于 0.6 时为富氧环境。Hatch 和 Leventhal（1992）认为 V/(V+Ni)小于 0.46 时为氧化环境，0.46～0.57 时为弱氧化环境，0.57～0.83 时为缺氧环境，0.83～1.00 时为静海环境。李广之等（2008）认为，V/(V+Ni)<0.5 指示氧化环境，大于 0.5 指示还原环境。虽然不同学者划分方法有所差异，但都认为随着水体还原程度的增加，V/(V+Ni)逐渐增大。延长组长 7 段 V/(V+Ni)最小值均大于 0.5，主要为 0.70～0.85（图 3-2），平均值为 0.78（表 3-1），主要为贫氧、缺氧的还原环境。图 3-3 中，盆缘样品的 V/(V+Ni)分布区间及中位数均较盆内样品的低（图 3-3），总体反映了盆内的还原性比盆缘更强。长 7_3 亚段有较多的值为 0.8～1.0（图 3-2），长 7_3 亚段、长 7_2 亚段和长 7_1 亚段 V/(V+Ni)均值分别为 0.79、0.78、0.77，均为缺氧的还原环境。

三、古水深

对于古湖水的深度恢复，国内外目前还没有形成有效的定量测算方法，人们主要是在"将今论古"思想的指导下，借鉴现代湖泊物化、生物及沉积特征分析总结，然后类比研究古湖水沉积特征和古生物化石标志，间接定性确定古水深。对于湖盆发育鼎盛期的水体深度，通过系统从生物化石生态习性、遗迹化石、特殊岩石与自生矿物特性、烃源岩分布等多种方法，结合湖盆演化预测古湖泊古水深和分布范围，试图深入认识长 7 段湖盆沉积环境。

1. 遗迹化石与古水深关系

富氧的环境适宜于各类生物生存，该条件下形成的沉积物中的遗迹化石种类繁多，孔径大小不一，下潜深度各异，表现出了明显的多样性，其中既有直接从水柱中食取悬浮质的生物，又有在沉积物内以沉积物为食的生物。但当底质或孔隙水含氧浓度下降进入贫氧环境时，底质生物多样性明显变差，生物潜穴直径及下潜深度显著变小，且以食沉积物的生物为主，此时大体上可以形成两类痕迹化石组合。其中某些活动能力较强，能漫游的底栖生物，可通过其觅食及摄食过程形成各种牧食迹。这种牧食迹可以是表面移迹，也可以是层内移迹。当水体底部含氧量进一步减少，以致沉积物孔隙水中的氧化还原界面上升到沉积界面之上，甚至水体底部也处于严重缺氧时，就不可能再有底栖生物生存，因而可以十分完好地保存沉积物的纹泥或纹层状构造。与此同时，随着含氧量的降低，沉积层内的有机碳含量及沉积物颜色发生变化。这些标志可以与上述生物遗迹化石组合综合判别当时水体底部的氧化-还原条件。

近年来，国际上遗迹化石在古生态与古环境分析中又发展到对生物扰动构造作半定量分析。通过沉积地层生物遗迹组构研究确定生物扰动构造的分级，从而进行生物扰动构造指数的半定量分析，为古湖水底层含氧程度及水体分层现象提供有力的证据。该方案主要依据潜穴密度、分异度、潜穴叠复程度及原生沉积组构的清晰度等，对遗迹化石构造的发育划分了不同等级，其中适用于生物完全扰动百分比为100%。

延长组除了含有丰富的动植物实体化石外，同样也含丰富的动植物遗迹化石，常见类型按几何形状、特征，可大致划分为：①垂直居住迹，以 *Skolithos* 和 *Cylindricum* 为代表，无论在岩心中，还是在露头剖面上此类遗迹化石均有大量分布。②垂直觅食迹，以 *Scoyenia* 为代表，主要是为底栖动物为寻找食物而采取的一种掘穴方式。③U形管道，以宁24井长8段中 *Arenicolites* 为代表。④潜穴迹，以 *Planolites chondrites* 和 *Teichichnus* 为代表，个体微小，主要见于浅湖较深部位或某种程度处于缺氧环境。⑤水平遗迹以 *Protopaeoctityon* 为代表，系属底栖生物在泥质基底上沿层面觅食、牧食和爬行留下的遗迹，主要代表半深-深湖或浊流沉积的远端缺氧环境下的遗迹类型，形态有网状、线形形态。⑥逃逸遗迹，是指动物在任何突发事件影响下逃离不利的生存环境而留下的遗迹，其特征是缺乏长久居住迹或觅食迹的衬里，缺乏回填构造或蹼状构造。⑦鱼类游泳迹，是游泳生物(鱼类)沿近底面游动所留下的遗迹，延长组较深水中首次发现该类遗迹(卢宗盛和陈斌，1998)。⑧植物根迹，延长组所发现的古根迹，大致分五类：一类为直根迹，即有一明显粗大的主根，侧根逐渐分叉，薛峰川与铜川剖面长6段、长8段及长9段都有分布；二类辐射状根系，无明显主根，有一定数量的初生根由基部向四周延伸；三类为须状根系，无明显主侧根之分，根系的次级分叉不发育；四类为水平状根迹，根迹细近水平延伸；五类为根模或根塑模，即根顶部被氧化，保留根核。

基于上述各种遗迹化石组合、生物习性、遗迹化石形态和对特定环境的对应关系，通过将典型井岩心和铜川、薛峰及义马等剖面上延长组发育的遗迹化石进行对比分析，采用生物扰动构造指数方法进行半定量分析，计算了常见遗迹化石相的水深度(表3-2)。

2. 沉积特征与湖泊水深关系

岩石特性包括岩石组分、颜色、粒度结构、沉积构造(特别是层理构造)及自生矿物均是反映水深的标志。根据沉积物分布规律与古水深关系，一般情况下，湖盆的粗碎屑为浅水沉积，由浅水至深水，砂岩沉积减少，黏土质沉积递增，较深水和深水区主要是暗色黏土质沉积及滞流还原环境中深湖浊流沉积。

根据延长组沉积物分布规律、沉积构造、古生物类型及生态等多方面的标志，初步建立了延长组沉积特征参数与湖泊水深的对应关系(表3-3)。通过岩石颜色、层面沉积构造、颗粒粒度变化、沉积印模与砂体走势分析及胶结物类型间接分析水深的变化。

表3-2 鄂尔多斯盆地延长组遗迹化石及生物扰动构造与水深关系

遗迹化石相与水深		生物扰动构造指数与水深变化					
生物遗迹化石相	水深/m	扰动构造指数等级	生物扰动百分比/%	生物扰动强度分类	水深/m	扰动引起层理变化	典型发育点与层位
石针遗迹	1~2	0	0	无扰动构造	>50	层理清晰	长7段湖盆中心
卷迹相	2~10	1	1~4	很少扰动构造	25~50	层理清晰	长6段湖盆中心
伸展迹	10~17	2	5~30	低等扰动构造	20~25	层理清晰	长4+5段湖盆中心
始网迹	17~25	3	31~60	中等扰动构造，遗迹化石分离	10~20	层理边界清晰	长6段铜川、薛峰川剖面
古网迹	>25	4	61~90	高等扰动构造，遗迹化石有叠覆	5~10	层理边界不清	义马、子长剖面
		5	91~99	强扰动构造	2~5	层理完全破坏	义马剖面
		6	100	完全扰动构造	1~2	岩层改造	义马剖面

表3-3 鄂尔多斯盆地延长组地层沉积特征与湖泊水深的对应关系表

自生矿物与水深关系		沉积构造与水深关系		岩性与水深关系	
常见自生矿物	水深/m	典型沉积构造	水深/m	岩性	水深/m
赤铁矿、石盐、白云石	0~1	雨痕干裂	0~1	蒸发岩	0~5
褐铁矿、钙质结核	1~3	大型交错层理	0.5~5	砂砾岩	1~10
菱铁矿、方解石	3~15	波状层理、平行层理	5~20	泥质粉砂岩	1~15
黄铁矿	>15	水平层理	>17	泥灰岩	5~20
		鲍马序列层理、槽模丘状层理	>30	暗色泥岩	>20
				油页岩	>50

3. 烃源岩形成时古水深

烃源岩沉积形成有一定的生物和物化条件(张文正等，2009；刘群等，2018)，形成演化中与强还原缺氧环境有关，深水还原缺氧环境往往是有机碳富集的重要因素。优质烃源岩分布范围、厚度与古湖泊深度变化有内在关联性。生物有机质分解作用会产生许多二氧化碳，因而对比海水有光带，一般在100~500m处，微生物有机质分解作用剧烈，同时消耗大量海水中的溶氧，并导致氧的含量随深度增加而减少，逐渐形成缺氧还原环境，考虑到晚三叠世鄂尔多斯盆地处于内陆，一般湖水浪小，生物种类少而单一，周围水中碎屑供给充分，湖水含泥量及污浊度高，结合自生矿物、典型沉积构造，推测有光带可能在20~50m。

湖泊营养物质主要取决于光照率和营养元素的供应。光照率又取决于纬度，高纬度区每天日照时间短、日光入射角小、生长季节短，加上冬季冰雪覆盖，不利于营养元素形成。在研究鄂尔多斯盆地延长组长7段沉积期古湖泊环境中，可通过烃源岩厚度分布图，大致地预测古湖泊范围和水深变化。以长 7 段烃源岩 5m 等值线范围大致作为长 7 段沉积期半深湖-深湖分布面积，可以大致得出半深湖-深湖的分布面积超过 $5.6×10^4 km^2$（图 3-1）。

同时，吴智平和周瑶琪等（2000）提出了一种运用沉积岩中钴（Co）含量来推算古水深的方法，借用这种方法，通过长 7 段页岩稀土元素钴含量变化对其湖水深度进行计算，具体计算公式：

$$V_s=V_0 N_{Co}/(S_{Co}-tT_{Co})$$
$$h=3.05×10^5/V_s^{1.5}$$

式中，h 为古水深；V_s 为样品沉积时的沉积速率；V_0 为当时正常湖泊中沉积物的沉积速率，取值为 0.15～0.3mm/a；S_{Co} 为样品中钴的丰度；N_{Co} 为正常湖泊沉积物中钴的丰度，取值为 20ppm；T_{Co} 为物源中钴的丰度，取值为 4.68ppm；t 为物源对样品的钴贡献值。

通过上述方法，恢复的长 7 段沉积期分布广泛的半深湖-深湖沉积区古湖盆水体深度主要分布在 20～160m。

在上述遗迹化石、沉积特征、烃源岩等与古湖泊水体深度关系研究中，结合钴元素含量对湖水深度的计算，结合地表露头、古流向、地震和钻井等资料信息，综合判识了长 7 段沉积期湖盆水体深度，湖水总体较深，长 7 段沉积期总体呈东部较为宽缓，西部较为陡窄的不对称拗陷形态，北西-南东向展布的厚层烃源岩分布区湖水深度主要在 30～100m，在环县-华池、正宁北、富县、黄龙一带水体深度超过 100m，局部地区最大水深可达 160m 左右。

第二节　细粒沉积特征

随着油气勘探开发的不断深入，致密油气、页岩油气日益受到重视，推动了沉积学界对细粒沉积的研究。鄂尔多斯盆地延长组长 7 段沉积期细粒沉积类型多，广泛发育，形成了中生界最主要的一套优质烃源岩，并发育一定规模的砂岩沉积，深入分析细粒沉积特征及分布规律，明确页岩层系内各类岩性分布特征及配置关系，指导细粒沉积内的油气勘探。

一、细粒沉积岩分类方案

20 世纪 80 年代以来，国外学者对深海细粒沉积分类进行了较系统的研究。细粒沉积的定义最早是 Krumbein（1932）在岩石粒度分析中提出的。Picard（1971）认为，细粒沉积岩是指粒级小于 0.1mm 的颗粒含量大于 50%的沉积岩，主要由黏土和粉砂的陆源碎屑颗粒组成，也包含少量的盆地内生的碳酸盐、生物硅质、磷酸盐等颗粒。Dean 等（1985）将深海细粒沉积进行了三端元分类（钙质生物颗粒、硅质生物颗粒和非生物颗粒）。2007 年，Loucks 和 Ruppel（2007）及 Ruppel 等（2007）在矿物学、生物学等研究的基础上，将 Mississippian 的 Barnett 盆地细粒沉积岩划分为三类：纹层状硅质泥岩、纹层状泥灰岩和含生物骨架泥灰岩。

针对我国陆相湖盆的细粒沉积，国内学者也做了大量的研究。姜在兴等(2013)对细粒沉积岩进行较为系统的分类，以粉砂、黏土和碳酸盐为三个组分端元，将细粒沉积岩划分为粉砂岩、黏土岩、碳酸盐岩和混合型细粒沉积岩四大类，而混合型细粒沉积岩又可划分为硅质碎屑型细粒沉积岩、碳酸盐型混合细粒沉积岩。此外，还提出了 TOC、碳酸盐和黏土矿物的三端元分类方法。鄢继华等(2002)则以碳酸盐矿物、长英质矿物、黏土矿物作为三端元，将细粒沉积岩划分为碳酸盐岩类，黏土岩类，细粒长英沉积岩类，细粒混合沉积岩类，然后依据三种矿物的相对百分含量，采用传统的"三级命名法"命名，同时考虑到特殊矿物方沸石，将其作为独立组分放在三端元岩石名称之前。

通过野外剖面、岩心、岩石薄片观察及 X 射线衍射定量分析，鄂尔多斯盆地长 7 段细粒沉积岩矿物成分多样，主要有碎屑矿物、黏土矿物、碳酸盐矿物、火山碎屑矿物等，碎屑矿物主要有石英、长石等，黏土矿物主要有伊利石、绿泥石等，碳酸盐矿物主要有方解石、白云石等，还有少量的浊沸石、黄铁矿等矿物。此外，黏土岩富含有机质。

对鄂尔多斯盆地长 7 段储层大量样品的薄片鉴定和粒度分析，统计数据显示，长 7 段细粒沉积岩的粒度分布范围较广，其中 0.10～0.25mm 粒级占 40%，0.05～0.10mm 粒级占 55%，小于 0.05mm 粒级占 5%。鄂尔多斯盆地长 7 段细粒沉积岩是指粒度在细砂级及以下的细粒物质组成的复杂岩石组合。

在充分消化、吸收前人在细粒沉积岩分类方法的基础上，本节首先依据粒度和成分，将研究区细粒沉积岩划分为黏土岩、火山碎屑岩和碳酸盐岩四大岩类，又分别对这四类细粒岩采用三角图解四组分分类的原则，为每种类型的细粒岩量身选取相应的组分端元，再依据不同岩类具有成因意义的矿物组分和有机质丰度进行精细分类，提出细粒沉积岩四组分的新分类方法。

1. 黏土岩分类

黏土岩首先按照岩石颜色及层理分为浅色泥岩、暗色泥岩和黑色页岩。鄂尔多斯盆地长 7 段黏土岩黏土矿物主要为绿泥石和伊利石矿物，常含有数量不等的砂级碎屑颗粒和有机质，有机质丰度是反映烃源岩生烃能力的重要参数，在细粒物质沉积动力学、成岩作用和储层形成中有重要作用。因此将 TOC 也设为一个端元，并参与定名。

根据鄂尔多斯地区的实际情况，建议以 TOC 含量 2% 和 6% 为界，划分出贫有机质、中有机质和富有机质三类。这三类黏土岩样品往往从颜色上就能有所区别，贫有机质黏土岩往往为灰色、灰绿色或杂色，暗色物质、黄铁矿等还原环境下的沉积特征基本不发育，其形成环境多为水下平坦开阔、水体能量交换频繁的三角洲前缘和滨浅湖地区，有机质不易保存。中有机质黏土岩颜色偏深，多为深灰色、灰黑色，反映较贫有机质黏土岩，其形成环境水体比较安静闭塞，水体能量交换不太频繁，有机质能得以保存、富集。而富有机质暗色黏土岩多呈黑色且新鲜面油光发亮并发育相当数量的黄铁矿颗粒，反映其形成环境水体更深、更闭塞，为强还原环境(图 3-7)。

在黏土岩中，陆源碎屑等非黏土矿物也占有一定的比例，如石英、长石、云母及各种副矿物等都会存在。这其中最主要的还是呈单晶出现的石英，圆度较差，边缘模糊，分布于不纯的黏土岩中。所以，我们主张将这类陆源碎屑矿物含量的变化也纳入到四组分分类体系中，使之成为反映黏土岩性质的一个参数。这是因为，这些陆源碎屑矿物在黏土岩的形成过程中，尽管所占比重有限，却是黏土岩形成环境及成岩后生变化的重要标志，同时也与之前砂岩分类中将黏土岩矿物作为第四个端元的做法形成呼应，使这两大类细粒岩在整个细粒岩分类体系中能够贯穿下来，实现平稳过渡，符合这两大类细粒岩间既相互区别同属陆源碎屑岩的内在联系。具体说来，我们将碎屑矿物含量在10%以下的称为泥（页）岩，碎屑矿物含量在 10%～25%的称为含砂泥（页）岩，碎屑矿物介于25%～50%的称为砂质泥（页）岩，含量大于50%的则依照砂岩的分类方法去分类定名。

结合上述对于黏土岩分类四个端元的论述，得出了以下的综合命名法，先根据有机质含量分为贫有机质（TOC<2%）、中有机质（2%≤TOC<6%）、富有机质（TOC≥6%）。再依据碎屑矿物的含量分为泥（页）岩（碎屑矿物含量<10%）、含砂泥（页）岩（10%≤碎屑矿物含量<25%）、砂质泥（页）岩（25%≤碎屑矿物含量<50%）。最后，再根据样品 X 射线衍射检测出的伊利石和绿泥石含量的多少进行矿物定名。①当伊利石含量大于75%，绿泥石含量小于25%时，称伊利石泥（页）岩；②伊利石含量介于50%～75%，绿泥石含量介于 25%～50%时，称绿泥石质伊利石泥（页）岩；③当伊利石含量介于 25%～50%，绿泥石含量介于50%～75%时，称伊利石质绿泥石泥（页）岩；④当伊利石含量小于25%，绿泥石含量大于75%，称绿泥石泥（页）岩。

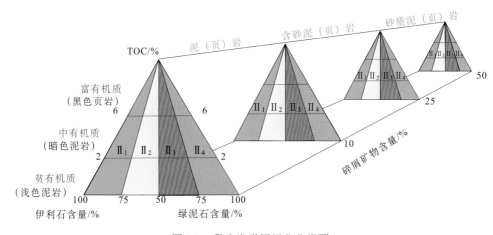

图 3-7　黏土岩类四组分分类图

Ⅱ₁-（贫、中、富有机质）（含砂、砂质）伊利石泥（页）岩；Ⅱ₂-（贫、中、富有机质）（含砂、砂质）绿泥石质伊利石泥（页）岩；
　Ⅱ₃-（贫、中、富有机质）（含砂、砂质）伊利石质绿泥石泥（页）岩；Ⅱ₄-（黄、中、富有机质）（含砂、砂质）绿泥石泥（页）岩

2. 碳酸盐岩分类

鉴于研究区细粒碳酸盐岩发育规模不大，对鄂尔多斯盆地长 7 段页岩油勘探开发的影响有限。因此，就长 7 段细粒碳酸盐岩的分类借鉴之前黏土岩类的分类原则，以白云石和方解石含量多少为主要依据,结合 TOC 和碎屑（黏土）矿物含量的多少进行三角图四

端元成分分类，对具体的石灰岩结构类型和白云岩成因类型等问题不做深入探讨。

先根据碎屑(黏土)矿物含量的变化对细粒碳酸盐岩进行细分，当碎屑(黏土)矿物含量在 10%以下时，为纯净的碳酸盐岩，碎屑黏土矿物不参与定名；当碎屑(黏土)矿物含量为 10%~25%时，则称为含泥(砂)碳酸盐岩；当碎屑(黏土)矿物含量为 25%~50%时，称为砂质(泥质)碳酸盐岩。再根据 TOC 的不同，对细粒碳酸盐岩进行划分。其中富有机质碳酸盐岩的 TOC 含量在 6%以上，中有机质碳酸盐岩的 TOC 含量为 2%~6%，贫有机质碳酸盐岩的 TOC 含量在 2%以下。

根据碳酸盐岩中方解石和白云石的相对含量，分为石灰岩和白云岩两类，在这两大类中又划分出两个过渡类型，即：

(1)石灰岩：方解石含量大于 75%。

(2)云质灰岩：方解石含量介于 75%~50%，白云石含量介于 25%~50%。

(3)灰质云岩：白云石含量介于 75%~50%，方解石含量介于 25%~50%。

(4)白云岩：白云石含量大于 75%。

对于细粒碳酸盐岩的定名方法也采用综合定名法，如中有机质含砂灰质白云岩、中有机质砂质云质灰岩等。但从掌握的资料来看，长 7 段的细粒碳酸盐岩以呈条带状或结合状分布的贫有机质灰岩、中有机质灰岩为主，其他类型少见。

3. 火山碎屑岩分类

鄂尔多斯盆地长 7 段的火山碎屑岩主要为条带状或透镜状凝灰岩，由粒度小于 2mm 的火山碎屑组成，具典型的凝灰结构。基于这种情况，针对长 7 段的细粒火山碎屑岩的分类也将围绕凝灰岩展开。

依据凝灰岩的成分结构特征，将长 7 段的凝灰岩的四组分设为：晶屑、玻屑、岩屑和正常沉积物进行分类。

尽管火山碎屑岩主要指由火山碎屑物质组成的岩石，但因其为介于火山岩与沉积岩之间的特殊的岩石类型，兼有火山岩和沉积岩的某些特点，且与二者呈相互过渡的关系。所以，若要对火山碎屑岩进行系统详尽的分类，除考虑一般意义上的火山碎屑的影响外，还不得不考虑火山碎屑岩中正常碎屑沉积物的含量变化，根据正常碎屑沉积物含量的多少做出清晰的界定加以区分。

不含正常沉积物碎屑时，火山碎屑岩就按照上述标准分为玻屑凝灰岩、晶屑凝灰岩、岩屑凝灰岩、混屑凝灰岩。

当正常沉积物含量为 0%~50%时，需参与火山碎屑岩的定名，对应已有的四类凝灰岩，在其名称上分别冠以"沉积"二字作为前缀，即沉积玻屑凝灰岩、沉积晶屑凝灰岩、沉积岩屑凝灰岩、沉积混屑凝灰岩。当正常沉积物含量为 50%~100%时，则直接分为四类：玻屑沉积岩、晶屑沉积岩、岩屑沉积岩、混屑沉积岩。

这种细粒火山碎屑岩的分类方法和定名准则的优点在于既简洁实用，又体现了火山碎屑岩与正常沉积岩间的过渡关系。作为整个细粒岩的一个分支，以凝灰岩为代表的火山碎屑岩并不是孤立成片大范围分布的，而都是呈厘米级甚至毫米级纹层状夹于暗色泥岩及富有机质页岩中,在盆地西南部的瑶曲剖面长 7_3—长 7_2 层位上就有很好的体现。因此,把正常沉积物作为细粒火山碎屑岩定名的一个端元就显得必不可少。

总体看,鄂尔多斯盆地长 7 段细粒沉积岩矿物成分多样,主要有碎屑矿物、黏土矿物、碳酸盐矿物、火山碎屑矿物等,碎屑矿物主要有石英、长石等,黏土矿物主要有伊利石、绿泥石等,碳酸盐矿物主要有方解石、白云石等,还有少量的浊沸石、黄铁矿等矿物。矿物成分反映了岩石的沉积成因、物性特征、脆性特征等很多方面的特点。因而本次研究以镜下薄片观察、全岩定量分析为主要技术手段,以"尊重传统、简明实用,注重特色、服务生产"为主要原则,以几大类细粒岩间的内在联系为出发点,结合矿物含量、TOC 含量等对长 7 段细粒沉积岩进行了系统分类。就勘探阶段而言,共划分出:粉砂岩类、黏土岩类、火山碎屑岩类、碳酸盐岩类四大类,粉砂岩、浅色泥岩、暗色泥岩、黑色页岩、凝灰岩和石灰岩七小类岩石类型(表 3-4)。针对研究精度更高开发阶段,我们在此基础上依据矿物组成又对四大类细粒岩做了进一步细分,并就各类细粒沉积岩间的过渡关系做了说明。

表 3-4 鄂尔多斯盆地长 7 段细粒沉积岩主要类型及特征表

岩石类型			沉积特征	流体性质	沉积机制	沉积环境	发育情况
粉砂岩类		中-薄层状砂纹、水平层理岩屑质长石(长石质岩屑)粉砂岩	以浅灰绿、灰色为主,质纯、分选好,见生物扰动构造	牵引流、波浪	跳跃	三角洲前缘远砂坝、席状砂	较发育
		块状变形层理岩屑质长石(长石质岩屑)粉砂岩	以灰黑色、灰色为主,发育包卷层理、小型褶皱,与上下岩层岩性差异显著	牵引流	跳跃、液化	三角洲前缘	发育
		薄-厚层状粒序层理长石(岩屑质长石、长石岩屑质石英)粉砂岩	以深灰、灰黑色为主,发育平行层理、砂纹层理,具完整或不完整的鲍马序列	浊流	自悬浮	浊流沉积(A—D 段)	十分发育
黏土岩类	浅色泥岩	块状贫(中)有机质伊利石(绿泥石)泥岩	以灰色、灰绿色为主,砂质含量较高,在岩层面可见植物碎屑和炭屑	牵引流	悬浮	三角洲前缘支流间湾	发育
	暗色泥岩	水平层理中(富)有机质伊利石(绿泥石)泥岩	以深灰、灰黑色为主,微波状、水平层理较为发育,岩层面富含云母、植物碎屑	牵引流	悬浮	支流间湾、半深湖	十分发育
		粒序层理中(富)有机质伊利石(绿泥石)泥岩	以灰黑色、黑色为主,为鲍马序列 E 段	浊流	悬浮	浊流沉积(E 段)	发育
	黑色页岩	微波状中(富)有机质伊利石(绿泥石)页岩	灰黑、黑色,页理较发育,微波状,有机质含量较高	牵引流	悬浮	半深湖	发育
		平直纹层富有机质伊利石(绿泥石)页岩	黑色,页理发育,有机质含量较高	牵引流	悬浮	深湖	十分发育
		似块状富有机质伊利石(绿泥石)页岩	黑色,页理发育,有机质含量较高,富含生物化石	牵引流	悬浮	深湖	发育

续表

岩石类型		沉积特征	流体性质	沉积机制	沉积环境	发育情况
火山碎屑岩类	凝灰岩	条带状晶屑(玻屑)凝灰岩	以黄白色、黄灰色、灰黑色为主，与页岩互层	牵引流	悬浮、空降型	半深湖-深湖	发育
		薄-块状晶屑(玻屑)凝灰岩	以黄白色、灰褐色、灰黑色为主	牵引流	悬浮、水携型	半深湖-深湖	发育
碳酸盐岩类	石灰岩	石灰岩	以灰褐色、灰色为主	咸化水	化学沉淀	半深湖-深湖	较发育

在上述分类工作的基础上，结合岩石颜色、单层厚度、沉积构造等因素确立了适用于鄂尔多斯盆地长 7 段的以"颜色+单层厚度+构造+有机质含量+矿物成分+粒度"为原则的综合定名法，使每一类岩石都能完整全面反映母岩性质、搬运机制、沉积环境、油气潜力等信息，更好地为鄂尔多斯盆地长 7 段细粒沉积成因机理的研究等提供指导。

二、细粒沉积岩展布规律

长 7 段从盆地边缘向盆地中心依次发育三角洲沉积、重力流沉积、湖泊沉积，受不同沉积体系间相互作用，以及间歇性火山喷发、湖底热液活动等因素的影响，长 7 段细粒沉积岩在空间展布上具有明显的分带性特征，在时间展布方面，受控于湖泛面的变化，从长 7_3 期—长 7_1 期几类细粒岩间呈此消彼长的分布特征(图 3-8～图 3-10)。

1. 不同相带垂向组合差异明显

通过野外剖面及岩心观察、测井资料分析，盆地长 7 段细粒沉积岩垂向组合上具有明显的差异。三角洲前缘细粒岩分布具"砂—泥正旋回"叠置的垂向组合特征；重力流沉积中的细粒岩分布具"厚砂薄泥"互层的垂向组合特征。湖盆中心具有"重力流沉积+半深湖-深湖沉积"互层的垂向组合特征，长石岩屑质石英砂岩和伊利石类泥(页)岩纵向上间互分布。

2. 岩石类型在横向上分区明显

长 7 段细粒沉积岩类型受物源和沉积体系控制，横向上分布规律明显。西南部辫状河三角洲前缘，主要分布平行-交错层理长石(粉)砂岩，浅色贫有机质伊利石类泥岩；重力流沉积发育的半深湖-深湖区，主要分布砂质碎屑流和浊流成因的长石岩屑质石英(粉)砂岩，暗色中有机质泥岩和黑色富有机质页岩大量发育；东北部曲流河三角洲前缘区主要为岩屑质长石砂岩，浅色绿泥石类泥(页)岩。

3. 细粒沉积岩在平面上向湖盆中心粒度变细

从长 7_3 亚段到长 7_1 亚段粉砂岩的厚度和分布面积亦呈逐渐增多的趋势(图 3-8)。长 7_3 亚段粉砂岩分布范围很小，仅在盆地东北部受曲流河三角洲体系影响的地区，如靖边—

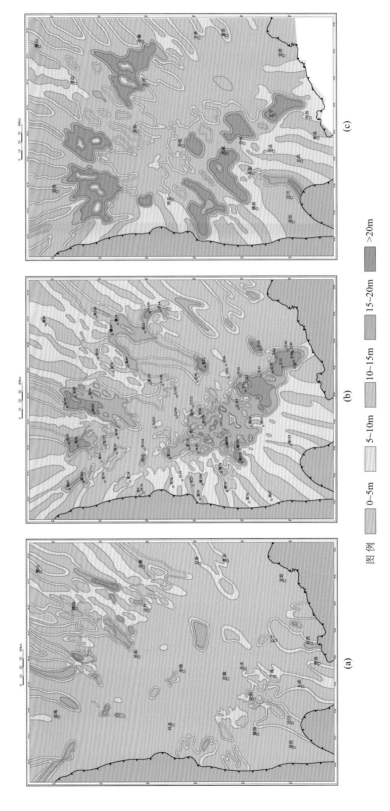

图 3-8　鄂尔多斯盆地延长组长 7 段粉砂岩平面展布图

(a) 长 7₃ 亚段；(b) 长 7₂ 亚段；(c) 长 7₁ 亚段

图例　0~5m　5~10m　10~15m　15~20m　>20m

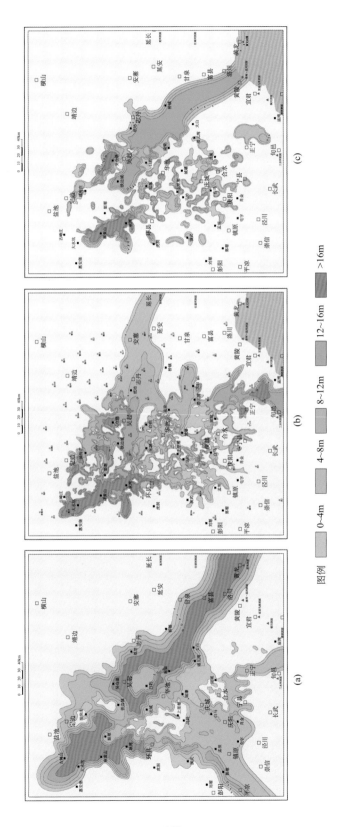

图例 0~4m 4~8m 8~12m 12~16m >16m

图 3-9 鄂尔多斯盆地延长组长 7 段暗色泥岩平面展布图

(a) 长 7_3 亚段；(b) 长 7_2 亚段；(c) 长 7_1 亚段

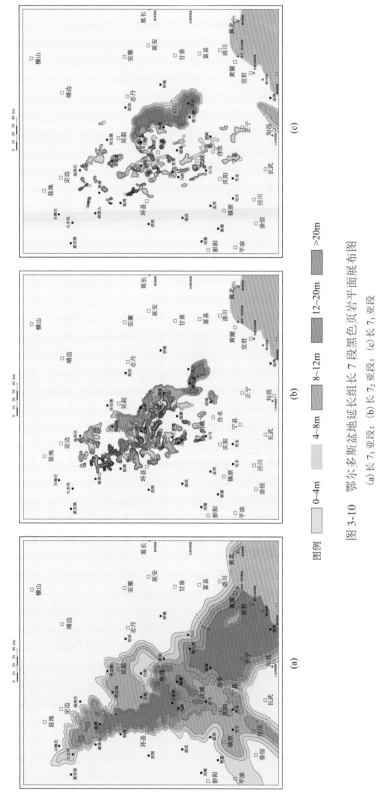

图例 ☐ 0~4m ☐ 4~8m ☐ 8~12m ☐ 12~20m ☐ >20m

图 3-10 鄂尔多斯盆地延长组长 7 段黑色页岩平面展布图

(a) 长 7_3 亚段；(b) 长 7_2 亚段；(c) 长 7_1 亚段

安塞—志丹一带发育，再就是湖盆西南部的泾川—宁县一带少量发育。长 7_2 期粉砂岩的分布规模迅速扩大，在平面上连片分布，其中环县—庆城—合水—正宁一带最为发育，粉砂岩厚度可达近 20m，而在盆地东北部的吴起—志丹一带也发育成片分布的厚度在 10～15m 的粉砂岩。长 7_1 期粉砂岩在平面上的分布规模继续增大，在北部的盐池—吴起—安塞一带和南部的环县—庆城—正宁一带均成片状发育，厚度在 10～20m，局部达 25m。

暗色泥岩在长 7 段广泛发育(图 3-9)，与细砂岩和粉砂岩在平面上的分布趋势不同，从长 7_3 亚段到长 7_1 亚段暗色泥岩的厚度和分布范围呈减小的规律。长 7_3 期暗色泥岩大量，呈北西-南东向沿古峰庄—定边—吴起—华池—富县一带展布，厚度多在 8～16m，在湖盆中心的局地厚度达 16m 以上，总体上看，中部、西北部、西南部的暗色泥岩的厚度大于西南部地区，在西南部的平凉—镇原—庆城一带暗色泥岩的厚度多在 4～8m。长 7_2 亚段沉积期暗色泥岩沉积仍较发育，但分布范围明显缩小，主要分布在定边—环县—吴起一带。长 7_1 期暗色泥岩分布范围和厚度继续变小，分布区域以吴起—志丹—洛川一带为主，厚度多在 4～14m，另外，在西南部的环县、庆城、合水等地也零星发育厚度为 4m 左右的暗色泥岩。

黑色页岩从长 7 段沉积早期到晚期，其平面分布演化规律与暗色泥岩分布规律一致，长 7_3 亚段沉积厚度最大，到长 7_1 亚段厚度变薄、范围变小(图 3-10)。长 7_3 亚段沉积期是黑色页岩沉积最发育的时期，从东北部的黄龙—洛川—太白—南梁—吴起—定边到西南部的旬邑—泾川—镇原—演武—环县—大水坑所包含的湖盆中心地带黑色富有机质页岩大范围分布，厚度一般在 4～16m，局地可达 20m 厚。到了长 7_2 亚段和长 7_1 亚段沉积期，黑色页岩的分布范围和厚度均大幅度减小，其中长 7_2 亚段厚层黑色页岩主要分布在华池—姬塬一带，厚度为 4～16m，长 7_1 期厚层黑色页岩主要分布在东部南梁、太白等地，厚度为 4～12m。

第三节　细粒沉积成因机理与分布模式

细粒物质由于粒度小、观察难度大等条件的限制，细粒物质的沉积、成岩作用是沉积学界乃至地质学界研究的薄弱领域。细粒沉积物质沉积成岩研究不仅具有重要的科学意义，同时随着致密油气和页岩油气勘探开发，还存在重要的工业价值。本节以沉积学、水体动力学等为基础，野外剖面、岩心观察与镜下观察相结合，采用 X 射线衍射、扫描电子显微镜等技术解剖鄂尔多斯盆地长 7 段细粒沉积岩的成因机理，并分析其主控因素与分布模式。

一、细粒沉积成因机理

与粗粒沉积岩相比，细粒沉积岩的形成机理更为复杂，包括物理、化学、生物等作用，对其具有影响的因素也有很多。研究认为，鄂尔多斯盆地长 7 期细粒沉积岩的形成与分布主要受物源、湖盆底形、沉积环境，以及同期火山运动和湖底热液活动影响。

(一)多物源供给为细粒沉积奠定了物质基础

1. 盆缘供屑是细粒沉积岩物源的主体

鄂尔多斯盆地延长组长 7 期存在五个物源区，物源丰富、供屑能力强(付金华等，2013b)。其中，东北、西南物源区占主导地位，东北部母岩为富含石榴子石的孔兹岩系和中基性岩浆岩，前者分布在太古界—元古界中，变质程度达到角闪-麻粒岩相，后者主要分布在元古界中；西南部母岩以沉积岩和变质岩为主，变质岩以元古界片麻岩为主，变质程度达到角闪-绿片岩相，沉积岩来自古生界—中生界的海相"海陆交互相"陆相多期沉积的碳酸盐岩、碎屑岩(图 3-11)。

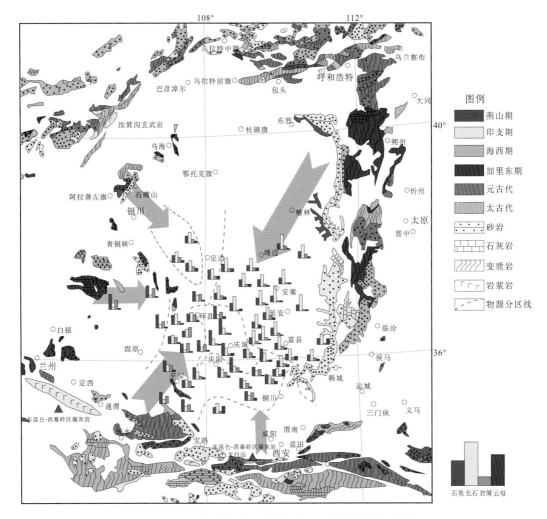

图 3-11　鄂尔多斯晚三叠世湖盆源区母岩类型分布图

2. 盆下火山物质及热液提供一定的辅助物源

盆地长 7 沉积期大量凝灰岩及多类型热液矿物的发现，揭示盆内构造活动性较强，盆下提供了一定的物质来源。

凝灰岩的化学成分和类型变化较大，总体上以中酸性为主，说明同期火山喷发活动应以中酸性普林尼式喷发为主。大量火山灰的沉降、水解作用不仅形成丰富的凝灰岩细粒沉积，提供的无机营养盐还可能是湖泊持续高生产力形成的重要因素之一。

热水活动不仅可提供热能和大量矿物质，同时，还可以促使水的对流和循环，使底层水体中的营养成分通过对流交换到上层水体中，从而促进生物的繁殖，并引起生物勃发。此外，由于热水中往往含有丰富的 P、N、Cu、Fe、Mo、V 等生命营养元素，有利于生物的生长。热水中 CO_2 可作为碳循环的重要补给。这些都会对暗色泥岩、黑色页岩的发育产生影响。

(二)湖盆底形控制了细粒沉积岩的成因类型

通过开展露头沉积学、沉积微相精细刻画与水槽沉积模拟实验(杨华等，2015)综合研究，认为湖盆底型控制了细粒沉积岩形成的沉积体系，进而控制细粒沉积岩的成因类型。

鄂尔多斯盆地在延长期是一个东北缓、西南陡的不对称盆地。晚三叠世延长期，气候湿润、降水充沛，盆地周缘水系发达，地处东北缘、北缘的阴山古陆和大青山古陆为盆地东北部提供终年稳定的物源供给，由于地形坡降缓形成曲流河三角洲-湖泊沉积体系(图 3-12)。曲流河三角洲前缘水下分流河道、支流间湾、河口砂坝、远砂坝微相构成了以砂泥质沉积为主的细粒沉积岩。主要发育长石细砂岩、岩屑质长石细砂岩、岩屑质长石粉砂岩、泥质粉砂岩、粉砂质泥岩、泥岩。

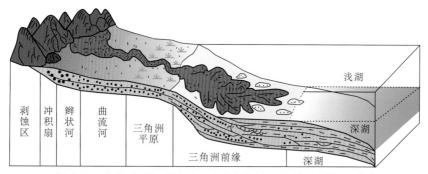

图 3-12 盆地东北物源水系形成的曲流河三角洲-湖泊沉积模式

鄂尔多斯盆地南部、西南部属西秦岭北缘断裂构造带与稳定鄂尔多斯克拉通之间的过渡区域，造山带发育，地形坡降大，平均坡度范围为 3°～5°，距物源较近，发育辫状河三角洲前缘-重力流沉积体系，其中，重力流沉积体系构成细粒沉积岩的主体(图 3-13)。长 7 期重力流沉积主要发育水道、堤岸、前端朵叶三种亚相，以及滑塌沉积、砂质碎屑流沉积、浊流沉积三种微相(付金华等，2013a，2015)。形成近源的斜坡区细砂岩，砂体沉积厚度大、横向连通性差和远源的相对平缓的坡脚区粉砂岩，砂体沉积厚度相对较薄、横向连片。

盆地长 7 期湖泊沉积体发育在盆地中心偏西南一带,主要发育半深湖-深湖亚相的半深湖-深湖泥微相沉积,水体深,水动力弱,黑色页岩及暗色泥质沉积广泛发育。

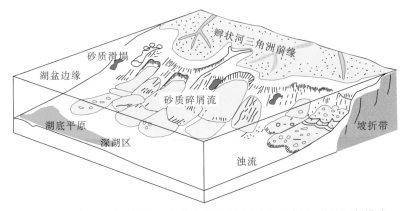

图 3-13　盆地西南物源水系形成的辫状河三角洲-重力流-湖泊沉积模式

(三)牵引流、重力流与火山作用控制了细粒沉积成因类型

依据野外剖面及镜下薄片观察,通过沉积结构、沉积构造、沉积层序等研究,认为鄂尔多斯盆地细粒沉积的搬运方式主要为牵引流、重力流和火山作用三种。

1. 牵引流成因的细粒岩

在三角洲前缘强-中水动力条件下,推移搬运作用主要形成由水下分流河道席状砂、河口砂坝组成的砂级细粒沉积岩,包含细砂岩、粉砂岩(图 3-14),呈块状-中层状,发育中大型及小型交错层理,碎屑颗粒通常为次圆状-圆状,粒度分选好,粒度-概率累积曲线显示为"两段式""三段式"[图 3-15(a)]。在半深湖-深湖区弱水动力条件下,主要发育悬浮搬运作用形成的泥级细粒沉积岩,包含块状泥岩、水平纹理泥岩、微波状页岩、平直纹层页岩、似块状页岩。细粒沉积岩牵引流成因机理及模式如图 3-16 所示。

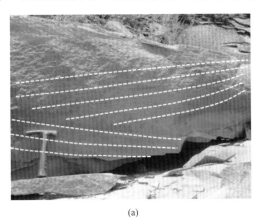

(a)　　　　　　　　　　　　　　　　(b)

图 3-14　牵引流成因的细粒砂岩

(a)细砂岩,长 7_3 亚段,窟野河剖面;(b)粉砂岩,长 7_3 亚段,窟野河剖面

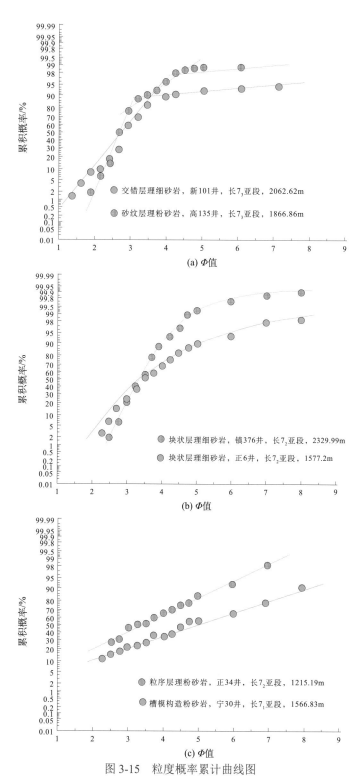

图 3-15 粒度概率累计曲线图

（a）交错层理细砂岩、砂纹层理粉砂岩粒度概率累计曲线；（b）块状层理细砂岩粒度概率累计曲线；（c）粒序层理、槽模构造
粉砂岩粒度概率累计曲线

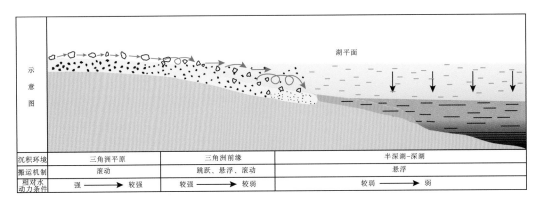

图 3-16 鄂尔多斯盆地长 7 期细粒沉积岩牵引流成因机理及模式图

2. 重力流成因的细粒沉积岩

研究区重力流成因的细粒沉积岩主要由砂质碎屑流和浊流沉积形成。

砂质碎屑流形成块状细砂岩，厚度大[图 3-17(a)]，多见"泥砾"及"泥包砾"结构[图 3-17(b)、(c)]，杂基支撑[图 3-17(d)]，磨圆分选差，主要呈次棱角状-棱角状，在粒度概率累积曲线显示为"宽缓上拱"形[图 3-15(b)]，说明流体强度大、流势强，为非黏性砂质碎屑流整体搬运沉积，沉积于坡折带附近。

图 3-17 砂质碎屑流成因块状细砂岩

(a)浅灰色块状细砂岩，长 7_1 亚段，瑶曲剖面；(b)泥砾结构，长 7_1 亚段，瑶曲剖面；(c)泥包砾结构，长 7_1 亚段，瑶曲剖面；(d)分选磨圆差，长 7_1 亚段，瑶曲剖面浊流成因的细粒岩主要为细砂岩和粉砂岩，呈薄-厚层状，具有底模构造和粒序层理[图 3-18(a)、(b)]，颗粒分选磨圆差、以次棱角状为主[图 3-18(c)、(d)]，粒度概率曲线为"一段悬浮式"[图 3-15(c)]，反映浊流递变悬浮搬运作用的特点。

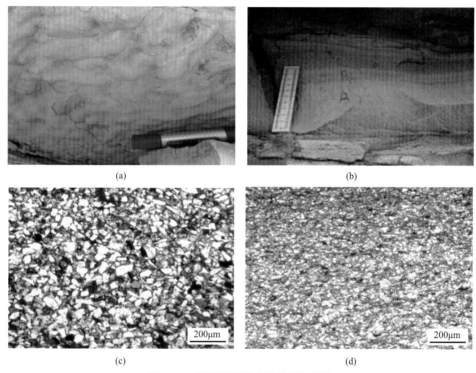

图 3-18 砂质碎屑流成因块状细砂岩

(a)灰色槽模构造细砂岩，长 7_1 亚段，三水河剖面；(b)粒序层理粉砂岩，长 7_1 亚段，瑶曲剖面；(c)分选磨圆差，杂基支撑，长 7_1 亚段，三水河剖面；(d)分选磨圆差，杂基支撑，长 7_1 亚段，瑶曲剖面

鄂尔多斯盆地长 7 期细粒沉积岩形成于半深湖-深湖沉积环境，在湖底平原发育砂质碎屑流沉积和浊流沉积，斜坡区发育滑塌沉积和碎屑流沉积，建立了深水重力流沉积成因机理及模式(图 3-19)。

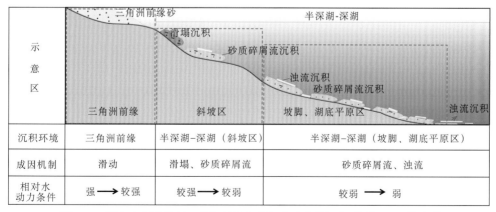

图 3-19 鄂尔多斯盆地长 7 期细粒沉积岩深水重力流沉积成因机理及模式图

3. 火山成因的细粒沉积岩

火山成因形成的细粒岩为凝灰岩，根据喷发环境、搬运介质、沉积环境可将凝灰岩划分为三种成因类型(图 3-20)，研究区凝灰岩主要沉积于半深湖-深湖的水下环境，发育空携型薄层或条带状凝灰岩，以及水携型中-厚层凝灰岩。

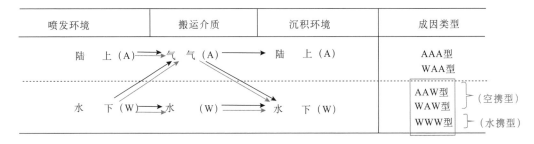

喷发环境	搬运介质	沉积环境	成因类型
陆 上 (A)	气 气 (A)	陆 上 (A)	AAA型 WAA型
水 下 (W)	水 (W)	水 下 (W)	AAW型 WAW型 (空携型) WWW型 (水携型)

图 3-20 凝灰岩成因类型分析

水携型凝灰岩，主要分布在盆地南部，呈中-厚层状[图 3-21(a)]，可观察到因水流强弱变化所形成的粒序层理[图 3-21(b)]，为流水搬运火山碎屑在水下沉积形成。

(a)   (b)

图 3-21 水携型凝灰岩

(a)黄白色中-块状凝灰岩，长 7_3 亚段，瑶曲剖面；(b)块状凝灰岩内部粒序结构，长 7_3 亚段，瑶曲剖面

空携型凝灰岩，厚度极薄，纹层平直，与黑色页岩频繁互层[图 3-22(a)]，为空气搬运，水下沉积；与其互层的页岩有机质富集，常见藻类化石[图 3-22(b)]。空携型薄层或条带状凝灰岩与黑色页岩的互层具有较好的韵律性，主要受火山活动强弱周期性变化控制，同时也受风力作用与水体条件的影响。

综合以上研究，建立了鄂尔多斯盆地长 7 期细粒沉积岩火山成因机理及模式图(图 3-23)。

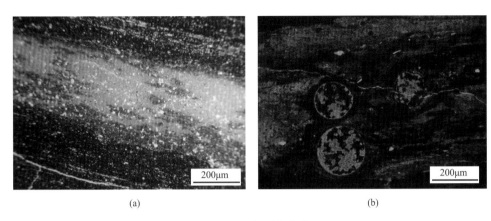

(a)　　　　　　　　　　　　　　　　　　　　(b)

图 3-22　空携型凝灰岩

(a)空凝灰岩与页岩互层，单偏光；(b)黑色页岩中的藻类化石，单偏光

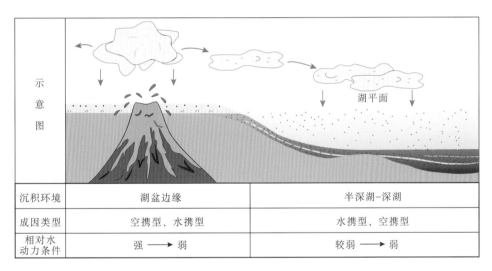

图 3-23　鄂尔多斯盆地长 7 期细粒沉积岩火山成因机理及模式图

4. 湖平面变化控制富有机质页岩及砂体的展布

湖水水位控制重力流沉积砂体的空间展布。长 7 期重力流沉积模拟实验表明，高湖水水位期，重力流砂体主要堆积在斜坡区，砂体沉积厚度较大，平面范围较小；低湖水水位期，重力流砂体向深湖区推进，砂体沉积厚度比较小，分布范围大(图 3-24)。湖水水位的变化直接影响重力流砂体发育规模的大小。

二、富有机质页岩形成机理

有机质供给、有机质保存和有机质稀释是有效烃源岩形成的主要控制因素。有效烃源岩的形成是古生产力、有机质保存和沉积速率综合作用的结果，而它们又受古构造、古气候、古沉积环境和事件等作用的影响。

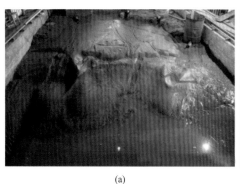 

(a)   (b)

图 3-24　长 7 期实验条件下不同湖水位条件下的重力流的砂体展布特征

(a) 长 7 沉积期湖水位 57.5cm；(b) 长 7 沉积期湖水位 46.0cm

(一)富有机质细粒沉积岩类型

根据岩性特征和有机质富集程度等可将长 7 段富有机质页岩划分为黑色页岩和暗色泥岩。两者在岩石学、矿物学、地球化学、测井响应等方面特征差异明显(刘群等，2018)。黑色页岩表现为页理发育、富含有机质纹层；草莓状黄铁矿十分发育、黏土矿物含量较低；有机质丰度高-很高，TOC≥6%，平均为 13.81%(图 3-25)；富 Fe、P、Cu、V 等主要生命元素；测井响应表现为高 GR、AC、RT，低 DEN。相对而言，暗色泥岩有机质丰度偏低(2%＜TOC＜6%)，平均 TOC 为 3.74%(图 3-26)，常见草莓状黄铁矿颗粒，以分散状有机质为主。

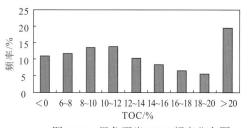 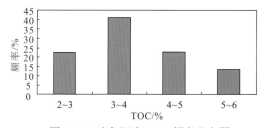

图 3-25　黑色页岩 TOC 频率分布图　　　　图 3-26　暗色泥岩 TOC 频率分布图

纵向上，黑色页岩与暗色泥岩纵向上间互分布，以长 7₃ 亚段最发育，部分地区长 7₂ 亚段、长 7₁ 亚段比较发育。平面上，黑色页岩主要分布在盆地西南部，叠合面积达 $4.3×10^4 km^2$，平均厚度达 16m，最厚达 60m(耿 268 井)；暗色泥岩叠合面积达 $6.2×10^4 km^2$，平均厚度达 17m，最厚达 124m(黄 81 井)。

(二)有机质母源以湖生藻类为主，发现多种金藻孢囊化石

透射光和反射光的镜下观察和鉴定表明，长 7 段富有机质页岩干酪根以无定形类脂体为主，偶见刺球藻和孢子，组分单一。在紫外光激发下，清晰可见沿层理分布的细条状发亮黄色荧光的类脂体，十分发育，并清晰可见分散状和条带状黄铁矿。长 7 段富有机质页岩干酪根的前生物为湖生低等生物-藻类等。干酪根碳同位素测试结果显示，富有机质页岩

干酪根具有富稳定同位素 ^{12}C 特征，干酪根的 $\delta^{13}C$ 值十分接近，主要分布在–30‰～–28.5‰，有机质类型以Ⅰ、Ⅱ$_1$型为主。此外，热解色谱分析显示，长 7 段富有机质页岩具有高生烃潜量、高类型指数(S_2/S_3大于40)，较高的氢指数(HI 为 $200×10^{-3}$～$400×10^{-3}$) 和低氧指数(OH 小于 $5×10^{-3}$)的特征，反映有机质母质类型以Ⅰ、Ⅱ$_1$型为主。

通过扫描电镜观察，在长 7 段富有机质页岩中发现了十多种形态特征的金藻休眠孢囊化石(图 3-27)，是迄今国内外发现的最古老金藻化石，将地球上金藻时代往前推进 1 亿多年(Zhang et al.，2016)，不但对金藻起源及藻类演化研究具有重大科学价值，而且对湖盆古环境、古生态与生烃母质研究具有重要意义。这些金藻孢囊化石存在局部密集堆积的现象(图 3-28)，壳体黄铁矿化、腔内充填有机质，可能是重要的生烃母质之一。

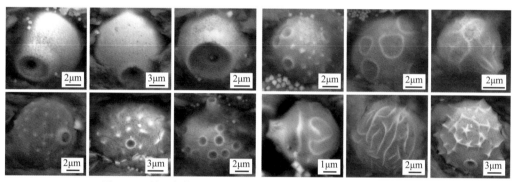

图 3-27 长 7 段优质烃源岩中多种形态的金藻休眠孢囊(SEM)

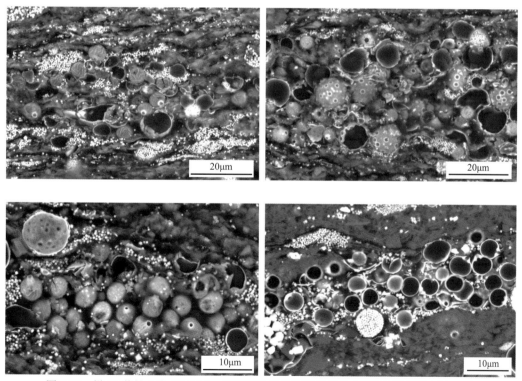

图 3-28 悦 67 井长 7 段 2045.05m 富有机质页岩密集堆积的金藻休眠孢囊化石(SEM)

(三)有机质富集机理

1. 高生产力是有机质富集的主要控制因素

长 7 段富有机质页岩中显微纹层十分发育,并常见富含有机质的磷酸盐结核,表征了沉积时初级生产力较高的特征。烃源岩的元素地球化学研究揭示出长 7 段富有机质页岩中 P_2O_5、Fe、V、Cu、Mo、Mn 等生物营养元素明显富集的特点,因此,长 7 期生物的高生产力特征十分明显。湖盆沉积水体的富营养特征是引起高生产力的重要控制因素。

长 7 段富有机质页岩 TOC 与 Fe、V、Cu、Mo 的相关性分析可以清楚看出(图 3-29),烃源岩的 TOC 与 Fe、V、Cu、Mo 等营养元素存在着良好的正相关关系,反映出水体中丰富的营养物质是引起生物勃发和有机质高生产力的关键因素。

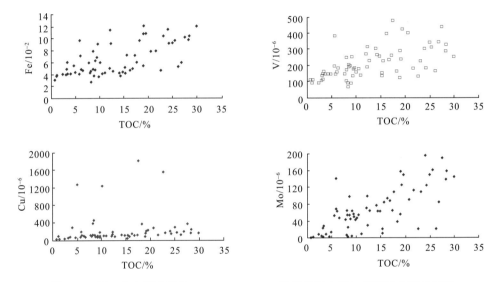

图 3-29　长 7 富有机质页岩 Fe、V、Cu、Mo 微量元素丰度与有机质丰度关系图

地质事件-富营养湖盆-富有机质页岩三者存在时空耦合关系,说明长 7 湖盆发育时期,火山、地震活动频繁,盆地内部热液作用活跃,地质事件诱发了高生物生产力(张文正等,2009),共同促进了富有机质页岩的大规模发育。

火山喷发物中的 CO_2、NH_3、氮的氧化物等经大气降水作用进入湖泊水体中,从而成为重要的生物养分提供途径之一。同时,火山灰等火山浮尘降落进入湖盆水体后,由于其不稳定性的特点,很快就能发生水解作用,使得 Fe、P_2O_5、CaO 等一些生命营养物质进入水体之中,大大提高了水体的营养水平,促进生物勃发和初级生产力的提高,不仅如此,火山物质在沉入水底后也会发生进一步的水解作用,使得底层水中生物营养成分提高,促进底栖藻类的勃发。不过,火山作用的发生也会引起水体理化环境的变化,影响水生生物的成长。

热水活动在提供能量、促使底层水体温度增高的同时,还可以形成水的循环和对流,使底层水体中的营养成分通过对流交换到上层水体中，从而促进生物的繁殖、并引起生物勃发。同时热水中往往含有丰富 P、N、Cu、Fe、Mo、V 等生命营养元素，使得水体中生物营养成分含量提高，有利于生物的生长。热水中 CO_2 可作为碳循环的重要补给，H_2S 等气体又可直接造成缺氧环境的形成。

2. 缺氧环境有利于有机质的保存

氧化-还原环境是影响有机质保存条件的关键因素，缺氧环境无疑有利于有机质的良好保存。通常某些元素特别是变价元素的地球化学行为与氧化-还原环境有着密切的关系，某些元素 U、S、V、Eu 等在缺氧环境下呈低价，易沉积富集，因此长 7 段富有机质优质烃源岩富黄球状黄铁矿、高 S^{2-} 含量等，以及富有机质烃源岩的大范围发育充分表征了底层水和沉积物表层的缺氧特征。

烃源岩汇中 S^{2-} 含量、V/(V+Ni)、U/Th 氧化还原参数与 TOC 之间具有良好的正相关性(图 3-30)，充分反映了缺氧环境在有机质保存与富集中所起的重要作用，S^{2-} 含量、V/(V+Ni)、V/Sc、V/Th、U/Th 等参数值越高，反映出沉积物-烃源岩中有机质富集程度越高。长 7 段富有机质页岩富二价硫(S^{2-}，7.37×10^{-2})、富 U(41.6×10^{-6})、高 V/(V+Ni)(大都在 0.8～0.9)、U/Th(多大于 1，最高可达 10 以上)等表征了缺氧环境的特征。

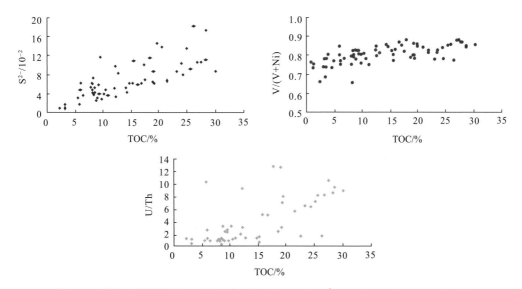

图 3-30　鄂尔多斯盆地长 7 段富有机质页岩 TOC 与 S^{2-}、V/(V+Ni)、U/Th 关系图

3. 低陆源碎屑补偿速度促进了有机质的相对富集

长 7 段富有机质页岩低黏土矿物含量(<40%)，较低的 Al_2O_3(平均为 13.01×10^{-2})、SiO_2(平均为 49.29×10^{-2})和总稀土含量(平均为 187×10^{-6})及其与 TOC 的负相关性(图 3-31)，反映了低陆源碎屑补给速度，促进有机质的富集。

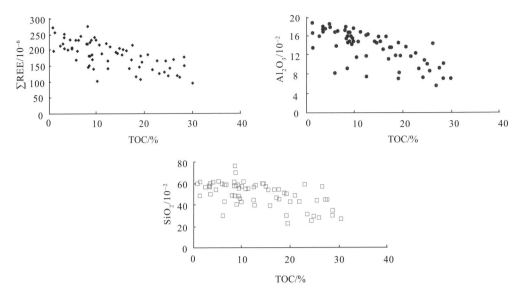

图 3-31　鄂尔多斯盆地长 7 段富有机质页岩 TOC
与烃源岩 ΣREE、Al_2O_3、SiO_2 含量关系图

三、岩相-沉积相-有机相分布模式

在细粒沉积的沉积环境、沉积相类型及岩石类型研究的基础上，详细分析有机相，建立岩相、沉积相、有机相的综合模式。

(一)岩性-沉积相-有机相类型

1. 沉积相类型

鄂尔多斯盆地长 7 段细粒沉积体系划分为辫状河三角洲、曲流河三角洲、沟道型重力流和湖泊 4 种沉积相、6 种亚相及 13 种微相(表 3-5)。

表 3-5　鄂尔多斯盆地长 7 段沉积相类型

沉积体系(相)	亚相	微相	分布区域
辫状河三角洲沉积体系	辫状河三角洲前缘	水下分流河道、分流间湾、河口砂坝	鄂尔多斯盆地西南部
曲流河三角洲沉积体系	曲流河三角洲前缘	水下分流河道、支流间湾、河口砂坝、远砂坝、席状砂	鄂尔多斯盆地东部、东北部
沟道型(非扇形)重力流沉积体系	水道 堤岸 前端朵叶	滑塌沉积、砂质碎屑流沉积、浊流沉积、原地沉积	鄂尔多斯盆地南部、陇东地区
湖泊	半深湖-深湖	半深湖-深湖泥	鄂尔多斯盆地中部

2. 岩相类型

通过岩心观察、薄片鉴定、X 射线衍射等鉴别方法，对鄂尔多斯盆地长 7 段分析划分了 4 大类、7 小类岩相类型(表 3-6)。

表 3-6　鄂尔多斯盆地长 7 段岩相类型

大类	小类	主要岩石类型
砂岩类	细砂岩	块状-中层状平行、交错层理长石(岩屑质长石砂岩、长石质岩屑)细砂岩， 厚层状含泥岩撕裂屑长石(岩屑质长石砂岩、长石岩屑质石英)细砂岩， 块状长石(岩屑质长石、长石岩屑质石英)细砂岩， 中-厚层状底模构造长石(岩屑质长石、长石岩屑质石英)细砂岩
	粉砂岩	中-薄层状砂纹、水平层理岩屑质长石(长石质岩屑)粉砂岩， 块状变形层理岩屑质长石(长石质岩屑)粉砂岩， 薄-厚层状粒序层理长石(岩屑质长石、长石岩屑质石英)粉砂岩
黏土岩类	浅色泥岩	块状贫有机质伊利石(绿泥石)泥岩
	暗色泥岩	水平层理中有机质伊利石(绿泥石)泥岩， 粒序层理中有机质伊利石(绿泥石)泥岩
	黑色页岩	微波状富有机质伊利石(绿泥石)页岩， 平直纹层富有机质伊利石(绿泥石)页岩， 断续纹层富有机质伊利石(绿泥石)页岩
火山碎屑岩类	凝灰岩	条带状晶屑(玻屑)凝灰岩， 薄-块状晶屑(玻屑)凝灰岩
碳酸盐岩类	石灰岩	中-薄层状砂质灰岩， 结核状灰岩， 交代成因灰岩

3. 有机相类型

1)干酪根类型划分

鄂尔多斯盆地长 7 期为陆相湖盆沉积，长 7 湖泛期后湖盆开始萎缩，水体逐渐变浅，富氢组分减少，富氧组分增加，利用干酪根显微组分、岩石热解参数可以了解母质类型，将该区烃源岩干酪根划分为标准腐泥型(Ⅰ)、含腐殖的腐泥型(Ⅱ₁)、腐殖腐泥型(Ⅱ₂)、含腐殖的腐泥型(Ⅲ)(图 3-32、图 3-33)。据此制定了鄂尔多斯盆地长 7 段富有机质页岩干酪根类型划分标准(表 3-7)。

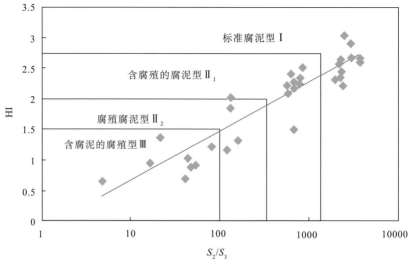

图 3-32　氢指数与 S_2/S_3 关系图

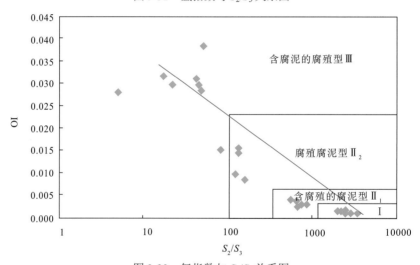

图 3-33　氧指数与 S_2/S_3 关系图

表 3-7　鄂尔多斯盆地长 7 段烃源岩干酪根类型划分标准及对应母源物质

干酪根类型	HI	OI	S_2/S_3		母源物质	沉积环境及氧化还原环境
			下限	特征值		
标准腐泥型（Ⅰ）	2~3	<0.001	2000	>2000	藻类等浮游生物	深湖，强还原
含腐殖的腐泥型（Ⅱ₁）	1.5~2.5	0.001~0.003	500	500~2000	藻类等浮游生物	半深湖-深湖，还原-强还原
腐殖腐泥型（Ⅱ₂）	1~2	0.003~0.01	100	100~500	藻类等浮游生物及陆源植物碎片	三角洲前缘，弱还原-还原
含腐泥的腐殖型（Ⅲ）	<1.5	0.01~0.04	5	<100	陆源植物碎片	三角洲前缘，弱氧化-还原

2) 有机质丰度评价

选取重点井位样品，利用 TOC 含量、S_1+S_2、氯仿沥青"A"分析该层位烃源岩干酪根类型的有机质丰度，将研究区烃源岩有机质丰度分为：富、中、贫三种类型(表 3-8)。

表 3-8 鄂尔多斯长 7 段有机质丰度评价

样品序号	干酪根类型	有机质评价指标			有机质丰度评价
		TOC/%	氯仿沥青"A"/%	S_1+S_2/(mg/g)	
1	标准腐泥型	9.66	0.7275	26.33	富有机质
2		10.72	0.6593	26.61	
3		9.49	0.4345	25.57	
4	含腐殖的腐泥型	3.44	0.183	8.93	富有机质
5		3.08	0.1922	7.56	
6		2.89	0.1573	9.86	
7	腐殖腐泥型	1.15	0.0998	2.43	中有机质
8		1.48	0.0478	2.7	
9		1.14	0.0564	2.02	
10	含腐泥的腐殖型	0.64	0.0345	0.65	贫有机质
11		0.84	0.0443	1.27	
12		0.77	0.0546	0.96	

3) 有机相划分

结合各干酪根类型对应的沉积环境，说明不同的沉积类型对应不同的有机质丰度，通过该规律确定研究区长 7 段可以分为四种有机相类型(表 3-9)。

表 3-9 鄂尔多斯盆地长 7 段有机相划分表

	有机相类型	干酪根类型及母源物质	沉积环境与氧化还原环境	TOC/%	S_1+S_2/(mg/g)	有机质丰度评价
A	强还原富有机相	I 型 (藻类等浮游生物)	深湖，强还原	>6	18～100	富有机质
B	还原-强还原富有机相	I 型及 II$_1$ (藻类等浮游生物)	半深湖-深湖，还原-强还原	2～6	15～30	富有机质
C	弱还原-还原中有机相	III 型、II$_2$ 型 (藻类等浮游生物及陆源植物碎片)	三角洲前缘，弱还原-还原	2～6	<15	中有机质
D	弱氧化-弱还原贫有机相	III 型 (陆源植物碎片)	三角洲前缘，弱氧化-弱还原	<2	<10	贫有机质

(二)岩相-沉积相-有机相分布模式

1. 岩相-沉积相-有机相组合类型

结合研究区岩相、沉积相的特征，深湖环境一般发育黑色页岩和暗色泥岩，有机质丰度高，而三角洲前缘沉积则以砂岩为主，泥岩颜色也从暗色过渡为浅色，有机质丰度降低。依据这些规律，综合分析研究区的岩相、沉积相和有机相，划分了四种岩相-沉积相-有机相组合类型(表 3-10)。

表 3-10　鄂尔多斯盆地长 7 段岩相-沉积相-有机相组合类型划分表

		Ⅰ型		Ⅱ型		Ⅲ型		Ⅳ型
三相		(黑色页岩、凝灰岩、砂岩)-(深湖、重力流沉积)-(强还原富有机相)		(暗色泥岩、砂岩)-(半深湖-深湖、重力流沉积)-(还原-强还原富有机相)		(暗色泥岩、砂岩)-(三角洲前缘)-(弱还原-还原中有机相)		(浅色泥岩、砂岩)-(三角洲前缘)-(弱氧化-弱还原贫有机相)
岩相	黑色页岩	微波状、平直纹层、断续纹层富有机质伊利石(绿泥石)页岩	暗色泥岩	水平层理中有机质伊利石(绿泥石)泥岩	暗色泥岩	粒序层理中有机质伊利石(绿泥石)泥岩	浅色泥岩	块状贫有机质伊利石(绿泥石)泥岩
	粉砂岩	块状、变形层理岩屑质长石(长石质岩屑)粉砂岩	粉砂岩	块状变形层理岩屑质长石(长石质岩屑)粉砂岩	粉砂岩	薄-厚层状粒序层理长石(岩屑质长石、长石岩屑质石英)粉砂岩	粉砂岩	薄-厚层状粒序层理长石(岩屑质长石、长石岩屑质石英)粉砂岩
		薄-厚层状粒序层理长石(岩屑质长石、长石岩屑质石英)粉砂岩		薄-厚层状粒序层理长石(岩屑质长石、长石岩屑质石英)粉砂岩		中-薄层状砂纹、水平层理岩屑质长石(长石质岩屑)粉砂岩		中-薄层状砂纹、水平层理岩屑质长石(长石质岩屑)粉砂岩
	细砂岩	块状长石(岩屑质长石、长石岩屑质石英)细砂岩	细砂岩	厚层状含泥岩撕裂屑长石(岩屑质长石砂岩、长石岩屑质石英)细砂岩	细砂岩	厚层状含泥岩撕裂屑长石(岩屑质长石砂岩、长石岩屑质石英)细砂岩	细砂岩	厚层状含泥岩撕裂屑长石(岩屑质长石砂岩、长石岩屑质石英)细砂岩
						块状-中层状平行、交错层理长石(岩屑质长石砂岩、长石质岩屑)细砂岩		
	凝灰岩	条带状、薄-块状晶屑(玻屑)凝灰岩		块状长石(岩屑质长石、长石岩屑质石英)细砂岩		中-厚层状底模构造长石(岩屑质长石、长石岩屑质石英)细砂岩		中-厚层状底模构造长石(岩屑质长石、长石岩屑质石英)细砂岩
沉积相	湖泊相，重力流沉积	深湖亚相，重力流沉积	湖泊相，重力流沉	半深湖-深湖，重力流沉积	三角洲前缘	水下分流河道、支流间湾、河口砂坝、远砂坝、席状砂	三角洲前缘	水下分流河道、支流间湾、河口砂坝、远砂坝、席状砂
有机相	强还原富有机相(A)	TOC>6% ; S_1+S_2=18～100mg/g ; 干酪根类型：Ⅰ	还原-强还原富有机相(B)	TOC=2%～6% ; S_1+S_2=15～30mg/g ; 干酪根类型：Ⅰ、Ⅱ1	弱还原-还原中有机相(C)	TOC=2%～6% ; S_1+S_2<15mg/g ; 干酪根类型：Ⅱ1、Ⅱ2	弱氧化-弱还原贫有机相(D)	TOC<2% ; S_1+S_2<10mg/g ; 干酪根类型：Ⅱ2、Ⅲ

注："三相"指(岩相)-(沉积相)-(有机相)。

2. 岩相-沉积相-有机相纵向分布规律

城 96 井位于鄂尔多斯盆地湖盆中心位置，发育重力流沉积，岩性以黑色页岩、暗色泥岩、细砂岩、粉砂岩和凝灰岩为主，有机质丰度高，有机相为 A、B 型，具有 Ⅰ、Ⅱ 类型三相组合交互分布的特征(图 3-34)。

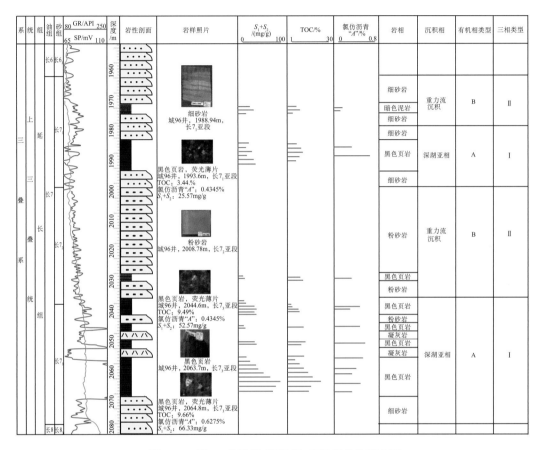

图 3-34　城 96 井岩相-沉积相-有机相单井综合图

午 100 井位于鄂尔多斯盆地三角洲前缘地区，岩性以暗色泥岩、粉砂岩、细砂岩为主，有机质丰度较高，有机相为 B、C 型，纵向上具有 Ⅱ、Ⅲ 型三相组合交互分布特征(图 3-35)。

3. 岩相-沉积相-有机相横向分布规律

依据单井沉积有机相柱状图，结合沉积相、岩相、烃源岩性质绘制岩相-沉积相-有机相连井剖面图，从湖盆中心至边缘，三相组合类型具有从 Ⅰ、Ⅱ 型过渡为 Ⅲ、Ⅳ 型的分布规律。

4. 岩相-沉积相-有机相模式

通过构建鄂尔多斯盆地长 7 段岩相-沉积相-有机相组合模式图，半深湖-深湖沉积主要发育 Ⅰ、Ⅱ 型三相类型，湖盆两侧浅湖主要发育 Ⅲ、Ⅳ 型三相类型，湖盆中心三相组合为致密油气勘探的 "甜点区"(图 3-36)。

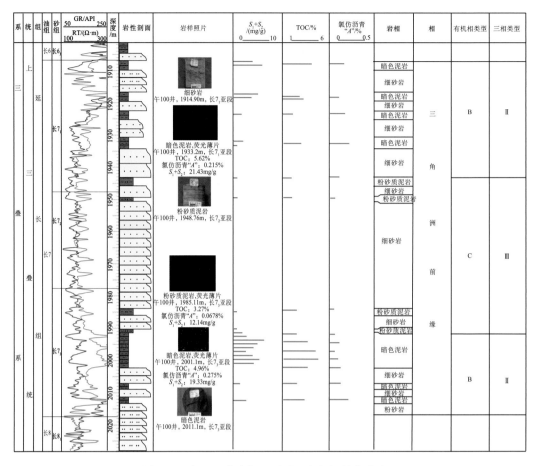

图 3-35　午 100 井岩相-沉积相-有机相单井综合图

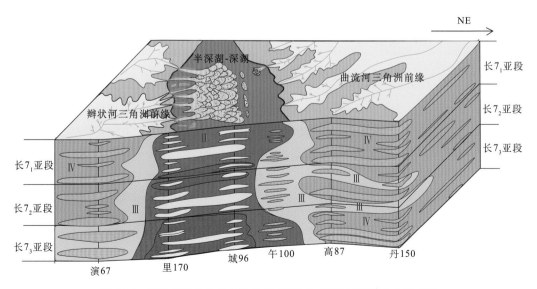

图 3-36　鄂尔多斯盆地长 7 段岩相-沉积相-有机相空间组合模式图

参 考 文 献

陈敬安, 万国江. 1999. 云南洱海沉积物粒度组成及其环境意义辨识. 矿物学报, 19(2): 175-182.

陈敬安, 万国江, 陈振楼, 等. 1999. 洱海沉积物化学元素与古气候演化. 地球化学, 28(6): 562-570.

陈骏, 汪永进, 陈肠, 等. 2001. 中国黄土地层 Rb 和 Sr 地球化学特征及其古季风气候意义. 地质学报, 75(2): 259-266.

邓宏文, 钱凯. 1993. 沉积地球化学与环境分析. 甘肃: 甘肃科学技术出版社.

冯乔, 张耀, 徐子苏, 等. 2018. 胶莱盆地早白垩世瓦屋夼组、水南组元素地球化学特征与占环境分析. 山东科技大学学报(自然科学版), 37(1): 20-34.

付金华, 邓秀芹, 楚美娟, 等. 2013a. 鄂尔多斯盆地延长组深水岩相发育特征及其石油地质意义. 沉积学报, 31(5): 928-938.

付金华, 李士祥, 刘显阳. 2013b. 鄂尔多斯盆地石油勘探地质理论与实践. 天然气地球科, 24(6): 1091-1101.

付金华, 牛小兵, 罗顺社, 等. 2015. 鄂尔多斯盆地陇东地区长 7 段沟道型重力流沉积特征研究. 矿物岩石地球化学通报, 34(1): 18-24.

付金华, 李士祥, 徐黎明, 等. 2018. 鄂尔多斯盆地三叠系延长组长 7 段古沉积环境恢复及意义. 石油勘探与开发, 45(6): 936-946.

胡俊杰, 李琦, 李娟, 等. 2014. 羌塘盆地角木日地区二叠系碳酸盐岩元素地球化学特征及其对古沉积环境的指示. 高校地质学报, 20(4): 520-527.

吉利明, 王少飞, 徐金鲤. 2006a. 陇东地区延长组疑源类组合特征及其古环境意义. 中国地质大学学报: 地球科学, 31(6): 798-806.

吉利明, 吴涛, 李林涛. 2006b. 陇东三叠系延长组主要油源岩发育时期的古气候特征. 沉积学报, 24(3): 426-431.

姜在兴, 梁超, 吴靖, 等. 2013. 含油气细粒沉积岩研究的几个问题. 石油学报, 34(6): 1031-1039.

雷开宇, 刘池洋, 张龙, 等. 2017. 鄂尔多斯盆地北部侏罗系泥岩地球化学特征: 物源与古沉积环境恢复. 沉积学报, 35(3): 621-636.

李广之, 胡斌, 邓天龙, 等. 2008. 微量元素 V 和 Ni 的油气地质意义. 天然气地球科学, 19(1): 13-17.

李进龙, 陈东敬. 2003. 古盐度定量研究方法综述. 油气地质与采收率, 10(5): 1-3.

李军, 桑树勋, 林会喜, 等. 2007. 渤海湾盆地石炭—二叠系稀土元素特征及其地质意义. 沉积学报, 25(4): 589-596.

梁文君, 肖传桃, 肖凯, 等. 2015. 藏北安多晚侏罗世古环境、古气候与地球化学元素关系研究. 中国地质, 42(4): 1079-1091.

刘刚, 周东升. 2007. 微量元素分析在判别沉积环境中的应用: 以江汉盆地潜江组为例. 石油实验地质, 29(3): 307-314.

刘群, 袁选俊, 林森虎, 等. 2018. 湖相泥岩、页岩的沉积环境和特征对比——以鄂尔多斯盆地延长组长 7 段为例. 石油与天然气地质, 39(3): 531-540.

卢宗盛, 陈斌. 1998. 陕西横山晚三叠世鱼类游泳遗迹(Undichna)的发现. 古生物学报, 37(1): 76-84.

王峰, 刘玄春, 邓秀芹, 等. 2017. 鄂尔多斯盆地纸坊组微量元素地球化学特征及沉积环境指示意义. 沉积学报, 35(6): 1265-1273.

王敏芳, 焦养泉, 王正海, 等. 2005. 沉积环境中古盐度的恢复——以吐哈盆地西南缘水西沟群泥岩为例. 新疆石油地质, 26(6): 419-422.

王鹏万, 陈子炓, 李娴静, 等. 2011. 黔南拗陷上震旦统灯影组地球化学特征及沉积环境意义. 现代地质, 25(6): 1059-1065.

王益友, 郭文莹, 张国栋. 1979. 几种地化标志在金湖凹陷阜宁群沉积环境中的应用. 同济大学学报, 7(2): 21-60.

文华国, 郑荣才, 唐飞, 等. 2008. 鄂尔多斯盆地耿湾地区长 6 段古盐度恢复与古环境分析. 矿物岩石, 28(1): 114-120.

吴丰昌, 万国江, 黄荣贵. 1996. 贵州红枫湖纹理沉积物中近代气温记录. 地理科学, 16(4): 345-350.

吴智平, 周瑶琪. 2000. 一种计算沉积速率的新方法——宇宙尘埃特征元素法. 沉积学报, 18(3): 395-399.

熊国庆, 王剑, 胡仁发. 2008. 贵州梵净山地区震旦系微量元素特征及沉积环境. 地球学报, 29(1): 51-60.

熊小辉, 肖加飞. 2011. 沉积环境的地球化学示踪. 地球与环境, 39(3): 405-414.

鄢继华, 陈世悦, 宋国奇, 等. 2002. 三角洲前缘滑塌浊积岩形成过程初探. 沉积学报, 22(4): 573-578.

阎存凤, 袁剑英, 赵应成, 等. 2006. 蒙、甘、青地区侏罗纪孢粉组合序列及古气候. 天然气地球科学, 17(5): 634-639.

叶黎明, 齐天俊, 彭海燕. 2008. 鄂尔多斯盆地东部山西组海相沉积环境分析. 沉积学报, 26(2): 202-210.

张彬, 姚益民. 2013. 利用微量元素统计分析东营凹陷新生代沙四晚期湖泊古环境. 地层学杂志, 37(2): 186-192.

张才利, 高阿龙, 刘哲, 等. 2011. 鄂尔多斯盆地长 7 油层组沉积水体及古气候特征研究. 天然气地球科学, 22(4): 582-587.

张天福, 孙立新, 张云, 等. 2016. 鄂尔多斯盆地北缘侏罗纪延安组、直罗组泥岩微量、稀土元素地球化学特征及其古沉积环境意义. 地质学报, 90(12): 3454-3472.

张文正, 杨华, 李剑锋, 等. 2006. 论鄂尔多斯盆地长 7 段优质油源岩在低渗透油气成藏富集中的主导作用——强生排烃特征及机理分析. 石油勘探与开发, 33(3): 289-293.

张文正, 杨华, 杨奕华, 等. 2008. 鄂尔多斯盆地长 7 优质烃源岩的岩石学、元素地球化学特征及发育环境. 地球化学, 37(1): 59-64.

张文正, 杨华, 彭平安, 等. 2009. 晚三叠世火山活动对鄂尔多斯盆地长 7 优质烃源发育的影响. 地球化学, 38(6): 573-582.

郑荣才, 柳梅青. 1990. 鄂尔多斯盆地长 6 油层组古盐度研究. 石油与天然气地质, 20(1): 20-25.

周利明. 2016. 鄂尔多斯盆地西南部长 7 沉积环境对细粒沉积物的影响. 西安: 西安石油大学.

Arthur M A, Sageman B B. 1994. Marine black shales: Depositional mechanisms and environments of ancient deposits. Annual Review of Earth and Planetary Sciences, 22(1): 449-551.

Couch E L. 1971. Calculation of Paleosalinites from boron and clay mineral data. AAPG, 55(10): 1829-1837.

Dean W E, Leinen M, Stow D A V. 1985. Classification of deep-sea fine-grained sediments. Journal of Sedimentary Petrology, 55(2): 250-256.

Elderfield H, Greaves M J. 1982. The rare earth elements distribution in seawater. Nature, 296: 214-219.

Hallberg R O A. 1976. Geochemical method for investigation of paleoredox conditions in sediments. Ambio Special Report, 4: 139-147.

Hatch J R, Leventhal J S. 1992. Relationship between inferred redox potential of the depositional environment and geochemistry of the Upper Pennsylvanian (Missourian) stark shale member of the dennis limestone, Wabaunsee County, Kansas, USA. Chemical Geology, 99(1/3): 65-82.

Jomes B, Manning A C. 1994. Comparison of geochemical indices used for the interpretation of palaeoredox conditions in ancient mudstones. Chemical Geology, 111(1): 111-129.

Krumbein W C. 1932. The dispersion of fine-grained sediments for mechanical analysis. Journal of Sedimentary Research, 2(3): 140-149.

Lerman A. 1978. Lakes: Chemistry, Geology, Physics. Berlin: Springer.

Loucks R G, Ruppel S C. 2007. Mississippian Barnett shale: Lithofacies and depositional setting of a deepwater shale-gas succession in the Fort Worth Basin, Texas. AAPG Bulletin, 91(4): 579-601.

Picard M D. 1971. Classification of fine-grained sedimentary rocks. Journal of Sedimentary Research, 41(1): 179-195.

Ruppel S C, Loucks R G, Davie M, et al. 2007. Morphology, genesis, and distribution of nanometer-scale pores in siliceous mudstone of the Mississipian Barnet shale. Journal of Sedimentary Research, 79: 106-122.

Scheffler K, Buehmann D, Schwark L. 2006. Analysis of late Palaeozoic glacial to postglacial sedimentary successions in South Africa by geochemical proxies-response to climate evolution and sedimentary environment. Palaeo, 240(6): 184-203.

Walker C T, Price N B. 2008. Departure curves for computing paleosalinity from boron in illites and shales. AAPG Bulletin, 92: 837-841.

Wilder P, Quimby M S, Erdtmann B D. 1996. The whole rock cerium anomaly: A potential indicator of eustatic sea-level changes in shales of anoxic facies. Sedimentary Geology, 101(1/2): 43-53.

Zhang W Z, Yang H, Xia X, et al. 2016. Triassic chrysophyte cyst fossils discovered in the Ordos Basin, China. Geology, 44(12): 1031-1044.

第四章 致密储层储集空间结构精细表征

第一节 储集空间表征研究现状

油气勘探由毫-微米的常规油气孔喉系统扩展到微纳米的连续型非常规油气（<1μm），储集空间尺度大小的差异是非常规油气不同于常规油气的本质，非常规油气储集空间一般是纳米级，其可以达到总储集空间的60%以上（贾承造等，2012；陶士振等，2015）。非常规油气储层与常规砂岩储层的毫-微米级孔喉系统相比，具有孔径小、非均质性强和孔喉连通复杂的特点，原油在致密油储层中充注、运移和聚集机理明显比常规储层复杂，进一步增加了非常规油气的勘探开发难度（Law and Curtis，2002；Rashid et al.，2017）。在能源接替需求的驱使下，非常规油气理论取得了较大发展，储层研究已经延伸至纳米级尺度，研究方法也由传统的定性表征逐渐过渡到精细化定量表征，常规到非常规、定性到定量成为非常规储层地质学的两个重要发展趋势（Clarkson et al.，2013）。

致密储层主要为细粒沉积岩，其沉积物粒度普遍小于62.5μm，外观相似，沉积速率慢，但其沉积环境多样（Picard，1971；袁选俊等，2015）。Health 等（2011）对陆相和海相不同沉积环境中沉积的埋深相近的泥岩进行孔隙结构研究时认识到，虽然均为泥岩，但其孔隙结构存在显著差别，海相页岩孔隙度更小，含有较多有机质，三维空间上孔隙连通性极差，压汞实验的排驱压力可达 100MPa，海岸平原泥岩的孔隙度相对较大，有机质含量较低，三维空间上孔隙连通性明显优于海相页岩，压汞实验的排驱压力最小，仅为1MPa（图4-1），形成于不同沉积环境中的泥岩虽然岩性相近，但孔隙度和孔隙结构存在明显差异。同时由于沉积速度较慢，使得细粒沉积岩在较长地质历史时期内沉积厚度较小，而细粒沉积岩受压实作用影响明显，特别是页岩，其孔隙度与埋深呈负指数关系。细粒沉积岩经压实后，孔隙度相对地表最大可减少近 90%，相应厚度相对地表最大可减少 60% 左右（Baldwin and Butler，1985；郭秋麟等，2013），这就使得细粒沉积岩在极小厚度范围内频繁变化，具有极强的非均质性，其中页岩的纹层厚度为 10～500μm。在前期沉积作用和后期成岩作用等因素综合作用下会造成非常规储层具有极强的非均质性，主要表现为储层的岩性、物性、含油气性和微观孔隙结构在空间上的非均质性分布。

在常规储层中已有较为成熟的非均质尺度分类方案，针对河流相沉积储层，Pettijohn 等（1973）将储层非均质性分级为层系规模、砂体规模、层理系规模、纹层规模和孔隙规模五个层次，目前国内常采用裘亦楠（1992）所建立的微观非均质性、层内非均质性、层间非均质性和平面非均质性四类划分方案。以上主要是针对常规碎屑岩储层的非均质性划分方案，对于以细粒沉积岩为主的非常规油气储层，其岩性看似均一，但在实际研究工作中从微纳米尺度到千米尺度均体现出强烈的非均质性，参考常规储层的非均质性划分方案，从尺度和沉积单元级别两个角度进行非均质性划分，在尺度上从大到小划分为微观尺度(0～1000μm)、中观尺度(1～100mm)、宏观尺度(0.1～10m)和宇观尺度(10～100m)分别对应于孔隙级别、纹层级别、沉积微相级别和沉积相级别。

综上可以认识到，致密储层具有组成颗粒以细粒-极细粒为主、成分复杂(碎屑-化学-生物混杂沉积)、孔隙类型以微纳米孔隙为主、孔隙结构复杂、微观和宏观非均质性强等特点，这就造成了致密储层表征面临两大挑战：①沉积微相非均质性表征；②跨尺度孔隙结构表征。细粒沉积微相识别和沉积微相时空分布制约着沉积微相非均质性的表征。目前所有三维成像技术只能获取样品尺度 10^{-3} 分辨率的可靠信息，但非常规储层具有强非均质性，需要表征到样品尺度的 10^{-5} 或 10^{-6}，制约了从沉积微相向纳米孔隙结构的跨尺度表征。

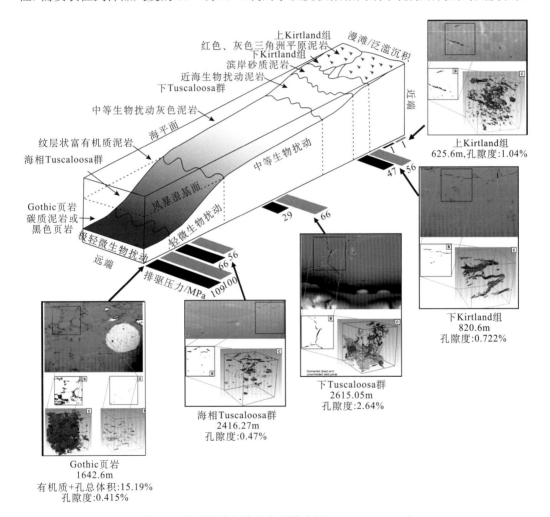

图 4-1 泥(页)岩相连续分布模式(据 Schieber，1999)

不同相泥岩样品的孔隙度、扫描电镜图像和孔隙三维结构分布图，灰色和黑色的长方形显示相近深度样品的压汞突破压力
(据 Heath et al.，2011)

非常规储层微观储集空间表征方法包括三类(表 4-1)：①二维图像观测精细表征，包括光学显微镜、场发射扫描电镜分析等，实现对孔隙结构的二维精细表征；②三维体积重构刻画，包括微米 CT、纳米 CT 及聚焦离子束场发射扫描电镜分析等，进行孔隙结构及连通性三维刻画与评价；③定量体积评价，包括气体吸附法与高压压汞法，实现对孔隙结构与储集空间的定量评价。

表 4-1　非常规储层微观储集空间表征方法

类型	技术方法	测量范围	观测内容
二维图像观测精细表征	光学显微镜分析法	数十微米至毫米	二维微米-毫米级孔隙结构
	场发射扫描电镜分析法	纳米至数毫米	二维纳米-微米级孔隙结构
三维体积重构刻画	微米 CT 分析法	微米至数毫米	三维纳米-微米级微观孔隙结构与连通性
	纳米 CT 分析法	50nm～65μm	
	聚焦离子束场发射扫描电镜分析法	6nm～30μm	
定量体积评价	气体吸附法	0.35～200nm	定量评价孔隙结构与空间大小
	高压压汞法	100nm～950μm	

二维图像观测法主要包括：光学显微镜分析技术和场发射扫描电镜分析技术。光学显微镜是传统储层孔隙结构与岩石结构研究中非常重要的研究手段，基本原理是：利用光学透镜产生影像放大效应，由物体入射的光被至少两个光学系统(物镜和目镜)放大。在储层研究中，通过光学显微镜观察铸体薄片是孔隙研究研究中非常重要的方法。在投透射光下，可见孔隙(蓝色铸体部分)在岩石样品中的分布、形态及尺寸，为评价储层奠定良好的基础。

场发射扫描电子显微镜通过一束精细聚焦的电子扫描样品表面，得到不同类型电子信号进而成像，具有纳米级超高分辨率。最重要两种成像模式是二次电子和背散射电子，前者主要反映样品表面形貌特征，后者主要反映物质本身属性，因此，二者结合可得到样品孔隙大小、形态、分布及与矿物关系等重要信息(周维列和王中林，2007)。为了获取高质量图像，除注重电镜实验条件外，还需注意样品预处理、样品镀膜材料、离子抛光等关键实验参数。相对常规储层，致密储层场发射扫描电镜分析在样品预处理方面，要求样品表面平整度极高。利用常规岩石薄片处理的机械抛光方式，仅能达到微米级表面平整度，可满足光学显微镜研究需要，但无法达到页岩电镜孔隙精细表征要求。目前，多采用氩离子截面抛光技术对样品进行前期处理，以实现纳米至微米级表面平整度，达到清晰识别孔隙特征与矿物接触关系。

三维立体重构法包括微米纳米 CT 和聚焦离子束扫描电镜。CT 扫描技术通过放射源以不同角度向样品发射 X 射线，不同非金属材料对相同波长的 X 射线具有不同的吸收能力，一般物质密度越大、原子序数越高的物质具有越强的 X 射线吸收能力，X 射线穿过物质后的衰减系数越高，因此当 X 射线以不同方向和位置穿透被测物体时，可以据此求出对应路径上的衰减系数线积分值，获得一个线积分集合，因物质的衰减系数与物质的质量密度原子系数等相关，可利用衰减系数的二维分布表征密度的二维分布，由此转换成可以展现其结构关系和物质组成的断面图像，但实际的射线束总会具有一定的截面，只能与具有一定厚度的切片或断层物质相互作用，故所确定的衰减系数或密度的二维分布及图像展示是一定体积的积分效应（杨更社和张长庆，1998）。扫描过程为无损检测过程，未对样品造成任何改造和损伤。

其衰减过程符合衰减公式（Mayo et al.，2015）：

$$I = I_0 e^{-\sum_i \mu_i x_i} \tag{4-1}$$

式中，I 为衰减后的强度；I_0 为原始强度；μ_i 为第 i 组分对射线的衰减系数；x_i 为射线通过第 i 组分的长度。

CT 成像的核心为重建样品灰度图像，重建算法中最基本的有解析法和迭代法，其中 FDK 重建算法较为常用，其计算公式为（Grass et al.，2000）

$$p' = (\beta, a, b) = \frac{R}{\sqrt{R^2 + a^2 + b^2}} p(\beta, a, b) g^n(a) \tag{4-2}$$

$$F_{FDK}(x, y, z) = \int_0^{2\pi} \frac{R^2}{U(x, y, \beta)} p'(\beta, a, b) \mathrm{d}\beta \tag{4-3}$$

式中，$U(x, y, \beta)$ 为总的衰减系数；$p(\beta, a, b)$ 为采集到的投影数据；$p'(\beta, a, b)$ 为对投影数据的加权滤波；$F_{FDK}(x, y, z)$ 为对加权滤波投影数据的反投影重建；$g^n(a)$ 为一维滤波器；R 为轨道半径；β 为锥束的锥角；a 和 b 分别为在探测器上的位置。其中

$$a = R \tan \gamma, \quad b = \frac{q}{\cos \gamma} \tag{4-4}$$

$$\arctan \frac{q}{R} = \arctan \frac{b}{\sqrt{R^2 + a^2}} \tag{4-5}$$

$$U(x, y, \beta) = R + x \cos \beta + y \sin \beta \tag{4-6}$$

这里，q 为投影数据某一方向上的长度；γ 为锥束的扇角。

在扫描过程中将样品的某一扫描层面划分为若干立方体块，称为体素，当 X 射线穿过样品时，接收器所测得的 X 射线衰减量为入射方向上所有体素的衰减值之和，因此在多个方向向样品发射 X 射线就可获得各方向的衰减值总和，进而得到联立方程组求出每个单一体素的 X 射线衰减值，利用灰度表征不同的衰减值，使得具有不同灰度的像素形成一幅矩阵数字图像，成为该扫描层面具有不同结构密度的 CT 图像（刘义坤等，2010；刘慧，2013）。像素点的大小控制了 CT 图像的分辨率。

根据 CT 分辨率与发展阶段可以划分为工业 CT、微米 CT 和纳米 CT，其分辨率分别为毫米级、微米级和纳米级（Schnaar and Brusseau，2005；Sakdinawat and Attwood，2010）。其中工业 CT 的分辨率一般为次毫米级，其中 GEOTEK 公司的 MSCL-XCT 可以对最大长度 155cm、直径 15cm 的全直径岩心进行扫描分析，分辨率相对较低，最高可达 100～150μm，可以获得岩心样品毫米尺度的非均质性变化。微米 CT 扫描电压跨度较

大，从几十千伏到几百千伏，样品尺寸从几毫米到全直径岩心，样品尺寸越小分辨率越高，最高可达 0.7μm，可识别的孔隙直径最小只能达到 2μm。纳米 CT 的样品尺寸极小，对直径为 65μm 的岩心柱进行扫描，其分辨率为 150nm。

不同分辨率的 CT 表征的主要对象不同，其中工业 CT 主要表征全直径岩心中观（1～100mm）到宏观（0.1～10m）尺度的非均质性，微米 CT 和纳米 CT 主要表征微观（0～1000μm）尺度的非均质性。利用这三种分辨率的 CT 对岩心进行综合分析，利用低分辨率 CT 图像对样品进行非均质性相带划分，在不同相带中选取小尺寸样品依次进行高分辨率 CT 分析，可以实现不同尺度非均质性的跨越（图 4-2）。

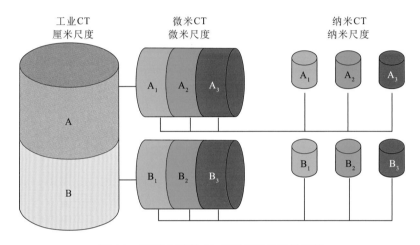

图 4-2　不同分辨率 CT 多尺度三维结构模型

聚焦电子-离子双束扫描电镜（FIB-SEM）是将聚焦离子束（FIB）技术和扫描电子显微镜（SEM）集成在一起，具有三维成像功能的仪器。在低束流下，FIB 与 SEM 具有类似的微观成像功能，高束流下 FIB 将离子束斑聚焦到亚微米甚至纳米级尺寸，通过偏远系统实现显微加工。以 FEI Helios NanoLab 650 的 FIB-SEM 为例，在 1kV 的加速电压之下，分辨率可达 0.9nm，在具有超高分辨率的微观成像能力之外还可以对致密储层进行纳米级剥蚀，并进行逐层扫描，通过重构获得具有纳米级分辨率的三维图像，实现对三维孔喉结构的精细刻画（贾志宏等，2013）。FIB-SEM 相较纳米 CT 具有更高的分辨率，但由于其工作过程是将样品表面逐层剥蚀，因此是有损测量，同时样品尺寸更小（～30μm 立方体）。

定量体积平均法主要包括气体吸附法和高压压汞法等（高辉等，2011；杨峰等，2013）。

气体吸附法是假设被测孔喉中充满的液氮体系等效为孔喉体积，按充注气体分为氮气吸附和二氧化碳吸附。由于吸附理论将孔形状假设为圆柱体，在不同的被吸附气体分压与饱和蒸汽压的比值（P/P_0），产生毛细凝聚的孔径范围存在差异，P/P_0 与凝聚的孔径大小呈正相关关系，特定的 P/P_0 值存在临界孔半径（R_k），所有半径小于 R_k 的孔皆发生毛细凝聚，填充液氮，孔大于 R_k 皆不会发生毛细凝聚，不填充液氮。临界孔隙半径由开尔文方程计算：

$$R_k = -0.414/\lg(P/P_0) \qquad (4\text{-}7)$$

式中，P 为被吸附气体分压；P_0 为发生吸附的固体材料饱和蒸汽压；R_k 为临界孔隙半径。

测定致密储层不同 P/P_0 下凝聚氮气量，绘制出其等温吸脱附曲线，通过不同的理论方法(常用 BJH 理论)计算其孔容积和孔径分布曲线。

致密储层岩心高压压汞法是利用当对岩石为非润湿相流体的汞注入被抽空的岩石孔隙系统内，必须克服岩石孔隙喉道所造成的毛细管阻力(Winslow，1984)。当某一注汞压力与岩样孔隙喉道的毛细管阻力达到平衡时，便可测得该注汞压力及在该压力条件下进入岩样内的汞体积，绘制不同压力与注汞量之间的曲线(压汞曲线)。再假定注汞压力与岩石孔隙喉道毛细管压力数值相等，根据毛细管压力与孔隙喉道半径 R 成反比，依据注入汞的毛细管压力推算对应孔隙喉道半径，测试范围受控于注汞压力，测试孔喉半径为几纳米到 950μm(Mason and Morrow，1991；Pittman，1992)。若注汞压力过大时易引起岩石内部微裂缝的产生。由于页岩本身易碎，在应用高压压汞分析时应特别小心。

第二节　储集空间表征方法

油气在致密储层中的赋存形式和活动性与孔隙的尺寸、形态、连通性等属性具有密切关系，而三维重构技术(三维成像)可以实现孔隙属性在三维空间上的可视化，达到对孔隙进行更直观研究的目的，同时结合统计学方法还可以获取孔隙度、孔径分布等定量信息(Fredrich et al.，1995)。目前，计算机断层扫描技术(CT)和聚焦电子-离子双束扫描电镜(FIB-SEM)等技术可以实现对致密储层孔隙的观察并采集图像，利用获得的一系列图像进行三维重构，获得孔隙在三维空间内的展布图像。

一、有效孔隙获取方法

有效孔隙空间主要为在一定压力条件下可动流体所占据的储集空间，其发育受控于储层孔隙类型、孔隙壁部的矿物类型和孔隙中的流体类型三者之间的综合作用，对于页岩气储层，其储层岩性主要为高成熟度的富有机质页岩，孔隙中的流体以甲烷气为主，具有较高的含气饱和度，甲烷气主要以游离气和吸附气形式存在于页岩微纳米级孔隙中(邹才能等，2013a)，其中赋存于封闭的孤立孔隙中、被黏土及有机质吸附的甲烷气无法流动，这一部分甲烷气及束缚水占据的孔隙空间为无效孔隙，而存在于连通孔隙中的游离气或可以解吸的吸附气所占据的孔隙空间为有效孔隙。对于页岩油储层，其储层岩性主要为成熟或低熟的页岩，孔隙中的流体以原油为主(邹才能等，2013b；姜在兴等，2014)，具有较高的含油饱和度，原油主要以游离和吸附的形式存在于页岩的微纳米级孔隙和裂缝中，其中存在于封闭的孤立孔隙中、被黏土及有机质吸附和黏附于油润湿矿物表面的原油难以流动，这一部分原油及束缚水占据的孔隙空间为无效孔隙，而存在于连通孔隙中游离状态的原油所占据的孔隙空间为有效孔隙。对于致密油储层，其储层主要为覆压基质渗透率小于或等于 $0.1×10^{-3}μm^2$(空气渗透率小于 $1×10^{-3}μm^2$)的致密砂岩、致密碳酸盐岩等，孔隙中流体以原油为主(邹才能等，2013b)，主要以游离状态存在于致密砂岩或致密碳酸盐岩的微纳米级孔隙中，其中存在于封闭孤立孔隙中和黏附于油润湿矿物表面的原油难以流动，这一部分原油及束缚水占据的孔隙空间为无效孔隙，存在于连通孔隙中未被黏附的原油所占据孔隙空间为有效孔隙。

综合以上不同类型致密储层有效孔隙的特征，认识到连通孔隙是有效孔隙的基础，而在连通孔隙中孔隙壁部矿物的润湿性和对原油的吸附作用成为对有效孔隙的次级影响因素，因此针对不同类型的致密储层需要采用不同的实验方法来获取有效孔隙。

(一)三维成像获取连通孔隙

对于页岩气储层，获得其内部相互连通孔隙的分布则基本实现了有效孔隙的获取，通过直接观察法中的微米CT、纳米CT和FIB可以获得不同尺寸连通孔隙的三维分布和体积比例，主要为针对连通域的分析。首先进行连通域的检测，采用种子填充法对孔隙像素进行连通域检测，即将每个像素与其他像素之间的连通关系检测出来，并将互相连通但又与其他像素不连通的一组像素标定为一个连通域，然后再对这些连通域进行一定几何分析及归类。种子填充算法源于计算机图形学，顾名思义，其广泛应用于图案的填充(如画图工具的油漆桶功能)。以二维图形为例，其基本思路是：从多边形区域的一点开始，由内向外用给定的颜色画点直到边界为止。种子填充法不仅可以用于染色，也可以用来标记其他像素属性，其通用的步骤如下：

(1)以一个未被标记的像素点为种子，并标记该种子，并新建一个"空栈"。

(2)按"相邻"的定义来检索该种子的所有相邻像素，若相邻像素未被标记，则标记并压入栈中。

(3)从栈顶取出一个像素点，作为新的种子，重复步骤(2)。

不断重复步骤(2)和步骤(3)，直到堆栈再次为空，则上述步骤中进过栈的像素和初始种子都被标记为一组，被赋予某种属性(如颜色等)。

利用上述的种子填充法可以检测出数字模型中所有的孔隙连通域。首先将上述的相邻规则定义为连通性参数，三维情况下有6、18、26三种连通性参数作为选择。然后以任意一个孔隙像素为种子，使用种子填充法，检测出所有与其相连通的像素，标记为一组，作为一个连通域。接着，在剩余未被标记的孔隙像素中任选一个像素作为种子，重复上述步骤，直到所有孔隙像素都被标记。这时，所有的孔隙像素都被分组，这些组被称为孔隙连通域。孔隙连通域对分析岩石的微观孔隙结构具有非常重要的作用。对孔隙连通域的参数分析有助于对孔隙大小、形状、分布等特性的了解。

为更好地反映微观孔隙连通性的特点，将检测到的连通域分为活连通域和死连通域两类(孙亮等，2016)。通常来说，三维数字模型只能表征有限体积范围内的岩石孔隙信息(后简称有限表征范围)，死连通域是没有任何像素落在模型边界上的连通域。死连通域的形成因素多种多样，如随机分布的有机质孔或被胶结作用封闭的孔隙等。由于未能与其他孔隙相连通，死连通域对有效孔隙度、渗透性没有任何贡献，因此需要加以区分。

相对于死连通域，活连通域为含有落在模型边界上的像素的连通域。常常选取正六面体作为有限表征范围。针对此有限表征范围，将活连通域分为三级(图4-3)。1级连通域指有孔隙像素落在且仅落在一个模型边界上的连通域；2 级连通域是指有孔隙像素落在相邻模型边界上，且不为 3 级连通的连通域；3 级连通域是指有孔隙像素落在相对的模型边界上的连通域。对有限表征范围来说，3 级连通域的相对连通性最好，其对某特定方向的渗透性贡献最大；2 级连通域的相对连通性仅次于 3 级连通域，虽然在有限表征范围内其不能实现单方向上的连通，但其有很大的潜力与其他连通域实现连通；1 级连通域尽管对有限表征范围的渗透性没有贡献，但其也有潜力在更大的表征范围内与其他连通域实现连通，成为更大连通域的一部分。

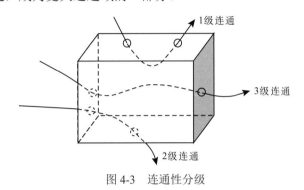

图 4-3 连通性分级

孔隙连通域检测和分析不仅能了解孔隙特性，也为数字建模和数值模拟提供重要的参考。数值建模中常常需要使用孔隙的数字信息，然而未经连通域检测和筛选的信息存在很多冗余，例如，死连通域并不需要参与计算。又如，对于特定方向的流动模拟只需选取该方向上的 3 级连通域即可。连通域的筛选让数字建模更有针对性，模拟不同的物理现象适合选取不同类型、大小和形状的连通域。因此，通过连通域筛选，为数字建模提取有针对性的连通域是非常必要的。其基本几个步骤包括：①删除死连通域，即将死连通域的孔隙像素点变为骨架像素；②选择连通率类型；③设定限定条件，例如，只选取 3 级连通，将不满足条件的孔隙像素变为骨架像素(图 4-4)；又如，删除体积小于特定值的连通域，即将满足该条件的连通域的孔隙像素变为骨架像素。

(二) 显影剂获取连通孔隙

孔隙中残留油的荷电效应提供了一种致密储集层孔隙连通性研究的新思路，即利用荷电显影剂注入法评价孔隙连通性。

利用该方法对芦草沟组样品进行总孔隙空间连通性研究[图 4-5(a)]，荷电显影剂流体注入后，样品中绝大多数孔隙被均匀铺展的胶质物填充，极易识别，且显影剂中未见类似原生有机质边缘的收缩裂缝；另外，填充物表面在长驻留时间扫描时会出现弱荷电现象。因此，结合填充物与周围矿物的灰度差异、填充形态和荷电现象，可以有效提取图像中填充的有机质[图 4-5(b)]。

无填充物孔隙主要为部分溶蚀孔，以及被黏土矿物封闭而孤立的孔隙，两者均不与其他孔隙连通。另外大量小于 2μm 的粒内溶孔同样为孤立的孔隙空间。被填充的孔隙主要为孔径大于 2 μm 的粒间溶孔，以及黏土矿物-胶磷矿混层间孔径小于 2μm 的晶间孔隙。

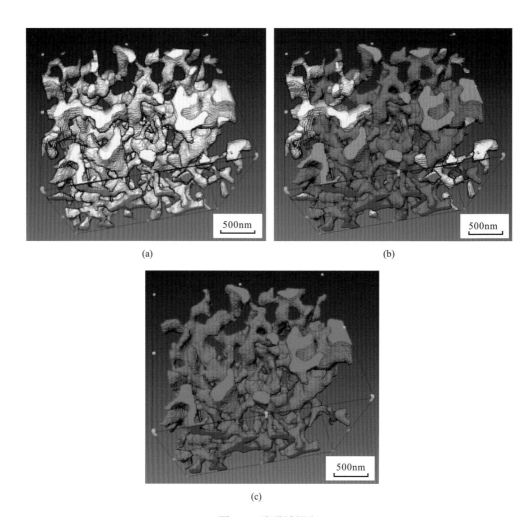

图 4-4 连通域提取

(a)所有孔隙；(b)连通类型划分；(c)只保留 3 级连通域

通过定量计算，该样品总面孔率为 12.56%，其中未填充孔隙面孔率为 1.31%，被填充孔隙面孔率达 11.25%，填充孔隙占总孔隙的 90%，证明该区域孔隙连通性极高，储集空间有效性好，是好的储集区。以上结果表明，荷电显影剂注入法能有效刻画致密储集层中孔隙的连通性，即使小于 1μm 的孔隙也能刻画。若充分填充，荷电显影剂会在毛细管力、重力共同作用下进入纳米级连通孔隙，较好地贴合孔壁，并均匀铺展，且填充的显影剂自身无收缩孔出现，这些在笔者大量实验中得到很好的证实；随着显影剂类型的拓展，可较好地适用于不同类型的储集层样品。连通的孔喉系统为致密油的有效储集空间和潜在的流体流动通道，也反映了水驱油或聚合物驱油等过程中流体可能进入的孔隙空间，孔隙连通性分析对致密储集层有效性评价有重要意义。相对于纳米 CT 和 FIB-SEM 三维成像分析，利用荷电显影剂注入法评价孔隙连通性有以下优势：①截面成像区域大，最大可达亚毫米级。引入离子束大面积抛光技术，并结合扫描电镜的大面积拼接成像技术，样品分析区直径可达厘米级，便于大面积观察连通微米-纳米级孔隙展布。②直接使用流体注入的实验方法评价连通性，结果更加真实。荷电显影剂注入法评价孔隙连通性目前仍有一定局限性，主要是流体难以注入全部连通孔隙。

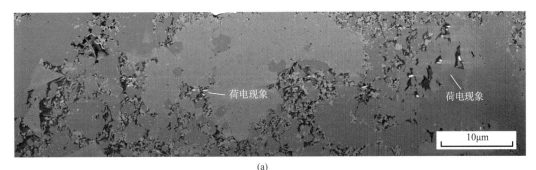

(a)

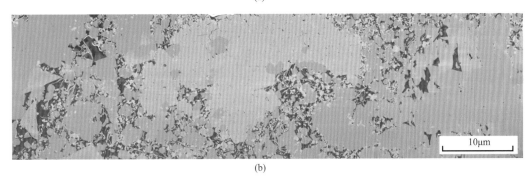

(b)

图 4-5　荷电显影剂填充孔隙微观分布图

(a)背散射电子图像，有机质在孔隙中均匀填充且有荷电现象；(b)孔隙提取与分类，红色表示未填充孔隙区域，蓝色表示填充孔隙区域

(三)获取孔隙壁部矿物分布

对于致密油储层，由于原油受到孔隙壁部矿物润湿性的影响使有效孔隙更加复杂，原油在不同润湿性矿物表面具有不同的流动特征，原油更易黏附在油润湿矿物的表面，但难以流动，在开发过程中难以采出，原油不易黏附在水润湿矿物的表面，易于流动，在开发过程中易于采出(图 4-6)(Valvatne and Blunt，2004；Valvatne et al，2005；Suicmez et al.，2008)，因此在获得储层内部相互连通孔隙的分布基础上，仍要分析孔隙壁部矿物的润湿性。

润湿性在广义上指两种非混相流体时，某一相流体沿固体表面沿展或附着的倾向性(Craig，1971)，根据原油在矿物表面接触角 θ 的变化定量判断矿物的润湿性，当接触角 $\theta < 30°$ 时，矿物亲水；$30° \leqslant \theta < 90°$ 时，矿物弱亲水；当接触角 $90° \leqslant \theta < 150°$ 时，矿物弱亲油；$150° \leqslant \theta < 180°$ 时，矿物亲油(Barclay and Worden，2000；Suicmez et al.，2008)。不同性质的原油与不同的矿物之间具有不同的润湿关系，随着油气逐渐增强，亲油性增强，主要的亲水矿物主要为石英、长石、高岭石、伊利石、蒙脱石和黑云母等，亲油矿物主要为白云石、方解石、铁白云石、铁方解石、绿泥石和黄铁矿等(Barclay and Worden，2000)。

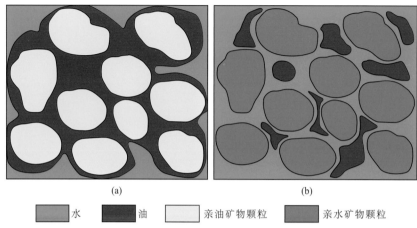

图 4-6　不同润湿性储层的油水分布特征示意图（Barclay and Worden，2000）

(a) 以亲油矿物颗粒为主的储层中油水分布特征；(b) 以亲水矿物颗粒为主的储层中油水分布特征

以吉木萨尔凹陷吉 305 井芦草沟组页岩为例，进行扫描电镜观察和扫描电镜矿物定量评价（quantitative evaluation of minerals by scanning，QEMSCAN）扫描，深度为 3542.67m 处的泥质粉砂岩原生孔面孔率为 12.27%，溶蚀孔面孔率为 1.08%，钠长石和石英绝对含量高，分别为 55.28% 和 22.39%，钾长石含量为 8.07%，其余矿物均低于 5%，由于原生粒间孔内含有较多的伊利石和绿泥石等黏土矿物，这些矿物与孔隙广泛接触，使得原生孔壁部矿物中伊利石和绿泥石的相对含量达到了 14.35% 和 14.55%[图 4-7(a)]，由于他形自生黄铁矿大量分布在溶蚀孔中，使得溶蚀孔壁部的黄铁矿相对含量达到 31.04%。深度为 3551.43m 处的白云质泥岩原生孔面孔率为 4.8%，溶蚀孔面孔率为 0.35%，溶蚀孔较少可以忽略不计，钠长石和石英的绝对含量为 33.14% 和 25.77%，白云石为 20.65%，明显小于钠长石和石英的绝对含量，但由于白云石晶间孔发育，使得原生孔壁部白云石的相对含量明显增大，达到 42.38%，高于钠长石和石英的相对含量（29.57%、14.84%）[图 4-7(b)]。深度为 3543.37m 处的白云质粉砂岩原生孔面孔率为 3.85%，溶蚀孔面孔率为 0.84%，钠长石、石英和白云石的绝对含量分别为 31.97%、20.62% 和 38.82%，钾长石含量为 2.78%，原生孔壁部各矿物的相对含量变化规律与矿物总体变化规律基本一致，由于钾长石粒内溶孔的发育，使得溶蚀孔壁部矿物中钾长石的相对含量增加到 6.53%[图 4-7(c)]。深度为 3421.7m 处的泥岩中原生孔隙和溶蚀孔面孔率均为 0.51%，储层极其致密，各类孔隙壁部矿物相对含量的变化规律与矿物绝对含量变化规律基本一致，由于孔隙中伊利石的充填而使得孔隙壁部矿物中伊利石的相对含量略有增加[图 4-7(d)]。深度为 3542.66m 处的泥质粉砂岩原生孔面孔率为 4.8%，溶蚀孔面孔率为 0.43%，溶蚀孔可以忽略不计，其中钠长石和石英绝对含量最高，分别为 51.25% 和 19.24%，其余矿物含量均低于 10%，由于孔隙中充填伊利石和普遍存在的绿泥石化现象，使得孔隙与伊利石和绿泥石的接触面积明显增大，原生孔隙壁部矿物中伊利石和绿泥石的相对含量明显增大到 17.05% 和 16.5%[图 4-7(e)]。深度为 3571.17m 处的白云质粉砂岩原生孔面孔率为 13.57%，溶蚀孔面孔率为 3.19%，钠长石、石英和白云石含量分别为 25.88%、24.1%

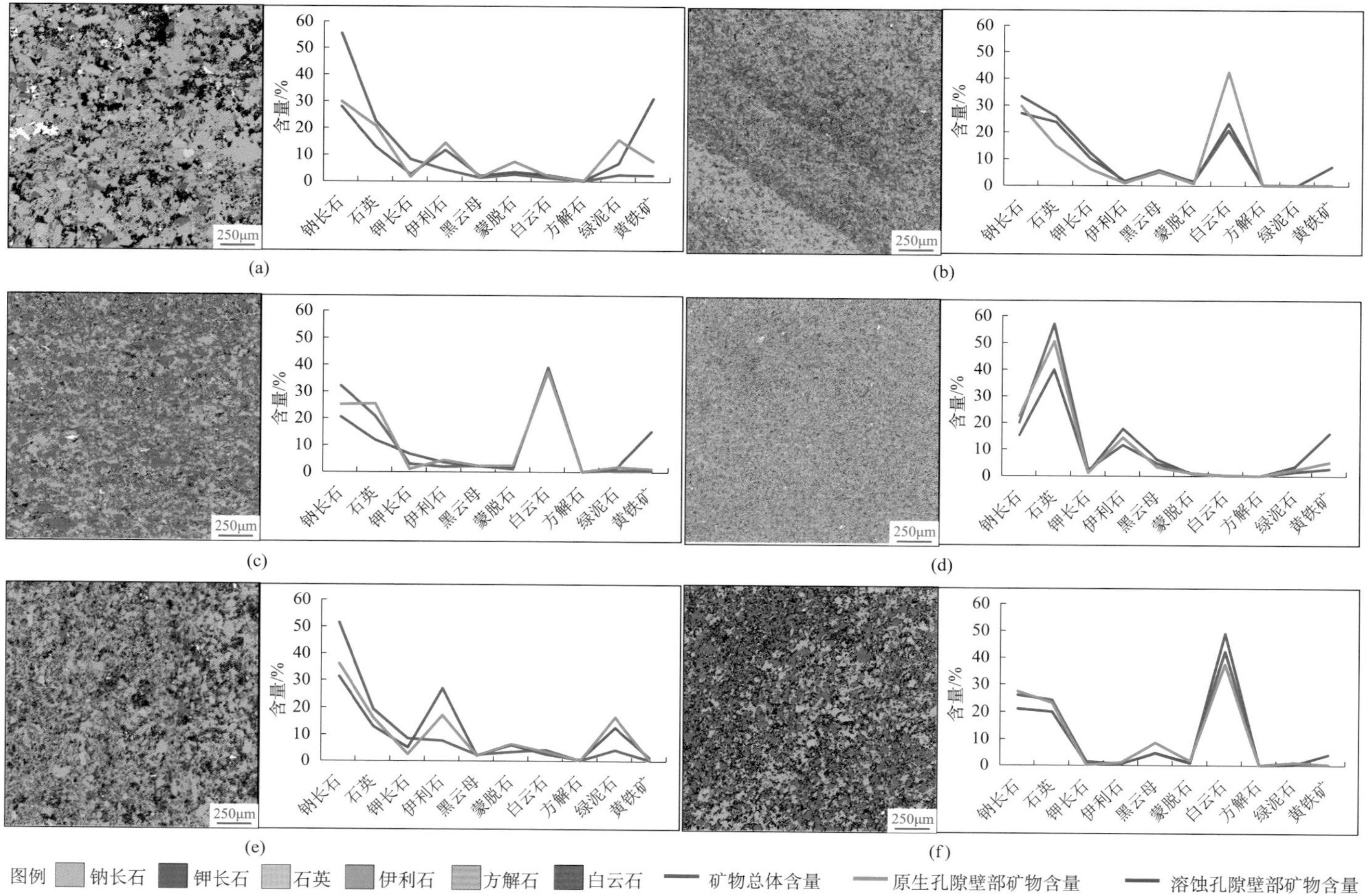

图 4-7 吉 305 井芦草沟组致密油储层 QEMSCAN 矿物和孔隙平面分布图

(a) 3542.67m，泥质粉砂岩；(b) 3551.43m，白云质泥岩；(c) 3543.37m，白云质粉砂岩；(d) 3421.7m (SEM)，泥岩；(e) 3542.66m (SEM)，泥质粉砂岩；(f) 3571.17m (SEM)，白云质粉砂岩

和 42.16%[图 4-7(f)]，由于粒间孔发育，溶蚀作用相对均匀，孔隙与几乎所有颗粒均有接触，原生孔和溶蚀孔壁部矿物的相对含量变化与矿物的绝对含量变化基本一致。

基于以上分析，认识到芦草沟组致密油储层内部孔隙壁部矿物的分布规律复杂，不同矿物具有不同的润湿性，其分布规律的复杂性直接影响了原油在储层内部微观尺度上的渗流，只针对孔隙自身的孔隙度分析已经不能满足致密油储层的评价，需要探讨建立一种孔隙和孔隙壁部矿物的耦合关系模型，为了使模型更加直观，依据孔隙壁部矿物的润湿性将孔隙重新划分为油润湿孔隙和水润湿孔隙，其中亲水矿物主要为石英、长石、高岭石、伊利石、蒙脱石和黑云母等，亲油矿物主要为白云石、方解石、铁白云石、铁方解石、绿泥石和黄铁矿等（Barclay and Worden，2000）。针对以上两种孔隙，首先将孔隙壁部矿物将面孔率重新划分为油润湿面孔率和水润湿面孔率：

$$\varPhi_{水润湿}=\varPhi_{总}\times A_{亲水}/(A_{亲水}+A_{亲油}) \tag{4-8}$$

$$\varPhi_{油润湿}=\varPhi_{总}\times A_{亲油}/(A_{亲水}+A_{亲油}) \tag{4-9}$$

式中，$\varPhi_{总}$ 为总面孔率，%；$\varPhi_{水润湿}$ 为水润湿面孔率，%；$\varPhi_{油润湿}$ 为油润湿面孔率，%；$A_{亲水}$ 为孔隙壁部亲水矿物的相对含量；$A_{亲油}$ 为孔隙壁部亲油矿物的相对含量，%。

利用式(4-8)和式(4-9)对吉 305 井 51 块样品进行油润湿面孔率和水润湿面孔率的计算，可以认识到油润湿面孔率和水润湿面孔率之间关系复杂，存在油润湿面孔率占主体、水润湿面孔率占主体和两者均分三种关系，岩心的含油性与油润湿面孔率之间存在一定关系。

通过岩心观察认识到芦草沟组致密油储层普遍含油，含油级别自荧光至富含油均有分布，与面孔率的关系复杂(图 4-8)，在油润湿矿物绝对含量与总面孔率交会图中，样品含油性变化规律不明显，而在 100×(油润湿面孔率/总面孔率)与总面孔率交会图中具有明显的分区特征，100×(油润湿面孔率/总面孔率)称为油润湿面孔率比例，其中富含油样品的总面孔率平均为 9.55%，油润湿面孔率比例最高，平均为 62.58%，油浸样品的总

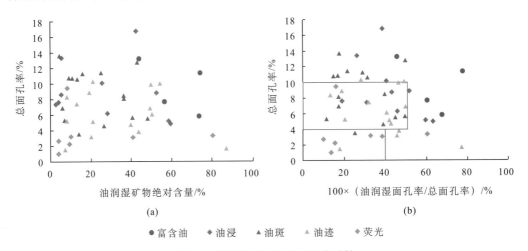

图 4-8　芦草沟组致密油储层含油性

(a)油润湿矿物绝对含量与总面孔率交会图；(b)100×(油润湿面孔率/总面孔率)与总面孔率交会图

面孔率平均为 8.9%，油润湿面孔率比例平均为 41.81%，相对富含油样品较小，油斑样品的面孔率平均为 8.64%，与油浸样品相近，油润湿面孔率比例平均为 28.35%，进一步减小，油迹样品的总面孔率平均为 6.2%，小于油斑样品，油润湿面孔率比例平均为 37.91%，略大于油斑样品，荧光样品的总面孔率平均为 3.57%，油润湿面孔率比例平均为 26.5%。

通过以上分析认识到，致密油储层含油性综合受控于总面孔率和油润湿面孔率比例，当样品总面孔率大于 10%时，样品普遍表现为油斑、油浸和富含油，且随着油润湿面孔率比例增大表现出更高的含油级别，当样品总面孔率分布在 4%~10%时，含油性主要表现为油迹、油斑、油浸和富含油，且随着油润湿面孔率比例逐渐增大，样品含油级别增高；当样品总面孔率大于 45%时，基本表现为油浸和富含油，在纵面孔率小于 4%时，含油性主要表现为荧光和油迹，油润湿面孔率比例大于 40%时，基本表现为油迹。由此可见，油润湿面孔率比例在很大程度上影响了储层的含油性，在相同总面孔率条件下，油润湿面孔率比例越高，储层含油性越好，表明越有利于油气充注成藏，但从开发的角度来看，油润湿面孔率比例越高，反而越不利于原油排出储层，开采难度大。

通过 QEMSCAN 获得油润湿孔隙比例，再通过相同分辨率的 FIB 和 CT 等获得连通孔隙比例，两者相乘最终可以获得致密油储层中有效孔隙所占的比例。但以上方法需要较高分辨率和较长的扫描时间，成本相对较高，效率相对较低，本节研究提出了适用于较低分辨率、较高效率 CT 扫描结果的数据约束模型(data constrained modelling，DCM)和 AB 孔隙网络模型抽提算法，可以在低分辨率数据基础上计算获得高分辨率的孔隙矿物组合模型，进而获取有效孔隙分布。

二、数据约束模型

采用同步辐射多能 CT 技术，结合 DCM 方法可基于微米分辨显微 CT 获取致密储层纳米级的孔、裂隙和矿物分布信息，从而实现多尺度三维定量表征。DCM 是利用同步辐射 X 射线的优良单色性，基于材料不同组分在不同能量下 X 射线吸收规律具有一定程度的线性无关性，选择多个能量对样品进行 CT 实验。在 CT 重构切片中的每个点元上建立数据约束模型，在一定程度上可以了解单个点元内的材料组分分布，为解决部分体积效应的困扰提供了一个新的途径。下面将对 DCM 模型的基本原理进行简要介绍。

在 DCM 模型中，认为样品由长宽高均等于 CT 实验像元尺寸的 N 个立方体元(N 的数值等于进行计算的 CT 切片所包含像元总数)组成，当体元尺寸足够小时，假设：

(1)样品的任一体元由包括孔隙在内的 M 种组分组成。

(2)任一体元在某一能量的 X 射线 CT 实验中对 X 射线的吸收等于各组分吸收之和。

(3)样品中的材料组分分布符合统计物理规律。

其数学表达为，样品中材料组分分布使得下列目标函数取整体极小：

$$T_n = \sum_{n=2}^{L} [\Delta \mu_n^{(l)}]^2 + E_n \tag{4-10}$$

式中，l 为不同的 X 射线能量，$l=1,2,\cdots,L$；n 为体元编号，$n=1,2,\cdots,N$；$\Delta\mu_n^{(l)}$ 为在实验能量为 l 时，CT 实验得到的吸收系数与理论值之间的差，即

$$\Delta\mu_n^{(l)} = \sum_{m=0}^{M} \mu^{(m,l)} V_n^{(m)} - \hat{\mu}_n^{(l)} \tag{4-11}$$

其中，m 为材料中的不同组分，$m=0,1,2,\cdots,M$；$\mu^{(m,l)}$ 为组分 m 在 X 射线能量为 l 时 X 射线线性吸收系数；$V_n^{(m)}$ 为编号 n 的体元中组分 m 的体积分数；$\hat{\mu}_n^{(l)}$ 为 X 射线能量为 l 时，X 射线在 CT 实验得到的第 n 个体元的 X 射线线性吸收系数；E_n 为对应于体元 n 的能量，其中包括各组分的化学势和组分之间的相互作用能。省略去体元二次项以上的高阶项后，E_n 可以近似表达为

$$E_n = \sum_{m=1}^{M} V_n^{(m)} S^{(m)} + \sum_{k=0}^{M} \sum_{i=0}^{N(k)} \sum_{m_1=0}^{M} \sum_{m_2=m_1}^{M} V_n^{(m_1)} V_{n+n_j(k)}^{(m_2)} I_k^{(m_1,m_2)} \tag{4-12}$$

其中，$S^{(m)}$ 为组分 m 的化学势；$I_k^{(m_1,m_2)}$ 为相邻体元间距离为 $k(k\geqslant0)$ 的组分 m_1 和 m_2 的相互作用能，当 $k=0$ 时，组分 m_1 和 m_2 分布在同一个体元内，类似的，$k=1$ 时，表示这两种组分位于最近邻的体元中，$k=2$ 意味着它们位于次近邻体元中，最大相互作用范围可以设定为 K。$V_n^{(m)}$ 表示体元 n 中组分 m 的体积分数，最优化计算就是找到一组 $V_n^{(m)}(m=0,1,\cdots,M;n=1,2,\cdots,N)$ 使得 (4-10) 整体极小，并在每个体元 n $(n=1,2,\cdots,N)$ 上都满足下面的约束条件：

$$\begin{cases} 0 \leqslant V_n^{(m)} \leqslant 1 \\ \sum_{m=0}^{M} V_n^{(m)} = 1 \end{cases}, \quad m=0,1,2,\cdots,M \tag{4-13}$$

当 E_n 只取一组 $V_n^{(m)}$ 的线性项时，上面的问题简化为一个线性规划问题，可以用数学中已经成熟的线性最优规划问题的常规方法求解。

上述非线性约束下最优化模型在具体计算过程中，如果最大相互作用距离 $K=0$，意味着计算过程中忽略不同体元之间的相互作用，也就是说对某个体元的最优化过程并不会影响其他体元，所以对整个系统体元的计算顺序并无特别要求，只要把所有体元计算一遍即可得到系统各组分体积分数。但是如果 $K\neq0$，则意味着体元之间在计算过程中相互影响，这时对所有体元的优化过程将不能顺序进行。要根据蒙特卡罗法随机选取体元进行计算，各个体元需要被重复计算多次，直到系统达到一个最优的稳定配型。单个体元的最优化过程可以按照如下约束寻找算法来进行：

(1) 首先，选取一系列满足约束条件[式(4-13)]的离散的体积分数值获取目标函数的数值。比如，初始值可以从下列数值中选取：

$$V_n^{(m)} = (0, \frac{1}{g}, \frac{2}{g}, \cdots, 1), \qquad m=0,1,2,\cdots,M \tag{4-14}$$

(2) 把目标函数取得最小值对应的体积分数值 $V_n^{(m)}(m=0,1,2,\cdots,M)$，作为下一次计算开始的基点，缩小寻找范围 ΔV，在该基点附近选值执行与(1)相似的计算。

(3)重复上述(1)、(2)的过程，直到误差 ΔV 小于某一设定的数值，将此时对应的各组分体积分数作为待求解。

在整个约束寻找算法过程中，常数 g 值由人为设定，当该值设定太小时，会导致整个计算收敛到一个"假的"最小值，而该值太大将严重影响计算效率。故而，在计算过程中，一般先选取少量数据，对 g 值进行测试，选值原则是保证结果合理的同时兼顾计算效率。

另外，虽然材料形成的过程总是一个自由能极小化的演变过程，但是其详细条件往往是未知的。在上面模型中，组分相互作用能及化学势的准确数值一般很难采用实验方法直接测量。在模型中这两部分只是作为可变参数存在，借助这些参数，在材料某些结构信息已知的情况下，使得 CT 计算结果更逼近材料的真实状态。具体参数值的确定需要借助其他表征手段所获得的材料结构信息来确定。例如，先通过气体吸附法测得残渣孔隙率，通过调整模型中孔隙组分的化学势参数来使计算结果与气体吸附测试结果更加吻合，或者通过 SEM 等手段得到残渣组分表面形貌特征。根据统计物理，组分聚集状态分布可以间接告诉我们相互作用参数。例如，对成聚集状态分布的组分，该组分与其他组分的相互作用能是高的，弥散分布的组分与其他组分的相互作用能是低的。通过改变参数进行多次计算，将 CT 计算结果与其他技术手段测试结果比较，使样品的三维结构更接近样品组分的真实分布状态。

与图像阈值分割法相比，DCM 引入了多个能量下的 CT 实验数据作为约束条件进行材料组分分布表征，同时包含了 CT 之外的材料已知信息作为参考条件。显然，对材料的充分了解将有助于提高 DCM 的精确性。而为了发挥不同能量下 CT 实验数据的约束功能，需要对 CT 实验能量进行预先选择。实验能量可以按照下述规则来筛选：

(1)根据待表征样品组分的 X 射线吸收特性，选择各组分吸收系数曲线线性无关性最大的能量范围作为实验能量段。

(2)确定同步辐射 X 射线能稳定进行 CT 实验的 X 射线能量(波长)段。

(3)在上述能量段中，根据样品尺寸及组分确定能保证得到合理衬度的投影像能量段。

在上述步骤中，同步辐射 X 射线能稳定进行 CT 实验的 X 射线能量(波长)段主要由实验所用的同步辐射光源和具体线站的设备运行状态和设计特点所决定。以上海同步辐射光源 BL13W 线站为例，X 射线能量在 10~40keV 的能量范围内稳定性及噪声水平较为理想。

在考虑图像衬度时，要保证样品的 X 射线穿透率在一个理想的范围，一般来说，最低能量的 X 射线穿透率要大于 30%，最高能量的 X 射线穿透率要小于 70%，这时得到的图像衬度较为清晰，有利于进一步的定量分析。

在步骤(1)中，X 射线 CT 实验能量的选择要根据材料组分在不同 X 射线能量下的吸收系数曲线的特点和 DCM 模型对实验噪声的敏感性来综合考虑。下面就这两方面的内容进行简要讨论。

材料组分在不同能量下的 X 射线吸收系数一般是随能量的增加而递减。在 DCM 模型中要考虑材料不同组分的 X 射线吸收系数曲线的特点。基本原则就是尽可能在不同组分吸收系数曲线线性相关性最小的能量段进行实验。

图 4-9 为 Al_2O_3、CaO 在 $10\sim40keV$ 内的 X 射线吸收系数与 SiO_2 的 X 射线吸收系数的比值曲线,在 $10\sim40keV$ 的能量范围内,Al_2O_3 与 SiO_2 的 X 射线吸收系数比值曲线与 X 轴基本平行,意味着这两种组分在所选 X 射线能量范围内具有近似平行的 X 射线吸收系数曲线。CaO 与 SiO_2 的 X 射线吸收系数比值曲线在 $10\sim20keV$ 的能量范围内近似平行于 X 轴,而在 $25\sim40keV$ 的能量范围内,与 X 轴不平行。这说明,在 $10\sim20keV$ 的能量范围内,CaO 的 X 射线吸收系数曲线与 Al_2O_3 和 SiO_2 的 X 射线吸收系数曲线平行,在 $25\sim40keV$ 的能量范围内表现出了与 Al_2O_3 和 SiO_2 不同的变化趋势。

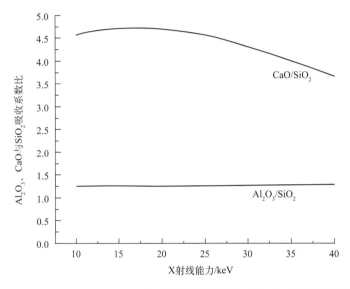

图 4-9　Al_2O_3、CaO 在 $10\sim40keV$ 内的 X 射线吸收系数与 SiO_2 的 X 射线吸收系数的比值

在 DCM 模型中,最优化过程是在不同能量 CT 实验数据的约束下进行,如果不同组分在不同能量下都表现出相似的吸收规律(吸收系数曲线平行),使得不同能量的 CT 实验数据对模型的约束能力变差,甚至完全失去多能量实验的意义。需要注意的是,对于吸收系数曲线相互平行的组分,即使在不同能量下具有吸收系数绝对数值的差异,DCM 也很难区分这些组分。这是因为,在 CT 图像上单个像元(图像的最小分辨单元)中可能包含多种组分。就单个像元而言,如果吸收系数值较高的组分与孔隙或其他低吸收的组分共存,该像元也有可能表现出一个较低的吸收系数值。例如,如果 Al_2O_3 中有弥散分布的孔隙,则其不同能量下的吸收系数值将以相同比例变小,甚至可能小于 SiO_2。所以单纯依靠不同组分的吸收系数数值差异很难对组分进行区分。但是,如果某两种或几种组分的吸收系数值相差特别大,而且呈聚集状态分布,在 CT 切片上还是比较容易区分的。例如,人体中的骨骼与肌肉组织,矿物颗粒与有机物在 CT 图片上都比较容易相互区分。

对图 4-9 中的三种组分(包括 SiO_2)而言，如果为了在 CT 切片上区分 CaO 与另外两种组分，显然选择 25～40keV 能量范围进行实验较为理想。在这一能量范围内，CaO 的 X 射线吸收系数曲线与另外两种组分具有较大的线性无关性，不同能量的实验数据具有较好的数据约束能力。

利用材料的吸收边对应能量前后进行成像，可以使得组分在不同 X 射线能量下吸收系数具有较大的线性无关性，这将非常有利于 DCM 的计算。

在实验能量选择过程中，除了需要考虑各组分的 X 射线吸收系数曲线的线性相关性之外，还要注意到数值求解过程中，噪声对计算结果的影响。对于 DCM 模型中实验能量的选择而言，不同 X 射线实验能量下，组分的吸收系数具有不同的数值。此时，为了尽可能减少实验误差对 DCM 计算结果的影响，尽可能选择使得吸收系数矩阵条件数较小的能量组合。

以准噶尔盆地芦草沟组页岩为例进行 DCM 分析，从芦草沟组一块较大页岩上不同部位分别钻取三个样品用于 CT 实验，分别标记为 S1、S4 和 S4′(图 4-10)。图 4-10(a)和(b)分别为大块页岩的光学显微镜图像和 X 射线荧光光谱测得的钙分布，描述三个样品的取样位置。图 4-10(b)中 S1 相对于 S4、S4′钙含量较少。根据其他研究，该页岩主要由方解石、钠长石、钾长石和白云岩组成。样品 S1、S4 和 S4′被分别切成直径为 0.8mm、3mm 的小圆柱，用于显微 CT 实验。CT 实验能量选择为 25～35keV，在上海光源 BL13W 线站进行，成像过程中样品距探测器为 12cm，S1 样品成像像素尺寸为 0.65μm，S4 和 S4′的成像像素尺寸为 3.25μm。

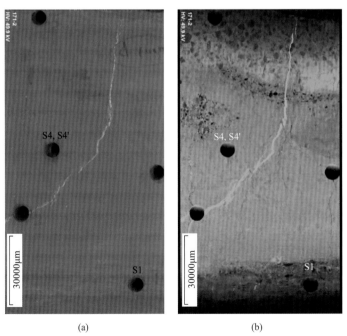

(a)　　　　　　　　　　　　　(b)

图 4-10　样品 S1、S4 和 S4′的取样位置示意

(a)光学显微镜图像；(b)X 射线荧光光谱测得的钙元素分布 (XRF)

图 4-11 是三个样品的 CT 重构切片图及各自的灰度直方图，图像灰度值正比于吸收系数，图像中黑色区域主要是孔隙，亮的区域主要是矿物成分。从图中可以看出，样品 S1 的吸收系数较另外两个样品稍低。图 4-11 显示了 DCM 确定的样品 S1 的成分分布，其中 (a) 为二维映射结果，(b)、(c) 为两个感兴趣区域 (ROIs)。ROI-1 和 ROI-2 是从样本 S1 中选取的两个不同的部分。在图 4-12 中，孔隙度显示为白色，方解石显示为红色，白云石被显示为绿色，长石被显示为蓝色，可以直观看出，ROI-2 的孔隙度较高。

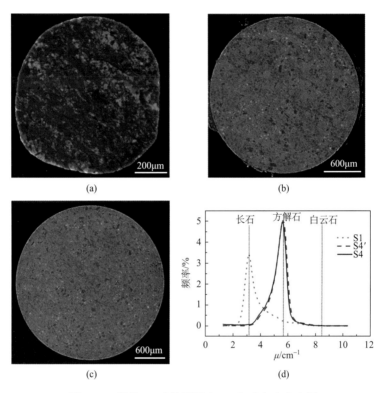

图 4-11　样品 CT 重构图像和 CT 切片灰度直方图

(a) S1 的 CT 重构图像；(b) S4 的 CT 重构图像；(c) S4′的 CT 重构图像；(d) S1、S4 和 S4′的 CT 切片的灰度直方图。μ 表示 X 射线线性吸收系数

图 4-12 显示 S1 样品主要由长石构成，方解石在其中形成了几十微米大小的团簇。在 S1 样品中，大面积的孔隙集中于样品的某些局部区域 (图 4-12 中白色箭头所指区域)。从图 4-13 中可以看到，在样品 S4 和 S4′中，矿物的主要成分是白云石，长石矿物聚集成从几微米到数百微米大小不等的颗粒，而方解石矿物在白云岩中形成较小的颗粒，图中没有明显的孔隙占主导地位的像素，这说明样品 S4 和 S4′中大多数孔隙尺寸都小于 CT 像素大小。

图 4-13 显示了 DCM 计算得到的样品 S4 和 S4′的成分分布。图 4-13 (a) 和 (c) 分别是样品 S4 和 S4′的二维图像，图 4-13 (b) 和 (d) 分别是样品 S4 和 S4′的 ROI 区域。图 4-13 中不同组分的颜色表示与图 4-12 相同，每种颜色的显示强度与对应成分的体积分数成正

比，在图中可以看到部分像素中有明显的颜色混合，表明在这些像素中存在着多种成分共存现象，紫色(红色和蓝色混合)像素表示方解石和长石的共存，白色与其他颜色混合(图 4-12 中箭头所示)可能表明这些像素含有比 X 射线 CT 分辨率更小的孔。值得注意的是，当一个像素被某个组分所代表的颜色主导时，颜色混合可能并不明显。

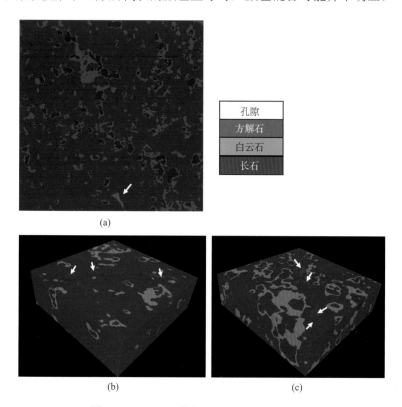

图 4-12　DCM 计算得到 S1 样品的组分分布

(a) 二维分布(图像视域宽度为 460μm)；(b) ROI-1(195μm×195μm×65μm)；(c) ROI-2(195μm×195μm×65μm)

图 4-12 所示样品 ROIs 的孔隙度和矿物组分体积分数如表 4-2 所示。对于样品 S1，ROI-1 与 ROI-2 之间的距离小于 1mm。图 4-12(b) 和(c) 所示的 ROI-1 和 ROI-2 的成分分布和结构差异很大，ROI-1 和 ROI-2 的孔隙度分别为 1.9% 和 3.5%。图 4-13 显示方解石相在 ROI-1 内部形成团簇，在 ROI-2 中孔隙更广泛。

表 4-2　样品 S1、S4 和 S4′中的孔隙度及矿物组分体积分数　　　(单位：%)

阶段	S1			S4		S4′	
	切片	ROI-1	ROI-2	切片	ROI	切片	ROI
孔隙度	2.1	1.9	3.5	1.0	1.1	1.0	0.9
方解石	9.5	12.3	13.3	4.9	5.4	6.0	5.9
白云石	13.5	13.5	17.8	80.6	79.9	82.3	84.1
长石	74.9	72.3	65.4	13.5	13.6	10.7	9.1

图 4-13 的孔隙度和矿物组分体积分数显示在表 4-2 中。S1 的孔隙度约为 2%，样本 S4 和 S4′的孔隙度只有 1%，ROI-2 的孔隙度几乎是 ROI-1 的两倍。样品 S1 中的主要矿物长石和 S4(S4′)中的主要矿物白云石的体积分数分别是 70% 和 80%。数据和图表显示，样品 S1 和 S4 (S4′) 的组分分布具有明显的各向异性。研究结果对评价页岩的脆性及选择合适的水力压裂技术具有一定的参考意义。

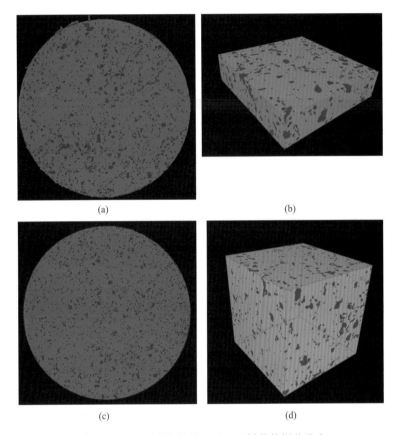

图 4-13　DCM 计算得到 S4 和 S4′样品的组分分布

(a) S4 的二维图像；(b) S4 的 ROI 区域(图像大小为 650μm×650μm×160μm)；(c) S4′的二维图像；(d) S4′的 ROI 区域(图像大小为 650μm×650μm×160μm)

三、新型孔隙网络数学模型

(一)AB 模型概念

众所周知，致密储层中流体(油、气、水等)的流动特征取决于岩石的微观结构，建立基于微观孔隙结构的数学模型是首要任务，其中微观孔隙结构数学模型中的孔隙网络模型具有模型简单、物理概念清晰的特点，近些年对孔隙网络抽提方法的研究呈现蒸蒸日上的趋势。孔隙网络抽提算法最有名的就是中轴线算法和最大球方法。自 20 世纪末开始，中轴线算法(medial axis，MA)被广泛应用于孔隙网络抽提(Lindquist and Venkatarangan，1999；Liang et al.，2000；Sheprard，2005；Al-Raoush and Willson，2005；Shin et al.，2005)。MA 将岩石空隙转化成拓扑性质和连通性质不变的一条线，这条线可以粗糙地代表整个空隙骨架。每一条链路代表一个喉道，链路的交叉处代表孔隙。由于 MA 方法对于粗糙壁面和图像噪声相当敏感(Silin et al.，2003；Silin and Patzek，2006；Dong，2007；Dong and Blunt，2009)，所以会形成比较多的冗余链路，导致孔隙过多，孔隙位置不合理。而且完全删除这些枝节链路非常困难，极大地影响了 MA 方法的计算效率(Lindquist et al.，1996；Silin et al.，2003；Dong and Blunt，2009)。为了避免 MA 的麻烦，Silin 等(2003)提出最大球法(maximal ball，MB)抽提孔隙网络。之后，许多学者又对该方法做了进一步改进(Al-Kharusi and Blunt，2007，2008；Dong and Blunt，2009)。MB 首先在每个孔隙像素上建立一系列内切球，然后移除那些被包含的内切球，剩余的则被称为最大球。根据最大球的大小和相对位置建立家族树关系。假设两个最大球相交，那么相对大的为父代球，相对小的为子代球。如果一个最大球周围没有比它更大的球，那么该球即为祖先球，其位置对应孔隙位置；如果一个子代球对应两个及以上祖先球，那么该球即为喉道球，其位置为喉道位置。相比于 MA 算法，MB 方法搜寻孔隙的准确度和效率都有了很大的提高。但是 MB 不考虑孔隙空间的基本形态，所以喉道形态与实际情况存在偏差。以上孔隙网络的抽提主要针对孔隙结构比较简单的岩石，如砂岩、人造砂岩。随着算法和成像技术的发展，人们开始研究孔隙结构比较复杂的样品，如碳酸盐岩。但目前还没有专门针对非均质显著的深层油气储层岩石的研究。因此建立适用于致密砂岩的高精度孔隙网络抽提算法具有十分重要的意义。

综合分析 MA 和 MB 的优缺点，提出了适用于低渗透岩石三维图像的高效、高精度的孔隙网络抽提算法——轴球(axis ball，AB)算法，该方法的完整流程如图 4-14 所示，主要分为载入阈值划分后的图像数据、建立内切球、识别中轴线、在中轴线上建立最大球、孔隙和喉道定位、分割孔隙空间、计算孔隙孔喉参数、形成输出文件八个步骤。

该算法的创新性在于将 MA 和 MB 方法的优点结合，同时通过对关键环节的改进，大幅提高结果的精度和稳定性，主要的改进如下所述。

1. 改进打薄(LKC)算法更准确提取中轴线

中轴线被广泛应用于模式识别，图像处理，孔隙网络抽提等领域(Jiang et al.，2007)。针对孔隙网络抽提研究，中轴线主要可以分为两类算法："燃烧"算法(burning algorithm，BA)(Baldwin et al.，1996；Lindquist et al.，1996)和"打薄"算法(thinning algorithm，TA)(Lindquist and Venkatarangan，1999；Liang et al.，2000)。

对人造哑铃数据体进行测试发现(图 4-15)，BA 算法并不能确保对所有的数据体都能识别出严格的中轴线，这是因为对于"燃烧"算法，当某一个方向上像素层数为偶数，那么最中间的两层像素都会满足判别条件，都被识别为中轴线像素。对于哑铃状数据体也得不到严格的中轴线，实际的多孔介质孔隙空间远比这个简单数据体要复杂，通过 BA 算法得到严格的中轴线比较困难，以"打薄"算法来提取中轴线。

LKC 算法是 TA 算法的代表，传统的 LKC 方法从上下左右前后六个方向确定中心像素，效率很高，但是没有加上距离约束，所得中轴线并不严格居中。引入了内切球用于确定中心像素，同心圆式地搜索计算每个像素所对应的内切半径，不会有像素重复判断。该改进算法在保证连通性质和拓扑性质不变的前提下，总是优先判断半径小的像素是否能被标记成基质像素，所以剩余的中轴线像素会更加居中。传统算法和改进算法的结果差异如图 4-16 所示，改进 LKC 算法的内切球半径大于传统 LKC 算法结果，表明改进 LKC 算法所得中轴线位于更优势路径上。

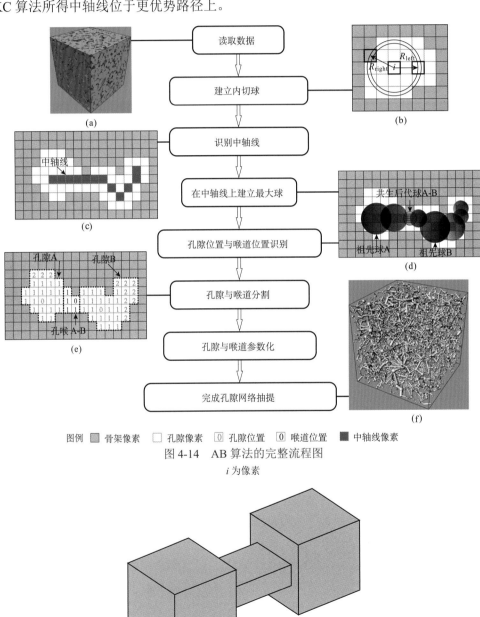

图 4-14　AB 算法的完整流程图

i 为像素

(a)

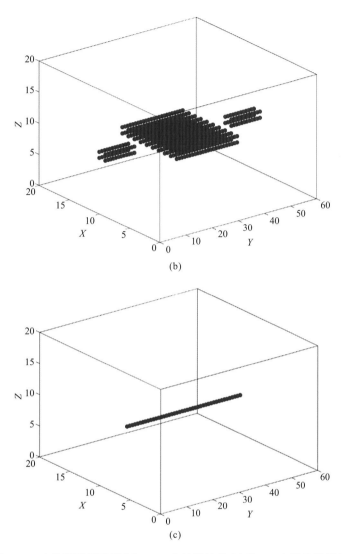

图 4-15 人造哑铃示意图(a)、BA 中轴线结果(b)及 TA 中轴线结果(c)

2. 提出同心圆法提高建立内切球的效率

最大球是抽提算法中一个很重要的元素。对于一个三维的数字岩心，从任意一个空隙像素出发，到达最近的基质像素所形成的球即为该空隙像素所对应的内切球。所以有多少个空隙像素就会对应同样数量的内切球。但是这些内切球有的会被其他的大一点的内切球所完全包含，所以这部分球是多余的，需要去掉，最终剩余的内切球则被称为最大球。而如何建立这些内切球是建立最大球之前需要解决的问题。

Dong(2007)、Dong 和 Blunt(2009)曾提出一种膨胀-收缩算法来建立内切球，做法是：从中间像素出发，沿着 26 个方向(6 个轴向、12 个对角线方向、8 个顶点方向)往外寻找最近的基质像素，这一步为膨胀过程。该过程是为了确定一个最大搜索范围。然后执行收缩过程，即在搜索范围以内遍历所有的像素，找到最远的空隙像素。由于数字岩心为离散数据，很难确定内切球的实际半径，所以 Dong 等(2007)对每个内切球分配了两个半径，即 R_{left} 和 R_{right}。从中心像素出发到最近基质像素的距离即被定义为 R_{left}。在 R_{left} 范围以内从中心像素到最远空隙像素的距离则被定义为 R_{right}。该内切球的实际半径满足 $R_{left} \leqslant R < R_{right}$。

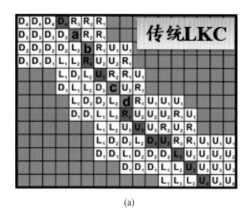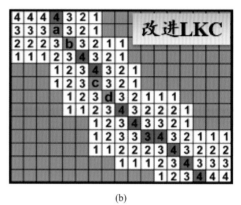

图 4-16　改进 LKC 算法(a)和传统 LKC 算法(b)结果对比

　　传统的用于确定内切球的方法为膨胀-收缩算法，有的像素在膨胀过程和收缩过程中会被重复判断，所以会影响算法的效率，尤其是当空隙像素很多，需要建立很多内切球时，这种重复判断所带来的时间消耗就更不能忽视(图 4-17)。为了避免这种额外的时间成本，我们用一种同心圆式的搜索方法来建立内切球，从中心像素出发，一层一层往外寻找内切球最小和最大半径，一步到位。该方法只会按照距离从近到远搜索，一旦碰到基质像素或者边界像素就会退出循环，不会有任何像素会被重复判断，节省了时间。

　　3. 提出在中轴线上建立最大球，孔隙、喉道位置识别更合理

　　得到中轴线后，需要在中轴线上建立最大球。具体做法是：首先将非中轴线像素所对应的内切球一律删除。然后，对于中轴线像素上的内切球，如果该球被其他内切球所包含，那么这一部分内切球也被删除掉。假设两个内切球的中心像素分别为 B_i 和 B_j，如果满足条件中心像素之间的距离 $dist(B_i,B_j) \leqslant R_i - R_j$，那么球 B_j 完全被球 B_i 所包含，所以球 B_j 是多余的，故被删掉。在此基础上，采用 Dong 等提出的运用家族树的概念来确定孔隙与喉道位置。该算法效率比较高，可以快速定位孔隙与喉道位置。

　　AB 算法依赖中轴线保留空隙空间的形态，在中轴线约束下建立最大球并运用最大球方法寻找孔隙喉道位置，这样得到的喉道形态会与实际情况更加接近。针对这个哑铃状物体，用 AB 算法来抽提后可以发现喉道形态与实际情况更加接近(图 4-18)。除此之外，由于利用最大球算法的优点来识别孔隙与喉道的位置，所以也避免了像中轴线算法那样识别出不合理的孔隙位置(图 4-19)。

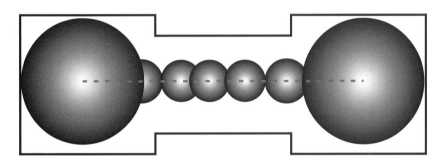

图 4-17　膨胀-收缩算法示意图(a)和同心圆算法示意图(b)

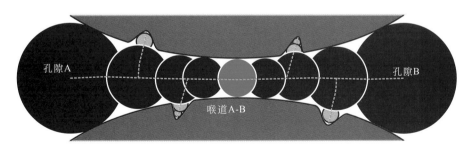

图 4-18　AB 算法针对哑铃状数据体抽提得到的孔隙-喉道结果

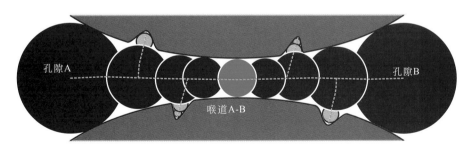

图 4-19　AB 算法识别孔隙喉道位置示意图

4. 提出双速膨胀法，实现孔隙、孔喉划分唯一

确定好孔隙与喉道位置之后，需要划分各个孔隙喉道的范围。Dong 和 Blunt(2009)在 MB 算法中，根据最大球与祖先球的相对大小，将所有的最大球标记为孔隙属球或喉道属球，同一属性最大球对应范围内的像素形成一个喉道块或孔隙块。这种方法效率高但过于粗糙，会导致结果存在离散像素，与实际情况不符。而且

AB 算法只在中轴线上建立最大球，这些球并不能包含整个空隙空间。从这两个方面来看，通过最大球方式来分割孔隙喉道都是不合适的。我们在最大球方法的基础上改进了划分规则，使得孔隙和孔喉划分更为准确。从所有的孔隙位置开始同时往外膨胀一次，需要注意的是孔隙块每次往外膨胀两层像素，而喉道块每次往外只膨胀一层像素。所有孔隙块往外膨胀一次后接着从所有喉道块往外膨胀一次(图 4-20)。孔隙块和喉道块交替往外膨胀，从孔隙位置和喉道位置连续地往外识别像素并归为相应的孔隙块或喉道块，避免结果存在离散像素、与实际情况不符的问题。孔隙膨胀速度是喉道膨胀速度的两倍是为了确保孔隙块占据大部分空隙空间，因为一般认为孔隙是存储流体的主要场所，应占据绝大部分空间(Silin et al.，2003；Silin and Patzek，2006)。经测试，以这种 2/1 速率膨胀(即孔隙膨胀速度是喉道肿胀速度的 2 倍)最终能够确保所有的样品孔隙所占体积都能达到80%以上，符合一般的定性认识。

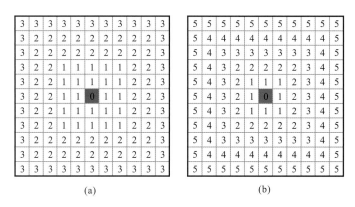

图 4-20　孔隙、孔喉双速膨胀法示意图和孔隙、孔喉划分

5. 推导变截面孔喉长度等价公式

考虑流动模拟过程时通常会遇到不同的物理问题，需要区别对待。以绝对渗透率和地层因素为例，喉道等效长度就会涉及两个阻力概念：一是电阻，表征的是喉道充满液体时对电子流动的阻碍作用；二是黏性阻力，表征液体在喉道内流动时受到的阻碍作用。前者在计算多孔介质的地层因素时考虑，后者在计算绝对渗透率时考虑。因此，建立两个等效喉道长度：电学等效喉道长度和水力学等效喉道长度。水力学等效喉道长度与电学等效喉道长度完全不同。针对渗透率计算和地层因素计算时不能使用同一个喉道等效长度。

具体做法为：假设沿着喉道走向，喉道形状因子不发生改变，而且喉道半径满足线性变化。以变截面圆管为例，将孔隙—喉道—孔隙链路等效为等径管，根据黏性阻力和电阻的定义，沿着喉道走向通过积分，得到对应的等效液阻和等效电阻，依据等效前后的喉道液阻和等效电阻保持相等，分别求得水力学和电学等效喉道长度，从公式上看，两者不相等(图 4-21)。

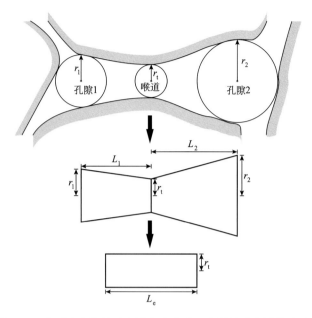

图 4-21 截面孔喉等效示意图和水力学、电学等效喉道长度公式

图 4-21 中，r_1 和 L_1 分别为孔隙 1 的半径和长度；r_2 和 L_2 分别为孔隙 2 的半径和长度；r_t 为喉道的半径；L_e 为喉道等效长度；k_1 和 k_2 分别为两端的孔隙和喉道比，即 $k_1 = r_1/r_t$，$k_2 = r_2/r_t$。各参数之间存在如下关系：

$$L_e = L_1 \frac{1 + k_1 + k_1^2}{3k_1^3} + L_2 \frac{1 + k_2 + k_2^2}{3k_2^3}$$

$$L_e = \frac{L_1}{k_1} + \frac{L_2}{k_2}$$

(二)矿物分布与微观流动孔隙网络

致密砂岩孔隙壁面存在多种矿物，不同的矿物对不同油水组分的润湿性各不相同，直接影响其中的油水两相流动和饱和度分布等。现有的孔隙尺度的模型一般不考虑矿物的空间分布，或将矿物空间分布设为随机分布的方法，与真实情况存在差异，所以结果难以直接反映储层条件下的多相流动特征。基于多能谱的 CT 扫描结果，利用 DCM(Yang et al.，2013)可以获得成像的每一个像素内不同矿物的百分含量数据。笔者提出了将 AB 抽提方法与 DCM 数据相结合，构建含矿物分布的致密油微尺度流动计算模型，考虑矿物分布对流动的影响。

该方法对 DCM 获得的含多矿物分布的数据采用 AB 抽提算法进行抽提的基础上，通过统计孔隙和喉道壁面像素上的矿物分布，赋予不同孔隙和孔喉的壁面矿物性质，生成含矿物分布的孔隙网络，在进行孔隙网络两相流动模拟时孔隙和孔喉内的流动特征受其壁面矿物特性的影响(图 4-22)。研究了两块实际的致密砂岩岩样，包括鄂尔多斯延长组致密砂岩样品和四川须家河组页岩样品(图 4-23)。致密砂岩的孔隙度为 5.29%，方解石体积占比为 22.3%，钠长石和石英 1：1 混合物占比为 71.8%。页岩孔隙度为 6.45%，方解石体积占比为 16.7%，二氧化硅体积占比 76.9%。从微米 CT 图像上看，当前分辨率条件下，致密砂岩(页岩)的连通性差，不存在贯通整个样品的流动通道。为了研究致密砂岩(页岩)中的石油流动特征必须提取连通子块(孔隙簇)开展研究。笔者编写了连通子块识别和提取自动化处理程序，对致密砂岩的处理结果见图 4-24(a)。对鄂尔多斯延长组致密砂岩样品进行含矿物分布的孔隙网络抽提发现，孔喉壁面石英占绝对优势；对四川须家河页岩样品进行处理发现[图 4-24(b)]部分喉道壁面以方解石为主，部分喉道壁面以石英为主。

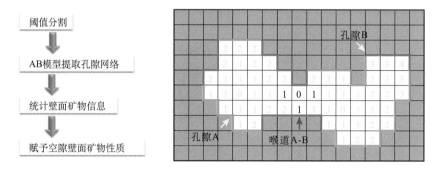

图 4-22 含矿物分布孔隙网络构建流程及孔隙和喉道壁面矿物成分识别示意图

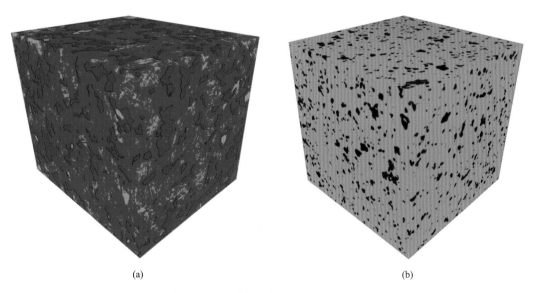

(a)　　　　　　　　　　　　　　　　　(b)

图 4-23 致密砂岩和页岩 DCM 数据

(a)鄂尔多斯延长组致密砂岩样品(红色-方解石；蓝色-石英；白色-孔隙)；(b)四川须家河组页岩样品(红色-方解石；绿色-石英；黑色-孔隙)

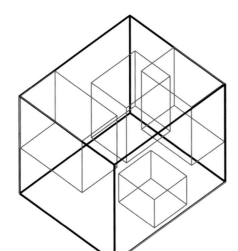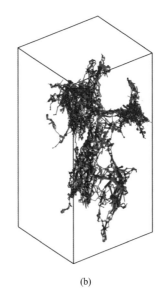

(a)　　　　　　　　　　　　　　　　(b)

图 4-24　部分连通子块(蓝色)的位置示意图和含矿物分布的孔隙网络抽提结果(b)

红色为方解石壁面孔隙和喉道，绿色为石英壁面孔隙和喉道

(三)连通孔隙簇内非牛顿流体孔隙网络流动模拟

笔者基于孔隙网络计算模型模拟了非牛顿流体在致密砂岩流动，抽提得到的孔隙网络中，每个孔隙内流动满足如下关系式：

$$\sum_j q_{ij} = \sum_j -\text{sign}\left(p_i - p_j\right)\frac{\pi r_{ij}^3 \tau_0}{3\mu_p} - \frac{\pi r_{ij}^4}{8\mu_p L_{ij}}\left(p_i - p_j\right) - \frac{2}{3}\frac{\pi L_{ij}^3 \tau_0^4}{\mu_p}\left(\frac{1}{p_i - p_j}\right)^3 \quad (4\text{-}15)$$

式中，i 为孔隙编号；j 为与孔隙 i 连接的所有孔隙；p_i 和 p_j 分别为孔隙 i 和 j 的压力；sign 为符号函数，当 $p_i > p_j$ 时为 1，当 $p_i < p_j$ 时为 -1；r_{ij} 为连接孔隙 i 和 j 的喉道半径；L_{ij} 为孔隙 i 和 j 的喉道长度；μ_p 为塑性黏度；τ_0 为屈服压力，通常由实验测定。

单一喉道内考虑非牛顿流体(孔祥言等，1999)，存在启动压力梯度，其流量满足式(4-16)：

$$q = \frac{\pi r^4}{8\mu_p}\left(-\frac{dp}{dL}\right)\left[1 - \frac{4}{3}\left(\frac{2\tau_0/r}{|-dp/dL|}\right) + \frac{1}{3}\left(\frac{2\tau_0/r}{|-dp/dL|}\right)^4\right] \quad (4\text{-}16)$$

对同一致密砂岩内四个连通孔隙簇内流动进行模拟，获得了致密砂岩样品中流体分别为宾汉流体与牛顿流体情况的流动特征参数，取渗透率和迂曲度进行分析，计算流体为宾汉流体和牛顿流体时的渗透率之比和迂曲度之比分别为无量纲渗透率和无量纲迂曲度。宾汉流体的渗透率和迂曲度随两端压力差增加而增加，压力差为 10^{-4}MPa 时，渗透率可能较牛顿流体情况减小 20%，由于启动压力梯度的存在，流体主要沿着孔径较大的主流通道流动，迂曲度将减小，幅度接近 15%(图 4-25)。

孔隙网络内流体分别为牛顿和宾汉流体时可流动的孔隙喉道分布(图 4-26)，宾汉流体情况部分喉道无流动，这是由于存在启动压力梯度，部分喉道两端压力差小于启动压力梯度导致。这里提出的模拟方法揭示了不同性质流体在孔隙尺度的流动路径存在明显差异，为分析致密油藏流动规律提供了有效的计算模型。

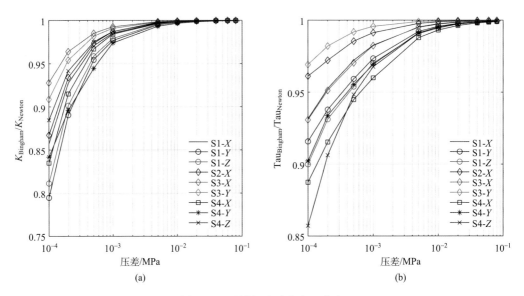

(a)　　　　　　　　　　　　　　　(b)

图 4-25　无量纲渗透率和迁曲度

(a)无量纲渗透率；(b)无量纲迁曲度

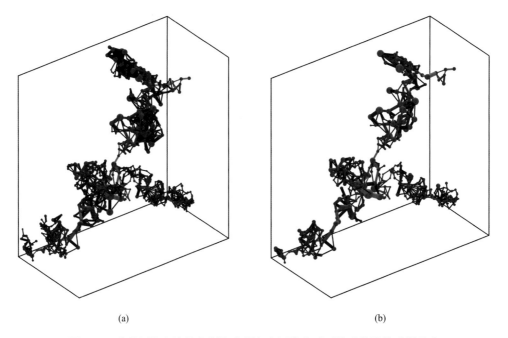

(a)　　　　　　　　　　　　　　　(b)

图 4-26　孔隙网络内流体分别为牛顿和宾汉流体时可流动的孔隙喉道分布

(a)牛顿流体；(b)宾汉流体

四、多尺度三维裂缝表征方法

最近二三十年发展起来的微观层析成像技术使得在微观尺度上观测裂缝三维结构成为可能。这意味着如果能够对微观尺度的裂缝进行准确可靠的定量描述(或称之为精细表征),则可能对大尺度上,如储层尺度或水力压裂尺度,裂缝的三维空间特征进行估计。这其中,各单条裂缝的精细表征是核心内容。本章分析了微观层析成像扫描图像中的三维裂缝,定量分析了各单条裂缝的位置、大小、形态及方向,并在此基础上给出了裂缝几何特征的统计信息,进而采用网格覆盖法来计算三维裂缝的分形维数,实现对三维裂缝的精细描述,为进一步开展储层大尺度裂缝预测研究奠定了基础。对 10 个岩心样品分别进行 6 个步骤的分析,具体包括图像装载、图像切割、图像分割、移除孤岛、裂缝分离和定量分析。

图像装载是指利用 Avizo 软件读取单个样品所在的 2008 个切片的灰度数据(图 4-27)。显然,样品所占空间仅为图像空间的一部分。因此,需要将图像切割为一个只包含岩心样品的长方体。图像分割是指根据图像的灰度值,在确定合适的阈值之后,将图像划分为仅包含孔隙/裂隙和固体基质的二值图。图像分割之后,除了一些微小孔隙,一些低密度的矿物成分也会被分割为孔隙。本节侧重分析裂缝,故而删除了体像素总数较小的孤立孔隙,这一步称为移除孤岛。移除孤岛之后,样品中的空隙主要为裂缝。在 Avizo 软件中仔细观察裂缝的相交情况,在存在裂缝相交时,利用 Avizo 软件中的图像修改功能,将相交位置的体像素修改为固体基质,从而实现裂缝分离。最后对各单条裂缝进行定量描述(图 4-28),可以给出三个典型样品在实施裂缝分离后裂缝三维分布及形态的渲染图。

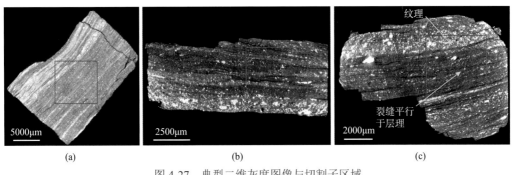

图 4-27 典型二维灰度图像与切割子区域

(a) YT250; (b) YP40; (c) YP30

不同颜色代表不同裂缝,但是由于显示时颜色差异可能不够明显,视觉上会有不同裂缝有相同颜色的现象。对比图 4-28(c)、(d),可知移除孤岛的作用主要是将很小的非裂缝性结构移除。

利用自有程序 CTSTA 对经过上述处理步骤的数据进行定量分析。定量分析的各参数定义如下:

(1)比表面积(SSA)s_p:

$$s_{\mathrm{p}} = S_{\mathrm{p}} / V \tag{4-17}$$

式中，S_{p} 为孔隙和裂缝的总表面积；V 为模型总体积。

(2)团簇：是指一组相同材料(如孔隙)体像素之间通过共面连接在一起的结构。样品中，一个团簇可以理解为一条与其他裂缝不相交的裂缝。

(3)连通性：当一个团簇出现在某一方向两个对应的边界上时，称为模型在该方向上连通。

(4)团簇形态：一个团簇中每一个体像素位置相对于团簇中心可以构成一个矢量 $\boldsymbol{a}_i$。团簇的方向和形态可以用方向矩阵 $\boldsymbol{T} = \sum\limits_{i=1}^{n} \boldsymbol{a}_i \boldsymbol{a}_i^{\mathrm{T}}$ 近似表达。方向矩阵 $\boldsymbol{T}$ 的表达式为

$$\boldsymbol{T} = \sum_{i=1}^{n} \boldsymbol{a}_i \boldsymbol{a}_i^{\mathrm{T}} \tag{4-18}$$

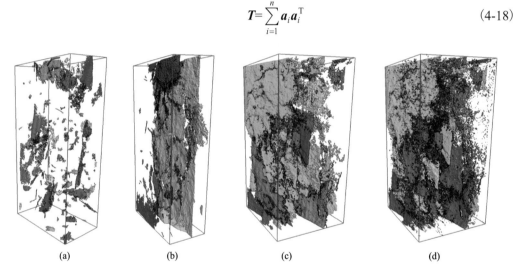

图 4-28　三个典型岩心样品裂缝三维渲染

(a) YT250；(b) YP40；(c) YP30(移除孤岛后)；(d) YP30(移除孤岛前)

方向矩阵 $\boldsymbol{T}$ 具有三个特征值 $\tau_1 < \tau_2 < \tau_3$ 及对应的特征矢量 $\boldsymbol{u}_1$、$\boldsymbol{u}_2$、$\boldsymbol{u}_3$。该方向矩阵可以用一个椭球近似表示。椭球的三个主轴分别表示团簇的三个主方向，椭球主轴的长度分别表示团簇三个主方向的延伸长度。

(5)各向同性指数。

各向同性指数的公式为

$$I = \tau_1 / \tau_3 \tag{4-19}$$

即最短轴与最长轴之比。

(6)裂缝法向：即裂缝面的法线方向，该方向与特征矢量 $\boldsymbol{u}_1$ 的方向一致。

(7)裂缝大小沿坐标轴方向的分布统计：假设有一条平行于 X 轴的直线，直线穿过某一位置时，分别对不同空隙(裂缝)宽度进行计数。假设这样的直线依顺序扫过一个平面，再依次扫过所有平面，所获得的不同大小裂缝的数量即为 X 方向上裂缝的分布统计结果。相同的方法可以获得裂缝在 Y 和 Z 方向的分布特征。

(8)分形维数：基于盒维数的网格覆盖法是计算分形维数 D 的常用方法，使用正方体网格覆盖整个三维模型，对其中含裂缝的正方体网格进行计数。网格覆盖法的分数维计算公式可表达为

$$D = -\frac{\ln \delta}{\ln N(\delta)} \tag{4-20}$$

式中，δ 为边长；$N(\delta)$ 为覆盖裂缝的正方体数目；D 为裂缝分形维数。

该方法的基本步骤：采用边长为 δ 的正方体网格覆盖整个岩心样品(不考虑边界影响)，然后统计包含有裂缝的正方体网格数目 $N(\delta)$；通过对正方体网格边长 δ 的逐步细化，统计相应的 $N(\delta)$；在双自然对数坐标系中对统计数据作回归分析，其回归直线的斜率即为岩心内部裂缝分形维数。

模型基本信息及 CTSTA 程序分析获得的几个主要参数列于表 4-3。另外，为了显示移除孤岛这一操作步骤对定量分析结果的影响，将其中 YP30 移除孤岛之前的数据也置于表 4-3 进行展示。

这四个模型的孔隙度均小于 3%，最低的仅 0.3%左右(表 4-3)，比表面积也较小。YT250 中没有连通的裂缝存在，YP30 仅在 X 方向连通，而 YP40 在 X 和 Z 方向上连通。移除孤岛之后的团簇总数在三个样品中均只有 200 个左右，移除孤岛之前(YP30)，团簇总数非常大，其中小于 10 个体像素的团簇就占了 57342 个；移除的孤岛(小孔隙、裂隙)对孔隙度的影响约 0.2%，但是对连通性没有影响。

YT250、YP40 和 YP30 岩心样品的各向同性指数统计结果见图 4-29。三个岩心样品的大部分裂缝各向同性指数小于 0.2，显示出了强烈的各向异性。YP30 和 YT250 各向同性指数分布不大于 0.15 时的概率达到 76%左右，而 YP40 各向同性指数分布不大于 0.15 时的概率接近 80%，表明该样品 YP40 中裂缝的各向异性略强，更通俗的理解即 YP40 中的裂缝更薄。

表 4-3　岩心样品的基本参数

参数	YT250	YP40	YP30(移除孤岛后)	YP30(移除孤岛前)
分析尺度(像素)	692×457×1524	729×416×1641	521×528×1056	521×528×1056
分辨率/μm	8.3262	6.1765	7.6006	7.6006
孔隙度/%	0.33	1.49	2.01	2.23
比表面积/μm^{-1}	0.49×10^{-2}	0.25×10^{-2}	0.27×10^{-2}	0.36×10^{-2}
连通方向	无	X, Z	X	X
团簇数量	198	188	182	67665

三个岩心样品的裂缝法向与三个坐标主轴的夹角统计结果表明(图 4-30)，内部裂缝空间方位较非常集中。YP40 裂缝法向与 X 轴和 Z 轴夹角主要集中在 80°～100°，与 Y 轴夹角主要集中在 0°～20°和 160°～180°。YP30 裂缝法向与 X 轴夹角主要集中在 60°～80°，与 Y 轴夹角主要集中在 0°～20°，与 Z 轴夹角主要集中在 80°～100°。YT250 裂缝法向与 X 轴和 Y 轴夹角主要集中在 40°～60°，与 Z 轴夹角主要集中在 80°～100°。相对而言，样品 YT250 内部团簇或裂缝的空间位置分布最为集中。

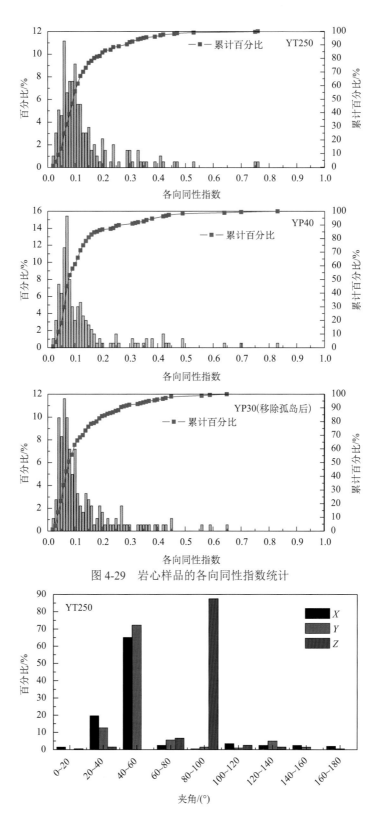

图 4-29　岩心样品的各向同性指数统计

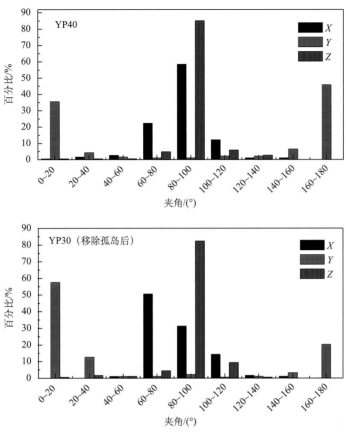

图 4-30 裂缝法向与三个坐标主轴夹角统计

X、Y、Z 分别为裂缝法向与对应轴的交角

YP40 样品裂缝大小沿坐标轴方向分布统计(图 4-31),在 X 和 Z 方向上超过 90%的裂缝分别小于 19 和 22 个体像素;而在 Y 方向上超过 90%的裂缝小于 6 个体像素。这表明,YP40 样品中裂缝主要垂直于 Y 方向,延伸方向与 X 和 Z 轴交角接近但更平行于 Z 方向。

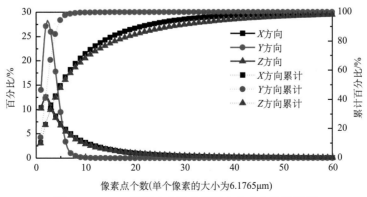

图 4-31 YP40 裂缝大小沿坐标轴方向分布统计结果

辛格图(Zingg diagram)可以很好地描述结构形状的分布。采用变化的辛格图来进一步描述岩心样品内部裂缝形状，以 τ_1/τ_3 为横轴、以 τ_2/τ_3 为纵轴展示团簇(裂缝)的分类特征。YT250、YP40 和 YP30(移除孤岛)体像素个数均为 700。YT250、YP40 和 YP30(移除孤岛后)岩心样品的裂缝分类特征统计结果(图 4-32)，裂缝主要分布于与纵轴相邻的范围内，特别是较大裂缝(10000～100000 个体像素)的形状信息几乎全部集中在 τ_1/τ_3 小于 0.2 甚至小于 0.1 的狭窄区间内，表明大部分裂缝的厚度值相较于长度值很小，即裂缝很薄。裂缝的 τ_2/τ_3 值分布在相对较宽的范围内，表明裂缝宽度值变化范围较大。

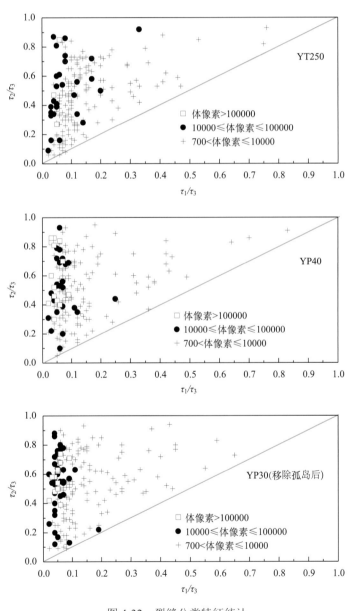

图 4-32 裂缝分类特征统计

　　YT250、YP40 和 YP30 岩心样品的裂缝分形维数拟合结果如图 4-33 所示。采用的正方体网格边长 δ 均为 2 体像素、4 体像素、8 体像素、16 体像素、32 体像素、64 体像素和 128 体像素。在双自然对数坐标系中采用最小二乘法进行线性拟合，其相关系数 R^2 均在 0.98 以上，说明统计结果具有较好的可信度，获得了很好的线性拟合结果，表明三个岩心样品压裂裂缝的分布具有统计意义上的分形特征。比较 YP30 移除孤岛前后的裂缝分维值，可以看出移除岩心样品中的微小孔隙对分维值的影响极小，但是明显提高了拟合方差，其余 7 个岩心样品的分形维数介于 1.902～2.553。

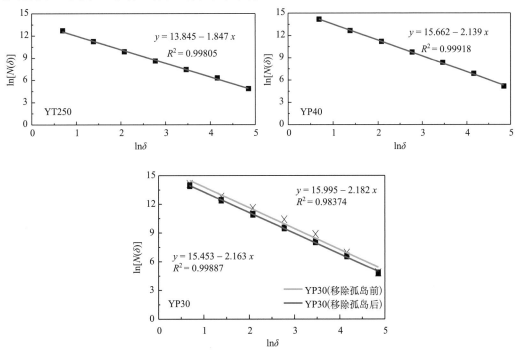

图 4-33　裂缝分形维数拟合结果（x 系数的负值为分形维数）

第三节　非均质性表征

　　以吉木萨尔凹陷芦草沟组一富有机质页岩样品为例，在 2.5cm×1.5cm 的视域范围内显示出强烈的非均质性，可以划分出 A、B、C 三个相带，不同相带发育不同的孔隙类型，但在相同相带内随着视域减小，均质性逐渐增强，非均质性减弱（图 4-34），可以认识到随着样品尺寸变小，实验观察手段分辨率的增加，其非均质性逐渐减弱，均质性逐渐增强，因此如何选取具有代表性的尺度级别成为关键科学问题，朱如凯等（2016）在总结我国致密储层结构表征需要注意的问题中提到，代表性样品尺寸不应小于岩样粒度与孔隙尺寸的 10 倍，对于页岩样品尺寸一般应大于 200μm，对于粉砂岩类样品尺寸一般应大于 1mm。形成于不同沉积环境中的泥岩虽然岩性相近，但孔隙度和孔隙结构存在明显差异，由此可见沉积环境在很大程度上控制了细粒沉积岩的非均质性，可以以沉积环境为指标对整套地层进行宏观尺度的非均质性划分，划分出不同的沉积环境单元。细粒沉积岩发育纹层等细小难辨的沉积构造，在同一古环境单元中，细粒沉积岩的岩心也存在显著的非均质性，在岩心尺度上也存在厘米甚至毫米级别的非均质性。因此选取具有代表性尺寸的样品进行分析后，如何实现从孔隙级别向沉积相级别尺度的粗化也成为关键科学问题。

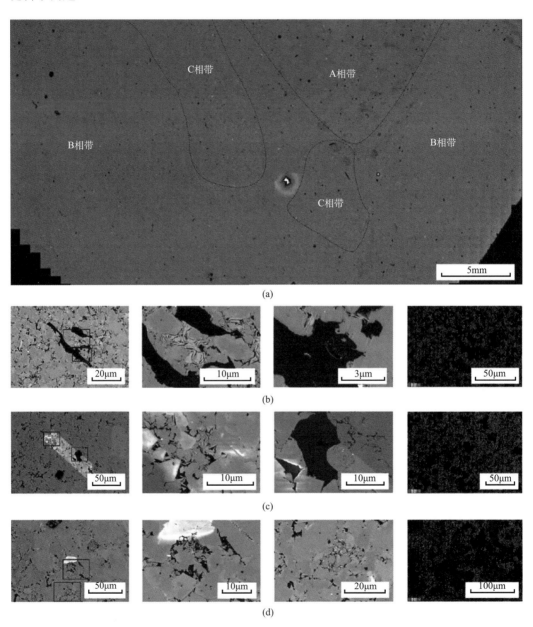

图 4-34　吉木萨尔凹陷芦草沟组富有机质页岩扫描电镜和能谱图像(据朱如凯等，2016)

(a)吉木萨尔凹陷芦草沟组富有机质页岩大面积扫描电镜图像；(b)A 相带局部放大图；(c)B 相带局部放大图；
(d)C 相带局部放大图。蓝色为 Ca，黄色为 K，绿色为 Mg，红色为 Na

对典型吉木萨尔凹陷芦草沟组富有机质页岩样品进行大面积扫描电镜图像拼接（MAPS）和能谱分析，可以将样品分为三个相带，不同相带中矿物类型和含量存在明显差别，相应的与孔隙结构也存在差异，在 A 相带中主要矿物为方解石和白云石，含少量钾长石、钠长石，粒度较小，大孔隙普遍被黏土矿物充填，孔隙以绿泥石、伊/蒙混层等黏土粒间孔为主，孔径较小；B 相带中主要矿物是方解石和白云石，但钾长石和钠长石含量明显增加，粒径增大，黏土矿物相对减少，以粒间孔为主要孔隙类型，少量被黏土矿物充填，孔径相对大于 A 相带；C 相带中主要矿物为方解石、白云石和钠长石，钠长石粒径明显增大，黏土矿物含量最小，孔隙以粒间孔为主，溶蚀扩大明显（图 4-34）。在不同沉积环境中形成的相同岩性会存在无机地球化学元素的差异，特别是一系列指示环境变化的指标。依据以上分析，利用无机地球化学元素的变化作为桥梁，实现从孔隙级别尺度向沉积相尺度的粗化，逐级表征储层非均质性，形成一套基于化学地层学和化学沉积相表征致密储层非均质性的方法。

基于化学地层学和化学沉积相表征致密储层非均质性的主要流程分为三步：①利用以无机地球化学元素为划分地层依据的化学地层学方法对整套地层进行宇观尺度（10～100m）和宏观尺度（0.1～10m）的精细划分，对应沉积相和沉积微相尺度的精细划分；②对同一沉积微相单元进行医用 CT 和大面积元素扫描，进一步划分中观尺度（1～100mm）非均质性，对应整块岩心尺寸；③在同一中观尺度（1～10mm）单元中选取柱塞样，进行 He 孔渗测定、高压压汞、恒速压汞、扫描电镜、微米 CT、纳米 CT、QEMSCAN 和 FIB 等高分辨率高精度分析。

首先利用化学地层学进行宇观尺度（10～100m）和宏观尺度（0.1～10m）的精细划分，化学地层学是通过提取地层中记录的无机地球化学元素信息和有机地球化学信息等进行地层划分对比、沉积环境和后期演化等研究的科学（蓝先洪等，1987；Norman and Deckker，1990；邓宏文和钱凯，1993；吴瑞棠和王治平，1994；吴智勇，1999；Pearce et al.，1999；Rimmer，2004；刘疆和白志强，2008）。其中无机地球化学信息主要包括主量元素、微量元素、稀土元素和同位素等，有机地球化学信息主要为有机碳和生物标志化合物等。这些地球化学信息在地层沉积和后期成岩过程中会在时空上发生迁移和富集，从而造成地层中地球化学信息类型和含量的差异变化，不但可以为地层的划分对比提供可靠依据，而且也记录了地层在沉积过程中的环境变化。特别是对于以泥岩、页岩、泥质粉砂岩等为主的细粒沉积岩，由于其具有岩性较细、沉积速率慢的特点，单纯通过岩性难以有效划分地层，而古生物划分方法在古生物匮乏地区难以有效应用。化学地层学的方法相对某些生物地层、地震地层和测井分层框架所能提供的地层划分方案分辨率要高（吴智勇，1999）。

目前无机地球化学元素中的主量元素和微量元素含量已成为常用和有效的划分地层指标，并在常规碎屑岩储层、细粒沉积岩地层和碳酸盐岩地层划分对比中均有良好的应用效果（Schieber，1999；Scopelliti et al.，2006，2013；Weibel et al.，2010；Ingram et al.，2013；Sabatino et al.，2015；Craigie et al.，2016；郭来源等，2015；马坤元等，2016；Schmid，2017）。因此获得地层高分辨率的无机地球化学信息具有重要意义，目前随着仪器设备的不断发展和改进，手持式 X 射线荧光光谱分析仪（hand-held energy-dispersive X-ray fluorescence，ED-XRF）可以准确、低成本地对地层进行相对高分辨率（依据地层实际情况分辨率可达 1cm/点）的原位单点扫描，获得原子序数大于 11 的主量元素和微量元素的均一化含量值，数据可靠(Rowe et al.，2012；Mauriohoohoa et al.，2016；马晓潇等，2016；张广玉等，2017；曹海洋等，2017)，因此可以利用手持 XRF 仪获取地层高分辨率的无机地球化学元素信息。

地层中会出现矿物异常分布区而使测试数据出现部分异常点，或数据纵向分布规律不明显，因此需要对数据进行频谱分析和滤波等处理，获得更加显著和可靠的变化趋势，进而进行化学地层学的划分。在此主要利用 INPEFA(integrated prediction error filter analysis) 技术进行数据的处理，首先利用最大熵谱分析(maximum entropy spectral analysis，MESA)按信息熵最大准则外推得到自相关函数，然后利用预测误差滤波分析(prediction error filter analysis，PEFA)在 MESA 基础上，计算每一个深度点的 MESA 预测值，然后与对应的曲线真实值进行相减得到的数据差值(误差=实际数据–滤波数据)。PEFA 曲线为一条不规则的沿着地层垂向变化的锯齿状曲线，大小不同的尖峰代表不同级别的界面。然后对 PEFA 曲线进行特定的积分处理，获得 INPEFA 曲线，其变化趋势更加明显，不同的趋势拐点代表不同的地层分界面(图 4-35)(Nio et al.，2005；王梦琪等，2016)。

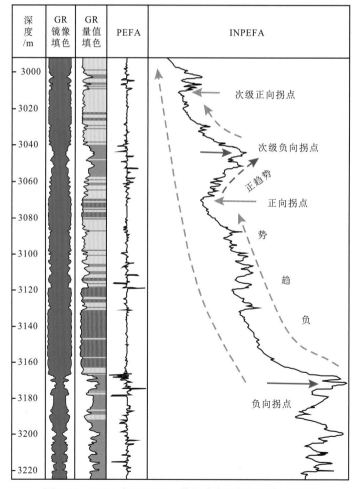

图 4-35　PEFA 与 INPEFA 特征意义(路顺行等，2007)

古环境在一定程度上控制了储层的发育，利用 U/Th 作为古氧化还原指标，Ca/(Ca+Fe) 作为古盐度指标，(Al+Fe)/(Ca+Mg) 和 GR 曲线作为古水深指标，Sr/Cu 作为古气候指示指标，不同的古环境条件对孔隙度的控制程度具有差异性，在上"甜点段"，泥质粉砂岩的孔隙度与 (Al+Fe)/(Ca+Mg) 指标呈较好的正相关关系 (R^2=0.62)，与 Sr/Cu 指标呈较好的负相关关系 (R^2=0.67)，与 Ca/(Ca+Fe) 指标呈较好的负相关关系 (R^2=0.67)，表明随着气候相对潮湿，陆源碎屑供给量增加，盐度降低，水体加深，不利于白云石沉积，原生粒间孔孔更加发育。在下"甜点段"，泥质粉砂岩与各指标的关系和上"甜点段"具有相似的变化规律，但相关性变差，与 (Al+Fe)/(Ca+Mg) 指标、Sr/Cu 指标和 Ca/(Ca+Fe) 指标的 R^2 分别为 0.29、0.35 和 0.44。白云质粉砂岩与 (Al+Fe)/(Ca+Mg) 指标呈较好的正相关关系 (R^2=0.66)，与 Ca/(Ca+Fe) 指标呈较好的负相关关系 (R^2=0.73)（图4-36），但与 Sr/Cu 指标呈拱形的关系，同时在相近的古环境条件下，白云质粉砂岩的孔隙度相对泥质粉砂岩较大。结合白云石含量的变化规律，表明古气候在从潮湿变为干旱的过程中，白云石含量的增加会降低压实作用对原生孔隙的破坏，同时原生孔隙的保存利于原油充注，其中的有机酸会对长石颗粒和白云石进行溶蚀。但随着白云石含量的进一步增加，原生孔隙又会被过量的白云石充填造成孔隙度的减小。

细粒沉积岩主要形成于相对低能环境 (Schieber and Zimmerle，1998；姜在兴等，2013)，在海相环境中，细粒沉积岩主要发育在滞流海盆、陆棚区局限盆地、边缘海斜坡等正常浪基面以下部位，受控于物源和水动力条件 (Picard，1971)。在湖相环境中，细粒沉积岩主要发育在前三角洲-半深湖-深湖、滨浅湖部位 (袁选俊等，2015；赵贤正等，2017)，受控于湖平面变化、构造作用、沉积物源和盆地底形等因素 (Lemons and Chan，1999)。以上环境虽然都是相对低能环境，但细粒沉积岩的沉积构造、沉积物来源和成因、地球化学特征等具有明显差异。细粒沉积岩的沉积构造组合可以在一定程度上指示沉积部位，在海相沉积中深海半深海部位沉积的细粒沉积岩发育水平和块状层理，浅海部位发育砂纹、波状和交错层理等。在湖相沉积中深湖部位沉积的细粒沉积岩发育平直纹层、似块状层理，半深湖部位发育波状、透镜状、粒序和块状等层理，深湖-半深湖重力流发育递变和块状层理，前三角洲-浅湖沉积发育块状层理、生物扰动构造、平行层理。沉积部位影响了细粒沉积岩有机质的类型和富集，以及孔隙结构，因此研究沉积构造具有重要意义，但细粒沉积岩颜色相对均一，不利于肉眼直接识别，但沉积构造的变化会引起无机地球化学元素的变化，因此可以利用化学沉积相方法中获得的无机地球化学元素强度平面分布图来识别沉积构造。

不同的沉积物来源和成因不仅影响细粒沉积岩中原油的流动，还影响后期的压裂效果。油气在储层中流动时不仅受孔喉大小的影响，还受孔隙壁部矿物润湿性的影响 (Barclay and Worden，2000；Buckley，2001)，在以石英和长石等水润湿的矿物围成的孔喉中，原油易于流动，利于开发，而在方解石和白云石等油润湿的矿物围成的孔喉中，原油不易流动，不利于开发。在对细粒沉积岩中的油气进行开发时普遍需要进行压裂，因此评价细粒沉积岩的可压裂性具有重要的意义 (Chong et al.，2010)。目前一般利用矿物组成或岩石力学参数来表征可压裂性脆性 (Jarvie et al.，2007；唐颖等，2012)，其中

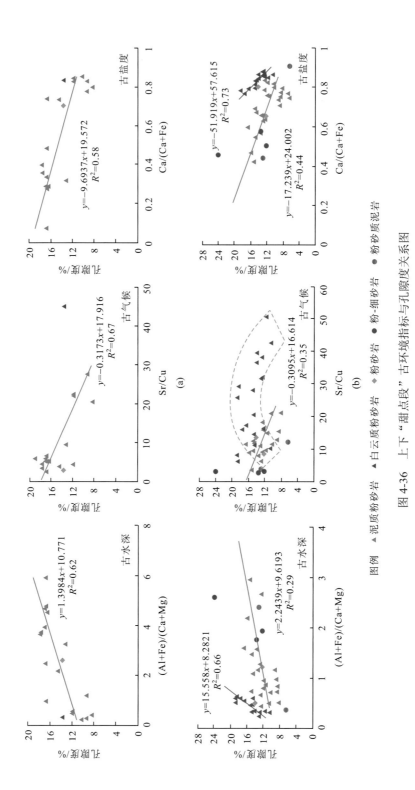

图例　▲泥质粉砂岩　▲白云质粉砂岩　●粉砂岩　◆粉-细砂岩　●粉砂质泥岩

图 4-36　上下"甜点段"古环境指标与孔隙度关系图

(a) 上"甜点段"；(b) 下"甜点段"

矿物可分为脆性矿物和非脆性矿物，目前国内外学者普遍将石英、长石、白云石和方解石视为脆性矿物(Nelson，1985；Sondergeld et al.，2010；Slatt and Abousleiman，2011；杜金虎等，2011；康玉柱，2012)，一般情况下，脆性矿物含量越高，岩石脆性越强，越易于形成天然或诱导裂缝，但岩石的脆性也受脆性矿物的分布影响，当陆源碎屑石英在岩石中呈弥散状分布时，会造成岩石压裂过程中的应力分散，不利于网状裂缝的形成，因此岩石虽然具有较高的脆性矿物含量，却脆性较弱(郝运轻等，2016)。生物成因的硅质，不但指示了细粒沉积岩沉积过程中较高的初级生产力，具有更高的资源量(Dennett et al.，2002；Angel，2010)，其分布也相对集中，可压性更好。成岩演化形成的自生石英主要由胶结作用和黏土矿物转化而成，不仅可以增加石英的含量，还可以使页岩的结构硬化进一步增加岩石的脆性(赵建华等，2016)。有效识别脆性矿物的来源和成因具有重要意义，不同的来源和成因具有不同的无机地球化学元素组成，因此可以利用无机地球化学元素指标来识别脆性矿物的来源和成因。而常规识别沉积物来源和成因的方法中薄片鉴定和扫描电镜观察仅能观察局部，容易造成取样不具代表性的不足，传统 XRF、XRD等元素需要将样品粉碎均一化，容易造成无用信息掩盖有效信息的现象，均不能有效判别细粒沉积岩沉积物来源和成因，因此可以利用化学沉积相方法获得大尺度手标本表面的元素地球化学信息，对各像素点进行无机地球化学分析，可以弥补选样不具代表性和均一化后无用信息掩盖有效信息的不足，最大限度实现脆性矿物来源和成因的有效识别。在海相环境中，十分高的表层水体浮游生物生产力和有利于有机质保存、聚积与转化沉积条件是形成富有机质黑色页岩的必要条件(Stow et al.，2001)。在陆相湖泊环境中，潮湿气候下的淡水湖泊环境以腐泥型干酪根为主，陆源碎屑注入较多，咸水湖泊在相对潮湿气候时期盐度较低时利于生物繁育，为腐泥型干酪根，陆源碎屑注入量较高，在相对干旱气候时期，盐度较高时不利于生物繁殖，主要为腐殖型干酪根，陆源碎屑注入量低，碳酸盐含量较高(薛叔浩等，2002；冯增昭，2013)。但由于古环境的频繁变化，在极小的厚度内会出现多种古环境特征，需要利用化学沉积相方法获得大尺度手标本表面的元素地球化学信息，实现最大尺度和精度的对古环境变化的研究和表征。

以芦草沟组细粒沉积岩为例，其颜色相对均匀，且存在明显的陆源碎屑和碳酸盐的混积现象，使得芦草沟组岩性鉴别和沉积构造识别难度明显增加，不利于对沉积相的研究，常规的薄片鉴定和扫描电镜观察样品尺寸小，易造成样品不具有代表性；常规的 XRF和 XRD 等元素矿物分析手段需要对样品进行粉碎均一化的处理，易使无用信息过多而覆盖有效信息。矿物成分的变化直接影响无机地球化学元素的变化，因此可以利用无机地球化学元素在岩心表面的变化来表征细粒沉积岩平面非均质性，实现沉积构造识别、沉积物来源和成因研究、古环境精细研究等方面的工作，为沉积相的研究提供一个高效方法。因为该方法是以无机地球化学元素为手段研究沉积相，所以本书称之为化学沉积相。

化学沉积相的方法流程主要为：①获得大体积手标本样品表面的光学照片；②利用大面积 XRF 扫描技术对样品表面进行高分辨率元素扫描(>30μm/点)，获得二维平面元素分布信息；③原位提取元素定量数据，精细研究古环境参数，判断形成古环境(图4-37)。

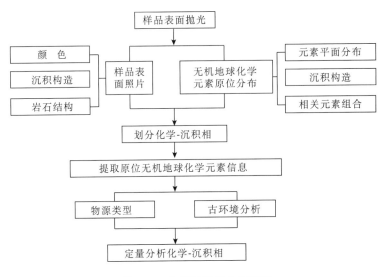

图 4-37　化学沉积相分析流程

以吉木萨尔凹陷吉 305 井 3415.65～3415.78m 芦草沟组粉砂质泥岩为例(图 4-38)，可见复杂的元素分布,分析 Ca 和 Mg 富集的碎块的来源和形成古环境可以对芦草沟组储层的沉积相具有更深的认识。根据化学沉积相的方法流程,首先根据指向性元素的强度分布图可以定性分析古环境的平面分布。其中 Al、K 和 Si 指示陆源碎屑沉积,其含量高指示半潮湿气候,发育地表径流,向盆地中搬运较多陆源碎屑。Ca 和 Mg 指示盆地内部碳酸盐岩沉积,其含量高指示干旱气候,不发育地表径流,极少有陆源碎屑被搬入盆地。锶(Sr)的高值指示气候干旱,水体盐度高,低值指示气候潮湿,水体盐度低。铜(Cu)为喜湿元素,其高值一般指示潮湿气候。钛(Ti)主要来自陆源碎屑物质,高值指示高陆源碎屑注入量,半潮湿气候,而且相对稳定,随着搬运距离的增加会相对富集,也指示相对深水环境。V、U、Mo 富集时指示还原条件。

针对 3415.65～3415.78m 处的粉砂质泥岩(图 4-38),在样品底部 Al、K、Si 含量相对较高,Ti 的含量变化趋势与之一致,指示物源以外源陆源碎屑为主,Sr 含量相对较低,Cu 含量相对较高,指示潮湿气候。综合来看,水体较深、盐度较低,同时 U、V 值相对较高,可定为还原环境,由此判断样品底部沉积时期古环境为潮湿气候、水体较深、盐度较低和强还原环境。样品顶部元素分布复杂,在高 Al、K、Si 含量中夹杂杂乱堆积、分选磨圆极差的高 Ca、Mg 含量碎块,高 Al、K、Si 含量区域元素分布特征与底部基本一致,而碎块中的 Ca、Mg 和 Sr 值高,Ti、Cu、U 和 V 值低,表明碎块最原始的形成古环境为干旱、高盐度、浅水弱还原环境。基于以上分析,通过单一指向性元素的平面分布图定性划分样品的化学沉积相带,常规需要均一化粉碎的实验分析手段在没有化学沉积相方法的指导下,可能只取到一个古环境区域或将三个古环境区域混合到一起。在化学沉积相方法中,可以在不同相带原位提取元素数据,结合古环境计算参数即可明确化学-沉积相间的差异。

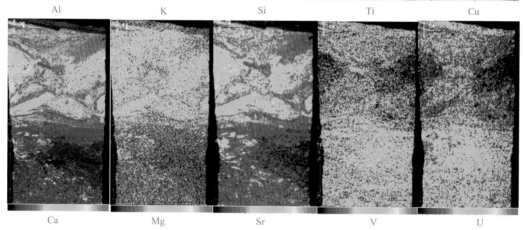

图 4-38　吉 305 井 3415.65～3415.78m 粉砂质泥岩各元素强度平面分布图

色标条从左到右显示元素的强度逐渐增强

利用以上古环境定量指示参数，建立雷达图(图 4-39)。Object-1 的各古环境参数中，Sr/Cu=456.24，指示干旱气候；V/Cr=13.36，指示强还原环境；Sr/Ba=5.38，指示咸水；(Al+Fe)/(Ca+Mg)=0.33，指示相对浅水环境。Object-2 的各古环境参数中，Sr/Cu=524，指示干旱气候；V/Cr=13.95，指示强还原环境；Sr/Ba=3.75，指示咸水；(Al+Fe)/(Ca+Mg)=0.34，指示相对浅水环境。虽然 Object-1 和 Object-2 在平面上相距较远，但古环境条件基本一致，雷达图形态基本一致近乎重合。Object-3 的各古环境参数中，Sr/Cu=108.7，指示干旱气候；V/Cr=13.62，指示强还原环境；Sr/Ba=3.92，指示咸水；(Al+Fe)/(Ca+Mg)=0.73，指示相对深水环境。Object-4 的各古环境参数中，Sr/Cu=111.45，指示干旱气候；V/Cr=13.26，指示强还原环境；Sr/Ba=3.21，指示咸水；(Al+Fe)/(Ca+Mg)=0.62，指示相对深水环境。Object-3 和 Object-4 古环境条件基本一致，雷达图形态基本一致。虽然 Object-3 和 Object-1，Object-4 和 Object-2 在平面上相距较近，但古环境条件相差明显。Object-5 的各古环境参数中，Sr/Cu=70.45，指示干旱气候；V/Cr=26.63，指示强还原环境；Sr/Ba=0.77，指示淡水；(Al+Fe)/(Ca+Mg)=1.38，指示

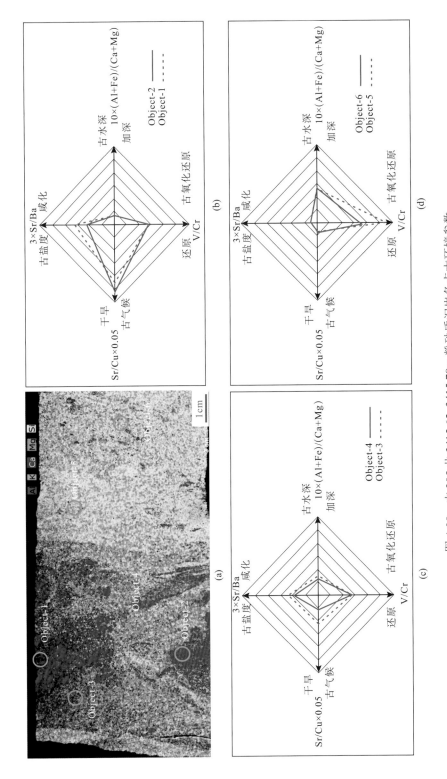

图 4-39　吉 305 井 3415.65~3415.78m 粉砂质泥岩各点古环境参数

(a) Al(红色)、K(绿色)、Ca(蓝色)、Mg(粉色)、Si(黄色)五种元素强度综合平面分布图；(b) Object-1 和 Object-2 的古环境指数雷达图；(c) Object-3 和 Object-4 的古环境指数雷达图；(d) Object-5 和 Object-6 的古环境指数雷达图

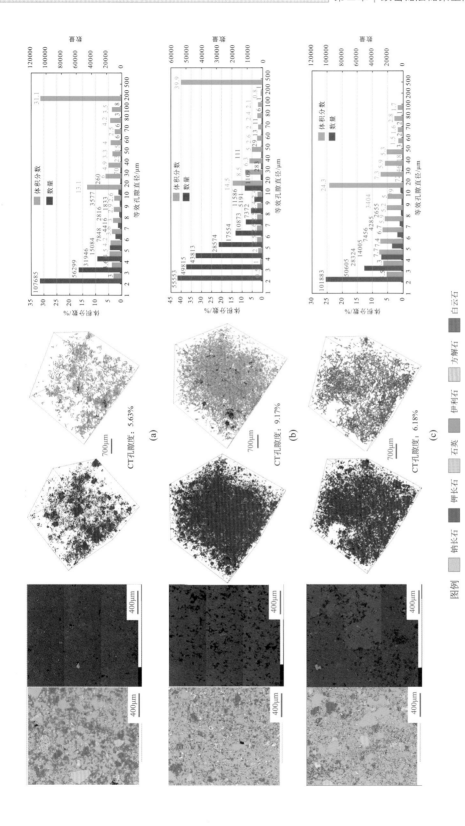

图 4-40 各相带矿物平面分布图、扫描电镜图、孔隙三维分布图、孔隙结构三维分布图和微米 CT 孔隙直径分布图

(a) 1 相带；(b) 2 相带；(c) 3 相带

相对深水环境。Object-6 的古环境参数中，Sr/Cu=61.67，指示干旱气候；V/Cr=16.93，指示强还原环境；Sr/Ba=0.75，指示淡水；（Al+Fe）/（Ca+Mg）=1.32，指示相对深水环境。Object-5 和 Object-6 雷达图形态基本一致。以上结果表明，碎块主要来自干旱条件下形成的未固结白云质沉积物，在某次较强水体波动中破碎搬入湖盆与陆源碎屑同时沉积，其形态具有明显的撕裂特征。分析结果表明此碎块古环境总体为干旱条件，由于气候波动造成短期降水量突然增大引起水动力突然增强，破坏了早期未固结沉积物。

在同一尺度（1～10mm）单元中选取柱塞样，进行扫描电镜、微米 CT、QEMSCAN 等高分辨率高精度分析。对该样品中的 3 个相带选取柱塞样进行微米 CT 和扫描电镜分析认识到不同相带孔隙结构存在明显差异：1 相带元素分布显示 Ca 和 Mg 富集，中间夹 Al、K 和 Si 富集的细小纹层或细小颗粒，在 QEMSCAN 中显示均为粉-砂屑白云岩，总面孔率为 5.67%，表现为油浸，CT 数据分析孔隙度为 5.63%，在三维孔隙结构中大溶孔相对孤立分布，为孤立溶孔型储层[图 4-40(a)]；2 相带元素分布以 Al 和 Si 为主，Ca 和 Mg 相对较少，在 QEMSCAN 中均显示为泥质粉砂岩，白云石含量低于 25%，总面孔率为 8.2%，含油性为油浸，CT 数据分析孔隙度分别为 9.17%，在三维空间内孔隙遍布整个空间，连通性较好，为粒间孔溶蚀扩大型储层[图 4-40(b)]；3 相带元素分布显示 Al、K 和 Si 富集，Ca 和 Mg 基本无显示，在 QEMSCAN 中显示均为泥质粉砂岩，总面孔率为 7.37%，含油性为油斑，CT 数据分析孔隙度为 6.18%，在三维空间上局部的粒间孔溶蚀扩大，连通性小于 2 相带，为局部粒间孔溶蚀扩大型储层[图 4-40(c)]。

第四节　准噶尔盆地芦草沟组致密储层表征

吉木萨尔凹陷位于准噶尔盆地东部隆起，北接沙奇凸起，西接北三台凸起，东接古西凸起，南临天山山前冲断带，总面积约为 1287km²，北部和西北部以老庄湾断裂和吉木萨尔断裂为界，西南部以西地断裂为界，南部以三台断裂和后堡子断裂为界，东部紧邻古西隆起，总体呈西断东超的箕状形态，进一步细分为东部斜坡带和西部深洼带，深洼带中心位于西地断裂附近，最大埋深达 4500m，内部断裂相对不发育，以小规模断层为主，主要集中在东部斜坡带。吉木萨尔凹陷发育于上石炭统褶皱基底之上，沉积地层自二叠系至新近系累计厚度可达 5000m，自下而上依次为二叠系井井子沟组（P_2j）、芦草沟组（P_2l）和梧桐沟组（P_3wt），三叠系韭菜园组（T_1j）、烧房沟组（T_1sh）和克拉玛依组（T_2k），侏罗系八道湾组（J_1b）、三工河组（J_1s）、西山窑组（J_2x）、头屯河组（J_2t）和齐古组（J_3q），白垩系吐谷鲁群（K_1tg），古近系（E）。凹陷内沉积的地层受构造演化的影响，吉木萨尔凹陷内发育多期不整合，其中 P_3wt 与下伏 P_2l 不整合接触；T_1j 与下伏 P_3wt 不整合接触；J_1b 在西部与下伏 T_2k 不整合接触，在东部与下伏 P_3wt 不整合接触；J_2t 与下伏 J_2x 不整合接触；K_1tg 与下伏 J_3q 不整合接触；古近系自西向东依次与下伏 K_1tg、J_3q、P_3wt、P_2l 和 P_2j 不整合接触，总体而言，吉木萨尔凹陷沉积地层具有西部厚、东部薄的特征（图 4-41）。

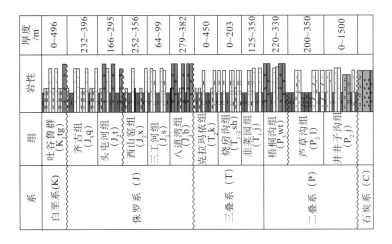

系	组	岩性	厚度 /m
白垩系(K)	吐谷鲁群 (K₁tg)		0~496
侏罗系 (J)	齐古组 (J₃q)		232~396
	头屯河组 (J₂t)		166~295
	西山窑组 (J₂x)		252~356
	三工河组 (J₁s)		64~99
	八道湾组 (J₁b)		279~382
三叠系 (T)	克拉玛依组 (T₂k)		0~450
	烧房沟组 (T₁₋₂sh)		0~203
	韭菜园组 (T₁j)		125~350
二叠系 (P)	梧桐沟组 (P₃wt)		220~330
	芦草沟组 (P₂l)		200~350
石炭系 (C)	井井子沟组 (P₂j)		0~1500

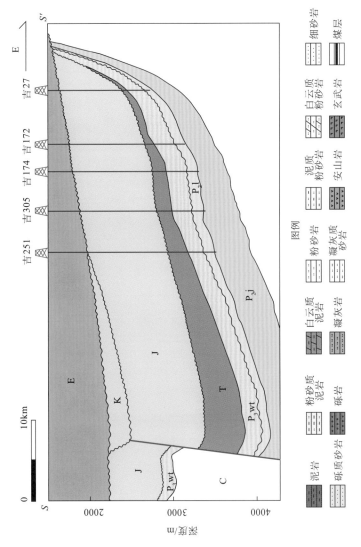

图 4-41　准噶尔盆地吉木萨尔凹陷典型构造剖面及地层格架

芦草沟组(P_2l)为吉木萨尔凹陷致密油的主要产层，遍布全凹陷，厚度分布在200～350m，自下而上可以细分为芦草沟组一段(P_2l_1)和芦草沟组二段(P_2l_2)(匡立春等，2012)。吉305井相对靠近凹陷中部，钻穿整个芦草沟组，P_2l_1以灰色、深灰色泥岩及白云质泥岩为主，夹灰色泥质粉砂岩和白云质粉砂岩；P_2l_2以灰色、深灰色泥岩、灰质泥岩、白云质泥岩、泥质白云岩为主，夹灰色、深灰色泥质粉砂岩、泥灰岩(图4-42)。总体而言，芦草沟组沉积于咸化湖盆，以深湖、半深湖、浅湖、三角洲前缘、滩坝等沉积相为主(斯春松等，2013；邵雨等，2015；匡立春等，2015；张亚奇等，2016，2017；Qiu et al.，2016；Wu et al.，2016；马克等，2017)。

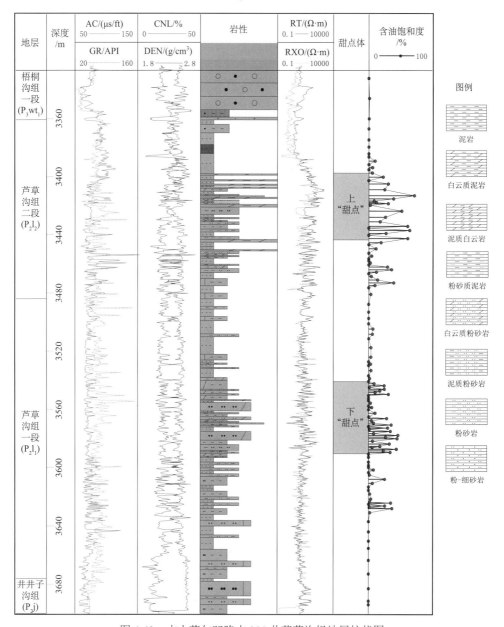

图4-42 吉木萨尔凹陷吉305井芦草沟组地层柱状图

在 20 世纪 80 年代中期，准噶尔盆地芦草沟组地层中就已发现致密油（王宜林等，2002），在 2010 年，在吉木萨尔凹陷内部署钻揭芦草沟组的钻井均获得大段荧光显示和气测异常（匡立春等，2013），在 2011 年，吉 25 井芦草沟组试油，日产油 11.86m³，在 2012 年，吉 172-H 井水平井段经 15 级压裂后日产油 65t，继而对吉 32-H 井和吉 251-H 井水平井段进行 13 级压裂，投产后一个月平均日产油 33.3t，投产初期的 12 口直井日产油 0.7～11.6t，平均为 5.7t（吴承美等，2014）。吉 305 井为 2016 年所钻的新井，上"甜点段"和下"甜点段"具有较高的含油性，含油饱和度普遍大于 30%，最高可达 61.57%，试油结果显示上"甜点段"的 3411.5～3444m 段日产油 18.21t，下"甜点段"的 3565～3580m 段日产油 5.76t，显示出良好的勘探开发前景，但投产后井口压力下降较快，产量下降快，除了在工程上进行改进以外，还需在致密储层微观非均质性等角度进行更深入和细致的研究。

一、化学地层学分析

（一）古环境特征

对于细粒沉积岩，沉积古环境不仅影响有机质的分布，对储层的物性也有一定影响，其中古气候是影响湖盆水平面波动、水体盐度、生物有机质类型和沉积相类型的最重要控制因素（Yan and Zhang，2015；袁选俊等，2015）。Sr/Cu、Fe/Mn、Mg/Ca 和 Rb/Sr 已经成为指示古气候变化的有效指标，其中高 Sr/Cu、高 Mg/Ca、低 Fe/Mn 和低 Rb/Sr 指示半干旱的古气候条件，Sr/Cu>10 指示干旱气候，Sr/Cu<10 指示潮湿气候（刘刚和周东升，2007；Ratcliffe et al.，2010；熊小辉和肖加飞，2011；Roy and Roser，2012；高拉凡等，2016）。

选取 Sr/Cu 和 Fe/Mn 作为古气候参数（图 4-43 和图 4-44），在上"甜点段"，Sr/Cu 分布在 0.66～99.53，平均为 10.41；Fe/Mn 分布在 5.49～187.39，平均为 42.69。在下"甜点段"，Sr/Cu 分布在 0.97～89.48，平均为 15.65；Fe/Mn 分布在 6.23～194.07，平均为 31.61。总体上具有高 Sr/Cu 和低 Fe/Mn 的特点，总体为干旱古气候，在纵向上变化频繁，显示出古气候在干旱大背景下出现短期潮湿的特征，在上"甜点段"3417m 存在古气候明显差异界面，界面以上的上"甜点段"上部地层干旱程度最高，变化最为频繁，泥岩、白云质泥岩和白云岩频繁交互，夹薄层泥质粉砂岩、细砂岩，可见泥裂构造，进一步表明地层在沉积时古气候总体干旱，偶尔在短期内变潮湿。在界面以下的上"甜点段"下部地层中 Sr/Cu 最低，Fe/Mn 最低，在岩性柱状图上以泥质粉砂岩为主，表明该段地层沉积时，气候半潮湿，物源供应充足，沉积物粒度较粗。总体而言，芦草沟组上"甜点段"和下"甜点段"沉积时期为半干旱古气候。

古盐度对古气候极为敏感，特别是对内陆湖盆，古气候的蒸发/降雨量直接控制了古盐度，随着水体盐度的升高，会形成更多的白云石沉淀（赵俊青等，2004），Ca/(Ca+Fe) 和 Sr/Ba 已成为广泛应用指示古盐度的指标。其中 Ca/(Ca+Fe) 值越高，指示水体盐度越高（蓝先洪等，1987），Sr/Ba<0.5 指示淡水，0.5<Sr/Ba<1 指示半咸水，Sr/Ba>1 指示咸水

（郑荣才和柳梅青，1999；雷开宇和柳梅青，2017）。

在上"甜点段"，Ca/(Ca+Fe)分布在 0.02～0.98，平均为 0.59；Sr/Ba 分布在 0.05～2.87，平均为 0.65。在下"甜点段"，Ca/(Ca+Fe)分布在 0.01～0.99，平均为 0.75；Sr/Ba 分布在 0.03～2.78，平均为 0.78（图 4-43 和图 4-44）。总体上显示芦草沟组上"甜点段"和下"甜点段"沉积于半咸水-咸水水体之中，古盐度在纵向上变化频繁，随着古气候从潮湿向干旱过渡，水体的盐度逐渐由淡变咸，该认识与蒋宜勤等(2015)在吉 174 井和曲长胜等(2017)在吉 32 井上的认识基本一致。在上"甜点段"3417m 处存在一个古盐度差异明显的界面，与古气候的分界面基本一致，在界面之上的上"甜点段"上部古盐度最高，界面之下的上"甜点段"下部古盐度最低，受古气候的影响明显，下"甜点段"的古盐度总体低于上"甜点段"上部，高于上"甜点段"下部，受古气候的一定影响，但受影响程度低于上"甜点段"。

古水深变化规律复杂，受控于古气候、古构造和沉积物供给速率等因素的综合作用，(Al+Fe)/(Ca+Mg) 和 Rb/K 可以作为指示沉积水体的有效参数(熊小辉和肖加飞，2011)，并获得了广泛应用。高(Al+Fe)/(Ca+Mg)和高 Rb/K 值指示深水环境（图 4-43 和图 4-44），在上"甜点段"(Al+Fe)/(Ca+Mg)分布在 0.07～9.98，平均为 2.58；Rb/K 分布在 0.00109～0.00487，平均为 0.00286。在下"甜点段"，(Al+Fe)/(Ca+Mg)分布在 0.08～6.64，平均为 0.96；Rb/K 分布在 0.00111～0.00498，平均为 0.00238。结合岩心观察认识到芦草沟组上"甜点段"和下"甜点段"主要沉积于半深水-浅水环境中，在上"甜点段"3417m 处存在水深差异明显界面，在界面之上的上"甜点段"上水体较浅，甚至出现泥裂等暴露沉积构造，在界面之下的上"甜点段"下部，水体较深，同时沉积大量泥质粉砂岩，显示出较深水体中较高的可容空间，下"甜点段"水体较浅，出现较多的白云质粉砂岩。

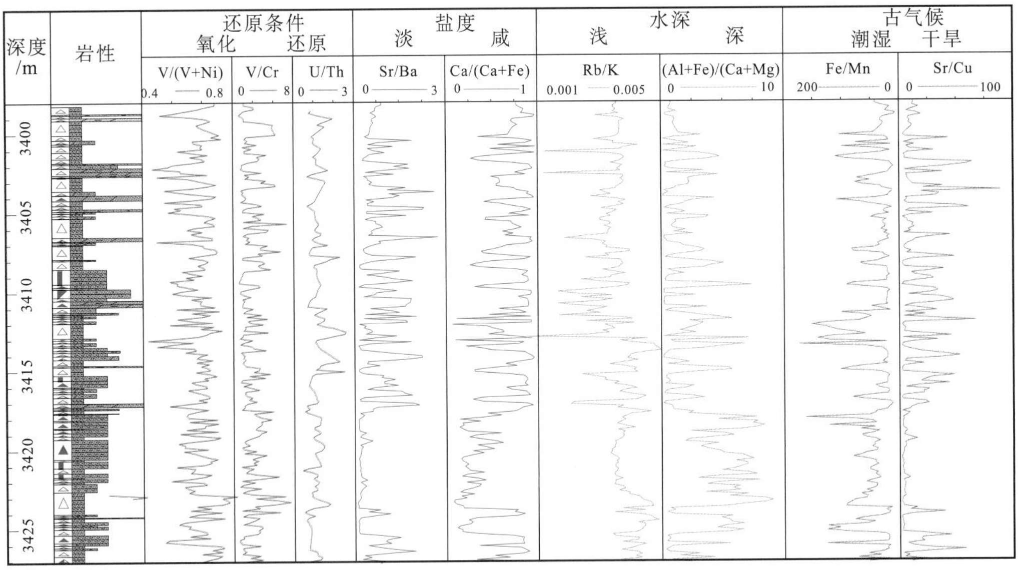

图 4-43　吉 305 井芦草沟组上"甜点段"（3398～3427m）古环境指标纵向分布（图例同图 4-42）

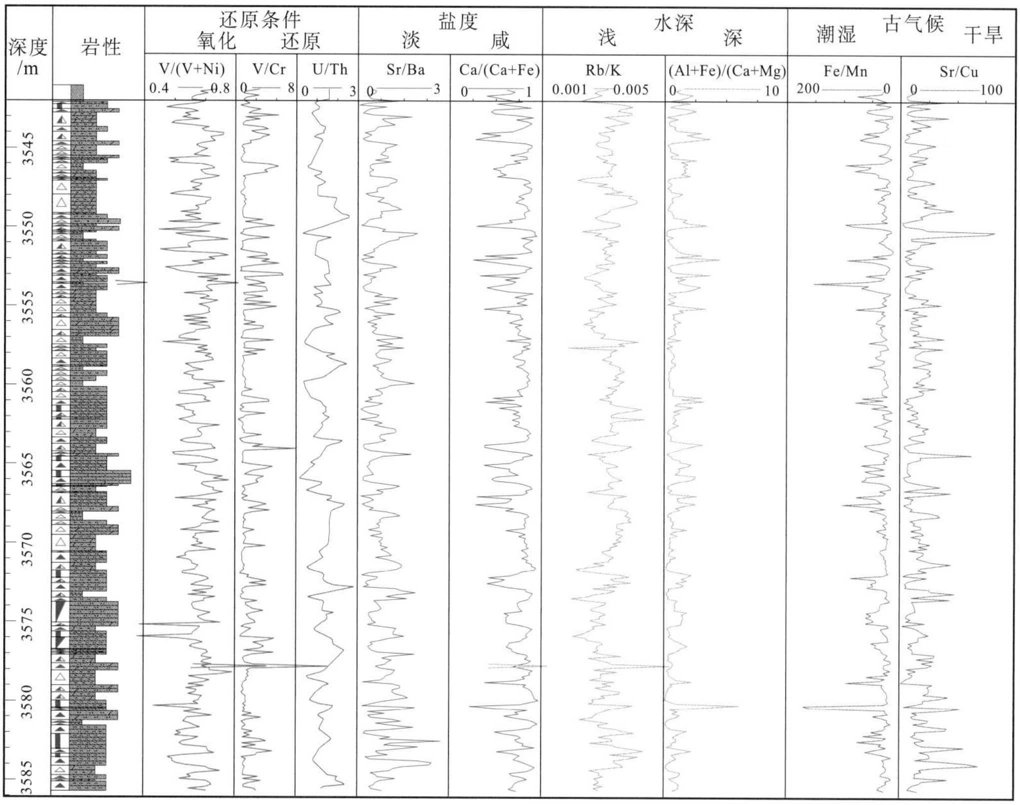

图 4-44　吉 305 井芦草沟组下"甜点段"(3542～3586m)古环境指标纵向分布(图例同图 4-42)

古氧化还原条件控制了有机质沉积后的保存,在还原-强还原条件下,利于有机质的大量保存,芦草沟组致密油储层中泥质粉砂岩中也含有较多的有机质(Cao et al.,2017),因此古氧化还原条件也成为芦草沟组致密油成藏的关键因素。U、Th、V、Ni、Cr、Co和 Mo 是对氧化还原条件敏感的微量元素(Dean et al.,1997;Nicolas et al.,2006),目前基于这些元素已提出了多个可以有效表征古氧化还原条件的指标,其中 V/Cr>4.25,U/Th>1.25, V/(V+Ni)>0.84 时指示还原条件; 2<V/Cr<4.25, 0.75<U/Th<1.25,0.6<V/(V+Ni)<0.84 时指示弱氧化-弱还原环境;V/Cr<2,U/Th<0.75,V/(V+Ni)<0.6 时表征氧化环境(Dill et al,1988;Jone and Manning,1994;Davis et al.,1999;Jones et al.,2005)。在上"甜点段",V/(V+Ni)分布在 0.21～0.81,平均为 0.59;V/Cr 分布在 1.13～8.29,平均为 2.96;U/Th 分布在 0.08～3.38,平均为 1.11。在下"甜点段",V/(V+Ni)分布在 0.03～0.8,平均为 0.57;V/Cr 分布在 0.24～6.58,平均为 2.73;U/Th 分布在 0.15～2.83,平均为 1.18(图 4-43 和图 4-44)。芦草沟组上"甜点段"和下"甜点段"主要为弱还原-强还原条件,还原条件基本一致,在纵向上会出现频繁变化,但基本未超出弱还原-强还原条件的范围。

综上,芦草沟组上"甜点段"和下"甜点段"总体沉积于半潮湿-半干旱-干旱气候条件下的半咸水-咸水水体之中,水体深度自浅水至半深水均有分布,氧化还原条件为弱还原-强还原，但在纵向上出现频繁变化，因此需要对纵向上的变化规律进行研究，划分古环境变化单元。

（二）古环境单元划分

芦草沟组上"甜点段"和下"甜点段"古环境在半潮湿-半干旱-干旱、半咸水-咸水、浅水-半深水和弱还原-强还原条件的基本框架内频繁变化，具有一定规律性，直接通过原始的古环境参数曲线难以有效划分古环境变化单元（图 4-43、图 4-44）。为了更直观有效地在纵向上划分古环境单元，引入合成预测误差滤波分析（integrated prediction error filter analysis，INPEFA）原理，利用 Cyclolog 软件对各古环境参数曲线进行数据处理获得 INPEFA 曲线。

以上"甜点段"3398～3427m 和下"甜点段"3542～3586m 为处理深度窗口，利用 Cyclolog 分别对两个"甜点段"29m 和 44m 的连续古环境参数曲线进行处理，获得 INPEFA 曲线，曲线直观展示各古环境参数变化趋势，古盐度、古水深和古气候参数 INPEFA 曲线表现基本一致，利用 GR 数据运算出的 INPEFA 曲线与古水深参数 INPEFA 曲线形态基本一致，表明可以利用 GR 运算 INPEFA 曲线与吉 305 井进行古环境单元的对比（图 4-45、图 4-46）。

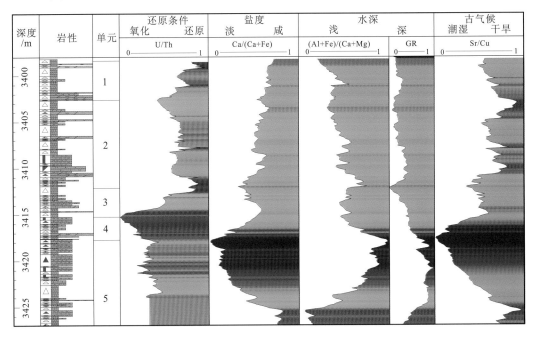

图 4-45　吉 305 井芦草沟组上"甜点段"3398～3427m 古环境 INPEFA 曲线及古环境单元划分（图例同图 4-42）

综合各条 INPEFA 曲线特征，以古水深曲线为主，将局部最大拐点作为各古环境单元的分界，将上"甜点段"划分为 5 个古环境单元，下"甜点段"划分为 6 个古环境单元，在各段内的轻微起伏为古环境的轻微变化。

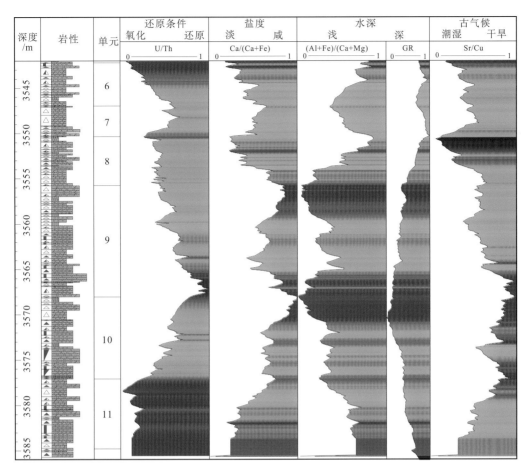

图 4-46 吉 305 井芦草沟组下"甜点段"(3542～3586m)古环境 INPEFA 曲线及古环境单元划分(图例同图 4-42)

　　上"甜点段"自下而上，5 号单元深度为 3417.73～3427m，总体表现为稳定的弱还原条件，自下而上盐度逐渐降低，水体加深，气候逐渐潮湿，5 号单元沉积时期随着气候潮湿，降水量增加引起水体加深，可容空间增大，同时水动力增强向湖盆中带入更多相对粗粒的沉积物，岩性以泥质粉砂岩为主，岩心中可见浪成交错层理和冲刷面等水动力较强条件下形成的沉积构造；4 号单元深度为 3415.23～3417.73m，自下而上总体表现为氧化程度增加，盐度增加，水体变浅，气候轻微变干旱，表明 4 号单元沉积时期气候逐渐由潮湿变为半干旱，会出现薄层白云质泥岩沉积，但总体仍以泥质粉砂岩为主，偶见由水动力偶然增强形成的内碎屑；3 号单元深度为 3412～3415.23m，自下而上还原程度增强，盐度轻微降低，水体基本维持相对较浅的位置，气候维持在半干旱条件；2 号单元深度为 3402.63～3412.13m，自下而上基本保持在弱还原条件下，盐度逐渐增高，水体逐渐变浅，气候逐渐自半干旱变为干旱，中间会出现短期干旱程度降低时期，沉积岩性以泥岩为主，中间夹薄层白云质泥岩和泥质白云岩；1 号单元深度为 3398～3402.63m，自下而上还原条件进一步增强，水体盐度进一步增加，水体变浅，气候自干旱变为半干旱，下部岩性主要为白云质泥岩，干旱程度最高，气候自干旱向半干旱过渡，降水量略有增加，出现短期轻微的水体加深，盐度减低，开始沉积泥岩，但总体水体盐度进一步增加，在顶部再次开始沉积泥质白云岩。

下"甜点段"自下而上，11 号单元深度为 3577.09～3586m，一直处于弱还原条件，自下而上盐度逐渐降升高，水体逐渐变浅，气候逐渐干旱，岩性自下部泥质粉砂岩为主向上逐渐出现白云质粉砂岩夹层，进一步表明气候逐渐干旱，水体变浅，白云石沉淀增加；10 号单元深度为 3568.05～3577.09m，自下而上还原程度逐渐增强，在较长时期内盐度较高，后期盐度快速进一步升高，水体较长时期内稳定，后期快速变浅，气候在前期出现短期半干旱，但总体表现为较强的干旱程度，在岩性上虽然仍以粉砂岩-泥质粉砂岩为主，但出现较多白云质泥岩和白云质粉砂岩夹层；9 号单元深度为 3555.74～3568.05m，自下而上还原程度逐渐减弱，盐度和水深波动较强，在中期频繁出现短期较低盐度较深水环境，古气候自干旱变为半干旱，岩性下部以泥质粉砂岩为主，夹薄层白云质泥岩，顶部为一套白云质粉砂岩；8 号单元深度为 3550.34～3555.74m，自下而上稳定在弱还原条件，盐度快速降低，水体快速加深，气候快速潮湿，岩性自下部的白云质泥岩过渡为泥质粉砂岩；7 号单元深度为 3546.98～3550.34m，自下而上还原条件稳定，盐度增加，水体变浅，气候干旱程度增加，岩性以粉砂质泥岩和白云质泥岩为主，下部见泥质粉砂岩；6 号单元深度为 3542.21～3546.98m，自下而上还原程度减弱，盐度逐渐变小，水体加深，气候半潮湿，总体为白云质泥岩夹泥质粉砂岩和白云质粉砂岩，自下而上泥质粉砂岩厚度逐渐增加。

二、化学沉积相分析

借助化学沉积相方法对芦草沟组各沉积相进行精细研究，Ca 和 Mg 主要代表碳酸盐矿物，Al、K 和 Si 主要代表陆源碎屑矿物，通过这些元素在平面上的分布可以有效识别沉积构造。

(一)滨浅湖亚相

滨浅湖亚相主要发育于上"甜点段"，可进一步划分出云坪、混合坪、泥坪、碳酸盐岩质滩坝和砂质滩坝等沉积微相。

(1)云坪：云坪微相主要分布于滨岸带，沉积白云石和方解石等碳酸盐矿物，颜色为浅灰色，可见泥裂、干裂纹、干裂面等暴露构造[图 4-47(a)]，其形成于干旱蒸发条件强的气候条件下，主要发育在 2 号单元上部。

(2)混合坪：主要分布于云坪和滩坝之间，存在间歇性水动力较强阶段，岩心呈浅灰色[图 4-47(b)]，在元素平面分布图中 Ca 和 Mg 富集部位占主体区域，Al、K 和 Si 富集部位呈不规则条带状分布其间，可见 Ca 和 Mg 富集的生物扰动构造切穿 Al、K 和 Si 富集的条带与上下相连通[图 4-47(c)]，主要发育在 3 号单元。

(3)泥坪：主要分布于水动力较弱，只有少量陆源碎屑注入的区域，岩心呈灰色[图 4-47(d)、(f)]，在元素平面分布图中，可见较多的生物扰动构造[图 4-47(e)]和水平层理[图 4-47(g)]，以 Al、K 和 Si 富集部位为主，Ca 和 Mg 富集区域呈条带状或生物扰动构造深入 Al、K 和 Si 富集区域，主要发育在 1 号单元。

(4) 碳酸盐岩质滩坝：根据前人对芦草沟组的研究，碳酸盐岩质滩坝主要形成于湖泊周边地势平缓、陆源碎屑注入相对砂质滩坝较少、盐度较高的区域，岩心呈深灰色[图 4-47(h)]，在元素平面分布图中，可见 Ca 和 Mg 富集的区域与 Al、K 和 Si 富集的区域近于等比例均匀混合，可见变形层理[图 4-47(i)]，表明碳酸盐岩质滩坝在形成过程中，陆源碎屑和碳酸盐岩同时混合沉积，在水动力变化过程中可形成变形层理，主要发育在 2 号单元下部。

(5) 砂质滩坝：根据前人对芦草沟组的研究，砂质滩坝主要形成于三角洲前缘的前部和侧翼，受到波浪作用的强烈改造和影响，岩心主要为浅灰色，粒度较粗，以泥质粉砂岩为主[图 4-47(j)]，在元素平面分布图中，以 Al、K 和 Si 富集的区域为主体，发育浪成交错层理和低角度板状交错层理等[图 4-47(k)]，可见 Ca 和 Mg 富集的薄纹层和碎块[图 4-47(k)]，主要发育在 4 号单元和 5 号单元。

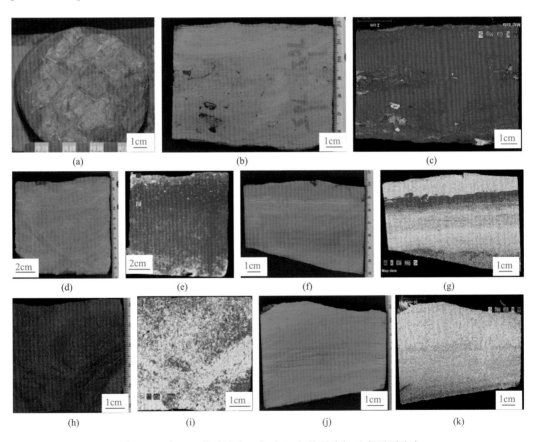

图 4-47　吉 305 井滨浅湖亚相岩心光学照片与元素平面分布

(a) 3403m，泥裂；(b)、(c) 3413.99～3414.06m，混合坪岩心照片；(d)、(e) 3413.27～3418.28m，泥坪岩心照片；(f)、(g) 3401.83～3401.905m，泥坪岩心照片；(h)、(i) 3408.71～3408.76m，碳酸盐岩质滩坝；(j)、(k) 3418.84～3418.87m，砂质滩坝。岩心照片元素分布图中，红色表示 Al，绿色表示 K，蓝色表示 Ca，紫色表示 Mg，黄色表示 Si

（二）三角洲前缘亚相

三角洲前缘亚相主要分布在下"甜点段"，进一步划分为水下分流河道、水下分流河道间和河口砂坝及远砂坝、席状砂等沉积微相。

（1）水下分流河道：水下分流河道为陆上分流河道在水下的延伸部位，水动力较强，以细砂岩、粉砂岩、泥质粉砂岩和白云质粉砂岩为主，岩心呈灰色-褐色[图 4-48（a）、（c）]，在元素平面分布图中可见，Al、K 和 Si 富集区域发育槽状交错层理、平行层理和冲刷充填等水动力较强构造，冲刷面底部为 Ca 和 Mg 富集区域，冲刷面上常见滞留沉积[图 4-48(b)、（d）]，主要发育在 9 号和 10 号单元。

（2）河口砂坝及远砂坝、席状砂：在水下分流河道河口处发育河口砂坝，随着与河口距离的增加，发育远砂坝和席状砂，粒度逐渐变细，从粉-细砂岩逐渐变为泥质粉砂岩和白云质粉砂岩，厚度逐渐减薄。岩心呈灰色-深灰色[图 4-48(e)、（g）]，在元素平面分布图中可见，Al、K 和 Si 富集区域发育交错层理、平行层理、波状层理和包卷层理等[图 4-48(f)、（h）]，在各单元中均有分布。

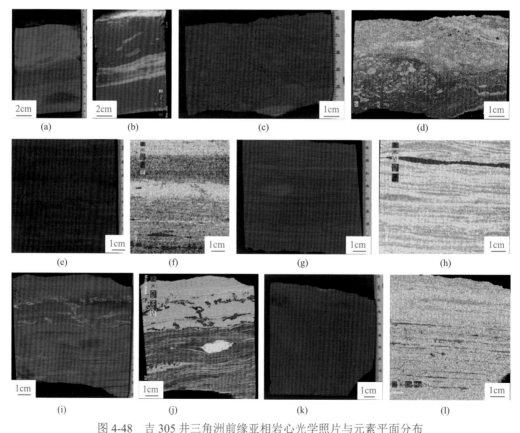

图 4-48 吉 305 井三角洲前缘亚相岩心光学照片与元素平面分布

（a）、（b）3564.21～3564.25m，冲刷-充填构造，冲刷面上滞留沉积，中部发育平行层理；（c）、（d）3576.99～3577.04m，冲刷充填构造；（e）、（f）3563.43～3563.52m，平行层理；（g）、（h）3561.85～3561.91m，包卷层理和波状层理；（i）、（j）3575.46～3575.53m，透镜体和粉砂质纹层；（k）、（l）3575.11～3575.2m，水平层理

（3）水下分流河道间：以泥岩、白云质泥岩沉积为主，岩心呈灰色-深灰色，元素平面分布图中可见，Al、K、Si 富集区域和 Ca、Mg 富集区域呈交互纹层，表现为薄纹层、水平层理和透镜状层理，在各单元中呈不足 1m 的夹层出现。

综合以上研究，化学沉积相可以高效地展示肉眼难以识别的沉积构造，对于岩心中出现的与总体差异明显的碎块，可以通过原位分析的手段区分总体的沉积古环境和碎块的古环境，推测碎块形成的主要原因。因此化学沉积相可以为沉积相的研究提供一个有效的方法，同时可以精细表征厘米至分米级岩心尺度矿物分布的非均质性，为后期更精细的非均质性研究提供划分依据。

三、非均质性尺度跨越

（一）地层尺度向岩心尺度跨越

通过本节第一部分化学地层学的分析，芦草沟组上"甜点段"可划分为 5 个单元，下"甜点段"可划分为 6 个古环境单元，气测孔隙度和通过压汞计算的分形维数在不同的单元中具有明显的差异，不同的单元对储层物性的控制作用不同(图 4-49 和图 4-50)，1 号单元和 2 号单元上部以泥岩、白云质泥岩、泥质白云岩为主，自下而上还原条件进一步增强，水体盐度进一步增加，水体变浅，气候自干旱变为半干旱，气测孔隙度最高仅为 1.7%，分形维数为 2.38，发育微纳米孔型储层，同时 TOC 较高，平均为 7%，具有较高生烃能力。

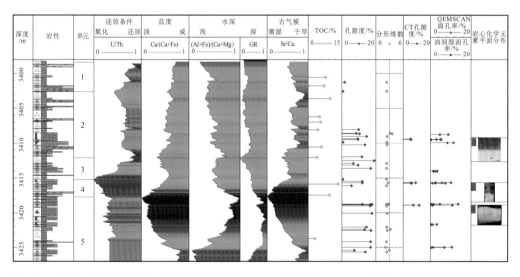

图 4-49 吉 305 井芦草沟组上"甜点段"(3398～3427m)古环境 INPEFA 曲线、古环境单元划分及物性分布

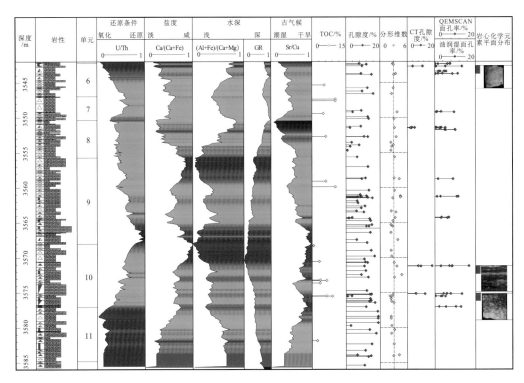

图 4-50 吉 305 井芦草沟组下"甜点段"(3542~3586m)古环境 INPEFA 曲线、古环境单元划分及物性分布

2 号单元下部和 3 号单元泥质粉砂岩厚度较大，夹薄层的粉-砂屑白云岩，自下而上基本保持在弱还原条件下，盐度逐渐增高，水体逐渐变浅，气候逐渐自半干旱变为干旱，中间会出现短期干旱程度降低时期，造成水体波动，形成变形层理等[图 4-47(h)、(i)]，气测孔隙度分布在 8.44%~14.6%，平均为 9.79%，分形维数分布在 2.41~3.6，平均为 2.74，同时发育粒间孔溶蚀扩大型储层和孤立溶孔型储层，TOC 相对较高，分布在 3.94%~5.98%，平均为 5%，孤立溶孔型储层原始成分复杂相对致密，靠近泥岩，在泥岩生排烃阶段形成的酸性流体对储层产生不均匀溶蚀，粒间孔溶蚀扩大型储层较薄。

4 号单元以泥质粉砂岩为主，夹薄层泥质白云岩，自下而上总体表现为还原程度减弱，盐度增加，水体变浅，气候轻微变干旱，气测孔隙度分布在 0.7%~12.03%，平均为 8.21%，分形维数分布在 2.36~2.67，平均为 2.51，以微纳米孔型储层和粒间孔溶蚀扩大型储层为主，TOC 最高可达 13.35%，水动力较强，可见未固结的碳酸盐岩碎屑(图 4-47)，沉积物粒度较粗，粒间孔发育，泥岩生排烃阶段会有大量有机酸进入储层之中，溶蚀均匀形成粒间孔溶蚀扩大型储层。

5 号单元上部以泥质粉砂岩为主，以弱还原性、较深水、低盐度和半潮湿气候条件为主，气测孔隙度分布在 12.03%~17.8%，平均为 16.5%，分形维数分布在 2.15~3.23，平均为 2.56，以粒间孔溶蚀扩大型储层为主，半潮湿的气候中水动力较强，在岩心中可见浪成交错层理和低角度板状交错层理等指示较强水动力的沉积构造[图 4-47(j)]，沉积物粒度较粗，粒间孔发育，同时 5 号单元中泥岩 TOC 分布在 3%～7.21%，平均为 5.11%，在泥岩生排烃阶段可形成较多酸性流体进入储层，均匀溶蚀颗粒。

6 号单元以白云质泥岩夹薄层泥质粉砂岩和白云质粉砂岩为主，自下而上还原性减弱，盐度逐渐变小，水体加深，气候半潮湿，孔隙度分布在 8.94%～16.1%，平均为 12.01，分形维数分布在 2.53～3.43，平均为 2.93，以粒间孔溶蚀扩大型储层和孤立溶孔型储层为主，与 5 号单元古环境条件相近。

7 号单元上部以白云质泥岩和粉砂质泥岩为主，下部为泥质粉砂岩，自下而上还原条件稳定，盐度增加，水体变浅，气候干旱程度增加，孔隙度分布在 4%～13.4%，平均为 9.85%，分形维数分布在 3.07～3.74，平均为 3.41，以孤立溶孔型储层为主，其下部为半潮湿气候，物性较好，上部为半干旱气候，岩石自身较致密，但白云质泥岩 TOC 平均为 5.2%，在生排烃阶段会形成酸性流体对储层产生不均匀溶蚀，形成孤立溶孔型储层。

8 号单元下部以白云质泥岩为主，上部泥质粉砂岩和白云质粉砂岩厚度增加，自下而上均为弱还原性，盐度快速降低，水体快速加深，气候快速潮湿，气测孔隙度分布在 0.9%～10.72%，平均为 6.22%，分形维数分布在 2.37～3.52，平均为 2.86，以微纳米孔型储层和孤立溶孔型储层为主，其内部粉砂质泥岩 TOC 可达 6.12%，生排烃阶段形成的有机酸对相对致密的储层进行不均匀溶蚀，形成孤立溶孔型储层。

9 号单元以泥质粉砂岩、白云质粉砂岩为主，夹薄层泥岩，自下而上还原程度逐渐减弱，总体盐度最高，水体最浅，在中期频繁出现短期较低盐度较深水环境，古气候总体自干旱变为半干旱，气测孔隙度分布在 0.93%～18.6%，平均为 11.04%，分形维数分布在 2.35～4.52，平均为 3.32，发育微纳米孔型、孤立溶孔型和粒间孔溶蚀扩大型三种储层，较高的盐度会形成大量白云石沉淀充填孔隙，使原始物性总体较低，其中泥岩 TOC 最高可达 10.3%，生排烃阶段会提供大量酸性流体进入储层对致密的储层产生溶蚀，溶蚀作用较强且均匀的部位会成为粒间孔溶蚀扩大型储层，溶蚀作用不均匀的部位会成为孤立溶孔型储层。

10 号单元以泥质粉砂岩、白云质粉砂岩、粉-细砂岩为主，夹薄层白云质泥岩、泥岩，可见粉-砂屑白云岩，自下而上还原性逐渐增强，在较长时期内盐度中等，后期盐度快速升高，水体较长时期内稳定，后期快速变浅，气候在前期出现短期半干旱，但总体表现为较强的干旱程度。

11 号单元以泥质粉砂岩和白云质粉砂岩为主，夹薄层白云质泥岩和泥岩，一直处于弱还原条件下，自下而上盐度逐渐升高，水体逐渐变浅，气候逐渐干旱，两个单元的水体均为中等盐度，气测孔隙度分别分布在 0.93%～18.6% 和 2.8%～18.9%，平均分别为 12.34% 和 14%，分形维数分别分布在 2.12～4.73 和 2.38～4.15，平均分别为 2.89 和 2.88，主要发育粒间孔溶蚀扩大型储层和孤立溶孔型储层，微纳米孔型储层呈薄层夹于两者之间，由于水体盐度中等，会在孔隙中形成适量的白云石沉淀，适量的白云石沉淀会占据一定的孔隙空间但并不会完全充填孔隙，在埋藏过程中会起到较好的支撑作用，从而降低压实作用对孔隙的进一步减小，在后期邻近泥岩生排烃阶段，酸性流体进入储层溶蚀岩屑，钾长石、钠长石和白云石，形成次生溶孔。

综合以上分析，在上"甜点段"5号单元整体物性最好，在下"甜点段"10号和11号单元整体物性最好，但也存在相对低孔隙度的部位，在"甜点段"的其他单元中，虽然总体物性较差，但也存在相对高孔隙度的薄层。不同单元之间存在薄层相近的古环境条件。主要存在两种古环境对有利储层的控制模式：①沉积环境为半潮湿气候，水体盐度较低，在沉积过程中会存在较强的降水量，水动力较强，沉积物粒度较粗，粒间孔发育，同时邻近泥岩含有较高TOC，在生排烃阶段形成的酸性流体会强烈溶蚀储层中的颗粒，形成粒间孔溶蚀扩大型储层；②水体盐度中等，会在孔隙中形成适量但不足以充填整个孔隙的白云石沉淀，在埋藏过程中会起到较好的支撑作用，从而降低压实作用对孔隙的进一步减小，在后期相邻泥岩进入生排烃阶段，酸性流体进入储层溶蚀岩屑、钾长石、钠长石和白云石，形成次生溶孔，溶蚀作用均匀且较强时形成粒间孔溶蚀扩大型储层，不均匀时形成孤立溶孔型储层。

以上利用化学地层学的手段完成对整套地层的划分，利用气测孔隙度和高压压汞分形维数为主要评价指标对各古环境单元进行评价，气测孔隙度和高压压汞主要是通过岩心尺度的样品进行测量，不同的古环境单元中岩心具有不同的性质，进而实现了从整套地层尺度向岩心尺度的跨越。

(二)岩心尺度向微观尺度跨越

在本章第二节化学沉积相研究中认识到吉木萨尔凹陷芦草沟组储层岩心样品具有极强的非均质性，存在厘米级相带变化，气测孔隙和高压压汞分形维数的测试样品尺寸为2.54cm直径的圆柱体，可能跨越多个相带，造成测试数据代表性降低，因此本节选取不同古环境单元中的典型岩心样品进行化学沉积相分析，划分不同化学沉积相带，对不同化学沉积相带进行扫描电镜、QEMSCAN和微米CT等原位分析。在不同古环境单元中选取6块样品，1号样品选自2号古环境单元，2号样品选自4号古环境单元，两者总体沉积环境相似，均为半干旱气候，中等盐度和中等水深，3号样品选自5号古环境单元，4号样品选自6号古环境单元，两者总体沉积环境相似，均为半潮湿气候，低盐度和深水，5号和6号样品选自10号古环境单元，总体沉积环境为干旱气候，中等盐度和中等水深(图4-49和图4-50)。

在7块样品中可见明显分带性，依据Al、K、Ca、Mg和Si的不均匀分布，可将样品划分为多个相带(图4-51)，1号样品可以划分出2种相带，2号样品可以划分出3种相带，3号样品可以划分出2种相带、4号样品可以划分出2种相带，5号样品可以划分出3种相带，6号样品可以划分出3种相带(图4-52～图4-57)。

首先对相似古环境的相似相带进行分析，1号样品1相带、2号样品2相带和6号单元1相带元素分布相似，均显示Ca和Mg富集，中间夹Al、K和Si富集的细小纹层或细小颗粒(图4-51、图4-53和图4-57)，在QEMSCAN中显示均为粉-砂屑白云岩，总面孔率为4.98%、5.67%和5.86%，孔隙耦合模型中油润湿面孔率分别为3.14%、2.81%和3.95%，油润湿面孔率所占比例为49.53%～67.34%，平均为59.96%，表现为油浸和富含油[图4-52(a)、图4-53(b)、图4-57(a)]，CT数据分析孔隙度分别为5.23%、5.63%和6.1%，在三维孔隙结构中大溶孔相对孤立分布[图4-52(a)、图4-53(b)、图4-57(a)]，均为孤立

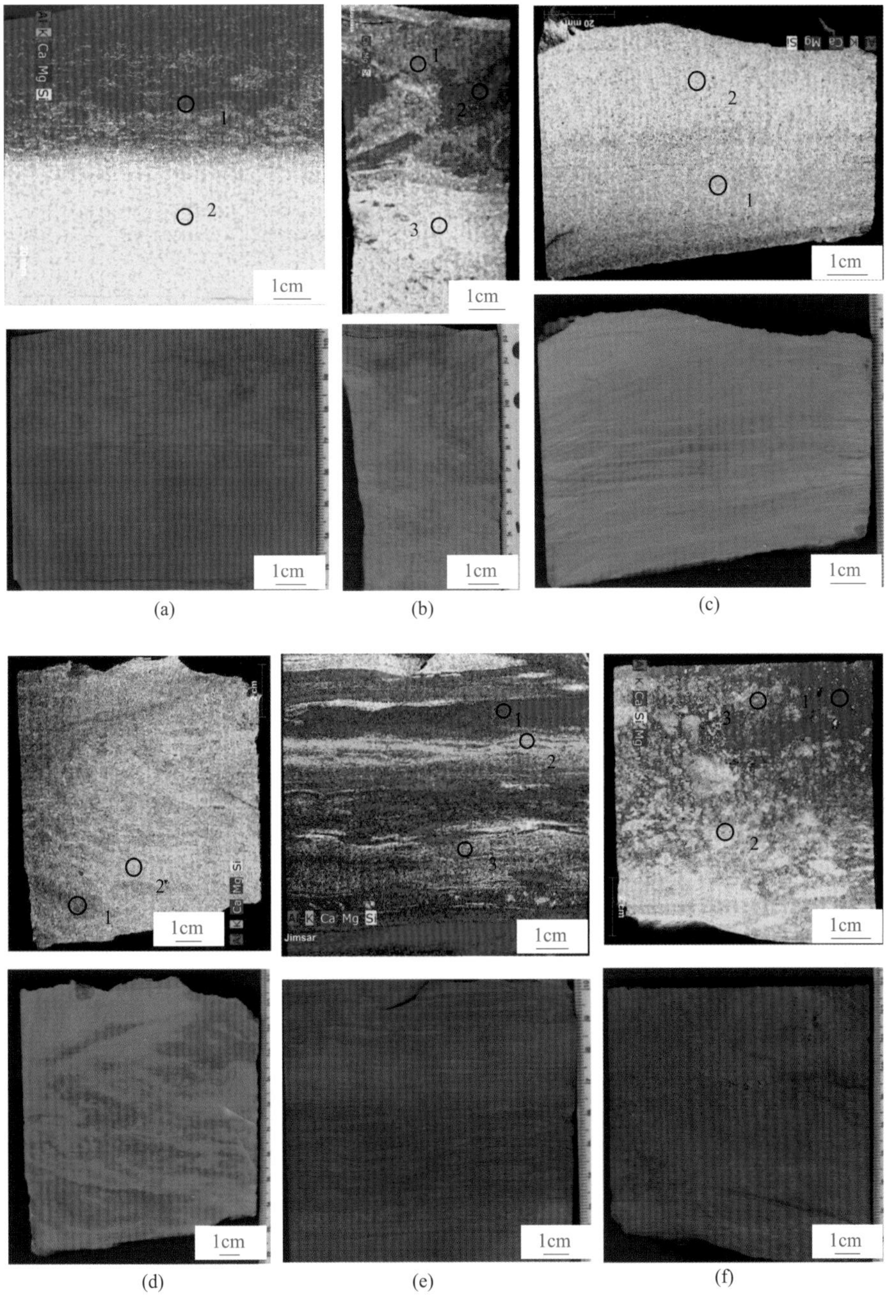

图 4-51　吉木萨尔凹陷芦草沟组吉 305 井岩心及元素扫描图像

（a）3409.35～3409.49m，1 号样品，粉-砂屑白云岩、泥质粉砂岩元素平面分布图及岩心照片；（b）3415.64～3415.78m，2 号样品，泥质粉砂岩、粉-砂屑白云岩元素平面分布图及岩心照片；（c）3418.84～3418.87m，3 号样品，泥质粉砂岩元素平面分布图及岩心照片；（d）3542.58～3542.68m，4 号样品，泥质粉砂岩元素平面分布图及岩心照片；（e）3571.16～3571.24m，5 号样品，白云质粉砂岩元素平面分布图及岩心照片；（f）3575.11～3575.2m，6 号样品，粉-砂屑白云岩、白云质粉砂岩元素平面分布图及岩心照片。其中红色代表 Al、绿色代表 K、蓝色代表 Ca、紫色代表 Mg、黄色代表 Si。1～3 均为相带中的取样点，对应图 4-52～图 4-57 中的 1～3 相带

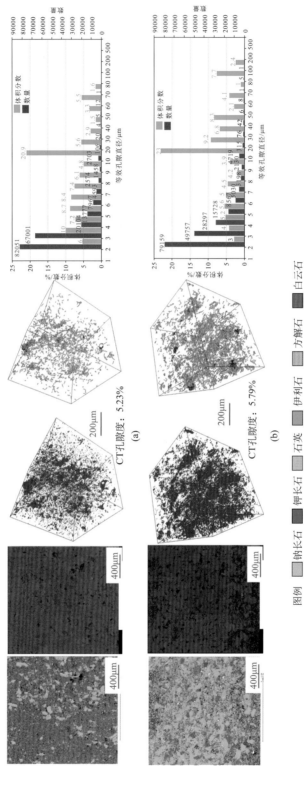

图4-52　1号样品各相带矿物平面分布图、扫描电镜图像、孔隙三维分布图、孔隙结构三维分布图、CT孔隙直径分布图

(a) 1 相带；(b) 2 相带

图例　　钠长石　　钾长石　　石英　　伊利石　　方解石　　白云石

溶孔型储层，只是 2 号样品 2 相带和 6 号样品 1 相带单个溶孔体积更大；1 号样品 2 相带和 2 号样品 3 相带元素分布特征相似，均显示 Al、K 和 Si 富集，Ca 和 Mg 基本无显示，在 QEMSCAN 中显示均为泥质粉砂岩，总面孔率为 5.34% 和 7.37%，孔隙耦合模型中油润湿面孔率分别为 0.6% 和 2.33%，油润湿面孔率所占比例为 11.24% 和 31.64%，含油性分别为油迹和油斑[图 4-52(b)、图 4-53(c)]，CT 数据分析孔隙度分别为 5.79% 和 6.18%，在三维空间上大溶孔相对孤立，均为孤立溶孔型储层[图 4-52(b)、(c)]；2 号样品 1 相带与 5 号样品 3 相带元素分布相似，以 Al 和 Si 为主，Ca 和 Mg 相对较少，在 QEMSCAN 中均显示为泥质粉砂岩，白云石含量低于 25%，总面孔率为 10.10% 和 8.2%，孔隙耦合模型中油润湿面孔率分别为 4.08% 和 1.42%，油润湿面孔率所占比例为 40.44% 和 17.35%，含油性分别为油浸和油斑[图 4-53(a)、图 4-55(c)]，前者以钠长石为主，后者以石英为主，因为元素平面分布图未放入 Na 元素，因此无法区分钠长石和石英，但均为陆源碎屑，对相带划分影响较小，CT 数据分析孔隙度分别为 9.17% 和 9.7%，在三维空间内孔隙遍布整个空间，连通性较好，为粒间孔溶蚀扩大型储层[图 4-53(a)、图 4-55(c)]；3 号样品 1 相带和 4 号样品 1 相带均以 Al 和 Si 为主，几乎无 Ca 和 Mg，在 QEMSCAN 中显示均为泥质粉砂岩，总面孔率分别为 10.81% 和 16.76%，孔隙耦合模型中油润湿面孔率分别为 1.84% 和 3.5%，油润湿面孔率比例分别为 16.99% 和 26.22%，含油性分别为油斑和油浸[图 4-54(a)、图 4-55(a)]，CT 数据分析孔隙度分别为 11.78% 和 11.1%，在三维空间内孔隙遍布整个空间，连通性较好，为粒间孔溶蚀扩大型储层[图 4-54(a)、图 4-55(a)]；3 号样品 2 相带和 4 号样品 2 相带以 Al、K 和 Si 为主，几乎无 Ca 和 Mg，在 QEMSCAN 中显示均为泥质粉砂岩，总面孔率为 8.30% 和 5.23%，孔隙耦合模型中油润湿面孔率分别为 1.09% 和 1.04%，油润湿面孔率所占比例为 13.08% 和 19.93%，含油性均为油迹[图 4-54(b)、图 4-55(b)]，CT 数据分析孔隙度分别为 7.36% 和 4%，在三维空间内孔隙遍布整个空间，大溶孔孤立分布，为孤立溶孔型储层[图 4-54(b)、图 4-55(b)]。

对于 5 号样品 1 相带、2 相带和 6 号样品 2 相带、3 相带，在相似古环境中未发现与其相似的元素分布相带，可能与本书研究为采集相应样品有关。这些相带存在明显差异，在 QEMSCAN 中，前三个相带为白云质粉砂岩，第四个相带为粉-砂屑白云岩，总面孔率分别为 16.76%、8.45%、13.24% 和 7.71%，孔隙耦合模型中油润湿面孔率分别为 6.48%、3.35%、6.04% 和 4.63%，油润湿面孔率所占比例分别为 38.63%、39.61%、45.64% 和 60.11%，含油性分别为油浸、油斑、富含油和富含油[图 4-55(a)、图 4-55(b)、图 4-57(b)、图 4-57(c)]，CT 数据分析孔隙度分别为 17.9%、7.8%、12.7% 和 6.18%，在三维空间内孔隙结构存在较大差异。其中，5 号样品 1 相带中钠长石、石英和白云石含量基本相当，均为 25% 左右，孔隙遍布整个三维空间，连通性极好，连通孔隙占总孔隙体积的 80.6%，为粒间孔溶蚀扩大型储层，2 相带中局部钾长石含量可达 6.8%，明显高于 1 相带的 1.3%，钠长石、石英和白云石含量与 1 相带基本相近，因此在化学沉积相中呈现 K(绿色)较明显的现象，其中较大溶孔孤立分布，连通性较差，为孤立溶孔型储层；6 号样品 2 相带钠长石和石英粒度较粗，遍布整个岩心，局部呈团块状聚集，孔隙遍布整个三维空间，连通性极好，连通孔隙占总孔隙体积的 70.2%，略差于 5 号样品 1 相带，为粒间孔溶蚀扩大型储层，3 相带孔隙分布不均，钠长石和石英粒度较小，局部区域孔隙连通性好，连通孔隙仅占总孔隙体积的 30.4%，属于较差的粒间孔溶蚀扩大型储层[图 4-56(a)、图 4-56(b)、图 4-57(b)、图 4-57(c)]。

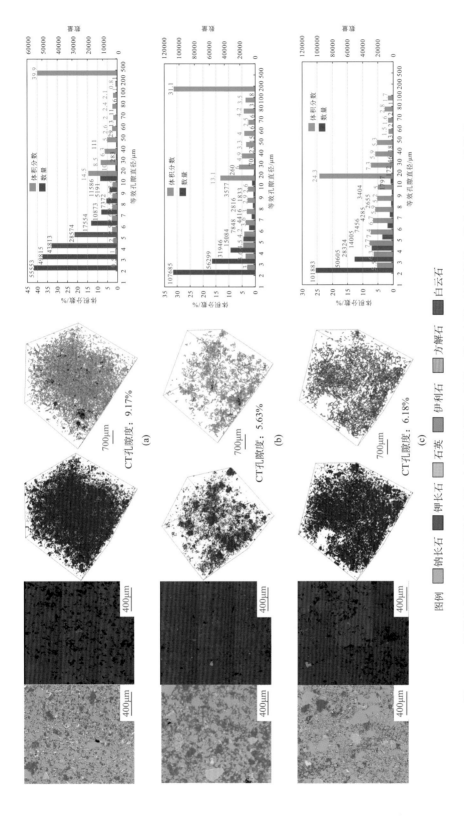

图 4-53　2 号样品各相带矿物平面分布图、扫描电镜图像、孔隙结构三维分布图、CT 孔隙直
径分布图

(a) 1 相带；(b) 2 相带；(c) 3 相带

图例　钠长石　钾长石　石英　伊利石　方解石　白云石

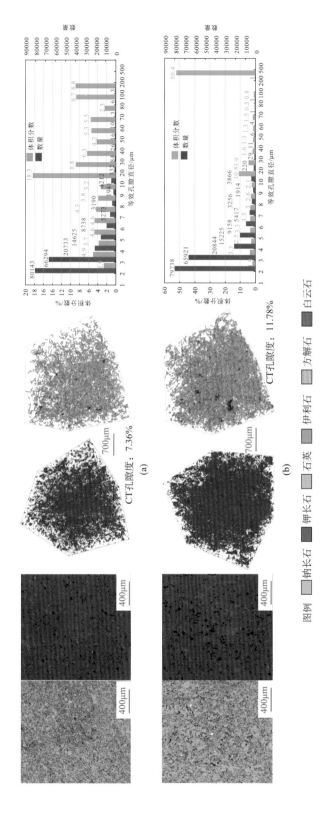

图 4-54　3 号样品各相带矿物平面分布图、扫描电镜图像、孔隙三维分布图、CT 孔隙直
径分布图

(a) 1 相带；(b) 2 相带

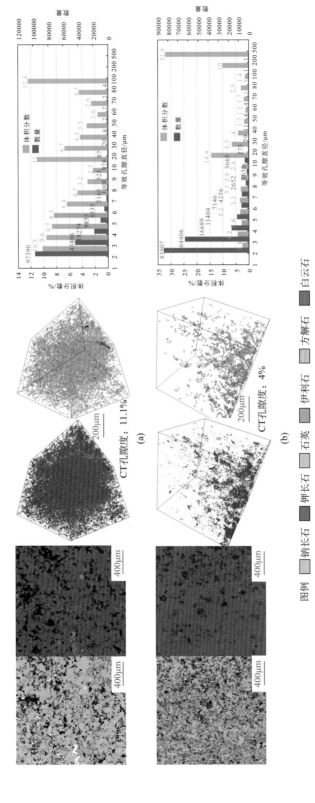

图 4-55　4 号样品各相带矿物平面分布图、扫描电镜图像、孔隙三维分布图、孔隙结构三维分布图、CT 孔隙直径分布图

(a) 1 相带；(b) 2 相带

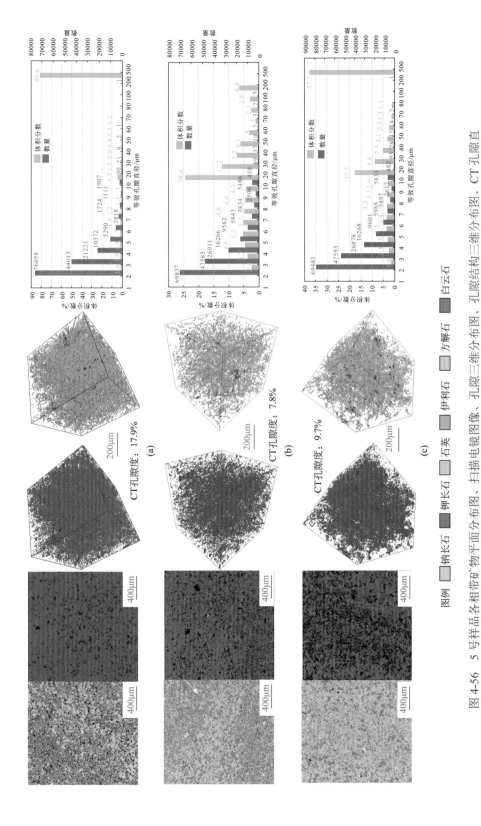

图例 □钠长石 ■钾长石 □石英 □伊利石 ■方解石 ■白云石

图 4-56 5 号样品各相带矿物平面分布图、扫描电镜图像、孔隙结构三维分布图、CT 孔隙直径分布图

(a) 1 相带；(b) 2 相带；(c) 3 相带

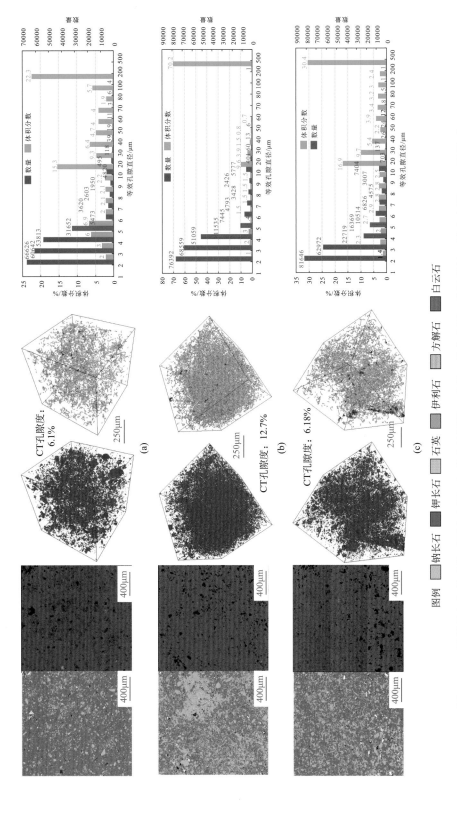

图 4-57　6 号样品各相带矿物平面分布图、扫描电镜图像、孔隙三维分布图、孔隙结构三维分布图、CT 孔隙直径分布图

(a) 1 相带；(b) 2 相带；(c) 3 相带

图例 □ 钠长石 ■ 钾长石 ■ 石英 ■ 伊利石 □ 方解石 ■ 白云石

综合以上分析认识到，同一岩心样品可以划分为多个化学沉积相带，不同化学沉积相带间孔隙度和孔隙结构具有明显差异，而在化学地层学划分出的相似沉积环境中，不同岩心之间的相似化学沉积相带孔隙度相近，孔隙结构相似，即使样品垂向相隔近百米，但油润湿孔隙度却存在一定差异，这是由于储层受到不均匀溶蚀而形成，但总体处于相近的分布区间。以上研究结果表明，通过化学沉积相可以较好地实现岩心尺度向微观尺度的跨越。

通过以上地层尺度向岩心尺度再向微观尺度的跨越认识到芦草沟组致密油储层中不同古环境单元储层发育模式不同。在 5 号和 6 号上部单元中最优质的储层为 Al 和 Si 占绝对主体的化学沉积相带，主要为连通性较好的粒间孔溶蚀扩大型储层，为有利化学沉积相带，油润湿面孔率所占比例仅为 26.22%，CT 孔隙度可达 11.78%，高孔隙度利于原油充注，同时低油润湿面孔率在开发阶段利于原油在储层中流动，流向井筒，Al、Si 和 K 占绝对主体的化学沉积相带主要为孤立溶孔型储层，CT 孔隙度减小到 8.2%，油润湿面孔率所占比例仅为 13.08%，相对较差，为较差化学沉积相带，低孔隙度和低油润湿面孔率所占比例不利于原油充注，但在开发过程中储层中少量的原油易于在储层中流动，在 5 号单元中有利化学沉积相带在岩心中所占面积占 60%以上，储层整体质量较高，但在 6 号单元中，有利化学沉积相带于在岩心中频繁交互，造成储层整体质量降低，在 10 号和 11 号单元中，K 占主体的化学沉积相带，Ca 和 Mg 占主体的化学沉积相带，Si、Ca 和 Mg 占主体的化学沉积相带为孤立溶孔型储层或较差的粒间孔溶蚀扩大型储层，在岩心中呈薄层状或斑点状相对少量分布，为较差的化学沉积相带，CT 孔隙度仅为 8.45%，但油润湿面孔率所占比例可达 67.34%，虽然含油性较好，但在开发阶段不利于原油在储层中流动，Al、Ca 和 Mg 占主体的化学沉积相带，Al 和 Si 占主体的化学沉积相带，Si、Ca 和 Mg 占主体的化学沉积相带为粒间孔溶蚀扩大型储层，在岩心中彼此交织连片大面积分布，为有利的化学沉积相带，这三种化学沉积相带 CT 孔隙度最高可达 17.9%，油润湿面孔率所占比例最高可达 45.64%，利于原油充注，岩心含油性好，但在后期开发过程中不利于原油在储层中流动。

从整个地层出发，5 号、10 号和 11 号单元储层整体高孔隙度的有利化学沉积相带分布厚度大，储集能力较强。从原油充注角度而言，10 号和 11 号油润湿面孔率所占比例总体较高，明显优于 5 号古环境单元。而从开发角度而言，原油却不易在 10 号和 11 号古环境单元储层中流动，吉 305 井实际试油成果显示以 5 号古环境单元为主体的 3411.5～3444 m 段日产油 18.21t，明显高于以在 10 号和 11 号单元为主体的 3565～3580m 段日产油 5.76 t，进一步表明 5 号单元发育部位为最有利的开发层段，而 10 号和 11 号单元虽然含油性明显优于 5 号单元，但不利于开发，需采取特殊措施进行开发。

参 考 文 献

白斌, 朱如凯, 吴松涛, 等. 2013. 利用多尺度 CT 成像表征致密砂岩微观孔喉结构. 石油勘探与开发, 40(3): 329-333.

曹海洋, 王华, 赵睿. 2017. 手持 X 射线衍射仪(ED-XRF)在旋回地层学中的应用: 以酒泉盆地青西凹陷早白垩世下沟组为例. 地球科学, 42(12): 2299-2311.

邓宏文, 钱凯. 1993. 沉积地球化学与环境分析. 兰州: 甘肃科学技术出版社.

杜金虎, 杨华, 徐春春, 等. 2011. 关于中国页岩气勘探开发工作的思考. 天然气工业, 31(5): 6-8.

冯增昭. 2013. 中国沉积学. 2 版. 北京: 石油工业出版社.

高辉, 解伟, 杨建鹏, 等. 2011. 基于恒速压汞技术的特低-超低渗砂岩储层微观孔喉特征. 石油实验地质, 33(2): 206-211, 214.

高拉凡, 王长城, 杨海欧, 等. 2016. XRF 法在四川盆地须家河组沉积相研究中的应用. 光谱学与光谱分析, 36(6): 1904-1909.

郭来源, 李忠生, 解习农, 等. 2015. 湖相富有机质泥页岩地球化学元素高频变化及其地质意义: 以泌阳凹陷 BY1 井取心段为例. 现代地质, 29(6): 1360-1370.

郭秋麟, 陈晓明, 宋焕琪, 等. 2013. 泥页岩埋藏过程孔隙度演化与预测模型探讨. 天然气地球科学, 24(3): 439-449.

郝运轻, 宋国奇, 周广清, 等. 2016. 济阳拗陷古近系泥页岩岩石学特征对可压性的影响. 石油实验地质, 38(4): 489-495.

贾承造, 郑民, 张永峰. 2012. 中国非常规油气资源与勘探开发前景. 石油勘探与开发, 39(2): 129-136.

贾志宏, 王雪丽, 邢远, 等. 2013. 基于 FIB 的三维表征分析技术及应用进展. 中国材料进展, 2013(12): 735-741, 751.

姜在兴, 梁超, 吴靖, 等. 2013. 含油气细粒沉积岩研究的几个问题. 石油学报, 34(6): 1031-1039.

姜在兴, 张文昭, 梁超, 等. 2014. 页岩油储层基本特征及评价要素. 石油学报, 35(1): 184-196.

蒋宜勤, 柳益群, 杨召, 等. 2015. 准噶尔盆地吉木萨尔凹陷凝灰型致密油特征与成因. 石油勘探与开发, 42(6): 1-9.

康玉柱. 2012. 中国非常规泥页岩油气藏特征及勘探前景展望. 天然气工业, 32(4): 1-5.

孔祥言, 陈峰磊, 陈国权. 1999. 非牛顿流体渗流的特性参数及数学模型. 中国科学技术大学学报, 29(2): 18-24.

匡立春, 唐勇, 雷德文, 等. 2012. 准噶尔盆地二叠系咸化湖相云质岩致密油形成条件与勘探潜力. 石油勘探与开发, 39(6): 657-667.

匡立春, 胡文瑄, 王绪龙, 等. 2013. 吉木萨尔凹陷芦草沟组致密油储层初步研究: 岩性与孔隙特征分析. 高校地质学报, 19(3): 529-535.

匡立春, 王霞田, 郭旭光, 等. 2015. 吉木萨尔凹陷芦草沟组致密油地质特征与勘探实践. 新疆石油地质, 36(6): 629-634.

蓝先洪, 马道修, 徐明广, 等. 1987. 珠江三角洲若干地球化学标志及指相意义. 海洋地质与第四纪地质, 7(1): 39-49.

雷开宇, 刘池洋, 张龙, 等. 2017. 鄂尔多斯盆地北部侏罗系泥岩地球化学特征: 物源与古沉积环境恢复. 沉积学报, 35(3): 621-636.

刘刚, 周东升. 2007. 微量元素分析在判别沉积环境中的应用: 以江汉盆地潜江组为例. 石油实验地质, 29(3): 307-314.

刘慧. 2013. 基于 CT 图像处理的冻结岩石细观结构及损伤力学特性研究. 西安: 西安科技大学.

刘疆, 白志强. 2008. 化学地层学研究中的若干注意事项. 物探与化探, 32(4): 345-349.

刘义坤, 郭红光, 马文国, 等. 2010. 复杂断块油田孔隙的三维网络模型构建. 大庆石油学院学报, 34(5): 75-79.

路顺行, 张红贞, 孟恩, 等. 2007. 运用 INPEFA 技术开展层序地层研究. 石油地球物理勘探, 42(6): 703-708.

马克, 侯加根, 刘钰铭, 等. 2017. 吉木萨尔凹陷二叠系芦草沟组咸化湖混合沉积模式. 石油学报, 38(6): 636-648.

马坤元, 李若琛, 龚一鸣. 2016. 秦皇岛石门寨亮甲山奥陶系剖面化学地层和旋回地层研究. 地学前缘, 23(6): 268-286.

马晓潇, 黎茂稳, 庞雄奇, 等. 2016. 手持 X 荧光光谱仪在济阳拗陷古近系陆相页岩岩心分析中的应用. 石油实验地质, 38(2): 278-286.

裘亦楠. 1992. 储层地质模型. 石油学报, 4(12): 55-61.

曲长胜, 邱隆伟, 杨勇强, 等. 2017. 吉木萨尔凹陷芦草沟组碳酸盐岩碳氧同位素特征及其古湖泊学意义. 地质学报, 91(3): 605-616.

邵雨, 杨勇强, 万敏, 等. 2015. 吉木萨尔凹陷二叠系芦草沟组沉积特征及沉积相演化. 新疆石油地质, 36(6): 635-641.

斯春松, 陈能贵, 余朝丰, 等. 2013. 吉木萨尔凹陷二叠系芦草沟组致密油储层沉积特征. 石油实验地质, 35(5): 528-532.

孙亮, 王晓琦, 金旭, 等. 2016. 微纳米孔隙空间三维表征与连通性定量分析. 石油勘探与开发, 43(3): 490-498.

唐颖, 邢云, 李乐忠, 等. 2012. 页岩储层可压裂性影响因素及评价方法. 地学前缘, 19(5): 356-363.

陶士振, 杨跃明, 庞正炼. 2015. 四川盆地侏罗系流体包裹体与致密油形成演化. 岩石学报, 4: 1000-1569.

王梦琪, 谢俊, 王金凯, 等. 2016. 基于 INPEFA 技术的高分辨率层序地层研究——以埕北油田东营组二段为例. 中国科技论文, 11(9): 982-987.

王宜林, 张义杰, 王国辉, 等. 2002. 准噶尔盆地油气勘探开发成果及前景. 新疆石油地质, (6): 449-455, 442.

吴承美, 郭智能, 唐伏平, 等. 2014. 吉木萨尔凹陷二叠系芦草沟组致密油初期开采特征. 新疆石油地质, 35(5): 570-573.

吴瑞棠, 王治平. 1994. 地层学原理及方法. 北京: 地质出版社.

熊小辉, 肖加飞. 2011. 沉积环境的地球化学示踪. 地球与环境, 39(3): 405-414.

薛叔浩, 刘雯林, 薛良清, 等. 2002. 湖盆沉积地质与油气勘探. 北京: 石油工业出版社.

杨峰, 宁正福, 孔德涛, 等. 2013. 高压压汞法和氮气吸附法分析页岩孔隙结构. 天然气地球科学, 24(3): 450-455.

杨更社, 张长庆. 1998. 岩体损伤及检测. 西安: 陕西科学技术出版社.

杨海波, 陈磊, 孔玉华. 2004. 准噶尔盆地构造单元划分新方案. 新疆石油地质, 25(6): 686-688.

袁选俊, 林森虎, 刘群, 等. 2015. 湖盆细粒沉积特征与富有机质页岩分布模式. 石油勘探与开发, 42(1): 34-43.

张广玉, 赵世煌, 邓晃, 等. 2017. 手持式 X 射线荧光光谱多点测试技术在地质岩心和岩石标本预研究中的应用. 岩矿测试, 36(5): 501-509.

张亚奇, 马世忠, 高阳, 等. 2016. 咸化湖相高分辨率层序地层特征与致密油储层分布规律: 以吉木萨尔凹陷 A 区芦草沟组为例. 现代地质, 30(5): 1096-1104.

张亚奇, 马世忠, 高阳, 等. 2017. 吉木萨尔凹陷芦草沟组致密油储层沉积相分析. 沉积学报, 35(2): 358-370.

赵建华, 金之钧, 金振奎, 等. 2016. 四川盆地五峰组-龙马溪组含气页岩中石英成因研究. 天然气地球科学, 27(2): 377-386.

赵俊青, 纪友亮, 张世奇, 等. 2004. 陆相高分辨率层序界面识别的地球化学方法. 沉积学报, 22(1): 79-86.

赵贤正, 蒲秀刚, 韩文中, 等. 2017. 细粒沉积岩性识别新方法与储集层甜点分析: 以渤海湾盆地沧东凹陷孔店组二段为例. 石油勘探与开发, 42(1): 492-502.

郑荣才, 柳梅青. 1999. 鄂尔多斯盆地长 6 油层组古盐度研究. 石油与天然气地质, 20(1): 22-27.

周维列, 王中林. 2007. 扫描电子显微学及在纳米技术中的应用. 北京: 高等教育出版社.

朱如凯, 吴松涛, 苏玲, 等. 2016. 中国致密储层孔隙结构表征需注意的问题及未来发展方向. 石油学报, 37(11): 1323-1336.

邹才能, 陶士振, 杨智, 等. 2012. 中国非常规油气勘探与研究新进展. 矿物岩石地球化学通报, 31(4): 312-322.

邹才能, 陶士振, 候连华, 等. 2013a. 非常规油气地质. 北京: 地质出版社.

邹才能, 杨智, 崔景伟, 等. 2013b. 页岩油形成机制、地质特征及发展对策. 石油勘探与开发, 40(1): 14-26.

Al-Kharusi A S, Blunt M J. 2007. Network extraction from sandstone and carbonate pore space images. Journal of Petroleum Science and Engineering, 56(4): 219-231.

Al-Kharusi A S, Blunt M J. 2008. Multiphase flow predictions from carbonate pore space images using extracted networks models. Water Resources Research, 44(6): 128-134.

Al-Raoush R I, Willson C S. 2005. Extraction of physically realistic pore network properties from three-dimensional synchrotron X-ray microtomography images of unconsolidated porous media systems. Journal of Hydrology, 300 (1-4): 44-64.

Angel D L. 1991. Carbon flow with in the colonial radiolarian microcosm. Symbiosis, 10(1-3): 195-271.

Baldwin B, Butler C O. 1985. Compaction curves. AAPG Bulletin, 69: 622-626.

Baldwin C A, Sederman A J, Mantle M D, et al. 1996. Determination and characterization of the structure of a pore space from 3D volume images. Journal of Colloid and Interface Science, 181(1): 79-92.

Barclay S A, Worden R H. 2000. Effects of reservoir wettability on quartz cementation in oil fields. Special Publication International Association of Sedimentologists, 29: 103-117.

Buckley J S. 2001. Effective wettability of minerals exposed to crude oil. Current Opinion in Colloid & Interface Science, 6: 191-196.

Cao Z, Liu G D, Zhan H B, et al. 2017. Geological roles of the siltstones in tight oil play. Marine and Petroleum Geology, 83: 333-344.

Chong K K, Grieser W V, Passman A, et al. 2010. A completions guide book to shale-play development: A review of successful approaches towards shale-play stimulation in the last two decades//Proceedings of Canadian Unconventional Resources and International Petroleum Conference, Calgary.

Craig F F. 1971. The Reservoir Engineering Aspects of Waterflooding. New York: Society of Petroleum Engineers of AIME.

Craigie N W, Rees A, MacPherson K, et al. 2016. Chemostratigraphy of the Ordovician Sarah Formation, North West Saudi Arabia: An integrated approach to reservoir correlation. Marine and Petroleum Geology, 77: 1056-1080.

Davis C, Pratt L M, Sliter W V, et al. 1999. Factors influencing organic carbon and trace metal accumulation in the Upper Cretaceous LaLuna Formation of the western Maracaibo Basin, Venezuela Boulder: Geological Society of America.

Dean W E, Gardner J V, Piper D Z. 1997. Inorganic geochemical indicators of glacial-interglacial changes in productivity and anoxia on the California continental margin. Geochimica et Cosmochimica Acta, 61: 4507-4518.

Dennett M R, Caron D A, Michaels A F, et al. 2002. Video plankton recorder reveals high abundances of colonial radiolarian surface waters of the central North Pacific. Journal of Plankton Research, 24(8): 797-805.

Dill H, Teschner M, Wehner H. 1988. Petrography, inorganic and organic geochemistry of Lower Permian carbonaceous fan sequences ("Brandschiefer Series")-Federal Republic of Germany: Constraints to their paleogeography and assessment of their source rock potential. Chemical Geology, 67(3-4): 307-325.

Dong H. 2007. Micro-CT imaging and pore network extraction. London: Imperial College of London Department of Earth Science and Engineering.

Dong H, Blunt M J. 2009. Pore-network extraction from micro-computerized-tomography images. Physical Review E, 80 (3): 036307.

Fredrich J T, Menéndez B, Wong T F. 1995. Imaging the pore structure of geomaterials. Science, 268: 276-279.

Grass M, Kohler T, Proksa R. 2000. 3-D cone-beam CT reconstruction for circular trajectories. Physics in Medicine and Biology, 45(2): 329-347.

Heath J E, Dewers T A, McPherson B J O L, et al. 2011. Pore networks in continental and marine mudstones: Characteristics and controls on sealing behavior. Geosphere, 7 (2): 429-454.

Ingram W C, Meyers S R, Martens C S. 2013. Chemostratigraphy of deep-sea Quaternary sediments along the Northern Gulf of Mexico Slope: Quantifying the source and burial of sediments and organic carbon at Mississippi Canyon 118. Marine and Petroleum Geology, 46: 190-200.

Jarvie D M, Hill R J, Ruble T E, et al. 2007. Unconventional shale-gas systems: The Mississippian Barnett shale of north-central Texas as one model for thermogenic shale-gas assessment. AAPG Bulletin, 91(4): 475-499.

Jiang Z, Wu K, Couples G, et al. 2007. Efficient extraction of networks from three-dimensional porous media.

Water Resources Research, 43: 1-17.

Jones B, Manning D A C. 1994. Comparison of geochemical indices used for the interpretation of palaeoredox conditions in ancient mudstones. Chemical Geology, 111: 111-129.

Jones M C, Williams-Thorpe O, Potts P J, et al. 2005. Using Field-Portable XRF to Assess Geochemical Variations Within and Between Dolerite Outcrops of Preseli, South Wales. Geostandards and Geoanalytical Research, 29(3): 251-269.

Law B E, Curtis J B. 2002. Introduction to unconventional Petroleum systems. AAPG Bulletin, 86(11): 1851-1852.

Lemons D R, Chan M A. 1999. Facies architecture and sequence stratigraphy of fine-grained lacustrine deltas along the eastern margin of late Pleistocene Lake Bonneville, northern Utah and southern Idaho. AAPG Bulletin, 83(4): 635-665.

Liang Z, Ioannidis M A, Chatzis I. 2000. Geometric and topological analysis of three-dimensional porous media: Pore space partitioning based on morphological skeletonization. Journal of Colloid and Interface Science, 221(1): 13-24.

Lindquist W B, Lee S M, Coker D A, et al. 1996. Medial axis analysis of void structure in three-dimensional tomographic images of porous media. Journal of Geophysical Research-Solid Earth, 101(B4): 8297-8310.

Lindquist W B, Venkatarangan A. 1999. Investigating 3D geometry of porous media from high resolution images. Physics and Chemistry of Earth, Part A: Solid Earth and Geodesy, 25 (7): 593-599.

Mason G, Morrow N R. 1991. Capillary behavior of a perfectly wetting liquid in irregular triangular tubes. Journal of Colloid and Interface Science, 141(1): 262-274.

Mauriohoohoa K, Barker S L L, Rae A. 2016. Mapping lithology and hydrothermal alteration in geothermal systems using portable X-ray fluorescence (pXRF): A case study from the Tauhara geothermal system, Taupo Volcanic Zone. Geothermics, 64: 125-134.

Mayo S, Josh M, Nesterets Y, et al. 2015. Quantitative micro-porosity characterization using synchrotron micro-CT and xenon Kedge subtraction in sandstones, carbonates, shales and coal. Fuel, 154: 167-173.

Mo X W, Zhang Q, Lu J A. 2016. A complement optimization scheme to establish the digital core model based on the simulated annealing method. Chinese Journal of Geophys, 59(5): 1831-1838.

Nelson R A. 1985. Geologic analysis of naturally fracture reservoirs: Contributions in petroleum geology and engineering. Houston: Gulf Publishing Company.

Nicolas T, Thomas J A, Timothy L, et al. 2006. Trace metals as palaeoredox and palaeoproductivity proxies: An update. Chemical Geology, 232: 12-32.

Nio S D, Brouwer J, Smith D, et al. 2005. Spectral trend attribute analysis: Applications in the stratigraphic analysis of wireline logs. First Break, 23: 7-15.

Norman M D, Deckker P D. 1990. Trace metals in lacustrine and marine sediments: A case study from the Gulf of Carpentaria, northern Australia. Chemical Geology, 82: 299-318.

Pearce T J, Besly B M, Wray D S, et al. 1999. Chemostratigraphy: A method to improve interwell correlation in barren sequences-a case study using onshore Duckmantian/Stephanian sequences (West Midlands, U.

K.). Sedimentary Geology, 124(1-2): 197-220.

Pettijohn F J, Potter P E, Siever R. 1973. Sand and Sandstone. New York: Springer-Verlag.

Picard M D. 1971. Classification of fine-grained sedimentary rocks. Journal of Sedimentary Research, 41(1): 179-195.

Pittman E D. 1992. Relationship of porosity and permeability to various parameters derived from mercury injection-capillary pressure curves for sandstone. AAPG Bulletin, 76: 191-198.

Qiu Z, Tao H F, Zou C N, et al. 2016. Lithofacies and organic geochemistry of the Middle Permian Lucaogou Formation in the Jimusar Sag of the Junggar Basin, NW China. Journal of Petroleum Science and Engineering, 140: 97-107.

Ratcliffe K T, Wright A M, Montgomery P, et al. 2010. Application of chemostratigraphy to the Mungaroo Formation, the Gorgon field, offshore northwest Australia. Australian Petroleum Production and Exploration Association Journal, 50(1): 371-388.

Rimmer S M. 2004. Geochemical paleoredox indicators in Devonian-Mississippian Black Shales, Central Appalachian Basin(USA). Chemical Geology, 206(3-4): 373-391.

Rowe H, Hughes N, Robinson K. 2012. The quantification and application of handheld energy-dispersive X-ray fluorescence (ED-XRF) in mudrock chemostratigraphy and geochemistry. Chemical Geology, 324-325: 122-131.

Roy D K, Roser B P. 2013. Climate control on the composition of Carboniferous-Permian Gondwana sediments, Khalaspir Basin. Bangladesh. Gondwana Research, 23(3): 1163-1171.

Rashid F, Glover P W J, Lorinczi P, et al.2017. Microstructural controls on reservoir quality in tight oil carbonate reservoir rocks. Journal of Petroleum Science and Engineering, 156: 814-826.

Sabatino N, Coccioni R, Manta D S, et al. 2015. High-resolution chemostratigraphy of the late Aptian–early Albian oceanic anoxic event (OAE 1b) from the Poggio le Guaine section (Umbria-Marche Basin, central Italy). Palaeogeography, Palaeoclimatology, Palaeoecology, 426: 319-333.

Sakdinawat A, Attwood D. 2010. Nanoscale X-ray imaging. Nature photonics, 4(12): 840-848.

Schieber J, Zimmerle W. 1998. The history and promise of shale research[C]//Schieber J, Zimmerle W, Sethi P. Shale and Mudstones(Vole. 1): Basin studies, sedimentology and paleontology. Stuttgart: Schweizerbart'sche Verlagsbuchhandlung, 1-10.

Schieber J. 1999. Distribution and deposition of mudstone facies in the Upper Devonian Sonyea Group of New York. Journal of Sedimentary Research, 69(4): 909-925.

Schmid S. 2017. Chemostratigraphy and palaeo-environmental characterisation of the Cambrian stratigraphy in the Amadeus Basin, Australia. Chemical Geology, 451: 169-182.

Schnaar G, Brusseau M. 2005. Pore-scale characterization of organic immiscible-liquid morphology in natural porous media using synchrotron X-ray microtomography. Environmental Science & Technology, 39(21): 8403-8410.

Scopelliti G, Bellanca A, Neri R, et al. 2006. Comparative high-resolution chemostratigraphy of the Bonarelli level from the reference Bottaccione section (Umbria–Marche Apennines) and from an equivalent section in NW Sicily: Consistent and contrasting responses to the OAE2. Chemical Geology, 228:

266-285.

Scopelliti G, Bellanca A, Monien D, et al. 2013. Chemostratigraphy of the early Pliocene diatomite interval from MIS AND-1B core（Antarctica）：Palaeoenvironment implications. Global and Planetary Change, 102: 20-32.

Shin H, Lindquist W B, Sahagian D L, et al. 2005. Analysis of the vesicular structure of basalts. Computers & Geosciences, 31（4）: 473-487.

Silin D B, Patzek T W. 2006. Pore space morphology analysis using maximal inscribed spheres. Physica A: Statistical Mechanics and Its Applications, 371（2）: 336-360.

Silin D B, Jin G D, Patzerk T W. 2003. Robust determination of the pore-space morphology in sedimentary rocks, paper presented at SPE Annual Technical Conference and Exhibition.Denver: Society of Petroleum Engineers.

Slatt R M, Abousleiman Y. 2011. Multi-scale, brittle-ductile couplets in unconventional gas shales: Merging sequence stratigraphy and geomechanics//AAPG Annual Convention and Exhibition, Houston.

Sondergeld C H, Newsham K E, Rice M C, et al. 2010. Petrophysical considerations in evaluating and producing shale gas resources//SPE Unconventional Gas Conference, Pittsburgh.

Stow D A V, Huc A Y, Bertrand P. 2001. Depositional processes of black shales in deep water. Marine and Petroleum Geology, 18（4）: 491-498.

Suicmez V S, Piri M, Blunt M J. 2008. Effects of wettability and pore-level displacement on hydrocarbon trapping. Advances in Water Resources, 31: 503-512.

Valvatne P H, Blunt M J. 2004. Predictive pore-scale modeling of two-phase flow in mixed wet media. Water Resources Research, 40（7）: w07406.

Valvatne P H, Piri M, Lopez X, et al. 2005. Predictive pore-scale modeling of single and multiphase flow. Transport in Porous Media, 58（1-2）: 23-41.

Winslow D N. 1984. Advances in experimental techniques for mercury intrusion porosimetry. Surface and Colloid Science, Berlin: Springer.

Wu H G, Hu W X, Cao J, et al. 2016. A unique lacustrine mixed dolomitic-clastic sequence for tight oil reservoir within the middle Permian Lucaogou Formation of the Junggar Basin, NW China: Reservoir characteristics and origin. Marine and Petroleum Geology, 76: 115-132.

Yang Y S, Liu K Y, Mayo S, et al. 2013. A data-constrained modelling approach to sandstone microstructure characterization. Journal of Petroleum Science and Engineering, 105（3）: 76-83.

第五章 致密油、页岩油赋存与运聚机理

与北美海相致密油相比，我国陆相致密油与页岩油储层分布稳定性差、非均质性强、赋存和流动机理较复杂，本章对致密油、页岩油的赋存状态及吸附/游离比例进行探讨，介绍致密油聚集分子动力学(molecular dynamics，MD)模拟技术，探讨致密油聚集特征，综合分析致密油聚集的影响因素，建立致密油聚集模型，为致密油勘探提供指导。

第一节 赋 存 机 理

一、赋存状态

(一)赋存状态分类

油气赋存形式、赋存状态、不同状态赋存量的差异性对油气的运移和聚集动力学过程、油气水分布具有非常重要的影响，进而影响油气勘探和开发过程的资源量及可动性评价。普遍认为致密油、页岩油主要以游离态和吸附态两种形式赋存于致密储层中(Cardott，2012；邹才能等，2013；郭小波等，2014)。游离态主要赋存于基质孔隙和微裂缝中，吸附态主要以矿物表面吸附和干酪根吸附互溶两种形式存在，其中干酪根吸附互溶又分为干酪根表面吸附、非共价键结合、有机大分子包络三部分；赋存状态可能与介质条件、气油比、原油物性等因素相关(张金川等，2012)。

以往对原油赋存状态的研究主要基于宏观油水饱和度、原油荧光特征、烃类分子热解技术等方面。宁方兴等(2015)认为，不同赋存状态的页岩油气造成页岩油在生成过程中含水率存在差异，以游离态页岩油为主的生产井，随着页岩油的开采，含水率逐步升高，而以溶解态页岩油为主的生产井，随着页岩油的开采，含水率基本不变。郭小波等(2014)通过荧光观测手段，观察到一些顺层发育的亮黄色荧光条带，他们认为这是纹层面滑脱缝含油的特征，所含的油是可流动的。

微-纳米级孔隙和孔喉网络系统导致页岩/致密储层油气具有复杂的赋存形式和状态。表面物理化学理论认为，存在孔隙介质孔道/喉道中间的流体受到的固-液界面作用小，流动规律接近常规流体，而孔隙介质表面的流体在介质表面会发生物理化学反应，形成一层边界流体或束缚流体(沈钟等，2012)。越来越多的学者根据高分辨扫描技术来研究页岩/致密储层微-纳米级孔喉中原油的赋存形式和形态。通过对 Woodford 页岩含水热解实验进行扫描电镜观测发现，页岩油的赋存状态有圆球状油滴存在于裂缝中，圆球状从基质孔隙向微通道渗出，薄膜状覆盖于裂缝两壁和基质颗粒表面(O'Brien et al.，2002)。张文昭等(2014)同样观察到圆球状油滴存在于页岩基质颗粒间，薄膜状油存在于

黄铁矿晶体间及片状黏土矿物絮凝孔间。朱如凯等(2013)提出，致密储层原油可能有四种赋存状态，分别是圆球状分布、短柱状集合体、薄膜状、黏结裂缝两壁，并指出粒间微孔含油性最高。一些学者利用高分辨率纳米 CT 扫描系统与 FIB 扫描电镜可观察致密储层内部发育的微裂缝特征、孔隙发育及连通程度(孙卫等，2006；Alshibli et al.，2006；王瑞飞和陈明强，2008)，这些即为游离油存在于储层中的通道。有学者将场发射/环境扫描电镜可结合能谱数据验证来观测岩石孔喉表面液态烃的赋存特征(白斌等，2014；公言杰等，2015)。这种方法依据能谱数据提供的元素质量分数与元素原子百分比估算油膜的体积分数，继而求取原油体积，然后计算原油赋存的孔隙表面积作为原油赋存面积，即可求取纳米级孔隙中赋存油膜的平均厚度，但该方法分辨率较低，对样品的新鲜程度要求较高，并且准确性也有待验证。还有学者利用电子束荷效应来研究残留油的分布(王晓琪等，2015)。非导电样品在扫描电镜成像过程中会出现荷电效应，这为利用高分辨率扫描电镜识别微纳米级孔隙空间中的残留油提供了可能，但该方法调试过程复杂，难以应用。还有少数学者开始利用分子动力学模拟方法来研究致密油(页岩油)的赋存状态(Wang et al.，2015a)。分子动力学可有效模拟不同温压条件下、不同尺寸缝隙、不同矿物表面油的密度分布，并以此为依据计算原油组分的吸附态、游离态含量，但该方法存在模拟尺度过小(<10nm)、模拟条件单一、计算量大等问题。

国内外学者关于致密油、页岩油的赋存状态已经做了大量的研究工作，但研究主要集中于刻画油赋存的形态特征，对油赋存状态的影响因素涉及较少。致密储层内部油的赋存状态与围岩基质性质密切相关，油-水-岩之间的有机无机相互作用对赋存状态的影响还有待研究。

(二)影响致密油、页岩油赋存的作用力

1. 重力

多孔介质中重力有助于促使流体流动，尤其是当几种流体密度相差较大的情况下(如注入的流体密度小于需要驱替的流体密度)和油水界面张力(IFT)较小的条件下，重力更为重要。Willhite(1986)将 IFT 定义为将接触面增加单位面积所需要的能量。当不能相互溶解的流体(油-水、油-气、水-气、油-气、气)在储层中同时存在，式(5-1)中显示的浮力就会一直存在。因此，较轻的流体会受到向上的力，促使流体分开。

$$\Delta p_g = \Delta \rho g H \tag{5-1}$$

式中，Δp_g 为两相由于重力产生的压力差；$\Delta \rho$ 为两相间的密度差；g 为重力加速度，取值为 9.8m/s^2；H 为指水柱高度。

2. 黏滞力

多孔介质中的黏滞力是反映多孔介质中流体流动产生的压力梯度。一个孔中发生流动产生的黏滞力一般大于毛细管力(Green and Willhite，1998)。压力梯度与流体黏度和流动速度呈正比，与介质的导电性呈反比。一个圆形毛细管中的黏滞力能够通过式(5-2)计算(Green and Willhite，1998)：

$$\Delta p = 8\mu L V_{avg}/(r^2 g_c) \tag{5-2}$$

式中，V_{avg} 为流体速度，cm/s；r 为毛细管半径，cm；L 为计算压力损失的长度，cm；Δp 为长为 L 的压力损失，N/m；μ 为流体黏度；g_c 为转换因子。

3. 毛细管力

毛细管力是油气储层中岩石与流体的表面及界面张力、孔隙大小与几何特征、润湿性特征共同作用的结果（Ahmed，2018）。毛细管力是指在平衡状态下，两种不相容的流体穿过弯的界面不同压力形成的压力差，这种平衡决定了储层岩石中不相容替换的基本行为（Tiab and Donaldson，2012）。毛细管力被定义为油水体系中油相压力减去水相压力。非润湿相会表现出较大的压力，因此毛细管力会受到润湿相的影响。拉普拉斯方程[式(5-3)]给出了穿过弯曲表面的毛细管压力，在此将曲率当作半径。

$$p_c = p_o - p_w = \sigma_{ow}(1/R_1 + 1/R_2) \tag{5-3}$$

式中，p_c 为毛细管压力，即界面产生的压力差；p_o 为在油相中的压力；p_w 为在水相中的压力；σ_{ow} 为油水两相的界面张力；R_1、R_2 为油水界面的曲率半径。

考虑到复杂的几何学性质，毛细管压力可以近似为一束毛细管，式(5-3)变为式(5-4)：

$$p_c = 2\sigma_{ow}\cos\theta/r \tag{5-4}$$

式中，θ 为从水相计算的接触角；r 为圆形空管的半径。

从式(5-3)中可以看出，界面张力、毛细管大小和流体相对渗透率是决定毛细管压力的关键因素。毛细管压力的表面力对流体的驱替（如油和水被另一种在多孔介质中的孔隙中的流体驱替）是辅助作用或阻力作用（Ahmed，2018）。实际岩心中包含不同尺度的孔隙，由不同大小的孔隙喉道连接，孔隙结构复杂，制约了简单公式的实用性[包括式(5-4)]。毛细管压力对流体流动的影响主要在于油气储层的岩性类型。需要注意的是，在裂缝储层中，强毛细管力自吸进入基质中的水对水驱效率起到非常重要的作用，砂岩储层裂缝不发育，水驱过程中的强毛细管力表现出"边缘效应"，即形成油圈闭和高的残余油饱和度（Anderson，1987）。在储层中，含油饱和度(S_{or})和第一次开采、第二次开采，都设定了一个可以通过任何的提高采收率技术开采的油气总量上限（Ahmed，2010）。

4. 不同作用力的相互关系

重力的作用取决于毛细管力与重力的相对大小。IFT 越低，降低注采压力的效果越好，越能提高采油率（Amaefule and Handy，1982；Gaonkar et al.，1992；Kumar et al.，2012）。当界面张力较低时，黏滞力也会越低，致使离散的油滴结合起来形成连续的油相，以油膜的形式赋存在砂岩储层孔隙中（Taber，1969）。在近年来发表的文章中，前人研究表明剩余油包含度是毛细管数(N_c)的函数，毛细管数是黏度与毛细管力的无量纲比率，如式(5-5)所示：

$$N_c = u\mu/\gamma \tag{5-5}$$

式中，N_c 为毛细管数；u 为达西速度；μ 为驱替流体的黏度；γ 为两相间的界面张力。

二、吸附/游离态比例

与常规油气藏相比，页岩、致密砂岩、致密碳酸盐岩等非常规储集层具有特殊的微纳米级孔喉-裂隙系统，表现出强烈的非均质性和复杂性的多尺度特征。如何对页岩及致密储层微纳米级孔喉-裂隙系统内液体的赋存状态及流动规律等进行定量表征，是揭示致密油、页岩油形成机理、明确其赋存机理及预测资源潜力的重要基础。

近年来，很多学者开展了烷烃吸附方面的研究。McGonigal 等(1990)利用扫描隧道显微镜(STM)观测到在烷烃/石墨烯界面烷烃呈现高度有序的烷烃吸附层。Castro 等(1998)报道长链烷烃更容易吸附到石墨烯表面。Severson 和 Snurr(2007)研究了链状烷烃(乙烷、戊烷、癸烷和十五烷)在活性炭表面的吸附等温线，并评价了裂缝宽度、烷烃链长及温度对活性炭吸附能力的影响。Harrison 等(2014)研究了直链烷烃与支链烷烃于390K 在不同宽度(1nm、2nm 及 4nm)的石墨烯裂缝中的选择性吸附。Ambrose 等(2012)通过类似的研究建议对页岩气储量(GIP)的计算，需要对吸附相体积进行调整，否则仅利用常规计算方法计算页岩气储量的话，会降低 10%～25%。Wang 等(2015a)报道，如果考虑烷烃的吸附，Bakken 页岩油储量(OIP)中不可采的部分是 13%。然而在页岩油资源评价中，页岩油中极性化合物对吸附的影响尚未有学者开展相应的研究。

基于页岩储层微纳米级裂缝的几何结构模型，利用烃蒸气法及分子动力学模拟方法开展了致密(页岩油)的吸附研究，初步分析了微纳米级裂缝中多组分致密油、页岩油吸附现象的控制因素和规律。

(一)吸附/游离态比例实验测定

油-岩吸附解吸属于油-岩相互作用的一种。油-岩相互作用中的岩实际上包括无机岩石矿物和干酪根。油分子相对于气来说分子量大、成分复杂，针对致密储层的油-固相互作用研究难度更大。致密储层中的不同矿物或干酪根等固态物质能将液态油组分吸附到其表面或内部结构中，吸附量因矿物类型或有机质性质而异(Li et al.，2016)。理论上认为，吸附态页岩油的含量与有机质含量密切相关，首先有机质是生烃的基础，有机质含量越大能保证足够的生烃量；其次大量生烃有利于形成有机质生烃残留孔，且干酪根网络结构还可以为烃类提供大量的吸附表面(Chalmers and Bustin，2008；Ross and Bustin，2008)。通过剖析国内外页岩油赋存与有机质丰度的相关性，李志明等(2015)认为处于生油窗的页岩中吸附烃主要以干酪根互溶烃形式存在。然而，泥岩矿物对烃类的吸附也不容忽视(Pan et al.，2005；Li et al.，2016)。黏土矿物常呈片状特征，带电荷，易形成孔隙和表面吸附，对有机物具有很强的吸附能力(吴大清等，2003；Sanchez-Martín et al.，2008)；而非黏土矿物如石英的比表面积很小，对烃类的吸附能力较弱(Acevedo et al.，2000；Li et al.，2016)。页岩储层中含有较多的黏土矿物，且往往黏土矿物能与固体有机质结合形成有机黏土复合体(蔡进功等，2007)，能有效吸附液态烃。页岩中具有较大组成比例的不同黏土矿物对不同油组分的较强吸附量、对资源量评价中残留烃参数的选取具有较大影响。但目前关于油-岩吸附量的研究结果差别较大,原因可能在于实验所采用的岩石、油组分组成差别及实验定量操作的误差,而且缺乏对油吸附层的性质的分析。

与页岩气的吸附、游离态存在明显相态差异不同,页岩油的吸附、游离态可能并没有明显的区别或界限。但根据分子动力学模拟实验结果,有学者认为吸附态的液态烃类的密度存在规律性变化,并呈多分子层吸附的形式存在(Wang et al.,2015b)。因为页岩油的吸附态和游离态之间并没有明显的相变,所以现阶段对不同赋存状态含量的研究较少,已有研究主要通过岩石热解数据标定源岩中的吸附油量和游离油量。油吸附层的存在能降低储层的孔隙度和渗透率,影响油气的运移,对致密页岩储层的影响尤为明显。但页岩储层内的油流体并不是恒久地以吸附态或游离态存在,在一定的因素影响下(如温度、压力、润湿性变化等)这两种相态可以互相转化。与吸附气的解吸不同,目前认为吸附油的解吸难度更大。解吸过程与矿物表面能、油组分组成、温压、气体含量等密切相关。不同油组分与不同矿物间的解吸难易程度评估和解吸量的计算,可作为页岩油可动性评价的依据,然而,目前的相关报道还比较少见。

致密油、页岩油(各种烃的混合物)主要以吸附态和游离态赋存于致密储层的孔隙和裂缝内。由于致密储层具有低孔低渗的特点,油的流动受到极大的限制。多孔储层中孔表面的油吸附也影响着油的运移和采收率(Daughney,2000)。吸附态的油具有较弱的可流动性,而游离态油的可流动性更强(Wang et al.,2016)。因此,有必要了解致密油(页岩油)的吸附特征及吸附游离量,为进一步的资源评价及开采提供理论参考。

国内外还没有成熟的致密油、页岩油吸附量、游离量定量评价模型。有学者以根据经验进行粗略评价游离油的含量(Li et al.,2016)。还有学者利用分子动力学模拟来研究各种碳氢化合物在碳质和矿物质的狭缝孔内表面的吸附行为(Wang et al.,2015a)。该方法能观察单缝隙(通常为几十纳米)的液-固相互作用,并确定吸附相的取向、密度、数量(或比例)、吸附层数和单层厚度,但未能与实验结果相验证。另外,还有学者参照环境科学领域的液-固吸附实验研究矿物表面的吸附量(Pan et al.,2005)。一般认为非黏土矿物吸附烃量较低,而黏土矿物吸附烃量较高。如石英表面对溶解于甲苯中的沥青质吸附量为 6.4mg/g(Pernyeszi et al.,1998),而高岭石和伊利石沥青质吸附量分别为 33.9mg/g、17.1mg/g。本研究拟建立一种致密油(页岩油)吸附量和游离量的理论评价模型,并结合分子动力学模拟、烃吸附实验和实际地质条件,进行初步应用。

1. 样品与实验方法

纯矿物样品共 11 个,分别为黄铁矿、白云石、石英、方解石、钠长石、铁绿泥石(CCA-2)、伊利石(IMt-2)、伊蒙混层(ISCz-1)、高岭石(KGA-1b)、钠基蒙脱石(SWy-2)、钙基蒙脱石(STx-1b)。在样品测试之前首先对样品进行预处理,将 11 个纯矿物样品用玛瑙磨碎,选取粒度 40～60 目(0.425～0.250mm)样品粉末(减少外比表面积影响),将样品分成两份,分别用于低温氮气吸附-解吸和烃(正癸烷)吸附-解吸测试。在进行实验之前,需要先除去样品中存在的氯仿沥青"A"。首先将样品粉末用滤纸包裹成圆柱状,再装入索氏抽提器中使用二氯甲烷溶剂抽提 24h,抽提完成后真空加热 3h,去除样品中残留的二氯甲烷溶剂获得干燥样品粉末。另制备样品进行氯仿沥青"A"测定，采用轻烃恢复系数(张林晔等，2014)对氯仿沥青"A"含量进行恢复，用于吸附量和游离量评价。

　　烃蒸汽吸附解吸试验提供了一种在密闭孔隙空间内吸附和游离烃共存条件下评估吸附行为的有效方法。随着相对压力不断增大，烃类蒸汽将不断吸附到样品孔缝内并发生毛细凝聚现象。当相对压力接近 1 时，孔隙将完全充填吸附和凝聚状态的烃。采用的蒸气吸附实验仪器是贝士德 3H-2000PW 多站重量法蒸汽吸附仪，它属于真空重量法蒸汽吸附仪，其原理是通过微量天平称量一定相对分压下样品吸脱附前后重量的变化来测定样品对特定蒸汽、气体的吸脱附量及吸附速度。该仪器对气体尤其是蒸汽的测试精度和准确度更高，弥补了容量法无法测试实时等压吸附速度、无法准确描述材料吸附动力学特性的缺陷。采用静态蒸发蒸汽产生方式，可获得极宽的蒸汽分压范围，分压测试采用直接绝压测试和饱和蒸汽压 p_0 实测的方式来测试。同时进行 1 个空白参比位作为背景和浮力消除，与待测样一起同时参与测试，减小系统误差，提高测试精度。仪器的结构简略图如图 5-1 所示。微量天平精度为 0.1μg。吸附质为代表正构烷烃的正癸烷。

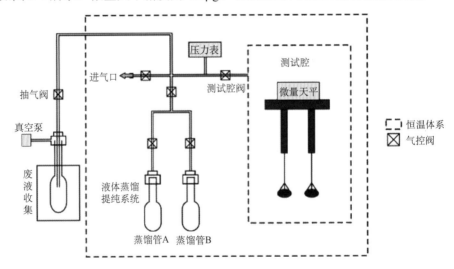

图 5-1　烃蒸汽吸附装置示意图

2. 实验结果分析

　　与氮气吸附相似，蒸汽吸附实验获得的烃总量实际上是吸附量与毛细凝聚量之和。为方便理解，该实验结果讨论部分将测试的烃总量称为吸附总量，而在后续的理论模型中所指的吸附量是烃总量中的吸附量。理论计算的最大吸附容量能更准确地反映各种类型样品的油组分吸附能力。而不同样品对油组分的最大吸附容量可能与它们在不同温度点的实测最大吸附量具有相同的分布规律。因此本研究采用实验较高相对压力点时(p/p_0=0.8)的吸附量来分析各样品的吸附能力。

　　实验结果显示，黏土矿物和非黏土矿物对正癸烷吸附属于物理吸附(图 5-2)。黏土矿物对正癸烷吸附能力远远高于非黏土矿物，前者的吸附量为 3.8～124.1mg/g，后者的吸附量仅为 0.3～2.3mg/g（图 5-3）。总体吸附趋势为：黏土>碳酸盐>石英。不同黏土矿物吸附量之间差别较大，其中蒙脱石吸附量最大，而不同层间阳离子种类的蒙脱石吸附量有所差别。阳离子为 Ca^{2+} 的钙基蒙脱石吸附量是为 Na^+ 的钠基蒙脱石的 3.7 倍。伊利石的结构层间距小，有机质难以以吸附形式存在于伊利石中，其吸附量为钙基蒙脱石的 0.11 倍。

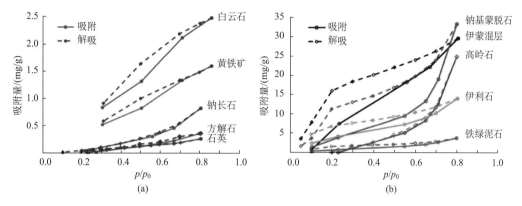

图 5-2　非黏土矿物(a)和黏土矿物(b)的正癸烷吸附解吸曲线

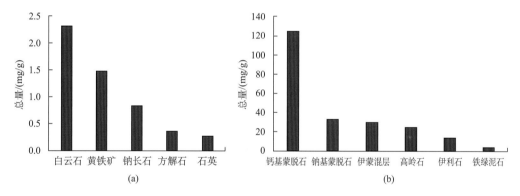

图 5-3　p/p_0 为 0.8 条件下非黏土矿物(a)和黏土矿物(b)的正癸烷总量

目前矿物吸附气/液态烃的机理还未得到深刻了解。但矿物孔隙结构特征和矿物对液态烃的亲和性可能影响了矿物的烃吸附。非黏土矿物与油的相互作用能大小为：黄铁矿>方解石>石英，烃吸附总量也呈现相同的规律，说明矿物与油组分的亲和性对矿物-油吸附有影响作用。然而孔隙结构对烃总量的影响更大。该研究氮气吸附曲线显示非黏土矿物的吸附解吸迟滞回线属于 H3 型，孔隙形态以楔形为主，孔隙结构较单一，微孔不发育，以大孔为主。大部分的黏土矿物迟滞回线属于 H4 型，孔隙形态为平行板状，微孔、介孔和大孔都发育，以介孔为主。黏土矿物的比表面积和孔体积远大于非黏土矿物，黏土矿物孔体积平均为 0.1113cm³/g，BET 比表面积平均为 33.091m²/g，非黏土矿物孔体积平均为 0.0017cm³/g，BET 比表面积平均为 0.116m²/g。如图 5-4 所示，烃总量与矿物的比表面积和孔体积呈正相关关系，说明比表面积和孔体积均是烃总量的控制因素，尤其是比表面积。高岭石的孔隙结构与其他黏土矿物有所不同，以楔形孔隙形态为主，孔体积较大，但比表面积较小，因而在孔体积与烃总量关系图上远离其他矿物。有研究认为，氮气吸附实验获得的 BET 比表面积表明蒙脱石>伊利石>高岭石(Chiou et al.，1993)。这与该研究氮气吸附结果相同。伊利石的吸附特性也大于高岭石(Busch et al.，2008)。Venaruzzo 等(2002)发现 CO_2 与 BET 比表面积和黏土矿物的微孔体积呈正相关关系。另外，还有学者认为黏土矿物对吸附能力的影响本质上可以归因于被测样品的孔隙性质的变化(Tan et al.，2014)。正癸烷总量与样品总比表面积和总孔体积的关系显示：测试的总量随着总比表面积先增大后减小，而与孔体积具有较好的正相关性。这说明测试总量受控于孔体积。

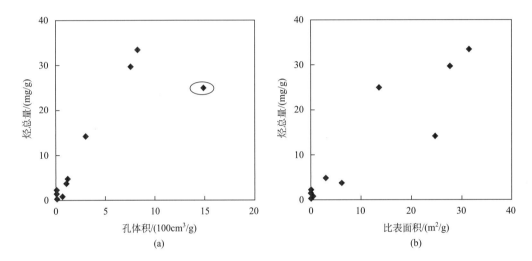

图 5-4　烃总量与矿物的孔体积(a)和比表面积(b)的关系

(二)游离态比例分子动力学模拟

分子动力学方法是 1957 年 Alder 和 Wainwright 开创的，发展至今，分子动力学的理论、技术和应用领域都得到了很大的拓展，可应用于平衡和非平衡体系。在分子动力学方法的处理过程中，分子都各自服从经典的牛顿力学定律。每个分子运动的内禀动力学是用理论力学上的哈密顿量或拉格朗日函数来描述，也可以直接用牛顿运动方程来描述。

具体来讲，分子动力学模拟就是以分子(原子或其他离子，为方便起见统称为分子)为基本研究对象，将系统看作具有一定特征的分子集合，运用经典力学或量子力学方法，通过研究微观分子的运动规律，得到体系的宏观特性和基本规律的方法。

初始的石英晶胞构型取自 Material Studio 软件的结构数据库(SiO_2_cristobalite_high)。干酪根的分子结构模型非常复杂，因此目前国际上一般采用石墨烯对其结构进行近似代替。本次研究分别采用三层石墨烯作为干酪根纳米缝的两个固体壁面，且两层石墨烯分子之间的间距为 3.35Å。油层中石英表面十分复杂，并且表面会有其他组分吸附在石英表面，本次研究对石英表面进行羟基化处理，然后建立油混合物的分子结构模型。甲烷（CH_4）、乙烷（C_2H_6）、丁烷（C_4H_{10}）、正辛烷（C_8H_{18}）、正十八烷（$C_{18}H_{38}$）、萘

（$C_{10}H_8$）、二甲基十二胺[$C_{12}H_{25}N(CH_3)_2$]、十八酸[$CH_3(CH_2)_{16}COOH$]为油混合物的 8 种组分，建立流体分子结构模型的步骤为：①依据原油中各个组分的化学式建立各个组分的分子结构模型，并应用能量最小化方法对各组分的分子结构进行优化，找到各组分最稳定的分子构型；②依据需要模拟的有机质纳米缝的宽度，对建立原油分子结构模型所需要各类组分的总分子数进行试算；③建立一个长方体盒子，该盒子的底面尺寸与所建立的固体壁面的表面尺寸保持一致，该盒子的高度为目标区块内页岩的平均孔隙半径，然后在该盒子内随机放置各类组分的分子（所放置各类组分的分子数目由所需的总分子数与该组分的摩尔分数得到），并对盒子内体系的能量进行监测，避免发生原子相互重叠或距离太近的情形。该过程完成后，再进行一次能量最小化，得到表征流体的分子结构模型[图 5-5（a）～（h）]。作为代表干酪根表面的石墨烯片层及代表矿物表面的羟基化石英表面[图 5-5（i）、（j）]。Curtis（2012）研究表明，当有机质 $R_o > 0.9\%$ 时，页岩中的纳米级

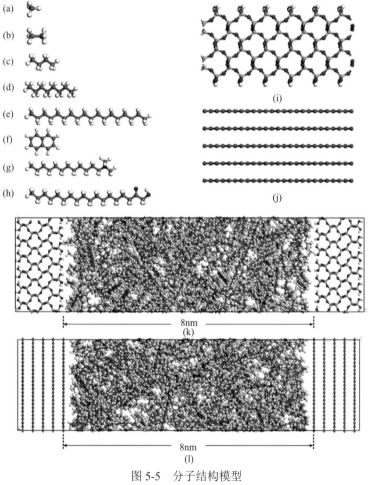

图 5-5　分子结构模型

（a）甲烷（CH_4）；（b）乙烷（C_2H_6）；（c）丁烷（C_4H_{10}）；（d）正辛烷（C_8H_{18}）；（e）正十八烷（$C_{18}H_{38}$）；（f）萘（$C_{10}H_8$）；（g）二甲基十二胺[$C_{12}H_{25}N(CH_3)_2$]；（h）十八酸[$CH_3(CH_2)_{16}COOH$]；（i）羟基改性石英表面；（j）石墨烯表面；（k）石英表面油混合物吸附模型；（l）石墨烯表面油混合物吸附模型。灰色表示 C；白色表示 H；红色表示 O；黄色表示 Si；蓝色表示 N

孔隙大量发育，且在页岩中小于 20nm 的孔隙占主导地位(Li，2015)。考虑到分子模拟的计算时间，本次研究用 8nm 的裂缝模型代表这一部分孔隙。甲烷、乙烷、丁烷分子代表溶解在致密油(页岩油)内的气体组分(C_1、C_2、$C_3 \sim C_5$)，正辛烷分子代表致密油(页岩油)中低碳数烷烃($C_5 \sim C_{14}$ 饱和烃)，正十八烷代表致密油(页岩油)中高碳数烷烃(C_{15+}饱和烃)，萘分子代表致密油(页岩油)中的芳烃(C_{15+}芳烃)，二甲基十二胺、十八酸代表致密油(页岩油)中的极性化合物(胶质、沥青质)。建立 30.38Å×30.38Å×115.83Å 大小的石英立方盒子与 29.52Å× 34.09Å×114Å 大小的石墨烯立方盒子，将流体的分子结构模型放入到有机质纳米缝的结构模型及石英裂缝中，即完成了微观尺度下致密油(页岩油)吸附机理研究所需分子结构模型的建立[图 5-5(k)、(l)]，在模型中加载的分子数如表 5-1 所示。质量分数取自 I 型干酪根的产烃率-R_o 曲线对应成熟度 R_o=0.9%所得各组分质量分数(图 5-6)，产烃率-R_o 曲线由 I 型干酪根化学动力学模型计算得到(王民等，2011)，I 型干酪根动力学参数引自文献(Liu et al.，1996)。

表 5-1　R_o=0.9%时油混合物中各组分质量分数及石英、石墨烯模型中八种分子的个数

致密油(页岩油)成分	胶质、沥青质		C_{15+} 饱和烃	C_{15+}芳烃	$C_5 \sim C_{14}$ 饱和烃	$C_3 \sim C_5$	乙烷	甲烷
质量分数	0.18		0.39	0.1	0.28	0.01	0.01	0.03
化学式	$C_{14}H_{31}N$	$C_{18}H_{36}O_2$	$C_{18}H_{38}$	$C_{10}H_8$	C_8H_{18}	C_4H_{10}	C_2H_6	CH_4
石英模型中加载分子数	20	8	56	28	92	6	11	62
石墨烯模型中加载分子数	21	9	59	30	98	6	12	65

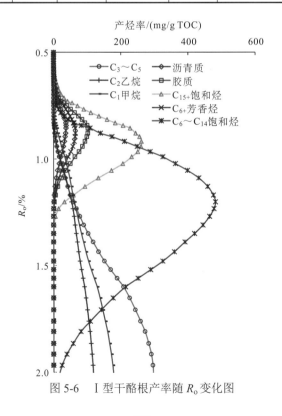

图 5-6　I 型干酪根产率随 R_o 变化图

不可动的致密油（页岩油）质量（Q_{uc}，10^4t）能够通过式(5-6)计算：

$$Q_{uc} = 0.1 S_{shale} H_{shale} \rho_{shale} S_1 F_{uc} \tag{5-6}$$

式中，F_{uc} 为吸附比例；S_{shale} 为致密储层面积，km^2；H_{shale} 为致密储层厚度，m；ρ_{shale} 为致密储层密度，g/cm^3。

在分析了石墨表面（油湿）和羟基化石英表面（水湿）油混合物吸附特征的基础上，研究了狭缝中的油混合物的吸附厚度和各组分的吸附特征，可以得到以下结论：

在地质条件下，在石英和石墨烯表面有四个吸附层，石英模型各层吸附厚度为 0.44nm，石墨模型各层吸附厚度为 0.42nm。吸附相体积所占比例在 8.57nm 石英狭缝中为 41.1%，在 7.92nm 的有机质狭缝中为 42.4%（图 5-7）。此外，在石英狭缝中吸附相质量比例是 42.7%，有机质狭缝中比例为 43.1%。单位面积石英与石墨烯吸附能力分别为 1.126mg/m^2 与 1.396mg/m^2，有机质吸附能力大于矿物吸附能力。

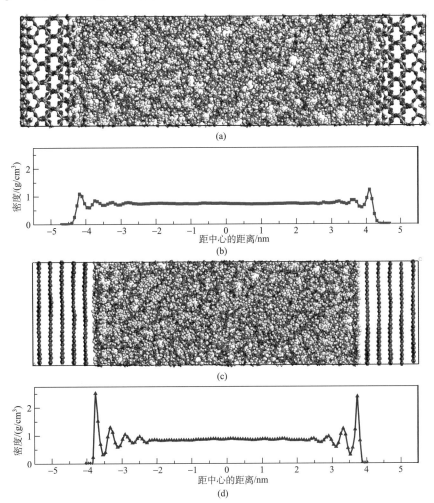

图 5-7　不同条件下油混合物吸附特征图及密度曲线图

(a) 8.57nm 石英狭缝中油混合物吸附特征图（356K）；(b) 8.57nm 石英狭缝中油混合物吸附密度曲线图（356K）；(c) 7.92nm 石墨烯狭缝中油混合物吸附特征图（356K）；(d) 7.92nm 石墨烯狭缝中油混合物吸附密度曲线图（356K）

(三)致密油-岩石相互作用机理分析

致密油与岩石之间的相互作用机理可以概括为六大类(表5-2)。

表 5-2 六类致密油-岩石相互作用机理

油-岩相互作用机理	有机官能团
阳离子交换相互作用	氨基、环烷烃氮氢及芳环氮氢
阴离子交换相互作用	羧酸盐
阳离子桥联相互作用	羧酸盐、氨基、羰基及羟基
水桥联相互作用	氨基、羧酸盐、羰基及羟基
氢键相互作用	氨基、羰基、羧基及酚羟基
范德瓦耳斯力相互作用	不带电的有机官能团

阳离子交换相互作用是一种带正电荷的有机阳离子(如胺/氨基或含氮杂环)替换黏土矿物的阳离子,使得黏土矿物表面电荷平衡的过程[图 5-8(a)]。阴离子交换相互作用与阳离子交换相互作用类似,是有机物的阴离子(如羧酸根)替换黏土矿物的阴离子(如与黏土矿物边缘结合的单价可交换阴离子),使得黏土表面电荷平衡的过程[图 5-8(b)]。阳离子桥联相互作用是一种有机物的阴离子或极性官能团吸附到溶液中二价阳离子上,而二价阳离子对黏土表面进行电荷平衡的过程[图 5-8(c)]。当存在强溶剂化阳离子(如 Mg^{2+})的情况下,水桥联相互作用更为普遍[图 5-8(d)],因为在这种情况下,有机物的阴离子或极性官能团不太可能取代架桥水分子。

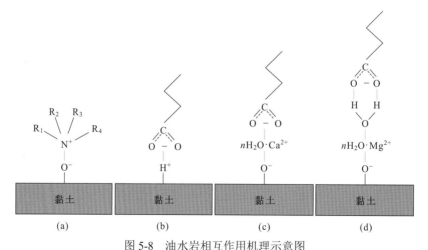

图 5-8 油水岩相互作用机理示意图

(a)离子交换;(b)配体交换;(c)阳离子架桥;(d)水架桥

更明确地说,导致二价钙离子与不带电的极性有机分子之间的油-阳离子-黏土桥联相互作用机理在本书中被称为阳离子桥联相互作用。通过钙离子和带电去质子酸的桥联机制被称为带阳离子桥联相互作用。在较高(即碱性)pH下从原油组分生成表面活性剂会改变储集层基质的整体润湿性。这种 pH 的变化会导致低盐度的水驱像碱性水驱一样起作用。然而，最近的研究打破了低盐度水驱的假说，就像碱性水驱一样。此外，有人认为，大多数储层内部固有的二氧化碳可以作为原生水中的 pH 缓冲剂，减少了 pH 波动的可能性。此外，黏土-钙-水相互作用释放的羟基离子能够与极性油化合物相互作用。游离羟基离子与极性有机物(例如羧酸)相互作用，并且取决于 pH 水平，使有机物去质子化，将有机物束缚在黏土上的氢键机制。

第二节　分子动力学模拟技术

扫描电子显微镜、气体吸附实验和高压压汞测试结果均表明，致密储层中存在大量的微纳米级孔隙。当材料的特征尺寸达到纳米级别时，其物理化学性质和输运机理将会与体相流体存在较大的不同。因此，致密储层微纳米孔隙-裂隙系统内流体的聚集规律也可能与常规油藏存在着极大的差异。以致密砂岩为例阐明了致密油的聚集机理，首先采用分子动力学模拟方法研究了单个石英狭缝内烷烃的聚集规律，然后基于孔隙网络模型开展了孔隙尺度上致密储层内原油聚集的模拟研究，并分析了不同因素对致密油聚集规律的影响。

一、原油聚集分子动力学模拟方法

许多学者已经对气体在致密储层中的聚集机理开展了研究，对液体在致密储层微纳米级孔隙内聚集机理的研究却很少。王斐等(2009)测试了去离子水在 2～14 μm 熔融硅管内的流动特性，发现随孔径的减小，亲水和憎水微管中水的流动规律均偏离经典的 Poiseuille 方程，而且孔道壁面的润湿性对水的流动特征影响很大。Wu 等(2013)研发了一种 lab-on-a-chip 方法直接对纳米级孔道内的单相和两相流体流动进行可视化。他们发现水在 100nm 深的硅狭缝内流动时服从 Poiseuille 方程。Javadpour 等(2015)采用原子力显微镜测量了盐水在页岩有机质表面流动时的滑移长度，并初步建立了页岩视渗透率计算的数学模型。尽管这些研究非常有价值，但由于微纳米孔隙内流体流动实验中试件加工和表征的难度很大，需要高精度的测量设备而且存在较大的误差，因此采用实验方法研究致密储层微纳米孔隙内流体的聚集机理面临着极大的挑战，目前相关研究还存在着诸多局限性。因此数值模拟方法成为纳米孔隙内流体输运机理研究的重要手段。

目前常用的微尺度流动模拟方法主要包括连续模型方法、直接求解 Boltzmann 方程、直接 Monte Carlo 模拟方法、格子 Boltzmann 模拟方法和分子动力学模拟方法等。微尺度流动中，流体在固体界面处存在滑移，因此为了对滑移现象及其作用机制进行细致研究，模拟过程中应当尽量减少流固相互作用的人为假设，而分子动力学模拟在该方面具有独特的优势。除了物理化学中已经较为成熟的势能作用模型之外，该方法不需要引入其他的常规设定，而且该方法可直接用于多相流动模拟。因此，虽然文献中针对单个纳米孔内流体流动模拟的研究几乎都是用分子动力学模拟方法完成的，本书将采用分子动力学模拟方法研究单个石英狭缝内烷烃的聚集规律。

石油在聚集过程中首先需要将储层中饱和的水驱出，因此这里采用完全羟基化的石英表面来代表原始储层(图 5-9)，该表面模型由两个(100)晶面组成，各原子的颜色代码为：红色表示羟基；橙色表示硅；绿色表示石英的桥氧；黑色和蓝色分别代表正辛烷中的甲基(—CH_3)和亚甲基(—CH_2—)。模型的表面尺寸为 2.95nm×2.70nm，z 方向的厚度为 1.28nm，并在 x 和 y 方向上采用周期性边界条件。

图 5-9　正辛烷在 7.8nm 的石英狭缝内流动的模拟模型

CLAYFF 力场是为了描述矿物与流体界面的相互作用而开发的，因此与第一性原理具有较好的一致性。已有研究成果表明，该力场能够准确预测烷烃在石英表面的吸附特征，因此采用 CLAYFF 力场对石英表面进行描述。该力场直接考虑了水分子、羟基、可溶性多原子分子和离子之间的键伸缩和键角弯曲项，其他所有的作用力均采用非键相互作用势(即 Lennard-Jones 势和库仑力之和)进行描述，非键势能参数如表 5-3 所示。C_8 是致密油的主要组成成分而且其性质也比较接近致密油的整体性质，同时为了提高模拟效率，因此采用粗粒化的 C_8H_{18} 分子代替原油。不同原子之间的范德瓦耳斯力采用 Lorentz-Berthelot 混合准则进行计算(截断半径为 1.2nm)。

表 5-3　石英表面和 n-C_8H_{18} 的非键势能参数

原子类型	质量/(g/mol)	电荷/e	ε/(kcal/mol)	σ/Å
四面体硅	28.0855	2.100	1.8405×10^{-6}	3.3020
桥氧	15.9994	−1.050	0.1554	3.1655
羟基氢	1.0080	0.425	—	—
羟基氧	15.9994	−0.950	0.1554	3.1655
烷烃-CH_3(UA)	15.0350	0.0	0.1750	3.9050
烷烃-CH_2(UA)	14.0270	0.0	0.1180	3.9050

注：ε 为势阱深度；σ 为碰撞半径。

在完成分子结构模型的建立以后，利用共轭梯度算法调整原子的坐标使初始构型的势能达到最小，然后在 NVT 系综下以 1fs 为时间步长进行平衡分子动力学模拟(equilibrium molecular dynamics，EMD)，并通过 Nosé-Hoover 算法控制体系温度恒定(松弛时间为 0.1ps）。经过 2.0ns 的弛豫后，收集最后 6.0ns 的轨迹进行统计分析。然后对模型内构成 $n\text{-}C_8H_{18}$ 的每个粒子沿 x 方向施加一个平行于固体表面的外力，以此来模拟定压力梯度下油在石英纳米孔内的流动。模拟过程中的稳定状态非常容易达到，但为了得到较为光滑的速度剖面，模拟时间必须足够长。本书中分子动力学模拟的持续时间由16ns到60ns 不等，具体数值与驱动力、狭缝宽度和流体温度有关。

二、原油聚集的微观机理

为了研究石英孔隙内烷烃的赋存状态，首先考察了垂直于岩石壁面方向上流体的密度分布。图 5-10 为 5.24nm 石英狭缝内正辛烷的质量密度分布（353K，30MPa）。发现密度分布曲线关于狭缝的中心面对称，而且在靠近固体壁面处出现了明显的波动，表明烷烃分子在液固界面区域出现了分层。由于狭缝内势能分布并不均匀，烷烃分子更倾向于聚集在势能较低的区域。正辛烷在石英表面形成了四个对称的吸附层，因此密度波动区域的厚度达到了约 1.8nm。通过测量密度分布曲线上两个相邻波峰对应位置的距离可以得到每个吸附层的厚度约为 4.5Å，该数值与溶剂化力的测试结果（4～5Å）和烷烃在其他固体孔隙内吸附的模拟结果（4～4.5Å）一致（Christenson et al.，1987；Dijkstra，1997；Jin et al.，2000），其原因在于：液固之间的相互作用使得 $n\text{-}C_8H_{18}$ 分子在靠近固体壁面处优先以平行方式存在。逐渐远离石英表面，C_8H_{18} 分子的空间分布变得杂乱无章，密度的波动逐渐减小并趋于常数。孔道中央处的流体密度（0.681g/cm^3）与该温度、压力条件下体相流体的实验值（0.686g/cm^3）基本一致。

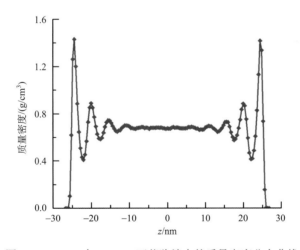

图 5-10　C_8H_{18} 在 5.24nm 石英狭缝内的质量密度分布曲线

狭缝内正辛烷流动的速度剖面如图 5-11 所示。虽然石英表面附近存在滑移，但孔道中央处烷烃分子的速度剖面仍为抛物线形状，表明在纳米单管内连续流体力学理论依然适用。需要指出的是 Navier-Stokes 方程仅仅是质量和动量的方程，并不包括边界条件，因此微尺度流动可以通过 Navier-Stokes 方程和滑移边界条件的耦合进行描述（Thomas et al.，2008）。

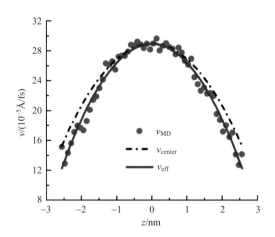

图 5-11　正辛烷在石英狭缝内流动时的速度剖面

v_{eff} 是对 v_{MD} 进行抛物线拟合的结果

假设流体的密度和黏度不随空间变化，由 Navier-Stokes 方程和无滑移边界条件可知，在恒定外力 F 的驱动下，宽度为 w 的狭缝内不可压缩层状流体的稳态速度剖面为抛物线形状，可通过经典的 Poiseuille 方程进行描述：

$$v(z) = -\frac{nF}{2\eta}\left(z^2 - \frac{w^2}{4}\right) \qquad (5\text{-}7)$$

式中，v 为流动速度；n 为原子数密度；η 为流体黏度。

由式（5-7）可知，受限空间内流体的黏度可由速度剖面的曲率计算得到。

流动速度分布关于 z 轴对称，因此这里采用抛物线 $v=az^2+b$ 对数据进行拟合，则其黏度为 $\eta=-nF/(2a)$。从速度剖面上分别选取两个不同的部分进行处理：①仅对密度恒定区域的速度（v_{center}）进行拟合，将得到的黏度记为 η_{center}；②对所有的数据点（v_{MD}）进行拟合，将结果记为 η_{eff}（图 5-12），η_{center}（0.359mPa·s±0.024mPa·s）近似与采用同样力场参数的 EMD 模拟得到的体相流体黏度一致，证实了孔道中央处流体的静态和动态性质均接近于体相流体。由于在界面处存在滑移，平均黏度 η_{eff}（0.295mPa·s±0.012mPa·s）小于体相流体的黏度。

连续流体力学理论假设流体在固体壁面处的速度为 0，即 $v(z_{surf})=0$，z_{surf} 为固体壁面的位置。当烷烃在石英纳米缝内流动时，液固界面存在滑移（图 5-11），引入滑移长度 L_s 建立致密油流动的边界条件。滑移长度为从固体壁面到流体速度为 0 处的外推距离：

$$L_s = -\frac{v(z_{surf})}{\left(\dfrac{dv}{dz}\right)_{z_{surf}}} \qquad (5\text{-}8)$$

则狭缝内具有滑移的 Poiseullie 流动速度剖面为

$$v = -\frac{nF}{2\eta}\left(z^2 - \frac{w^2}{4} - wL_s\right) \tag{5-9}$$

无滑移流动的速度分布可以将 L_s 取 0 得到。由于已经计算了流体的有效黏度 η_{eff}，进一步可由式 (5-8) 确定其滑移长度为 8.74Å。鉴于纳米孔内流体流动的数学模型是建立孔隙尺度和油藏尺度数学描述的基础，较简单的形式将会有助于进一步的尺度升级。因此，虽然纳米级狭缝内流体的密度和黏度分布并不是常数，这里仍然采用有滑移的 Poiseuille 流动方程对其流动规律进行描述，这也是目前纳米流体力学领域的常用处理方法。v_{MD} 为非平衡分子动力学的模拟结果，红色实线 v_{eff} 是对 v_{MD} 进行抛物线拟合的结果，可以发现两者吻合较好 (图 5-11)。

但需要注意的是，上述研究假设孔隙壁面是光滑的。但由于原子力显微镜和扫描电镜的观测结果表明致密储层表面其实是非常粗糙的，随着孔径的减小，表面粗糙程度对流体流动的影响必然越来越大，因此进一步考察表面粗糙度影响下致密油的微观聚集机理。采用 Popadić 等 (2014) 所提出的方法对表面粗糙度影响下石英纳米孔内的流动规律进行研究。分子动力学模拟所得到的滑移长度构成了计算流体力学模拟的边界条件，进而综合表面粗糙度和微尺度效应的影响计算得到"有效滑移长度"，并将其用于孔隙尺度上致密油流动模拟。

考虑长为 500nm、宽为 100nm 的石英狭缝中均匀排列着余弦形状的粗糙元，利用计算流体力学模拟可以得到滑移条件下 $n\text{-}C_8H_{18}$ 流动的速度及压力分布。对比 $n\text{-}C_8H_{18}$ 在光滑和粗糙石英孔隙内流动的速度剖面 (图 5-12)，其中在粗糙管内分别截取了膨胀和收缩处的结果。可以发现，无论在膨胀还是收缩处，其速度峰值均远小于光滑孔隙内的结果，说明在粗糙度的影响下，原油在纳米孔内流动得更慢。将膨胀和收缩位置处的流动速度作对比可以发现，由于任意截面处流体的流量不变，膨胀处的流体流动速度小，而收缩

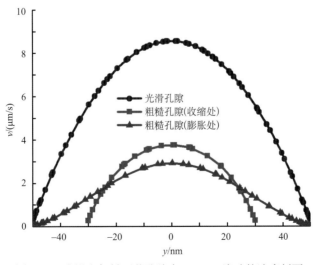

图 5-12 光滑和粗糙石英孔隙内 $n\text{-}C_8H_{18}$ 流动的速度剖面

处的过流面积较小，因此流体流动得更快，沿法线方向的速度梯度也就越大，造成壁面处的滑移速度也越大。

为了有效地对粗糙度影响下纳米孔隙内流体的流动规律进行定量表征，这里提出了"有效滑移长度"的概念。用光滑孔隙内滑移边界条件影响下 Poiseuille 方程的理论流量 [式(5-10)]对粗糙度影响下流体的总流量 Q 进行近似，即

$$Q = \frac{\nabla p w^3}{12\eta_{\text{bulk}}}\left(1 + \frac{6L_{\text{eff}}}{w}\right) \tag{5-10}$$

式中，L_{eff} 为有效滑移长度；∇p 为压力梯度；η_{bulk} 为体相流体黏度。

由此可得有效滑移长度 L_{eff} 的表达式为

$$L_{\text{eff}} = \frac{w}{6}\left(\frac{12Q\eta_{\text{bulk}}}{\nabla p w^3} - 1\right) \tag{5-11}$$

值得注意的是，虽然分子动力学的模拟结果表明在不同尺寸的孔隙中，流体的有效黏度也不同，但为了后续应用的方便，这里采用体相流体黏度 η_{bulk} 来计算有效滑移长度，即 L_{eff} 是综合了滑移、表面粗糙度和流体黏度变化多重效应的综合结果。该模型中粗糙孔隙内流体的流量仅为光滑孔隙中的 39.2%，由此可以计算得到其有效滑移长度为 −10.128nm，出现了"负滑移"现象。

分子动力学模拟结果表明，驱替压力梯度对流体在纳米孔隙内的流动有很大影响。虽然流体的有效黏度主要受空间的限制作用影响而随压力梯度的变化不大，但 $n\text{-}C_8H_{18}$ 的滑移长度随驱动力的增大而呈单调递增趋势。这里进一步研究了粗糙孔隙内驱替压力梯度对流体流动的影响。由于滑移长度随驱替压力梯度 ∇p 的增大而增大，$n\text{-}C_8H_{18}$ 流经粗糙孔隙的流量 Q 也随 ∇p 的增加而逐渐变大，而且由于 $L_s\text{-}\nabla p$ 之间的关系是非线性的，Q 随 ∇p 也呈现非线性变化趋势。对 Q 的后期直线段进行线性拟合可以发现，压力梯度越小，实际流量偏离该线性关系越多（图 5-13）。

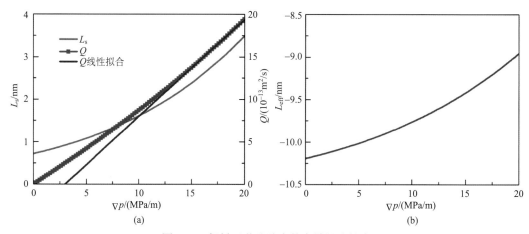

图 5-13　粗糙石英孔隙内的有效滑移长度

(a)光滑石英孔隙内 $n\text{-}C_8H_{18}$ 的滑移长度 L_s 与驱替压力梯度 ∇p 之间的关系及不同驱替压力梯度下粗糙孔隙内流体的流量 Q；

(b)不同驱替压力梯度下粗糙石英孔隙内的有效滑移长度 L_{eff}

利用式 (5-11) 可求得不同驱替压力梯度下粗糙石英孔隙内的有效滑移长度 [图 5-13(b)]，可以发现随压力梯度的增大，有效滑移长度逐渐增加，表明越来越多的流体开始脱离粗糙单元的束缚并逐渐参与流动。不同压力梯度下的流线分布进一步证实了该结论(图 5-14)。在压力梯度较小时[图 5-14(a)]，受粗糙元摩擦阻力的影响，靠近固体壁面处的流线较为稀疏，流体被束缚在表面的凹槽内；当压力梯度增大时[图 5-14(b)]，流体所受到的驱动力增强，使得部分滞留在波谷内的流体开始克服粗糙元的摩阻参与流动，因此固体壁面处的流线开始增多，流量增大。

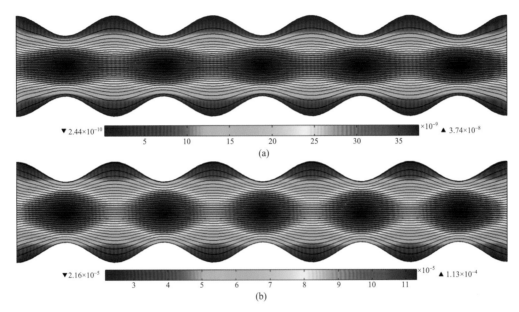

图 5-14　不同驱替压力梯度下粗糙石英孔内的速度分布(单位：m/s)

(a) 0.02MPa/m；(b) 20MPa/m

为准确揭示致密油在孔隙尺度上的聚集机理，需要进一步在分子模拟研究的基础上进行尺度升级。孔隙尺度上的流动模拟方法主要分为两类：直接模拟方法和网络模拟方法。由于致密储层孔隙结构的多尺度特性，在利用前者进行模拟时，首先需要根据边界划分网格，为保证模拟的精度，网格需要划分得非常细，因此模拟的计算量非常大，而且在模拟过程中需要在控制方程中引入纳米尺度流体流动的滑移边界条件等，因此模拟的收敛性变差。目前应用较广的格子 Boltzmann 方法虽然能够较为方便地处理复杂边界条件，但该方法在微尺度流动领域中的应用仍仅局限于气体。与直接模拟方法相比，孔隙网络模型基于抽象的多孔介质孔隙空间进行求解，原理较为简单，计算速度也更快，因此吸引了国内外研究者的广泛关注，体现出极强的理论研究优势和工程应用潜力。

在数字岩心的基础上建立了致密储层的孔隙网络模型，分别开展了致密储层内单相原油和油水两相流体的聚集机理研究。在建立过程中所使用的孔径分布曲线来源于吉木萨尔凹陷芦草沟组致密砂岩样品。在开展单相原油在致密储层孔隙网络模型中的流动模拟时，不需要采用带有角隅形状的几何体代表孔喉。因此，所有孔隙和喉道的截面形状均设置为圆形。假设网络模型中完全饱和了原油，模型入口端和出口端的所有孔隙分别与定压的容器相连接，则孔隙空间内的流体将会在压差驱动下流出。可以采用该模型模拟致密储层中原油的流动。将每个孔隙作为节点，则在单相不可压缩的条件下流入和流出该孔隙的流量相等，因此：

$$\sum_{j=1}^{n} q_{kj} = 0 \tag{5-12}$$

式中，n 为与孔隙 k 相连的孔隙数目；q_{kj} 为体积流量，m^3/s。将由孔隙 j 流入孔隙 k 的流量定义为正值，从孔隙 k 流出的流量定义为负值。两个孔隙 k、j 之间的流量、距离和传导率的计算方法分别为

$$q_{kj} = \frac{g_{kj}}{L_{kj}}\left(p_k - p_j\right) \tag{5-13}$$

$$L_{kj} = L_j + L_t + L_k \tag{5-14}$$

$$g_{jk} = \frac{L_{kj}}{\dfrac{L_j}{g_j} + \dfrac{L_t}{g_t} + \dfrac{L_k}{g_k}} \tag{5-15}$$

式(5-13)~式(5-15)中，p_k 和 p_j 分别为两个孔隙内的压力，MPa；g_{kj} 和 L_{kj} 为孔隙 k 和孔隙 j 之间的传导率和距离；L_j 和 L_k 分别为第 j、k 孔隙的长度，m；L_t 为连接 j 和 k 两孔隙的喉道 t 的长度，m；g_j、g_t 和 g_k 分别为孔隙 j、喉道 t 和孔隙 k 的传导率，$m^4/(MPa \cdot s)$。

致密储层中微纳米级孔隙发育，因此需要考虑滑移边界条件或对其黏度进行校正，否则将带来极大的误差。此外，粗糙度也对纳米孔隙内流体的流动有很大的影响，所以为了充分考虑孔隙内的流动机制及粗糙度的影响，对单管内的传导率计算方法进行改进，存在滑移时的流量和传导率分别为

$$Q = \frac{\pi r^4 \nabla p}{8\mu}\left(1 + \frac{4L_{\mathrm{eff}}}{r}\right) \tag{5-16}$$

$$g = \frac{\pi r^4}{8\mu}\left(1 + \frac{4L_{\mathrm{eff}}}{r}\right) \tag{5-17}$$

有效滑移长度 L_{eff} 与压力梯度 ∇p 的关系可由图 5-13 拟合得到。因此在给定模型的入口和出口压力后，对模型内所有孔隙应用式(5-12)可得到一个关于孔隙压力的方程组，但由于两孔隙之间的传导率仍与其压力梯度有关，该模型为非线性方程。通过迭代方法，对其进行求解可得到模型内的压力分布，进而可利用式(5-16)计算孔喉内的流量。对出口端所有孔隙的流量进行求和得到该驱替压差下的总流量。通过绘制不同压力梯度下的流量曲线可以得到孔隙尺度上致密油流动规律，并将其与 Darcy 方程做比较，可判断致密油的流动是否为非线性。

在致密砂岩储层的孔隙网络模型中进行单相原油流动模拟，计算所得到的流量和驱

替压力梯度关系[图 5-15(a)]。可以发现致密砂岩储层中原油的流动规律为非线性的，不再服从 Darcy 方程的线性规律。随压力梯度的增大，原油在石英纳米级孔隙内流动的滑移长度也逐渐增大，因此流量呈现非线性增加；如果滑移长度不随压力梯度的变化而变化，则流量和驱替压力梯度之间的关系将是线性的。在每个驱替压力梯度下，如果将利用 Darcy 方程计算得到的渗透率定义为"视渗透率 K_{app}"，则随压力梯度的增大，致密砂岩的视渗透率也逐渐增大并最终趋于恒定。以下将对该模拟结果与实验测得的规律做比较以验证本书结论的正确性。图 5-15(b)为安 244-10 井的三块致密岩心所测得的渗流曲线。在实验过程中，为精确测定驱替压力和流量，工作人员研发了多级压力控制系统，并使用了最新型的光电式全自动微流量计，测试精度可达到 0.00001mL/min。孔隙网络模拟结果与实验作对比可以发现两者的定性规律基本一致。驱替压力梯度与流量之间均为非线性关系，且随压力梯度的增大，流量增加的越来越快，表明其渗透性逐渐变好。

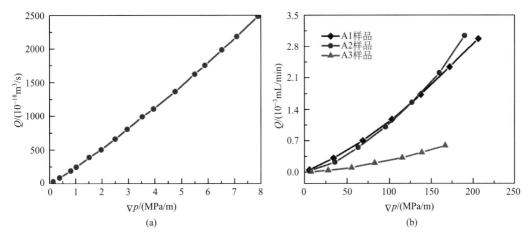

图 5-15 致密砂岩储层中原油的流动规律

(a)孔隙网络模拟结果；(b)实验结果

进一步开展孔隙尺度上致密储层内油水两相的流动模拟。在采用孔隙网络模型进行致密储层的单相流动模拟时，所有孔隙和喉道的形状均被简化为圆形。但由于真实岩心中孔喉形状的复杂性，带角隅的截面形状(如正方形、三角形等)才能更好地描述孔隙空间。更重要的是，只有带角隅的截面形状才能够反映多相流动过程中油水的复杂分布模式。因此，在采用孔隙网络模型模拟两相流动时考虑了三种不同截面形状的孔喉：正方形、三角形和圆形。为了能够反映真实岩心复杂的孔隙空间，引入无因次概念——形状因子(G)对孔喉的形状进行表征，其定义为

$$G = \frac{A}{P^2} \tag{5-18}$$

式中，A 为孔隙和喉道的截面面积，m^2；P 为孔隙和喉道截面的周长，m。

由式(5-18)可计算不同截面的形状因子。对于圆形和正方形截面，其形状因子为常数，分别为 $1/4\pi$ 和 $1/16$；对于三角形，由于其各边长的长度不固定，因此形状因子也是

变化的，取值范围为 $0 \sim \sqrt{3}/36$，其中形状因子的最大值对应于等边三角形。研究表明，喉道的无因次传导率（$\tilde{g}$）与其形状因子呈线性关系，即 $\tilde{g}=CG$。对于圆形、正方形和三角形截面的单管，C 的取值分别为 0.5、0.5623 和 0.6。因此只需要知道截面的形状因子 G，就可以求出单相流动时流体通过不同截面形状（圆形、正方形和任意三角形）孔隙的传导率。

在多相流动过程下，不管驱替顺序如何，圆形截面的孔隙和喉道里都只可能存在一种流体，而对于截面形状有角隅的孔喉（如正方形和三角形）则会同时存在两种流体。在利用孔隙网络模型模拟两相流体流动时，通常先假设整个模型最初完全被润湿相流体（水）所饱和。此时所有的孔隙和喉道，不管截面形状如何，都完全被单相流体所占据。然后注入非润湿相流体（油），此时孔隙和喉道中将会同时存在两种流体。因此，多相流动过程中复杂截面的孔喉内除了存在中间的层流外，还有角隅中流体的流动和油膜的流动，其中孔喉中央层流的传导率通过式(5-19)计算：

$$g_\mathrm{n}=m\frac{A^2}{\mu_\mathrm{n}}\tilde{g} \tag{5-19}$$

式中，m 为孔喉中央驱替相所占的面积 A_n 与其截面积 A 的比值；μ_n 为非润湿相流体的黏度。

对于角隅处的水，其传导率为

$$g_\mathrm{w} = c\frac{A_\mathrm{c}^2 G_\mathrm{c}}{\mu_\mathrm{w}} \tag{5-20}$$

式中，G_c 为角隅处流体的形状因子；A_c 为角隅处流体所占的面积；μ_w 为水的黏度；c 为与孔喉中央流体的形状因子和角隅处流体形状因子相关的函数。

对于薄油层，其传导率为

$$g_\mathrm{l} = \frac{b_\mathrm{o}^2 \tilde{g}_\mathrm{l}}{\mu_\mathrm{n}} \tag{5-21}$$

$$\ln \tilde{g}_\mathrm{l} = a_1 \ln^2\left(A_\mathrm{l}^3 G_\mathrm{l}\right) + a_2 \ln\left(A_\mathrm{l}^3 G_\mathrm{l}\right) + a_3 \tag{5-22}$$

式中，A_l 为薄油层的无因次面积；G_l 为薄油层的形状因子；$\tilde{g}_\mathrm{l}$ 为薄油层的无因次导流能力；a_1、a_2 和 a_3 均为无因次系数；b_o 为油膜外侧界面距离隅顶点的距离；$\tilde{g}_\mathrm{l}$ 为薄油层的无因次传导率。

然后采用准静态网络模型，考虑活塞式驱替、孔隙充填和卡断等机理开展孔隙尺度上致密储层内油水两相的流动模拟，得到毛细管力曲线（图 5-16）。该曲线特征整体偏向右上方，中间段平缓且长，排驱压力高，排驱过程中毛细管力与水平段近似平行，表明进油量大。同时致密储层的排驱和吸吮过程表现出突降形特征，水驱油和油驱水过程体积差异较大，说明由于致密储层中微孔隙的存在，孔喉细小，连通性差。以上特点均表明，该孔隙网络模型符合实际储层的岩心特征。利用该孔隙网络模型计算油水两相的相对渗透率，可得到致密储层聚集过程中的相渗曲线（图 5-16）。与常规储层相比，致密储层相渗曲线的两相共流区很窄，油相相渗急剧下降，表明原油聚集能力差。

储集层的微观孔隙结构特征是影响流体渗流和驱替的重要因素，这里讨论了水湿条件下致密储层配位数、黏土体积和孔喉比对相对渗透率的影响。配位数是指与孔隙相连通的喉道个数，它表征的是储集层的孔喉连通程度。配位数越大表明连通性越好，越有利于原油运移。微观上可以用平均配位数来定量评价储集层的连通状况。这里采用三种不同的平均配位数(n=2.5、n=3.8 和 n=4.5)对比孔隙拓扑特性对相渗曲线的影响(图5-17)。随着配位数的增大，两相共流区变大，端点饱和度对应的相对渗透率增大，水相更易于排出。

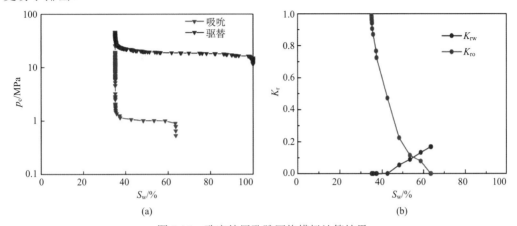

图 5-16　致密储层孔隙网络模拟计算结果

(a)毛细管力曲线；(b)相渗曲线。K_{rw} 和 K_{ro} 分别为水相和油相相对渗透率

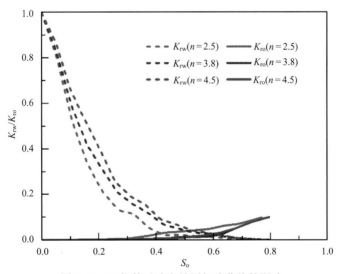

图 5-17　配位数对致密储层相渗曲线的影响

　　黏土体积表示黏土矿物所占孔隙体积的百分比。油相不能侵入被黏土矿物占据的孔隙和喉道，因此黏土体积反映了束缚水饱和度。黏土含量越高，束缚水饱和度越大。黏土矿物含量对水相的相对渗透率没有显著影响。随着黏土矿物含量增大，油相相对渗透率增加，最终油相饱和度明显降低(图5-18)。

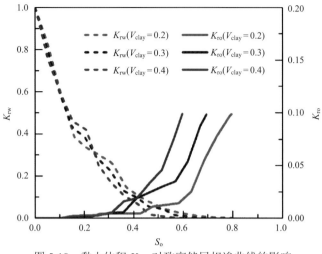

图 5-18　黏土体积 V_{clay} 对致密储层相渗曲线的影响

　　孔喉比表征的是孔隙与相连喉道之间尺寸的差异。图 5-19 为孔喉比对原油运移过程中油水相对渗透率曲线的影响，其中 R_{sp} 为网络模型中孔喉比的最大值。研究过程中，保持喉道的特征参数不变，调节最大孔喉比的数值。对于 R_{sp} 分别为 3、4 和 5 的致密岩心，孔隙度数值分别为 11.7%、15.8% 和 20.51%。然而，它们的绝对渗透率非常接近，为 0.64mD±0.04mD，表明孔喉比的变化主要改变了孔隙体积，对单相流体的流动能力没有显著影响。图 5-19 还表明，较小的孔喉比对应于孔隙和喉道尺寸更加均匀的岩心，这将有利于油进入下一个孔隙，导致油相的相对渗透率更高；但如果孔喉比较大，当油试图侵入另一个孔隙时，喉道的剧烈收缩对其流动将产生较大的阻力，将阻碍原油运移。

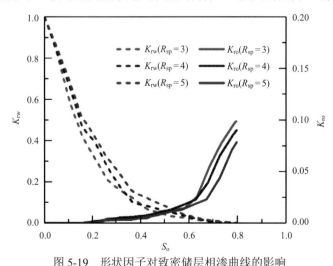

图 5-19　形状因子对致密储层相渗曲线的影响

第三节　致密油运移和聚集机理

　　受致密储层孔喉结构复杂、运移阻力大的影响，致密油与常规油气相比运移距离短，而且致密储层特有的孔隙结构特征必然导致石油在孔隙中的聚集过程与常规油藏存在明显不同，致密油的运聚机理研究难度大。本节选取准噶尔盆地吉木萨尔凹陷作为致密油典型富集区，解剖典型富集区石油地质条件，分析致密油运移通道，结合物理模拟实验，明确致密油运移机理，建立致密油运移状态判识图版，为致密油运移状态判断提供依据。在分析致密储层含油饱和度变化特征的基础上，探讨致密油聚集特征，综合分析致密油聚集的影响因素，建立致密油聚集模型，为致密油勘探提供指导。

一、致密油运聚物理模拟

选取吉木萨尔凹陷芦草沟组致密砂岩样品，通过物理模拟实验技术，模拟致密油充注压力与含油饱和度的关系，研究致密油的聚集过程，物理模拟实验主要包含三大部分：

正常规格圆柱形岩心(直径 25cm)进行物理模拟实验，实验流程是洗油后将岩心烘干，抽真空饱和水，安装岩心夹持器，连接恒压泵与岩心夹持器，调节恒压泵的流速控制充注压力，在不同压力条件下充注煤油，采用称重法计算含油饱和度。含油饱和度是指在不同充注压力条件下，石油充注储层后，石油占据储层孔隙体积的百分比。

正常规格圆柱形岩心(直径25cm)制作真实砂岩微观模型开展物理模拟实验，首先利用抽真空压力泵对模型抽真空，随后将模型一端封闭，依靠抽真空时产生的低压将另一端实验用水吸入模型。将模型右端接口封闭，松开左侧的止血钳，使刻度管中的实验用水在压力差下进入模型至饱和。在模型充分饱和水后，将模型放到显微镜工作台，利用图像采集系统对模型全视域及局部视域进行录像和拍照。随后在左侧接装有实验用油的刻度管(最小刻度为 0.2mL)，并通过压力系统对模型施加压力，开展油驱水实验。实验过程中不断加大压力，在记录压力的同时实时观测实验进程，直至模型内波及面积不再扩大且模型两端进出油量相等时结束实验。

小规格圆柱形岩心(直径5cm)，利用 X 射线微米 CT 开展可视化物理模拟实验。实验流程是洗油后将岩心烘干，抽真空饱和 NaI(用于增强图像对比度)，安装在岩心夹持器内，将其与充注泵、围压泵相连接后，固定于 X 射线微米 CT 放射源与信号接收器间，进行首次微米 CT 扫描。该次 CT 扫描用于选定目标区域、优选扫描参数和后期实验对比参照。设置充注压力和围压(保证相同的有效应力)，且每个充注压力点下保持较稳定的流速充注，直到出口端流体流速恒定，停止充注，利用微米 CT 对目标区域进行扫描。考虑到实验周期、实验设备承压及实际地质情况，可视化充注物理模拟实验共进行四组实验，即充注压力为 0MPa、1.5MPa、5MPa 和 10MPa。利用 Avizo 软件对实验获取 3D 图像进行前期处理、分割及定量计算。

(一)致密储层含油饱和度增长类型

致密油聚集是石油逐渐驱替地层水，储层中含油饱和度不断增长的过程。根据致密储层含油饱和度增长特征，含油饱和度的增长分为快速增长型和平稳增长型。

1. 快速增长型

致密储层含油饱和度快速增长型的主要特征是在较短的压力强度范围内，含油饱和度可以迅速提高。该模式下含油饱和度增长主要分为四个阶段，分别为初始增长阶段、快速增长阶段、缓慢增长阶段和停止增长阶段，其中快速增长阶段是影响致密储层最终含油饱和度的最关键阶段(图 5-20)。

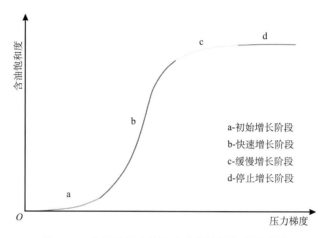

图 5-20　致密储层含油饱和度快速增长型模式图

初始增长阶段，压力梯度较小，含油饱和度由不增长到缓慢增长，该阶段也是致密油从难以流动到突破启动压力梯度开始缓慢流动的阶段，该阶段含油饱和度增长较小，一般小于 5%。快速增长阶段，含油饱和度与压力梯度大概呈指数关系，该阶段致密油由非线性流向拟线性流过渡，致密油流速逐渐增大，随着压力梯度的增大，含油饱和度迅速增大，该阶段决定了致密油的聚集程度，该阶段含油饱和度一般可增长 20%～40%。缓慢增长阶段，随着压力梯度的增大，含油饱和度缓慢增长，增长速度较小，该阶段含油饱和度增长一般小于 15%。停止增长阶段，随着压力梯度的增大，含油饱和度基本不发生变化，含油饱和度不再继续增大(图 5-21)。

值得一提的是，虽然图 5-21 中四个致密储层样品渗透率不同，但是含油饱和度的增长模式是一致的，而且含油饱和度开始增长的压力梯度明显不同，能达到的最大含油饱和度也明显不同，表明致密油的聚集过程十分复杂，渗透率对含油饱和度增长类型的影响并不大。

2. 平稳增长型

致密储层含油饱和度平稳增长模式下含油饱和度的增长同样分为四个阶段，分别为初始增长阶段、平稳增长阶段、缓慢增长阶段和停止增长阶段，稳定增长模式的关键阶段是平稳增长阶段，该阶段随着压力梯度的增大，含油饱和度平稳增长，含油饱和度与压力梯度大致呈线性关系(图 5-22)。

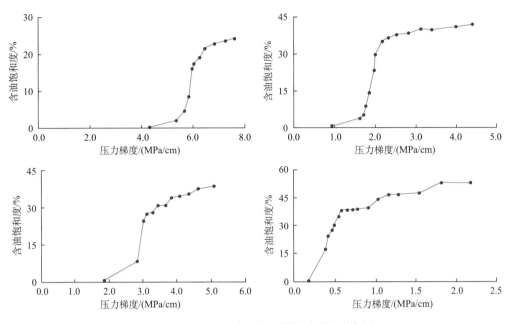

图 5-21 致密储层含油饱和度快速增长型实例

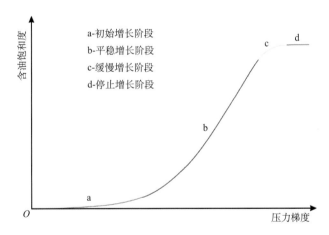

图 5-22 致密储层含油饱和度平稳增长型模式图

初始增长阶段，压力梯度较小，含油饱和度由不增长到缓慢增长，致密油从难以流动逐渐到开始缓慢流动，该阶段含油饱和度增长较小，一般小于 5%。平稳增长阶段，含油饱和度与压力梯度大致呈线性关系，随着压力梯度的增大，含油饱和度逐渐增大，该阶段的含油饱和度增长为 40%～50%。缓慢增长阶段，随着压力梯度的增大，含油饱和度缓慢增长，增长速度较小，该阶段含油饱和度增长小于 5%。停止增长阶段，随着压力梯度的增大，含油饱和度基本不发生变化，含油饱和度不再继续增大。与快速增长模式相比，平稳增长模式中的初始增长阶段压力梯度范围较大，相对较大的压力梯度范围内致密油饱和度变化较小，平稳增长阶段压力梯度范围大，表明该过程时间较长，缓慢增长阶段和停止增长阶段的压力梯度范围较小(图 5-23)。

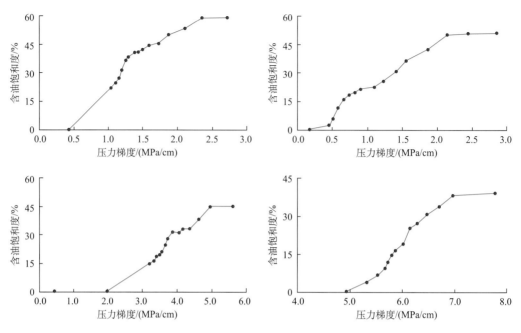

图 5-23 致密储层含油饱和度平稳增长型模式实例

(二)致密储层含油饱和度增长的影响因素

致密油聚集模拟实验条件一致的前提下，致密储层含油饱和度增长类型不同，对比分析了不同类型的储层样品的物性参数和润湿性，明确了致密储层含油饱和度增长类型的影响因素，分别统计了平稳增长型和快速增长型致密储层的孔隙度和渗透率，发现含油饱和度增长类型不同的致密储层孔隙度和渗透率并没有明显区别，表明储层物性对含油饱和度增长类型没有明显的影响，不是控制含油饱和度增长类型的关键因素（图 5-24）。

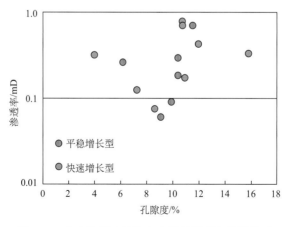

图 5-24 致密储层含油饱和度增长类型与物性关系

　　两种含油饱和度增长类型最大的区别是致密油聚集的速率有明显差异，而润湿性是影响致密油运移和聚集速率的重要因素，分别统计了两种含油饱和度增长类型的岩心润湿性(图 5-25)。相对润湿指数小于 0 的岩心样品，相对润湿指数分布区间为–0.1～–0.3，润湿性为弱亲油，含油饱和度增长类型均为快速增长型；相对润湿指数大于 0 的岩心样品，相对润湿指数分布区间为 0～0.4，润湿性为中性和亲水性，含油饱和度增长类型为平稳增长型，表明润湿性是影响致密储层含油饱和度增长类型的关键因素。

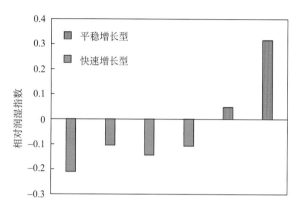

图 5-25　致密储层含油饱和度增长类型与润湿性

(三)致密油微观运聚特征

　　真实砂岩微观模型保留了岩心的孔隙结构特征、岩石表面物理性质及大部分的填隙物，能够记录驱替过程中流体在二维孔隙网络中的运移方式、运移路径、分布特征及渗流规律。微米 CT 不仅可以无损伤获取岩心内部复杂的三维微观结构，还可以将孔隙中单相或多相流体的分布特征以不同灰度等级展示出来，呈现孔隙中的动态驱替过程，在流体流动研究中发挥重要作用。利用 X 射线微米 CT 技术对岩心微观孔隙及不同实验条件下的驱替过程进行扫描，能够在不改变岩心外部形态和内部结构的前提下，动态观察不同压力条件下石油在微观孔隙介质中的渗流及分布特征，刻画岩心内部石油分布状态(侯健等，2014；曹永娜，2015)。在完成三相流驱替成像实验后，对比驱替前后储层孔隙网络中油-水-岩石分布，对微观孔隙尺度石油分布特征进行定性和定量研究。

1. 致密油的赋存形态及分布

　　微观赋存状态指流体在多孔介质中的外观形状及其在孔隙介质中所处的相对位置(张田田，2017)。在聚集物理模拟实验和图像分析处理的基础上，可对致密油在孔隙介质中的分布进行定性和定量研究。根据获取的二维流体分布图，致密油主要以多孔网络状和单孔孤立状分布在孔隙空间中。

　　通过观察不同时刻、不同压力条件下模型油驱水过程，认为石油运移过程具有以下特征：石油在孔隙间呈跳跃式前进、发育优势运移路径、石油沿优势运移路径向四周运移。由同一局部视域在不同压力条件下的油水分布特征可知，在驱替压力较低的条件下，石油主要沿着储层中孔隙半径较大且连通性较好的粒间孔隙网络前行，在石油运移方向上油驱水速度存在差异，跳跃式运移现象明显，发育优势运移路径，储层含油饱和度低[图 5-26(a)、(b)]；驱替压力增大导致石油逐渐进入储层中的微孔隙，孤立状或多孔状油珠逐渐与后续油柱汇合，在网状运移路径上形成连续油柱，储层含油饱和度增加[图 5-26(c)、(d)]。

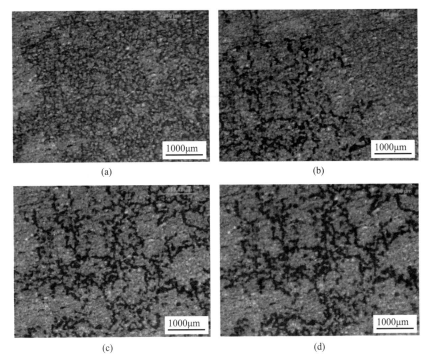

图 5-26 真实砂岩微观模型局部视域

(a)饱和水状态；(b)压力 105kPa；(c)压力 170kPa；(d)压力 200kPa

微米 CT 扫描结果分析也表明在模拟成藏过程中，原油在突破启动压力梯度后，将沿着流动阻力较小且相互连通的孔隙运移，以多孔网络状分布在孔隙空间中[图 5-27(b)]。图 5-27(c)中，原油多呈单孔孤立状分布在孔隙空间。孔隙间常发育狭窄的喉道，且孔隙分布具有较强的非均质性，盲端孔隙常分布在孔隙发育区的边缘。在原油驱替水的过程中，当原油经过狭窄的喉道进入大孔隙或盲端孔隙时，因原油的流动能力降低，会导致原油在孔隙空间中聚集，最终呈单孔孤立状分布。

X 射线微米 CT 二维切片分割提取结果表明，致密储层微观孔隙含油性变化特征可划分为两种类型，与正常规格圆柱岩心实验结果相一致(图 5-21，图 5-23)。从图 5-27(b)中不同充注压力条件下获取的二维切片可以看出，在充注压力不断增大的条件下，致密储层的局部含油饱和度逐渐增加，且不断向已充注孔隙的周边连通孔隙中运聚，整体的含油性呈现平稳增长的特点。而在同一切片的不同位置[图 5-27(c)]，在充注压力较低的情况下(1.5MPa)，含油孔隙少，含油性差；随着充注压力的增大(5MPa)，致密储层的局部含油饱和度快速增加；但后期充注压力的增大(10MPa)，局部含油饱和度增长速度骤然减小，整体的含油性呈现缓慢—快速—缓慢增长的特点(图 5-28)。在低充注压力条件下，原油多呈孤立状分布在孔隙空间中，随着充注压力的增加，原油在孔隙中的赋存状态逐渐由孤立状变为多孔网络状。

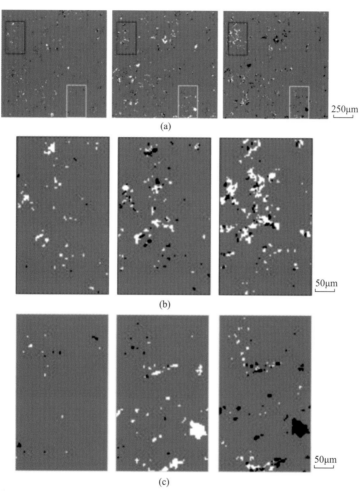

图 5-27 X 射线微米 CT 二维切片微观含油性变化图

(a) X 射线微米 CT 二维切片微观含油性变化；(b) 和 (c) 为 (a) 的局部放大图。其中，灰色区域表示基质，
白色表示含油变化区域，黑色表示未变化区域

整体上，不同充注压力条件下油簇分布具有较为明显的差别，整体上油簇的空间分布呈现出较强的非均质性，岩心含油饱和度随充注压力增大而不断增大(图 5-29)。图 5-30 中红色区域代表孔隙中石油的分布，二维切片长轴方向代表流体的运移方向。由于岩心样品孔隙结构的非均质性，在低充注压力条件下，靠近岩心边缘且与入口端相连通的孔隙中的水被石油驱替，入口端含油性好于出口端，石油在岩心孔隙中的分布相当分散，整个岩心的含油性较差[图 5-30(a)和(d)]。提高充注压力后，更多孔隙参与到油驱水过

程中，入口端靠近岩心边缘区域的含油性慢慢提高，同时岩心中部区域孔隙也开始被石油占据，出口端处的含油性变化较为缓慢，整个岩心含油性有较大程度的提高[图 5-30(b)和(e)]。在高充注压力条件下，石油多沿已存在的运移路径流动，并将周边孔隙中的水驱替，整个岩心含油性变化幅度较小[图 5-30(c)和(f)]。在油水驱替过程中，由于充注压力的改变或复杂的孔隙结构等因素，导致运移路径上的石油分布特征发生变化，岩心中石油的分布并不均一(图 5-30)。

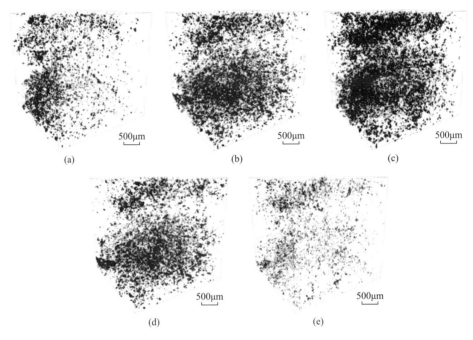

图 5-28　X 射线微米 CT 可视化实验不同充注压力下致密储层含油性特征

(a)压力为 1.5MPa；(b)压力为 5MPa；(c)压力为 10MPa；(d)相比于 1.5MPa，5MPa 充注压力条件下致密储层含油性变化；(e)相比于 5MPa，10MPa 充注压力条件下致密储层含油性变化

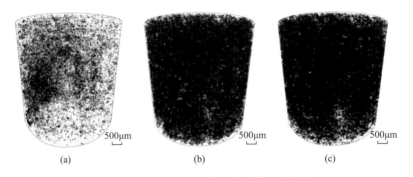

图 5-29　准静态驱替过程中三维石油分布

不同压力条件下石油分布的三维体渲染[(a)低压力，(b)中压力，(c)高压力]，每个独立的油簇被标记为不同的颜色，相邻不连通的油簇颜色均不同

在油驱水过程中，存在明显的管壁效应，流体在到达岩心中心之前，沿着管壁一侧优先发生流动，即管壁效应：一方面因为管壁与岩心具有不同的润湿性，管壁具有亲油性，石油在管壁内侧易于发生流动；另一方面因为岩心具有各向异性(如孔隙大小和渗透率分布)，若靠近管壁处孔喉较大，渗透率较高，石油易于流动。无论充注压力的高低，均有部分石油沿管壁流动，部分进入岩心内部，管壁效应随着压力的增高而降低。

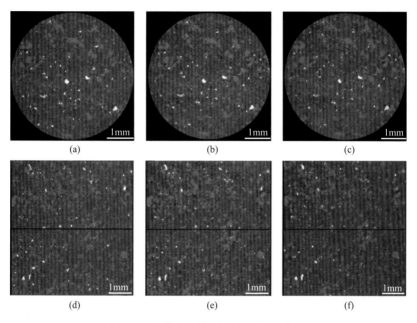

图 5-30 准静态驱替过程中二维石油分布

(a)～(c)分别是低压力、中压力和高压力条件下横切面；(d)～(f)分别是低压力、中压力和高压力条件下纵切面

2. 致密储层含油性变化特征

在定性分析致密储层中原油分布状态的基础上，利用三维图像处理软件对孔隙空间中分布的油簇(等效半径)进行定量分析。从油簇大小分布直方图中可以看出，等效半径分布具有单峰型特点，且随着等效半径的增大，所占百分比递减。另外，等效半径小于 20μm 的油簇占总油簇数量的 90%以上，不同压力条件下油簇的大小分布有所差异(图 5-31)。在低充注压力条件下(即 1.5MPa)，95%以上的油簇等效半径小于 15μm，而等效半径大于 20μm 的油簇所占比例均小于 1%。当充注压力提高至 5MPa 时，等效半径小于 15μm 的油簇所占比例所有降低(约为 88.5%)，与前一阶段实验结果相比，大体积的油簇所占比例明显增加，说明在充注压力提高的情况下，孔隙空间中的小油簇逐渐汇聚形成相互连通的大油簇，油簇的总数量减少。但随着充注压力的进一步提高(10MPa)，等效半径小于 15μm 的油簇所占比例增加至 92.5%，在整体含油饱和度增加的情况下，油簇总数量增加导致大油簇(等效半径大于 15μm)所占比例降低。这也说明油簇在汇聚过程中，因孔隙网络的复杂性，导致形成了等效半径较小的油簇。

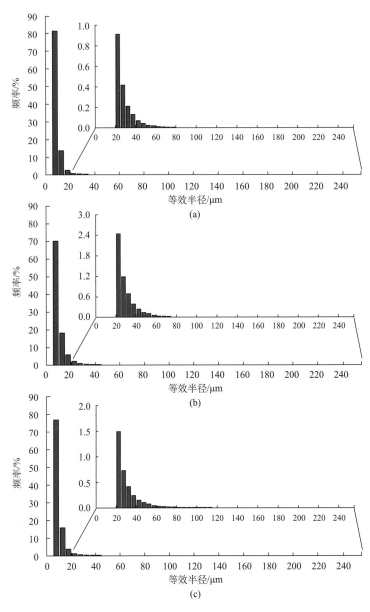

图 5-31　吉木萨尔凹陷芦草沟组致密储层样品中油簇的大小分布特征

(a) 1.5MPa 充注压力；(b) 5MPa 充注压力；(c) 10MPa 充注压力

　　利用垂直于运移方向的二维切片计算了含油面积百分比，这一无量纲参数用来表征流体的分布特征，含油面积百分比是指切片中石油面积与切片总面积的比值，这一比值与波及系数及孔隙占用率相关。理论上，含油面积百分比越大表明孔隙中油水间的接触面积越大，越有利于油驱水过程，孔隙含油率越高。在石油运移方向上，低压力条件下含油面积百分比变化不明显，均小于 0.5%，压力增大导致运移方向上含油面积百分比呈明显的锯齿状分布；中压力条件下含油面积百分比分布为 1.0%～2.0%，平均为 1.6%；

高压力条件下含油面积百分比分布为 1.2%～2.6%，平均为 2.0%(图 5-32)。在任一压力条件下，含油面积百分比与运移距离呈负相关关系，即距离入口端越远，含油面积百分比呈减小的趋势。

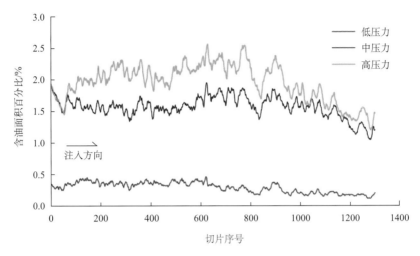

图 5-32 沿充注方向切片含油面积百分比

通过对比同一压力条件下不同切片含油面积百分比变化和同一切片在不同压力条件下含油面积百分比的增长幅度发现，含油面积百分比的增长幅度并不随充注压力的增大而增大，增长速度先快后慢，且岩心中不同部位含油性变化存在较大差别，说明充注压力和孔隙结构耦合控制孔隙介质中石油的运移。

3. 致密油运聚机理及影响

孔隙介质中两相流体流动受多种因素影响，如流体物理性质、界面张力、孔隙结构、岩石润湿性及孔隙表面粗糙程度等(Lenormand et al., 1988; Zhang et al., 2011)。Lenormand 等(1998)认为，毛细管数和黏度比是影响二维微观模型中两相流驱替过程的两个最重要的因素，根据毛细管数和黏度比图版将流体驱替方式划分为稳定驱替、黏性指进和毛细管指进。若毛细管数很小时(一般小于 10^{-6})，孔隙介质中流体流动主要受控于毛细管力，孔隙尺度表面张力不稳定导致流体驱替过程变得不连续，且流体向模型的各个方向发生移动，流体流动机理为毛细管指进。

芦草沟组致密储层中石油的流动机理为毛细管指进，孔隙介质中石油的流动主要受毛细管力控制，其典型特征为"逾渗式"侵入，表现为非润湿性流体(即石油)按照连通孔喉的大小次序先后进入孔隙，优先进入大孔喉。毛细管力和界面相互作用力是流体流动的主要作用力，石油先占据最大有效孔喉，随着流体压力的相对增大，石油逐渐进入较小孔喉中。石油在流动时具有较为明显的特征，即表现为不连续的突破式流动，正如真实砂岩微观模型中油水界面前缘处石油发生跳跃式运移。石油空间分布特征表明油水界面前缘的移动不仅与充注方向一致，在局部还与充注方向相反，即石油从大孔隙中向四周小孔隙中移动，这也说明石油运移主要受局部流体动力学控制。

根据毛细管指进与"逾渗式"侵入的概念模式，随着石油注入孔隙过程的推进，不连续的非润湿相(石油)团簇逐渐汇聚合并至连续的非润湿相主体中(Herring et al.，2018)。在芦草沟组致密储层中，随着驱替压力的不断增大，石油不断向已充注孔隙的周边连通孔隙中运移，由低压力条件下相互独立的小油簇逐渐形成连通的大油簇。在石油运移过程中，外界驱替压力可转换成能量从岩心入口端不断向油水接触界面方向传递，在石油运移状态达到准静态平衡时，可认为外界驱替压力与油水界面前缘毛细管压差大致相同，外界驱替压力不断增大导致孔隙中油水界面前缘毛细管压差逐渐增大，根据Young-Laplace方程，石油会优先驱替与岩心入口端相连通大孔中的地层水，随后缓慢驱替连通小孔中的地层水，储层整体含油性随着驱替压力的增大而增大(图5-26～图5-30)。

由于石油在孔隙中的流动受局部毛细管力控制，根据 Young-Laplace 方程，该毛细管力与界面张力呈正相关关系，与孔喉有效半径呈负相关。在油水界面前缘抵达狭窄喉道时，油水界面前缘处毛细管压差会有一个持续增加的过程，直至两相流体间的毛细管压差大于喉道临界毛细管力，油水界面会迅速穿过喉道进入邻近孔隙中，发生跳跃式运移[图 5-33(a)、(b)]，此时由于油水界面前缘曲率减小，油珠毛细管力骤然降低。根据能量守恒原则，油水界面前缘部分与主体分离引起的能量不平衡势必会导致孔喉中流体的重新分布，喉道重新被水占据，界面前缘油滴与主体分离，即发生卡断，分离后的油滴充填孔隙的中间部分，形成不连续油簇[图 5-33(c)]。而喉道处的油水界面前缘继续累积能量，直至下一次卡断事件发生，石油不断充填孔隙[图 5-33(d)～(f)]，为进入下一个喉道做准备，因此孔隙中石油的运移具有瞬时性和阶段性。真实砂岩微观模型实验结果表明，石油运移过程中存在的"瞬时"现象在很短的时间和很小的尺度上就可发生，其对石油连续性分布及孔隙占有率影响较大。

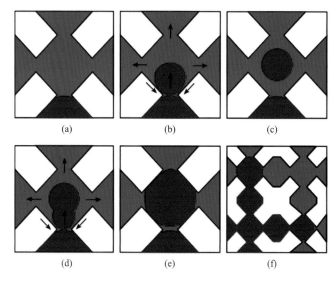

图 5-33　孔隙介质中流体充注次序示意图

(a)孔隙饱和水；(b)单个油滴突破喉道；(c)卡断；(d)连续油滴突破喉道；(e)充满孔隙；(f)连续油相

根据真实砂岩微观模型实验分析结果，致密油的运移过程主要受孔隙结构和外界驱替压力的控制。孔隙结构，尤其是局部孔隙几何结构，对流体流动机理具有明显的控制作用。根据几何形态学定义将孔隙空间划分为孔隙和喉道，真实砂岩微观模型实验结果表明，石油跳跃式运移既可发生在单孔中也可发生在多个相连通的孔隙中，后者的发生可能是协同式的，包含多个单孔(几何形态学孔隙)，这种跳跃式运移主要受孔喉结构控制，多发生在孔喉比较小的区域。致密储层孔隙结构具有很强的非均质性，其孔喉大小分布范围较广，在油驱水过程中，非润湿相(油相)穿过狭窄孔隙喉道时需要克服较高的临界毛细管力，正是由于狭窄喉道的"限流"作用导致油水前缘在运移过程中发生跳跃式运移。而且狭窄喉道极不均匀地分布在储层中，受狭窄喉道控制，非润湿相呈孤立状或多孔状极不均匀地分布在孔隙系统中。

在孔隙结构一定的情况下，外界施加的驱替压力和局部压力场以特定方式影响石油运移过程。在石油运移过程中常发生跳跃性事件，油水界面前缘发生跳跃的过程会引起油水界面附近局部应力场的不稳定，这种局部压力场的变化反过来又会影响孔隙尺度非稳定事件发生的数量和次序。在一次跳跃性事件中，油水界面具有的弹性能转化为充填孔隙的动能，受惯性力和黏性力影响，动能最终被损耗掉，油珠会停止运动，充填在孔隙中，同时喉道处油水界面毛细管压差(局部)的不断积累为下一次跳跃性事件的发生做准备。而外界施加的驱替压力可决定单位横截面积在单位时间内发生跳跃性事件的数量(Berg et al.，2013)，影响岩心中石油的运移方式。在低压力条件下，石油驱替孔隙中的地层水多以快速不可逆的方式(跳跃式)进行，因跳跃式事件的发生将损耗大部分能量，所以石油运移范围小；而增大压力后，跳跃性事件发生的频率变缓，石油缓慢充填孔喉驱替地层水，运移范围变大。在准静态条件下，认为外界驱替压力是局部油水毛细管压差的最大值，控制着油水界面所能突破的最小孔喉半径大小。另外，油水驱替过程中孔隙的充填过程不仅受控于孔隙自身的结构特征，还受邻近孔隙网络中流体分布特征的影响，即油水界面处"缓冲"的石油体积是否足以促进下一次局部流体重新分配的发生。快速孔隙充填事件的发生将消耗系统能量，外界施加持续不断的驱替压力会提供持续的油源补给，进而能够增大油水界面的毛细管压差，提高喉道处油相相对水相的竞争能力，控制油水相对渗透率变化，有利于孔隙介质中油驱水过程的进行。

二、致密油有效聚油下限

(一)致密储层渗流特征及影响因素

为了研究致密油渗流特征，选取芦草沟组致密储层岩心，开展油驱水石油运移物理模拟实验。实验数据分析表明，致密储层压力梯度与流速间的拟合曲线不经过原点，压力梯度较小时，多呈上凹形，压力梯度较大时，压力梯度与流速近似呈线性关系，直线的延长线不过坐标原点，与压力梯度坐标轴交于一点，整体表现为低速非达西渗流特征，明显存在启动压力梯度(图5-34)。

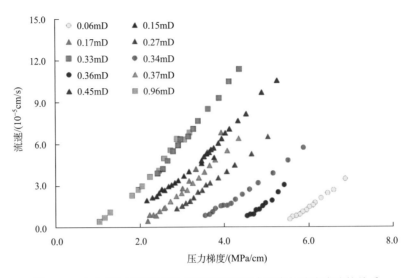

图 5-34　吉木萨尔凹陷芦草沟组致密储层压力梯度与渗流流速的关系

致密储层孔隙度低、孔隙喉道狭窄、连通性差、渗透率低，是造成非达西渗流的重要地质因素，通过对渗流曲线的回归拟合，得到不同物性的岩心样品的启动压力梯度和临界压力梯度，探讨启动压力梯度、临界压力梯度与孔隙度和渗透率的关系。启动压力梯度和临界压力梯度与孔隙度并无明显相关关系（图 5-35、图 5-36），说明致密油运移的启动压力梯度受孔隙度影响较小，而启动压力梯度和临界压力梯度与渗透率呈幂函数关系（图 5-37、图 5-38），随着渗透率的增大，启动压力梯度和临界压力梯度逐渐减小，表明致密油启动压力梯度受渗透率影响较大，渗透率越大，启动压力梯度越小。

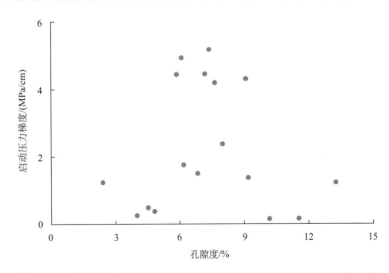

图 5-35　吉木萨尔凹陷芦草沟组致密储层启动压力梯度与孔隙度的关系

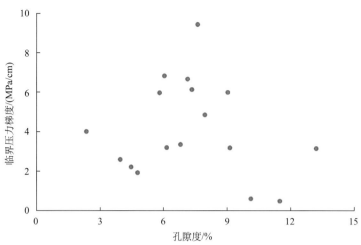

图 5-36 吉木萨尔凹陷芦草沟组致密储层临界压力梯度与孔隙度的关系

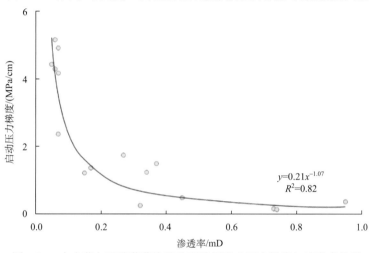

图 5-37 吉木萨尔凹陷芦草沟组致密储层启动压力梯度与渗透率关系

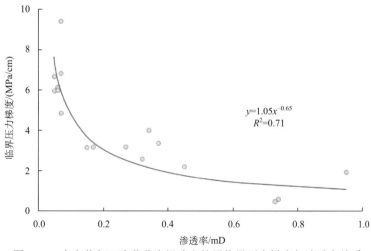

图 5-38 吉木萨尔凹陷芦草沟组致密储层临界压力梯度与渗透率关系

　　石油黏度也是影响致密油运移的关键因素，在渗透率相似的情况下，流体的黏度越大，启动压力梯度越大(图 5-39)。同时，在流体黏度相同的条件下，岩心的渗透率越小，启动压力梯度也越大(图 5-40)。

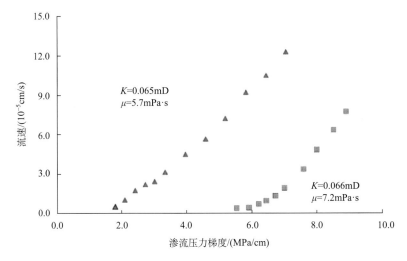

图 5-39　不同黏度条件下吉木萨尔凹陷芦草沟组致密储层渗流压力梯度与流速关系图

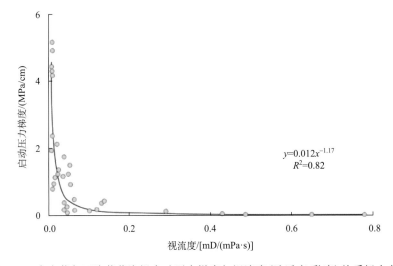

图 5-40　吉木萨尔凹陷芦草沟组启动压力梯度与视流度(渗透率/黏度)关系拟合曲线

　　总体来说，启动压力梯度和临界压力梯度受渗透率和黏度影响较明显，为了综合考虑渗透率与原油黏度对启动压力梯度的影响，采用视流度(渗透率/黏度)来探讨岩石物理性质与流体性质对启动压力梯度的综合影响，视流度对启动压力梯度的影响与渗透率所表现的基本一致，呈现出较好的幂函数关系，启动压力梯度随视流度减小而迅速增大(图 5-40)。临界压力梯度随视流度减小而迅速增大(图 5-41)。

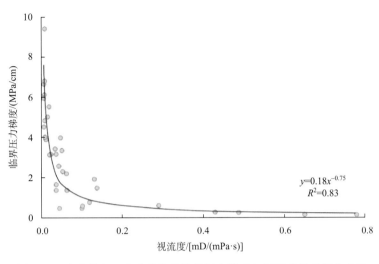

图 5-41 吉木萨尔凹陷芦草沟组临界压力梯度与视流度关系拟合曲线

（二）致密油运移状态判识

在渗流曲线中启动压力梯度和临界压力梯度是判定致密储层非达西渗流流态的主要参数，即当驱替压力梯度大于启动压力梯度时，烃类流体开始流动，为非线性渗流，驱替压力梯度大于临界压力梯度时，烃类流体开始拟线性渗流，流速开始明显增大。因此通过拟合启动压力梯度及临界压力梯度和石油视流度的关系（图 5-42），可以判断致密储层中石油的运移状态，即当压力梯度值和视流度位于启动压力梯度线和视流度的拟合曲线之下时，表明石油在致密储层中难以运移；当压力梯度值和视流度位于临界压力梯度和视流度的拟合曲线之上时，表明石油在致密储层中运移速度相对较大，为拟线性流；当位于两条曲线之间时，石油运移速度相对较小，为非线性流。

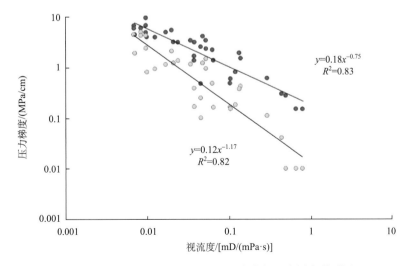

图 5-42 吉木萨尔凹陷芦草沟组视流度与压力梯度关系图

启动压力梯度及临界压力梯度和视流度的拟合关系曲线仅能判断实验条件下的石油运移状态，想要应用到真实的地下地质条件，需要对物理模拟实验条件进行相似性处理才可以应用。实验采用的是天然致密砂岩岩心，无须进行相似性处理，实验时间虽无法与地质时间相类比，但充注速率已尽量缓慢以保持与地质条件下运移速率的相似性，实验条件下的压力梯度和流速需要换算为地质条件下的剩余压力梯度和流速才能尽量真实地判别地质条件下致密储层中石油的运移状态。实验室条件下，假设致密储层渗透率为 $0.8\mu m^2$、石油黏度为 5mPa·s，根据实验室数据临界压力梯度和视流度的拟合关系确定石油运移的临界启动压力为 0.71MPa，吉木萨尔凹陷地质条件下石油平均流速为 1.0×10^{-9}cm/s，平均压力梯度约为 1×10^{-5}MPa/cm，渗透率为 $0.8\mu m^2$，石油黏度为 5mPa·s，拟线性段斜率为 3×10^{-4}，从而确定地质背景下临界压力梯度为 6.7×10^{-4}MPa/cm，进而推测真实地质背景和实验室条件下的相似系数约为 10^{-5}，建立研究区致密油运移状态图版（图5-43）。粉色区域位于启动压力梯度和视流度拟合关系曲线之下，为滞留区，石油难以运移；黄色区域位于启动压力梯度和视流度关系拟合曲线和临界压力梯度和视流度拟合曲线之间，为非线性渗流区，石油开始运移，运移速度相对较小；绿色区域位于启动压力梯度与视流度拟合曲线之上，石油运移速度相对较大，为拟线性渗流区。

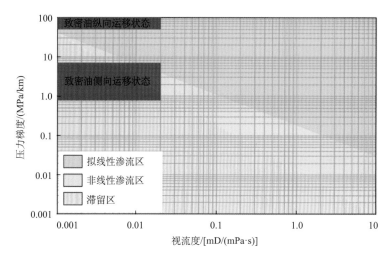

图5-43 致密储层视流度与压力梯度耦合确定石油运移状态判识图版

利用盆地模拟和平衡深度法恢复了芦草沟组烃源岩生排烃高峰期的古压力，剩余压力为 10～15MPa，根据压汞资料恢复芦草沟组毛细管阻力为 0.3～0.8MPa，确定了芦草沟组横向压力梯度为 0.8～7MPa/km，纵向压力梯度为 50～100MPa/km，根据石油黏度和储层渗透率确定研究区视流度为 0.001～0.02mD/（mPa·s），从而判别研究区致密油的运移状态。在纵向上，吉木萨尔凹陷芦草沟组的纵向压力梯度和视流度交汇区为拟线性渗流区，说明大部分地区致密油可以流动，为拟线性流动，流速较大；平面上，吉木萨尔凹陷芦草沟组的平面压力梯度和视流度交会区主要为滞留区，小部分为非线性渗流区，说明大部分地区致密油不能流动，位于滞留区，小部分"甜点区"致密油可以流动，为非线性流动，流速较小。

广覆式分布的烃源岩中形成的烃类在满足烃源岩自身吸附量之后排出，并在巨大的源储剩余压差作用下以"活塞式"持续稳定地注入致密储层中，纵向上由于其压力梯度大，致密储层中石油主要表现为拟线性流动，且流速较大；平面上压力梯度比纵向上压力梯度小两个数量级，源储剩余压差不足以为石油的侧向运移提供足够的动力，使得大部分石油在平面上由于巨大的毛细管阻力而滞留下来，不能流动；只有在相对高渗的"甜点区"石油在源储剩余压差作用下发生非线性渗流，且流速较小。

三、致密油源储组合与聚集模式

综合分析了典型致密油富集区——吉木萨尔凹陷芦草沟组烃源岩地球化学特征及致密储层孔隙类型与结构，开展了致密油油源对比，揭示了吉木萨尔凹陷烃源岩优质、储层致密及致密油近源富集的特征。

(一)烃源岩地球化学特征

芦草沟组烃源岩平均 TOC 含量大于 3%，烃源岩总有机碳(TOC)分布在 0.40%～13.86%，生烃潜量(S_1+S_2)分布在 0.60～254.43mg/g，总体达到了较好-好烃源岩的标准(图 5-44)。

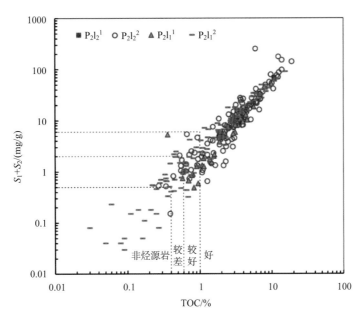

图 5-44 吉木萨尔凹陷芦草沟组烃源岩生烃级别评价图

干酪根的元素是判断有机质类型的主要指标，芦草沟组有机质干酪根类型均主要为 Ⅰ 型和 Ⅱ 型(图 5-45)。芦草沟组烃源岩镜质体反射率(R_o)实测数据分布在 0.7%～1%，T_{max} 值分布在 435～455℃，总体处于成熟阶段。

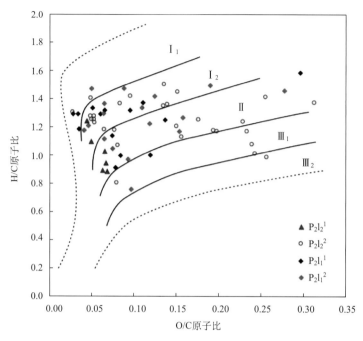

图 5-45　吉木萨尔凹陷芦草沟组烃源岩干酪根元素分类范氏图

(二)储层孔隙类型与结构

芦草沟组"甜点段"是致密油相对富集的优质储层段,其岩石类型主要为白云质粉细砂岩、粉砂质白云岩、砂屑云岩和微晶泥晶云岩等,成分成熟度普遍较低,碎屑颗粒中长石和岩屑含量高,石英含量低,岩屑以碎屑岩岩屑和碳酸盐岩岩屑为主(图 5-46)。芦草沟组致密储层孔隙形态多样,通过铸体薄片及扫描电镜观察,储层的孔隙类型可分为粒间孔、粒内孔/晶间孔、溶蚀粒间孔及溶蚀粒内孔(查明等,2017)。

根据常规气测孔隙度和渗透率测试结果,芦草沟组储层孔隙度分布在 0.2%～20.2%,渗透率分布范围较大,大小尺度跨越 7 个数量级,分布在 10^{-7}～$1\mu m^2$,常规气测孔隙度和渗透率相关性差。由芦草沟组储层孔隙度统计数据可知,上"甜点段"体粉砂岩孔隙度分布在 0.8%～19.9%,平均孔隙度为 9.4%;白云岩孔隙度分布在 0.2%～20.2%,平均孔隙度为 6.7%。下"甜点段"体粉砂岩孔隙度分布在 1.1%～19.9%,平均孔隙度为 10.1%;白云岩孔隙度分布在 1.1%～18.4%,平均孔隙度为 7.0%(图 5-47)。芦草沟组储层渗透率主要分布在 10^{-6}～$10^{-3}\mu m^2$,部分储层样品的渗透率分布在 10^{-2}～$1\mu m^2$,表明致密储层中发育微裂缝。多数样品属于典型的致密储层($K<1\times10^{-3}\mu m^2$),部分储层属于中低孔特低渗储层(图 5-48)。整体上,粉砂岩储层物性优于白云岩储层,下"甜点段"储层物性优于上"甜点段"。

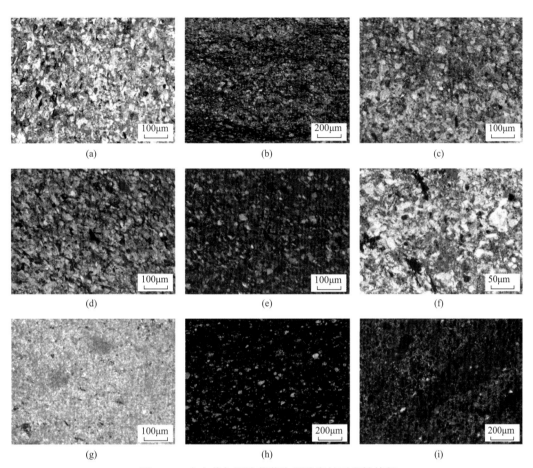

图 5-46 吉木萨尔凹陷芦草沟组致密储层岩性特征

(a)3138.76m，白云岩；(b)3267.19m，白云质粉砂岩；(c)3283.74m，白云质极细粒砂岩；(d)3283.09m，极细粒砂岩；
(e)3308.18m，灰质粉砂岩；(f)3305.33m，粉砂质白云岩；(g)3186.76m，泥晶砂屑云岩；(h)2898.02m，泥质云岩；
(i)4143.49 m，陆屑云岩

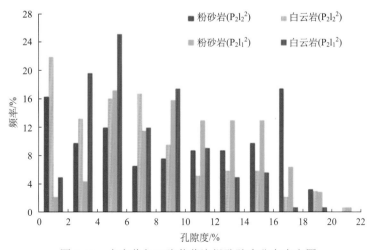

图 5-47 吉木萨尔凹陷芦草沟组孔隙度分布直方图

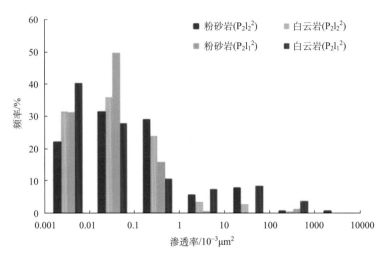

图 5-48 吉木萨尔凹陷芦草沟组渗透率分布直方图

另外，结合高分辨率扫描电镜观察结果，芦草沟组储层孔隙形态多样且不规则，不同类型的孔隙大小差异较大，孔隙分布具有强非均质性。孔隙大小定量分析结果表明（Su et al.，2018），粒间孔主要分布在 0.06～11.84μm，粒间孔主要分布在 0.04～7.55μm，溶蚀粒间孔主要分布在 0.05～26.39μm，溶蚀粒内孔主要分布在 0.06～9.98μm。

（三）油源对比

芦草沟组致密油层在垂向上相互叠置、在横向上大面积连续分布，没有明显边界。芦草沟组顶面构造平缓，地层倾角为 3°～5°，断裂不发育，因此石油主要聚集在岩性圈闭中，构造对石油运移和聚集影响不大，从凹陷中心至凹陷斜坡带均有油层发育。通过对凹陷内多口探井的含油性分析表明，芦草沟组致密油在平面上主要分布于凹陷中心和斜坡带，沉积相带是控制石油分布的主要因素，在凹陷边缘由于烃源岩不发育，且凹陷内烃源岩无法为凹陷边缘储层供烃，探井多为干井。纵观全区上下含油层段，其分布范围又有所差异，下含油层段在整个凹陷范围内分布较为稳定，而上含油层段分布范围相对较小，仅分布在凹陷中东部，凹陷边缘存在缺失（图 5-49）。

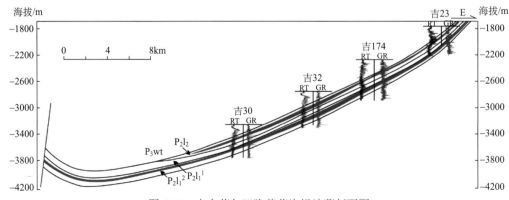

图 5-49 吉木萨尔凹陷芦草沟组油藏剖面图

芦草沟组致密油根据生物标志化合物特征主要分为 A 类和 B 类原油，其中 A 类原油姥鲛烷含量低于 nC_{17}，植烷含量低于 nC_{18}，姥鲛烷含量大于植烷含量，β 胡萝卜烷含量明显低于主峰碳含量，γ 胡萝卜烷含量明显较低，主要分布于上"甜点段"；B 类原油姥鲛烷含量高于 nC_{17}，植烷含量高于 nC_{18}，姥鲛烷含量低于植烷，β 胡萝卜烷含量明显高于主峰碳含量，γ 胡萝卜烷含量较 A 类原油含量高，主要分布于下"甜点段"（图 5-50）。

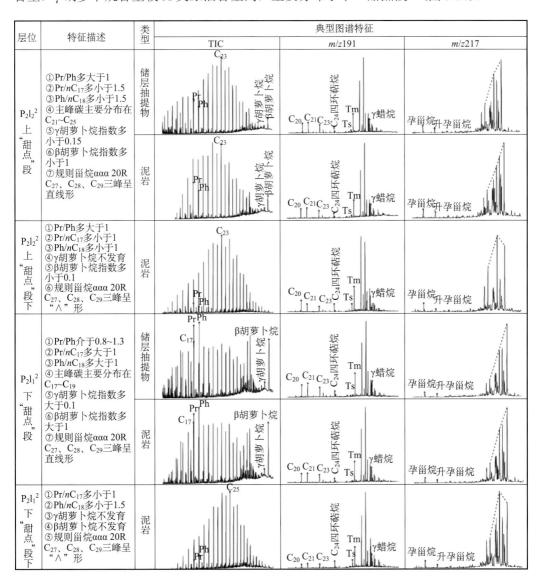

图 5-50　吉木萨尔凹陷芦草沟组储层抽提物和烃源岩生标图谱特征

芦草沟组上"甜点段"内部的烃源岩与"甜点段"以下的烃源岩生物标志化合物特征明显不同，其中上"甜点段"内部烃源岩姥鲛烷含量低于 nC_{17}，植烷含量低于 nC_{18}，姥鲛烷/植烷值大于 1，明显含 β 胡萝卜烷，与 A 类原油生物标志化合物特征相似。"甜点段"之下的烃源岩姥鲛烷含量低于 nC_{17}，植烷含量低于 nC_{18}，与"甜点段"内部烃源岩明显不同的是姥鲛烷和植烷含量较低，β 胡萝卜烷含量明显较低，不同于 A 类原油。芦草沟组下"甜点段"内部的烃源岩姥鲛烷和植烷含量较高，其中姥鲛烷含量高于 nC_{17}，植烷含量高于 nC_{18}，姥鲛烷/植烷值小于 1，β 胡萝卜烷十分丰富，甚至高于主峰碳，与 B 类原油特征相似。"甜点段"之下的烃源岩姥鲛烷含量低于 nC_{17}，植烷含量低于 nC_{18}，姥鲛烷/植烷值大于 1，β 胡萝卜烷和 γ 胡萝卜烷含量较低，明显不同于 B 类原油。

综上所述，芦草沟组致密油生物标志化合物特征主要与"甜点段"内部烃源岩相似，与"甜点段"以外的烃源岩生物标志化合物特征明显不同，其中上"甜点段"致密油主要来源于上"甜点段"内部烃源岩，下"甜点段"致密油主要来源于下"甜点段"内部烃源岩，表明芦草沟组"甜点段"致密油均来自"甜点段"内部烃源岩，源储一体特征明显，近源富集。

(四)聚集模式

根据致密储层含油饱和度增长类型和储层润湿性的关系，结合致密油运移研究机理和储层含油饱和度增长过程，分别建立油润湿储层致密油聚集模型和水润湿储层致密油聚集模型(图 5-51 和图 5-52)。

油润湿型储层，油从烃源岩进入致密储层，运移动力为源储压差和毛细管力，在含油饱和度初始增长阶段，储集空间较小，含油饱和度增长缓慢；含油饱和度快速增长阶段，油逐渐进入更大的孔隙中，含油饱和度迅速增大；油占据大部分的储集空间之后，含油饱和度的增加逐渐缓慢，为含油饱和度缓慢增长阶段；含油饱和度缓慢增长之后，逐渐进入停止增长阶段，致密油停止聚集之后，在毛细管力的作用下，致密油由大孔向小孔调整，小孔逐渐被充满(图 5-51)。

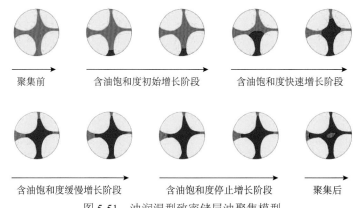

图 5-51　油润湿型致密储层油聚集模型

水润湿型储层，油从烃源岩进入致密储层，运移动力为源储压差，运移阻力为毛细管力，在含油饱和度初始增长阶段，储集空间较小，含油饱和度增长缓慢；含油饱和度快速增长阶段，油逐渐进入更大的孔隙中，和油润湿型储层相比，水润湿型储层运移合力较小，含油饱和度增长相对较慢，以平稳增长为特征；当油占据了大部分的储集空间之后，含油饱和度的增加逐渐缓慢，为含油饱和度缓慢增长阶段；含油饱和度缓慢增长之后，逐渐进入停止增长阶段，致密油停止聚集之后，在毛细管力的作用下，致密油由小孔逐渐向大孔调整，大孔逐渐被充满(图5-52)。

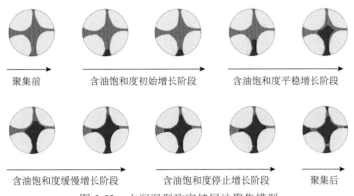

聚集前　　　　　含油饱和度初始增长阶段　　　　含油饱和度平稳增长阶段

含油饱和度缓慢增长阶段　　　　含油饱和度停止增长阶段　　　　聚集后

图 5-52　水润湿型致密储层油聚集模型

致密油的运移和聚集是运移动力、孔喉结构和流体性质相互耦合的结果，运移动力主要受烃源岩超压、毛细管力和润湿性的影响，孔喉结构主要受控于成岩作用，流体性质与有机质类型和热演化程度相关，其中致密油运移状态分为滞留、低速非线性流运移和高速拟线性流运移，主要受运移动力、渗透率和流体性质控制。聚集类型分为致密储层油润湿快速增长型和致密储层水润湿平稳增长型，聚集过程主要受运移动力、孔喉结构和润湿性控制。

综合准噶尔盆地吉木萨尔凹陷芦草沟组致密油富集区解剖、运移机理和聚集机理及富集规律研究，以致密储层润湿性和运聚过程为核心，分别建立水润湿型致密储层石油富集模式和油润湿型致密储层石油富集模式，如图5-53和图5-54所示。

致密储层为水润湿型，致密油运移难度大，烃源岩生烃初期，生烃量少，生烃增压较小，此时源储压差小于毛细管阻力，压力梯度小于启动压力梯度，致密难以运移[图5-53(a)]。随着烃源岩生烃作用的持续进行，烃源岩层剩余压力逐渐增大，压力梯度大于启动压力梯度时，致密油开始运移，为非线性渗流，该阶段致密油含油饱和度低[图5-53(b)]。烃源岩生烃达到高峰期后，生烃增压作用达到极限，剩余压力达到最大，压力梯度远大于临界压力梯度，致密油流速增大，为拟线性渗流，含油饱和度中等[图5-53(c)]。

致密储层为油润湿型，致密油运移难度相对较小，烃源岩生烃初期，生烃量少，生烃增压较小，此时储层生烃量小，储层润湿性仍为水润湿，压力梯度小于启动压力梯度，致密油难以运移[图5-54(a)]。随着烃源岩生烃作用的持续进行，烃源岩层剩余压力逐渐增大，储层生烃作用导致储层润湿性逐渐由水润湿向油润湿型转化，当压力梯度大于启动压力梯度时，致密油开始运移，为非线性渗流，该阶段致密油含油饱和度低到中等[图5-54(b)]。烃源岩生烃达到高峰期后，生烃增压作用达到极限，储层生烃量基本达到高峰，储层油润湿性增强，剩余压力达到最大，压力梯度远大于临界压力梯度，致密油流速增大，为拟线性渗流，含油饱和度中等到高[图5-54(c)]。

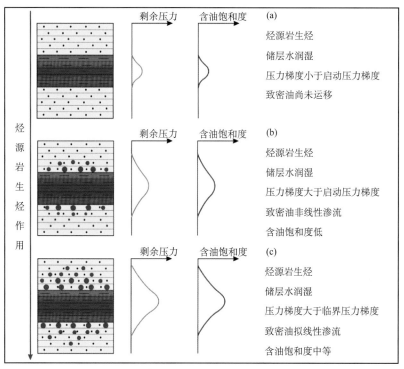

图 5-53　水润湿型致密储层石油富集模式

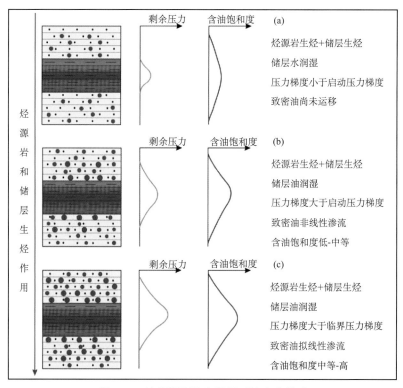

图 5-54　油润湿型致密储层石油富集模式

参 考 文 献

白斌, 朱如凯, 吴松涛, 等. 2014. 非常规油气致密储层微观孔喉结构表征新技术及意义. 中国石油勘探, 19(3): 78-86.

蔡进功, 包于进, 杨守业, 等. 2007. 泥质沉积物和泥岩中有机质的赋存形式与富集机制. 中国科学(D辑: 地球科学), (2): 234-243.

曹永娜. 2015. CT 扫描技术在微观驱替实验及剩余油分析中的应用. CT 理论与应用研究, 24(1): 47-56.

公言杰, 柳少波, 朱如凯, 等. 2015. 松辽盆地南部白垩系致密油微观赋存特征. 石油勘探与开发, 42(3): 294-299.

郭小波, 黄志龙, 陈旋, 等. 2014. 马朗凹陷芦草沟组泥页岩储层含油性特征与评价. 沉积学报, 32(1): 166-173.

侯健, 邱茂鑫, 陆努, 等. 2014. 采用 CT 技术研究岩心剩余油微观赋存状态. 石油学报, 35(2): 319-325.

李志明, 芮晓庆, 黎茂稳, 等. 2015. 北美典型混合页岩油系统特征及其启示. 吉林大学学报(地球科学版), 45(4): 1060-1072.

宁方兴, 王学军, 郝雪峰, 等. 2015. 济阳拗陷页岩油甜点评价方法研究. 科学技术与工程, 15(35): 11-16.

沈钟, 赵振国, 康万利. 2012. 胶体与表面化学. 北京: 化学工业出版社.

孙卫, 史成恩, 赵惊蛰, 等. 2006. X-CT 扫描成像技术在特低渗透储层微观孔隙结构及渗流机理研究中的应用——以西峰油田庄 19 井区长 82 储层为例. 地质学报, 80(5): 775-779.

王斐, 岳湘安, 徐绍良, 等. 2009. 润湿性对水在微管和岩心中流动特性的影响. 科学通报, 54(7): 972-977.

王瑞飞, 陈明强. 2008. 特低渗透砂岩储层可动流体赋存特征及影响因素. 石油学报, 29(4): 558-561.

王晓琪, 孙亮, 朱如凯, 等. 2015. 利用电子束荷电效应评价致密储集层储集空间——以准噶尔盆地吉木萨尔凹陷二叠系芦草沟组为例. 石油勘探与开发, 42(4): 473-482.

吴大清, 刁桂仪, 彭金莲. 2003. 高岭石等黏土矿物对五氯苯酚的吸附及其与矿物表面化合态关系. 地球化学, (5): 501-505.

查明, 苏阳, 高长海, 等. 2017. 致密储层储集空间特征及影响因素——以准噶尔盆地吉木萨尔凹陷二叠系芦草沟组为例. 中国矿业大学学报, 46(1): 85-95.

张金川, 林腊梅, 李玉喜, 等. 2012. 页岩油分类与评价. 地学前缘, 19(5): 322-331.

张林晔, 包友书, 李钜源, 等. 2014. 湖相页岩油可动性——以渤海湾盆地济阳拗陷东营凹陷为例. 石油勘探与开发, 41(6): 641-649.

张田田. 2017. 基于 CT 成像技术的剩余油微观分布及流动特征研究. 成都: 西南石油大学.

张文昭. 2014. 泌阳凹陷古近系核桃园组三段页岩油储层特征及评价要素. 北京: 中国地质大学(北京).

朱如凯, 白斌, 崔景伟, 等. 2013. 非常规油气致密储集层微观结构研究进展. 古地理学报, 15(5): 615-623.

邹才能, 张国生, 杨智, 等. 2013. 非常规油气概念、特征、潜力及技术——兼论非常规油气地质学. 石油勘探与开发, 40(4): 385-399.

Acevedo S, Ranaudo M A, García C, et al. 2000. Importance of asphaltene aggregation in solution in determining the adsorption of this sample on mineral surfaces. Colloids and Surfaces A: Physicochemical and Engineering Aspects, 166(1-3): 145-152.

Ahmed T. 2018. Reservoir Engineering Handbook. Amsterdam: Gulf Professional Publishing.

Alshibli K A, Alramahi B A, Attia A M. 2006. Assessment of spatial distribution of porosity in synthetic quartz cores using microfocus computed tomography (μCT). Particulate Science and Technology, 24(4): 369-380.

Amaefule J O, Handy L L. 1982. The effect of interfacial tensions on relative oil/water permeabilities of consolidated porous media. Society of Petroleum Engineers Journal, 22(3): 371-381.

Ambrose R J, Hartman R C, Diaz-Campos M, et al. 2012. Shale gas-in-place calculations part I: new pore-scale consideration. SPE Journal, 17(1): 219-229.

Anderson W G. 1987. Wettability literature survey-part 6: The effects of wettability on waterflooding. Journal of Petroleum Technology, 39(12): 1605-1622.

Berg S, Ott H, Klapp S A, et al. 2013. Real-time 3D imaging of Haines Jumps in porous media flow. Proceedings of the National Academy of Sciences of the United States of America, 110(10): 3755-3759.

Busch A, Alles S, Gensterblum Y, et al. 2008. Carbon dioxide storage potential of shales. International Journal of Greenhouse Gas Control, 2(3): 297-308.

Cardott B J. 2012. Thermal maturity of Woodford Shale gas and oil plays, Oklahoma, USA. International Journal of Coal Geology, 103: 109-119.

Castro M A, Clarke S M, Inaba A, et al. 1998. Competitive adsorption of simple linear alkane mixtures onto graphite. The Journal of Physical Chemistry B, 102(51): 10528-10534.

Chalmers G R L, Bustin R M. 2008. Lower Cretaceous gas shales in northeastern British Columbia, part II: Evaluation of regional potential gas resources. Bulletin of Canadian Petroleum Geology, 56(1): 22-61.

Chiou C T, Rutherford D W, Manes M. 1993. Sorption of nitrogen and ethylene glycol monoethyl ether (EGME) vapors on some soils, clays, and mineral oxides and determination of sample surface areas by use of sorption data. Environmental Science & Technology, 27(8): 1587-1594.

Christenson H K, Gruen D W R, Horn R G, et al. 1987. Structuring in liquid alkanes between solid surfaces: Force Measurements and Mean-Field Theory. The Journal of Chemical Physics, 87(3): 1834-1841.

Curtis M E, Cardott B J, Songdergeld C H, et al. 2012. Development of organic porosity in the Woodford shale with increasing thermal maturity. International Journal of Coal Geology, 103: 26-31.

Daughney C J. 2000. Sorption of crude oil from a non-aqueous phase onto silica: The influence of aqueous pH and wetting sequence. Organic Geochemistry, 31(2): 147-158.

Dijkstra M. 1997. Confined thin films of linear and branched alkanes. The Journal of Chemical Physics, 107(8): 3277-3288.

Fu J, Tian Y, Pan C, et al. 2005. Interaction of oil components and clay minerals in reservoir sandstones. Organic Geochemistry: A Publication of the International Association of Geochemistry and Cosmochemistry, 36(4): 633-654.

Gaonkar A G. 1992. Effects of salt, temperature, and surfactants on the interfacial tension behavior of a vegetable oil/water system. Journal of Colloid and Interface Science, 149(1): 256-260.

Gaonkar S R, Srinivasan K, Kumar G S. 1992. Polymeric isocyanates by nontoxic routes. II. Nucleophilic displacement reaction on chloromethyl pendant groups by alkali cyanates. Journal of Polymer Science Part A: Polymer Chemistry, 30(9): 1911-1916.

Green D W, Willhite G P. 1998. Enhanced oil recovery. Richardson: Society of Petroleum Engineers.

Hantal G, Brochard L, Dias Soeiro Cordeiro M N, et al. 2014. Surface chemistry and atomic-scale reconstruction of kerogen–silica composites. Journal of Physical Chemistry C, 118(5): 2429-2438.

Harrison A, Cracknell R F, Krueger-Venus J, et al. 2014. Branched versus linear alkane adsorption in carbonaceous slit pores. Adsorption, 20(2-3): 427-437.

Herring A, Gilby F, Li Z, et al. 2018. Observations of nonwetting phase snap-off during drainage. Advances in Water Resources, 121: 32-43.

Javadpour F, Mcclure M, Naraghi M. 2015. Slip-corrected liquid permeability and its effect on hydraulic fracturing and fluid loss in shale. Fuel, 160(15): 549-559.

Jin R Y, Song K, Hase W L. 2000. Molecular dynamics simulations of the structures of alkane/hydroxylated α-Al$_2$O$_3$(0001) interfaces. Journal of Physical Chemistry B, 104(12): 2692-2701.

Khodary A, Bensalah N, Abdel-Wahab A. 2010. Formation of trihalomethanes during seawater chlorination. Journal of Environmental Protection, 1(4): 456-465.

Kumar B, Yarranton H, Baydak E. 2012. Effect of salinity on the interfacial tension of crude oil//5th EAGE St. Petersburg International Conference and Exhibition on Geosciences-Making the Most of the Earths Resources, St. Petersburg.

Lenormand R, Touboul E, Zarcone C. 1988. Numerical models and experiments on immiscible displacements in porous media. Journal of Fluid Mechanics, 189: 165-187.

Li J, Yin J, Zhang Y, et al. 2015. A comparison of experimental methods for describing shale pore features-A case study in the Bohai Bay Basin of eastern China. International Journal of Coal Geology, 152: 39-49.

Li Z, Zou Y R, Xu X Y. 2016. Adsorption of mudstone source rock for shale oil-Experiments, model and a case study. Organic Geochemistry, 92: 55-62.

Liu D, Yang Q, Tang D. 1997. Reaction kinetics of coalification in the Ordos Basin, China//Geology of Fossil Fuels-Coal, Boca Raton: CRC Press.

Maxcy T A, Willhite G P, Green D W, et al. 1998. A kinetic study of the reduction of chromium(VI) to chromium(III) by thiourea. Journal of Petroleum Science and Engineering, 19(3): 253-263.

McGonigal G C, Bernhardt R H, Thomson D J. 1990. Imaging alkane layers at the liquid/graphite interface with the scanning tunneling microscope. Applied Physics Letters, 57(1): 28-30.

O'Brien N R, Cremer M D, Canales D G. 2002. The role of argillaceous rock fabric in primary migration of oil//Scott E D, Bouma A H, Bryant W R. Depositional processes and characteristics of siltstones, mudstones, and shales. Austin: Gulf Coast Association of Geological Societies Transactions, 52: 1103-1112.

Pan C, Feng J, Tian Y, et al. 2005. Interaction of oil components and clay minerals in reservoir sandstones. Organic Geochemistry, 36(4): 633-654.

Pernyeszi T, Ágnes Patzkó, Berkesi O, et al. 1998. Asphaltene adsorption on clays and crude oil reservoir rocks. Colloids & Surfaces A Physicochemical & Engineering Aspects, 137(1-3): 373-384.

Popadić A, Walther J H, Koumoutsakos P, et al. 2014. Continuum simulations of water flow in carbon nanotube membranes. New Journal of Physics, 16(8): 082001.

Ross D J K, Bustin R M. 2008. Characterizing the shale gas resource potential of Devonian-Mississippian strata in the Western Canada sedimentary basin: Application of an integrated formation evaluation. AAPG Bulletin, 92(1): 87-125.

Sanchez-Martin M J, Dorado M C, Hoyo C D, et al. 2008. Influence of clay mineral structure and surfactant nature on the adsorption capacity of surfactants by clays. Journal of Hazardous Materials, 150(1): 115-123.

Severson B L, Snurr R O. 2007. Monte Carlo simulation of n-alkane adsorption isotherms in carbon slit pores. Journal of Chemical Physics, 126(13): 327.

Taber J J. 1969. Dynamic and static forces required to remove a discontinuous oil phase from porous media containing both oil and water. Society of Petroleum Engineers Journal, 9(3): 3-12.

Tan J, Weniger P, Krooss B, et al. 2014. Shale gas potential of the major marine shale formations in the Upper Yangtze Platform, South China, Part II: Methane sorption capacity. Fuel, 129: 204-218.

Thomas J A, McGaughey A J. 2008. Reassessing fast water transport through carbon nanotubes. Nano Letters, 8(9): 2788-2793.

Tiab D, Donaldson E C. 2012. Petrophysics: Theory and Practice of Measuring Reservoir Rock and Fluid Transport Properties. Amsterdam: Gulf Professional Publishing.

Venaruzzo J L, Volzone C, Rueda M L, et al. 2002. Modified bentonitic clay minerals as adsorbents of CO, CO_2, and SO_2, gases. Microporous & Mesoporous Materials, 56(1): 73-80.

Wang S, Feng Q, Javadpour F, et al. 2015a. Oil adsorption in shale nanopores and its effect on recoverable oil-in-place. International Journal of Coal Geology, 147-148: 9-24.

Wang S, Feng Q, Zha M, et al. 2015b. Molecular dynamics simulation of liquid alkane occurrence state in pores and slits of shale organic matter. Petroleum Exploration and Development, 42(6): 844-851.

Wang S, Javadpour F, Feng Q. 2016. Molecular dynamics simulations of oil transport through inorganic nanopores in shale. Fuel, 171: 74-86.

Willhite G P. 1986. Waterflooding. Richardson: Society of Petroleum Engineers.

Wu Q, Ok J T, Sun Y, et al. 2013. Optic imaging of single and two-phase pressure-driven flows in nano-scale channels. Lab on A Chip, 13(6): 1165-1171.

Zhang C, Oostrom M, Wietsma T W, et al. 2011. Influence of viscous and capillary forces on immiscible fluid displacement: Pore-scale experimental study in a water-wet micromodel demonstrating viscous and capillary fingering. Energy Fuels, 25(8): 3493-3505.

Zhao Y, Wei W, Wei Y, et al. 2012. Distribution characteristics of mudstone pore-fracture and its influence on absorption. Journal of China Coal Society, 37(S1): 75-80.

第六章 | 致密油层地球物理评价技术

致密油储层物性较差，开发主要采用水平井和体积压裂等非常规工艺技术，测井和地震技术作为储层"甜点区/段"和工程品质评价的关键技术手段，在"甜点区/段"优选、工程力学参数评价、水平井评价等关键环节都面临诸多技术挑战。本章以致密油层地球物理评价预测方法为核心，重点介绍致密油"甜点区/段"预测地球物理技术挑战和技术现状、致密油"甜点区/段"测井"六性"预测方法和致密油储层"甜点区/段"地震预测技术及其在新疆吉木萨尔芦草沟组致密油"甜点区/段"预测中的应用效果。

第一节　致密油层地球物理预测技术

致密储层孔隙结构复杂、流体黏滞性偏高、微裂缝发育、油水地球物理响应差异小，介质和孔隙流体的复杂性对基于均匀介质和理想流体假设的经典孔隙介质声学理论提出了挑战。与以圈闭描述为对象的常规地球物理勘探理论和技术相比，致密油有效储层识别、储层参数计算、烃源岩评价、工程参数评价、"甜点区/段"综合评价等地震勘探技术也面临着新挑战。本节将简要介绍致密油"甜点区/段"预测在地球物理技术面临的挑战和目前技术的发展现状。

一、致密油层地球物理评价技术挑战

致密油是近年来新发现的一种具有较大资源潜力的非常规油气资源，它正成为全球非常规油气勘探的新领域和研究热点(郭秋麟等，2013)。致密油分布范围广，烃源岩条件优越，储层致密，孔喉结构复杂，物性差，与常规油气相比，致密油具有明显的低渗透率、低孔隙度和强非均匀性等特点(贾承造等，2012)。基于致密油的特殊性，利用地震技术预测致密油"甜点区"面临较大挑战，主要表现为：

(1)致密油藏具有单层厚度薄、储层物性较差、横向不连续、纵向上数个砂层叠加、分布规律复杂等特点，基于常规储层反演预测技术已经很难满足致密油勘探的实际需求。

(2)致密油藏储层岩石类型多、岩性组分复杂，骨架一般由石英、长石、白云石和方解石、黏土等，另外有机碳和黄铁矿也常在致密油气储层出现，单一的地震属性较难区分致密油储层复杂的岩性(Zhu et al.，2011)。

(3)致密油储层复杂的微观结构，增大了地震岩石物理技术分析储层性质和地震属性之间联系的难度(刘振武等，2011)。对于致密油储层孔隙度预测，一般需要建立速度-孔隙度关系，这种关系无论是线性或非线性，都随着纵向压实和横向沉积的变化发生时变和空变，因此难以建立一个全工区适用的岩石物理模型，导致孔隙度反演精度较低。

对储层的渗透率预测，目前地震上还没有有效的预测方法(谢玉洪等，2010)。

(4)致密油储层中油水关系复杂，流体充注孔隙的空间展布非常复杂，加大了流体预测和流体识别的难度(邹才能等，2012b)。

(5)虽然烃源岩评价技术在不断发展，但国内外文献中用地震资料直接定量预测有机碳含量的报道较少，由于地震属性固有的多解性，导致其在 TOC 预测上也存在不确定性。

(6)储层脆性指数与破裂压力研究多集中于岩石物理测试等方面，用地震资料计算岩石力学参数的文献不多，其中大部分是对页岩油气"甜点区/段"的脆性评价，储层力学和评价参数在致密储层预测和"甜点区/段"靶区优选中的应用还没有形成确定的理论方法，属于探索阶段。

(7)致密油储层中发育大量裂缝，导致地下存在多类属性(速度、频率、振幅等)的方位各向异性，给致密油储层的地震响应机理研究带来困难(杜启振和杨慧珠，2003；凌云等，2010；刘振峰等，2012)。

二、致密油"甜点段"测井评价技术

致密油气"六性关系"评价即岩性、含油性、物性、烃源岩特性、脆性及地应力各向异性评价，是致密油气勘探开发对致密油气评价的客观要求，其目的就是为了实现烃源岩品质评价、储层品质评价和工程品质评价，进而以此为基础，研究源储配置关系确定油气地质"甜点区/段"，并综合考虑地质"甜点区/段"与工程品质，最终评价出致密油气"甜点区/段"。

(一)岩性评价

致密油气的岩性主要为致密砂岩、致密灰岩和致密白云岩三种基本类型或为混合岩性，其沉积环境一般为滨浅湖—深湖或浅海—深海，矿物成分多样，成分成熟度低，常见于钙质胶结砂岩(鄂尔多斯盆地陇东地区长 7 段)、灰质细砂粉砂岩(四川盆地侏罗系沙庙溪组、凉高山组)、白云质细粉砂岩(准噶尔盆地吉木萨尔芦草沟组等)，相对于常规碎屑岩和碳酸盐岩油气藏，岩性复杂程度加大。

岩性评价是致密油气评价的重要组成部分之一，且较常规储层评价的要求更高。致密油气储层的储集空间小，测井信息中所包含的孔隙部分贡献相对占比低，因此为了求准测井孔隙度，要求更加精细的岩性组分以保障骨架参数的准确性。常规测井评价岩性的方法主要为：以自然伽马测井计算泥质含量，以密度中子和声波孔隙度测井确定岩性骨架类别及其比例大小。如果有自然伽马能谱测井资料，可进一步确定出黏土类型，最后应以岩性实验室分析(如 X 射线衍射)刻度测井计算结果。

近几年，由于元素俘获测井的推广应用，丰富了测井岩性评价的内容，提升了岩性组分的计算精度，其基本方法是通过元素俘获测井(如 ECS)确定出硅、钙、镁、硫、铁和钛等元素的质量分数，根据储层的优势岩性种类选用氧闭合分析的岩性模型确定出矿物组分，之后计算出岩性组分。

致密油气储层的黏土含量一般较高，各黏土类型的组分差异也大。一方面，如果储层中蒙脱石含量较多时，储层水敏性加强，黏土矿物的膨胀与运移对压裂效果有明显的负面影响，故应设计针对性的压裂液体系。另一方面，理论模型数值模拟表明，当蒙脱石含量大于25%时，蒙脱石的水化膨胀作用可加大密度测井值，导致据此计算出的孔隙度将偏大2pu(中子测井孔隙度单位)，这对孔隙度不到10pu的致密油气储层孔隙度评价将产生很大影响，不仅计算精度降低，还会导致储层与非储层的错误划分。因此，致密油气的岩性评价中，一定要进行黏土类型识别及黏土组分精细计算，提前考虑规避可能存在的这两种负面影响。

(二)物性评价

致密油气储层的孔隙度低、渗透率特低，孔隙度介于3%～15%、主值为6%左右；渗透率介于0.001～10mD、主值为0.1mD左右，准确计算出致密储层的孔隙度和渗透率难度大，因为较小的绝对误差就可产生较大的相对误差，这就要求采用高精度孔隙度测井信息，并要求其能够反映出不同分布类型的孔隙结构，然后在孔隙结构精细评价基础上建立针对性的孔隙度和渗透率模型。

1. 孔隙结构评价

孔隙结构控制储层物性特征，不同类型孔隙结构储层具有不同的物性特征。致密油气储层的孔隙结构复杂，有粒间孔隙型、溶蚀孔隙型和裂缝孔隙型等，但储层品质均较差。为了提高孔隙度和渗透率的计算精度，应建立基于孔隙结构评价的精细计算模型，孔隙结构评价是致密油气物性评价的基础。

虽然致密油气储层品质差，但通过测井孔隙度结构评价可实现储层分类，优选出相对优质储层，这是致密油气储层评价的关键点之一。常规测井评价致密油储层孔隙结构的能力较差，现在主要采用成像测井如核磁共振测井和微电阻率成像测井技术。核磁共振测井进行储层分类的基本原理是根据 T_2 谱和毛细管压力曲线均可反映储层孔喉特征这一共性，将 T_2 谱转换成毛细管压力曲线后，从这些曲线中提取评价储层品质的一系列特征参数，依据这些参数实现储层分类。

微电阻率成像测井(简称电成像测井)可以获得至少144条井壁附近的地层电阻率曲线，这些电阻率主要是储层孔隙结构和冲洗带特征两个方面的综合反映，对于致密储层冲洗带特征可视为基本相同。因此，可用电成像测井评价储层孔隙结构。为了实现有物理内涵的量化分析，将众多微电阻率曲线以阿奇公式并经浅侧向测井标定转换成孔隙度谱，从中提取反映储层孔隙结构的特征参数，如孔隙度频谱主峰右侧的均方根差及其宽度，这两个参数值越大，表示储层孔隙结构越好。

2. 孔隙度与渗透率计算

核磁共振测井计算的孔隙度与岩性无关且精度高，是计算致密储层孔隙度和渗透率的十分有效的方法，同时也是当前评价储层孔隙结构的最优测井技术之一。考虑到致密油气储层以微小孔喉为主，为了确保它们在核磁共振测井时得到充分极化，使得 T_2 谱中能够反映出这些微小孔喉部分，这就要求核磁共振测井采集时，采用适当的测量模式和合理的采集参数，即等待时间尽可能长，回波间隔尽可能短，其采集参数依据具体储层特征和钻井液性能等通过测前设计模拟而确定出。

在准确确定出泥质含量和骨架组分、井壁状况良好的前提下，高精度密度测井(精度0.01g/cm³)可保证致密储层的孔隙度计算精度。考虑到致密油气储层中，油气的存在可提高密度孔隙度计算值，但却会降低核磁共振的孔隙度值。因此，为了进一步提高孔隙度计算精度，可利用这"一升高一降低"的影响规律，联合应用这两种测井资料消除油气对孔隙度计算精度的影响。

物性评价中，应采用岩心刻度测井的方法建立精细的泥质含量、孔隙度和渗透率解释模型，这要求岩心物性分析数据要尽量准确。考虑到致密油气储层中烃类长期持续的充注，微小储集空间均可有效储存油气，因此实验时应采用氦气法或颗粒碾碎法测量岩心孔隙度，对于强非均质地层，应采用全直径岩心测量孔隙度和渗透率。

(三)含油性评价

致密储层的储集空间小，测井所能探测到的油气信息较弱，含油性评价难度较大，应用对油气信息敏感性较强的录井技术，并做好测井与录井之间的结合是一条既现实又有效的技术途径。

红外光谱录井技术分析速度快(分析周期 12s)，可发现薄层和裂缝型油气层，这一特点对致密油气勘探与评价很有价值。通过多元信息融合技术及多级特征优化处理红外光谱录井资料，可探测到地层中气态物质并能够实施实时量化分析及评价储层含油性。

岩石热解地球化学录井技术以岩心、岩屑和井壁取心为分析对象，是含油性评价最直接、最灵敏的录井技术之一。

当储层储集空间中赋存轻质油和天然气时，从阵列声波和偶极横波测井中提取压缩系数和泊松比等声学信息，可较好地识别出含油气层段。介电扫描测井通过分析电磁波的传播幅度、相位与介电常数和电导率之间的关系，识别出地层水信息，从而分辨出含油气层段。

储层电性是岩性、物性、孔隙结构、含油性和地层水电阻率等因素的综合反映，导致不同区块致密油气储层的电阻率特征差异很大，即使同为碎屑岩致密油气储层的电阻率也相差很大。如四川盆地川中侏罗系沙溪庙组和凉高山组的电阻率可达 500Ω·m，而鄂尔多斯盆地长 7 段和准噶尔盆地吉木萨尔凹陷芦草沟组则只有 50Ω·m 左右；美国威利斯顿盆地 Bakken 组致密油层的电阻率由于地层水电阻率很低(0.01Ω·m/25℃)且物性较好(孔隙度 8%~16%)，其电阻率值仅为 7Ω·m 左右。因此，仅依据电阻率值的高低不能判断这些致密油气区块的含油饱和度大小。因为致密油气的储集空间很小，油气对电阻率测井值的贡献也很小。

致密油气的储层由于受烃源岩长期、近距离的持续高压充注，油气可以进入微小储集空间，导致其具有较高的油气饱和度，当然，油气饱和度的大小与充注程度和储层品质均有关。因此，计算致密油气的饱和度时应剔除非油气部分的电阻率影响，突出油气的作用，一般可采用简化的西门杜公式计算：

$$\frac{1}{R_\text{t}} = \frac{\phi^m S_\text{w}^n}{\alpha R_\text{w}(1-V_\text{sh})} + \frac{V_\text{sh} S_\text{w}}{R_\text{sh}} \qquad (6\text{-}1)$$

式中，R_t、R_w 和 R_sh 分别是储层电阻率测井值、储层地层水电阻率和纯泥岩电阻率，$\Omega \cdot \text{m}$；ϕ、S_w 和 V_sh 分别为储层孔隙度、含水饱和度和泥质含量，%；m、n 和 α 分别是储层孔隙结构指数、饱和度指数和岩性系数，无量纲。

式(6-1)在应用中要注意处理好两个问题：①对于典型致密油气，储层中基本不产地层水，地层水水样难以获取导致地层水电阻率未知，一般可采用地区经验值；②致密油储层岩样洗油难度大，且流体在其中不易被驱替，当前常用的岩电参数测量方法适用性差，应选择针对致密储层的实验手段与流程，否则难以保证测量精度。

考虑到电阻率计算饱和度的精度有限，实际中也常用非电法估算饱和度，当前较认可的方法之一是以核磁共振测井计算出束缚水饱和度，然后剩余的就是含油饱和度。这个方法的有效性基于两个前提假设：一是核磁共振测井信息精度高，测量模式和采集参数正确，能够充分反映微小孔隙对 T_2 谱的贡献；二是致密油气储层中没有可动水，这与典型致密油气特点基本相吻合。但是，该方法对油水共存型(如松辽盆地的扶余组致密油)和气水共存型(如鄂尔多斯苏里格西部的致密油气)不适用。

(四)烃源岩特性评价

烃源岩特性即评价烃源岩生油能力，以烃源岩的有机质丰度(TOC)为主，兼顾干酪根类型判断。需要指出的是，致密油气储层中常含有干酪根，因此，致密油气的烃源岩评价不仅针对泥岩还包括储层 TOC 计算。

1. TOC 计算

地质学家和测井分析家基于烃源岩的测井响应特征，提出了利用测井资料评价烃源岩有机碳含量的多种方法，主要包括经验统计法、重叠法和核磁共振与密度测井组合的干酪根含量转换法三大类。

(1)经验统计法(岩心刻度测井法)是指在取心井段，应用数学方法(如最小二乘法)建立测井资料和岩心分析 TOC 含量之间的统计关系，然后使用这些统计模型在全井段，甚至在整个地区进行 TOC 含量定量计算。Supernaw 等(1978)提出使用自然伽马能谱测井(NGS)评价富含有机质页岩的 TOC 含量，其中铀/钾(U/K)比值和有机碳含量呈正相关关系，类似地，钍/钾(Th/K)比值和钍/铀(Th/U)比值与有机碳含量也具有良好的相关性。Schmoker 等(1979)基于有机质的密度性质确定了 Appalachian 盆地泥盆系页岩体积密度测井评价有机碳含量的经验统计公式，随后又建立了 Appalachian 盆地页岩 GR 曲线和岩心分析 TOC 含量的关系，实现了利用 GR 测井资料评价 TOC 含量(Schmoker et al.，1981)。Dellenbach 等(1983)建立声波时差测井和伽马测井组合的参数与有机质丰度的线性关系，以确定泥质烃源岩的有机质丰度。Fertl 和 Chilinger(1988)采取了多元地质统计的方法，以 GR、CNL、DEN 和 AC 曲线作为输入参数，建立了有机碳的多参数评价模型。经验模型方法具有简单直观、可操作性强的特点，但是不具有普遍性，需要针对每个地区甚至每口井的岩心数据和测井资料建立统计模型。

（2）重叠法评价有机碳含量是指利用两条能够反映有机质含量变化的敏感测井曲线重叠显示于同一曲线道中，在不含有机质的层段中两条曲线重叠，在含有机质的源岩中两条曲线发生分离，建立两条曲线的分开距离与有机碳含量间的关系，以实现评价有机碳含量的目的。测井岩石学与岩石物理特征研究表明，电阻率、声波、中子对烃源岩的敏感性最好，密度次之，自然伽马最差。Passey 等（1990）提出了利用声波、电阻率曲线重叠法技术预测不同成熟条件下的 TOC。

该方法设置电阻率曲线刻度为每两个对数刻度对应声波时差为 328μs/m（100μs/ft）的间隔，电阻率曲线和声波曲线在一定的深度范围内"一致"或完全重叠，即为非生油岩层基线。确定基线后，利用两条曲线分开的间距（$\Delta \lg R$）来识别富含有机质的层段，$\Delta \lg R$ 与 TOC 呈线性相关，利用已知的大量实验数据、岩心刻度测井，可根据声波时差-电阻率测井曲线叠合计算确定 TOC 计算模型：

$$TOC = a \lg(R / R_{Baseline}) + b(\Delta t - \Delta t_{Baseline}) \tag{6-2}$$

式中，R 为电阻率值，$\Omega \cdot m$；Δt 为声波时差，$\mu s/ft$；$R_{Baseline}$ 为非生油岩对应于 $\Delta t_{Baseline}$ 的电阻率值；a、b 均为系数。

虽然骨架密度重叠法在一些页岩气储层的应用中取得了较好的效果，但是它需要核磁共振测井、元素俘获测井等先进的测井资料，限制了其在缺乏先进测井资料地区的应用，导致其不可能成为一种广泛应用的有机碳含量测井评价方法。

（3）核磁共振与密度测井组合的干酪根含量转换法原理是：烃源岩主要由岩石骨架、固体有机质和孔隙流体三部分组成。核磁共振测井计算的孔隙度反映的是与流体有关的孔隙度，而密度测井的孔隙度则反映与干酪根和流体相关的孔隙度之和，因此，这两者的孔隙度差异就是干酪根孔隙度，然后再将干酪根孔隙度转化成 TOC 含量。

2. 干酪根类型

目前利用测井资料研究干酪根类型的方法不多。地球化学研究表明，不同类型的干酪根中，氢/碳原子比和氧/碳原子比存在差异，而且这种差异与干酪根的成熟度有关。元素俘获测井能够较准确测量出地层中的氢、氧和碳等元素的含量，据此可判断目的烃源岩的类型，评估其成熟性，从而丰富烃源岩测井评价内容。

（五）脆性评价

致密油气、页岩气等非常规储层，由于其非均质性、低孔隙度和低渗透率等特征，造成它们的有效开采面临巨大挑战。当前，针对非常规油气开采的关键技术和方法是水平井和分段体积压裂技术，其中体积压裂即人工进行储层改造（邹才能等，2012a；周守为，2013；赵万金等，2014）。影响压裂储层改造效果的因素有很多，包括岩石脆性、天然和诱导裂缝、成岩作用和地应力等，而岩石脆性是影响地层可压裂性的最重要因素。致密油气评价中，以脆性指数刻画岩石的脆性特征，其计算方法有两种，即矿物组分计算和岩石弹性参数计算法。

矿物组分计算方法认为，岩石中脆性矿物含量越高，岩石的脆性越大，因此定义脆性矿物含量占总矿物含量的百分比为脆性指数（Rickman et al.，2008），最初将石英和碳酸盐矿物定义为脆性矿物,实际应用时这一定义可根据不同区块的地质特点加以修改(刁海燕,2013)。该方法在国内外区块取得了一定程度的应用效果,但是这种方法也存在缺陷:①该脆性指数仅对相同地区同种地质体的脆性评价有效,对不同地区或者相同地区不同地质体而言,脆性矿物的定义可能不同,因此不能直接使用;②对页岩地层有效,但对于致密砂岩地层,岩石中石英等脆性矿物含量本身较高,对该方法不敏感;③仅能够分析简单应力条件下岩石的脆性破坏特征,并不能反映地下复杂应力状态下的岩石脆性,即没有考虑岩石的力学性质;④忽略了成岩作用的影响,如成岩压力、孔隙结构不同,即使矿物成分完全相同,脆性程度也可能存在较大差异。

岩石弹性参数计算法认为,脆性指数与杨氏模量、泊松比密切相关,杨氏模量是描述材料抵抗形变能力的物理量,泊松比是反映材料横向变形能力的物理量,因此杨氏模量越大、泊松比越小,脆性越强。杨氏模量和泊松比可以由两种方式获得:一是从压缩实验中测得,称为静态方法;二是通过声波测井数据或超声波测量计算得到,称为动态方法。动、静态参数往往存在较大的差异,且差异随地层力学性质和实验条件的不同而不同。常用方法是通过统计分析同一深度上的动静态弹性参数值,建立它们之间的回归拟合关系(一般为线性关系),实现动、静态参数转换。

(六)地应力各向异性计算

为了获取致密油气中的工业油气流,必须采用水平井钻井和大型体积压裂,而在水平井井眼轨迹优选和压力方案设计中,地应力方位、大小及其各向异性是非常重要的一类参数,也正因为如此,地应力及其各向异性评价是致密油气评价的重点内容之一,也是致密油气评价今后重点发展的领域之一。

地应力包括垂直主应力σ_v、最大水平主应力σ_H和最小水平主应力σ_h三种。σ_v可通过上覆地层的全井眼密度测井值及其对深度的积分并考虑上覆地层的孔隙压力而确定。地应力评价主要指的是水平地应力(σ_H和σ_h)评价,其内容包括方位确定、大小计算,以及地应力纵横向各向异性、地应力平面展布特征等,可借助于电成像测井和阵列(或扫描)声波测井实现。

1. 水平地应力方位确定

横波在各向异性的地层中传播可产生横波分裂现象,对阵列(或扫描)声波测井交叉偶极模式下的测量资料进行波场多分量旋转可获得快慢横波信息(方位、速度和幅度),而快横波的传播方向与最大水平主应力σ_H的方向一致,从而确定σ_H的方向。需要指出的是,当地层中存在裂缝、地层倾角与井眼轨迹相对角度较大或者地层存在波速非均质性时,也可以产生横波分裂现象,可导致快横波确定的σ_H方向存在不确定性。

电成像测井是分析地应力方位极其重要的资料之一。分析地层被钻开后,井壁附近的地应力场即被改变,导致井壁几何形态产生变化,如地层应力释放后形成的释放缝、井眼崩落及过高的钻井液压力柱造成的压裂缝等。根据这些变化所固有的规律性及其在电成像测井图像上的响应特征,可确定出水平地应力的方位。

2. 水平地应力计算

地层最小水平主应力 σ_h 可以通过扩展的漏失试验（XLOT）、微压力或模块式电缆储层动态测试器（MDT）测井直接测量得到，但获取的数据量有限，深度剖面上分布零散。间接计算方法主要分为各向同性和各向异性两种模型。各向同性模型假设各个方向上岩石弹性参数没有变化，计算方法包括垂向应力考虑上覆岩石压力和孔隙压力、水平应力考虑构造残余应力作用的 ADS 方法、有效应力比为常数假设法、双井径曲线和电成像测井组合法、基于实验分析资料的经验公式法等。

地层最大水平主应力 σ_H 不能直接测量或直接从测井资料获得。其计算思路是：在测井计算出 σ_h 后，采用井眼稳定性分析方法，不断调整该方法中需要的 σ_H，将模拟计算出的井眼井壁对比电成像的观察状况，当两者基本一致时，此时的 σ_H 值即为地层的 σ_H。对于井壁崩落，采用剪切破坏模型模拟；对于水平裂缝，采用拉张破坏模型模拟。

利用压裂数据刻度，考虑构造应力的作用，优选地应力计算方法评价地应力的大小，最大、最小水平主应力计算公式分别如下：

$$\sigma_H = \left(\frac{v}{1-v} + \gamma_1 \right)(\sigma_v - \alpha p_p) + \alpha p_p \tag{6-3}$$

$$\sigma_h = \left(\frac{v}{1-v} + \gamma_2 \right)(\sigma_v - \alpha p_p) + \alpha p_p \tag{6-4}$$

式中，p_p 为地层压力，MPa；α 为有效应力系数（Biot 系数），无量纲；v 为泊松比，无量纲；γ_1 和 γ_2 分别为最大水平主应力和最小水平主应力的构造应力系数，无量纲。对于测井计算 σ_H、σ_h 都要以实测数据进行标定。

3. 地层孔隙压力

地层孔隙压力是决定致密油气单井日产量和累计产量的关键因素之一。北美成功商业开发的致密油气田中，普遍存在地层孔隙压力异常，压力系数介于 1.4～1.7。致密油气由于源储一体或近源成藏，油气在烃浓度扩散作用下持续充注入微小的孔隙和喉道中，如生烃作用长期不间断，可形成烃浓度扩散压力而产生的高压异常。当地层温度升高时，油气体积膨胀，甚至液态油转变为气态，将加剧这种压力异常。对于源储一体的致密油，也存在泥岩欠压实产生的高压异常。致密油气的自身良好的封闭性，容易产生地层压力高异常。孔隙压力评价的目的是为了确定不同深度上地层孔隙中的流体所承受的压力，评价内容包括孔隙压力计算、压力系数（或压力梯度），以及孔隙压力平面展布特征和圈定超压区等。测井计算孔隙压力的方法很多，常用的方法为纵波时差等效深度法。该方法认为：对于砂泥岩剖面，压实理论指出存在一个正常的压实趋势线，即在正常的压力梯度下，泥岩的声波时差随着深度的增加而减小。当泥岩声波时差大于这个正常的趋势线的声波时差值，则指示存在压力高异常。该方法的关键点是要准确确定岩性及其组分，并剔除掉岩性对声波时差的影响，由于致密油气层中岩性的复杂性常见，影响因素的剔除很难做到精细。

此外，试井、试油和 MDT 的压力测量均是确定孔隙压力的有效技术之一。考虑到致密油气的储层物性差，进行 MDT 测井时，可采用双封隔器+miniDST 方式获取地层孔隙压力。这种方法得到的孔隙压力数据直接、可靠，但通常数据点少，不能得到连续的剖面。

三、致密油"甜点区"地震预测技术

(一)储层"甜点区"地震预测技术

随着油气勘探程度的不断深入，低孔、低渗油藏逐步成为当前油气勘探的热点。因此在低孔、低渗地区，找"甜点区"是非常迫切的生产问题。地震储层预测中，物性(孔隙度、渗透率)预测是一个难点。

刘力辉等(2013)引入地震岩相概念，在其分类方案中不仅考虑岩性因素，还考虑储层物性影响因素，通过将岩石物理研究和岩相关联，筛选出能识别地震物相的敏感弹性参数，通过预测地震物相，半定量地解决储层物性预测问题，达到"甜点区"预测目的。黄欣芮等(2016)结合致密油储层的地质、岩性特点，总结出一套孔隙度预测方法，即从地震属性、弹性性质及振幅随偏移距的变化(amplitude variation with offset，AVO)响应三方面对孔隙度地震预测技术进行分析，主要包括以下内容。

1. 地震属性分析

如 P 波阻抗、P 波振幅等地震属性的空间变化会受到众多岩性的联合影响，它们之间存在着内在联系。其中声波阻抗对孔隙度具有较高的敏感性。再结合横波阻抗，可以有效地在充填有饱和流体孔隙的岩石物理模型中进行孔隙度预测(Jiang and Spikes，2011，2012，2013)。

2. 弹性性质分析

致密油储层复杂的微观结构对弹性性质有着显著的影响。诸如 V_p，V_s，拉梅系数 λ、μ，杨氏模量 E 及泊松比 ν 等，它们与孔隙度之间存在着一定的联系。通过岩石物理分析技术，构造多个岩石物理交会图版，优选出对孔隙度敏感的参数，建立其与孔隙度之间的定量关系，最后通过地震反演技术得到孔隙度分布。

3. AVO 响应分析

已有研究表明：AVO 截距(P)及 AVO 梯度(G)交会图显示出其对孔隙度的可预测性，可以通过地震 AVO 响应来预测孔隙度(Guo et al.，2012)。

在一些地区，致密油/页岩油等非常规油藏具有储层砂体单层厚度薄、储层物性较差、横向不连续、纵向上数个砂层叠加、平面上延伸较远，分布规律复杂等特点，导致"甜点区"识别难度较大。因此，如何精细描述薄层滩坝砂体的空间展布及砂体"甜点区"分布对致密油勘探具有重要意义。

针对渭北油田延长组长 3 段致密砂岩油层，储层砂体厚度薄且横向变化，且由于油藏埋藏浅且地表条件复杂，地震资料分辨率低，河道砂体识别困难的特点。司朝年等(2015)利用谱反演技术进行地震资料处理，有效提高了地震分辨率，处理后的地震资料能够满足厚度小于 $\lambda/4$ 的薄砂体识别；通过井震标定、地震正演模拟总结砂体地震波形特征模式，采用地震波形结构法追踪砂体顶底反射，使致密油"甜点区"识别精度大大提高。

柴达木盆地致密油勘探起步较晚，但勘探潜力巨大。扎哈泉地区上干柴沟组致密油储层受咸化湖盆的影响，砂体单层厚度薄，纵向上叠置明显，侧向变化快，储层"甜点区"预测是研究的重点和难点。田继先等（2016）提出以地震沉积学思想为指导，利用相位转换、地层切片、定量地震沉积学等技术，在建立高分辨率层序地层格架的基础上，开展了扎哈泉地区上干柴沟组四个准层序组砂体的地震沉积学研究，并结合钻井、测井等资料对典型地层切片进行了精细地质解释与标定，预测了不同沉积时期薄层致密油"甜点区"的分布和演化。在预测过程中用到了自然伽马反演方法，该方法通过综合利用地震资料横向上的连续性及测井资料纵向上的高分辨率来预测伽马值的横向变化，从而进一步预测砂体横向展布。

随着松辽盆地北部勘探程度的不断提高，致密油已成为非常规油气勘探的重点领域。勘探实践证实，该区致密油储层具有砂体厚度薄、纵向不集中、横向不连续、物性条件差等特点，直井产能普遍较低，识别难点大。曲立宇等（2017）提出了基于井震联合识别扶余油层致密油"甜点区"的方法，其实现过程包括：以层序地层学为理论基础，应用地震、钻井等资料建立层序地层格架，在研究区层序组精细标定与解释；在正演模拟分析的基础上针对"甜点区"目标进行地震属性分析；在精细地震反演基础上对"甜点区"目标进行储层预测；综合地震属性分析及地震反演结果确定"甜点区"目标发育区，在齐家南地区取得较好的应用效果。

Dowdell 等（2013）采用叠前反演方法预测密西西比系石灰岩储层纵波、横波阻抗和密度地震体，研究发现密度地震体能够识别储层"甜点区"地震响应特征，综合这些参数识别高孔隙度和高裂缝密度"甜点区"。Gupta 等（2013）依据岩心和测井资料，应用叠前地震反演方法识别 Woodford 页岩"甜点区"，从而提高了完井质量，叠前反演技术方法得到不断的应用和发展。

（二）烃源岩品质地震评价技术

有机质含量作为致密油资源评价、有利区块优选中的一个重要指标，在预测中发挥着关键的作用。通常情况下，主要利用有机质成熟度和有机质含量来衡量烃源岩品质，它们的变化会影响岩石弹性性质。为研究这类变化，需要把有机物质（如干酪根）包含在岩石物理各向异性建模中来研究烃源岩的地震响应，最后反演得到所需的弹性参数，将这些优选的弹性参数转化为有机质丰度及成熟度，从而实现有机质富集区的预测。

1. 有机质丰度预测

烃源岩总有机碳（TOC）在控制致密油储量方面起着重要作用，也是致密油"甜点区"评价的一个关键指标。目前国内外学者对 TOC 的研究主要集中在地球物理测井技术方面，它们不能直观地给出致密油"甜点区"的横向分布特性，尤其是当某地区缺少足够的测井信息时，会对预测的精度产生很大的影响。

近年来，虽然烃源岩评价技术在不断发展，但国内外文献中用地震资料直接定量预测 TOC 含量的报道较少。目前较常用的方法是通过地震岩石物理技术，构造 TOC 与多个弹性参数(如纵波速度、横波速度、密度、杨氏模量、泊松比等)之间的岩石物理交会图,分析 TOC 对岩石弹性性质的影响,优选出对 TOC 敏感的参数组合,建立它们之间的定量关系式(Wang D X et al.,2013;Wang Y C et al.,2013),最后利用叠前地震反演技术,得到这些弹性参数,并将反演结果转化为 TOC 分布。陈祖庆(2014)从岩心实测 TOC 出发,通过 TOC 与地球物理参数交会分析,寻找到 TOC 敏感地球物理参数——密度,建立密度与 TOC 之间的最佳拟合方程,得到计算 TOC 的经验公式,然后结合叠前地震反演获得的密度体便可计算出 TOC 数据体,从而达到定量预测页岩 TOC 的目的。Sharma 等(2015)研究了 Vaca Muerta 页岩油层 TOC 与自然伽马(GR)、波阻抗等曲线的地震响应特征,发现叠后反演的波阻抗能够预测页岩有机质丰度,根据多属性分析方法进一步讨论了影响页岩油"甜点区"地球物理响应的地震属性。Infante-Paez 等(2017)利用概率神经网络方法将地质、地球化学和地震数据进行综合分析,由地震阻抗反演得到 TOC,最后给出了 Cherokee 平台两个不同工区的"甜点区"平面分布。

与测井方法相比,基于叠前多参数反演的地震方法在 TOC 平面展布预测方面有一定的优势,但这些方法主要依赖地震属性与 TOC 之间的数学拟合关系,通过三维地震数据体中提取的地震属性计算得到三维 TOC 数据体,由于地震属性固有的多解性也会造成该方法在 TOC 预测上存在不确定性(周家雄等,2013;王彦仓等,2013)。

2. 有机质成熟度预测

衡量有机质成熟度最常用的指标是镜质体反射率 R_o(潘仁芳等,2011)。除了常用的 R_o,岩层中干酪根的存在对成熟度有很大影响,特别是干酪根含量(k)以及发育有含烃孔隙的干酪根孔隙度(ϕ_k)与干酪根的成熟度密切相关(Yenugu and Han,2013)。

k 和 ϕ_k 的变化对岩石弹性性质存在一定的影响,k 和 ϕ_k 的增加均会引起储层速度和密度的减少,k 的增加会造成泊松比的增加、杨氏模量的减小,而 ϕ_k 对杨氏模量的影响没有 k 的大。k 和 ϕ_k 的增加也会造成 AVO 截距的减小及 AVO 梯度的增大,因此 AVO 截距和梯度可以识别 k 和 ϕ_k 的变化。通过建立含 TOC 的岩石物理模型,研究 k 和 ϕ_k 对岩石弹性性质的影响,建立它们和这些弹性参数之间的关系,通过地震叠前反演输出纵横波速度、泊松比等,进而将其转化成 k 和 ϕ_k(Guo et al.,2013),由此判断有机质成熟度范围,为有机质富集区预测提供依据。

(三)工程品质地震预测技术

1. 脆性地震预测方法

地震资料中蕴含着大量的地层信息,对地震资料的分析和处理,可以提取出地层岩石的岩性、岩石力学参数等对储层预测及钻井工程有用的信息。储层脆性指数与破裂压力的研究多集中于岩石物理测试等方面,制约了储层力学和评价参数在致密储层预测和"甜点区"优选中的应用。

目前通过地震资料计算岩石力学参数的文献不多,大部分是对页岩油气"甜点区"储层参数预测的应用(李庆辉等,2012;郭旭光等,2014),后来被尝试应用在致密油气储层上,但是还没有形成确定的理论方法,属于探索阶段;还有一部分文献着重研究力学参数的特征，以及利用力学参数研究裂缝和地应力(张浩等，2004；石道涵等，2014)。

研究表明，脆性与岩石矿物组分、力学性质有着密切的联系。例如，石英、长石和方解石等脆性矿物含量越高，岩石脆性越强，在外力作用下越容易形成天然裂缝和诱导裂缝，利于致密油/页岩油开采；力学性质决定了储层的脆性，通常使用杨氏模量(E)和泊松比(ν)作为评价其脆性的标准(Guo et al.，2012；Varga et al.，2012；Perez and Marfurt，2013)。不同杨氏模量和泊松比的组合表明，岩石具有不同的脆性，杨氏模量越大，泊松比越低，储层脆性越高。

在实际应用时，往往需要先建立储层脆性的定量评价标准。通常引入脆性指数建立脆性指数预测模型。一般而言，脆性指数是建立在岩石杨氏模量和泊松比基础上的，也有学者提出利用拉梅系数来表征脆性指数。由于大多数的裂缝发育区具有低 $\lambda\rho$ 和中 $\mu\rho$ 值，Guo 等(2012)建立了相应的表达式来表征脆性指数。针对致密砂岩油储层的脆性评价，黄欣芮等(2015)基于各向异性地震岩石物理模型，提出了各向异性弹性参数脆性敏感因子，并从脆性敏感性定量分析、岩石物理响应特征及交汇图分析三个方面，系统研究了新脆性指数在致密砂岩油脆性预测上的适用性。结果表明，较其他传统脆性指数，新脆性指数不仅敏感性高，还更适合致密砂岩油储层"甜点区"的脆性评价。

此外，王大兴等(2015)提出了变权系数的脆性指数方法。首先用稳定反演的阻抗和速度参数来计算岩石力学参数，然后根据不同研究区杨氏模量和泊松比与脆性指数的相关性确定计算权值，提高求解的稳定性和预测精度。

近年来，国外有学者提出利用 AVO 反演，得到截距和梯度，构建 P-G 交会图，研究 P、G 组合与脆性指数的关系(Guo et al.，2012)，这也是值得研究的方向。

2. 裂缝地震预测方法

裂缝作为致密油储层重要的储存空间和运移通道，是致密油勘探开发研究的重点和难点。目前，地震裂缝检测技术主要有纵波方位各向异性分析技术(横齐宇等，2009)、转换波方位各向异性分析技术(程冰洁和徐天吉，2012)、横波分裂技术(魏周拓等，2012)、多波多分量预测技术(赵波等，2012；Padhi and Mallich，2013)，以及地震叠后属性分析技术曲率分析、相干分析和频谱分解等技术(林建冬等，2012)。

多分量转换波技术虽有不错的效果，但由于勘探成本高，在国内现阶段难以广泛应用。纵波方位各向异性检测是利用裂缝介质普遍存在的纵波速度、振幅随方位变化的性质来预测裂缝方位和密度的技术，该技术的预测精度和分辨率都较高，在实际生产中应用较为广泛。

通常情况下，可以从裂缝尺度、流体饱和度、频率三个方面研究地震波通过致密油储层裂缝产生的地震响应，原因如下：

(1)当地震波穿过具有不同尺度大小的裂缝时，会产生速度、振幅、衰减等方位各向异性现象，这些属性对裂缝尺度都具有敏感性。

（2）致密油储层中，由于裂缝的存在，会使孔隙内充满饱和流体。地震波通过不同饱和流体时，会产生不同的地球物理响应。

（3）地震资料的频率属性在反映裂缝开启度和流体信息方面比速度、振幅等属性更敏感，不同的频率对应不同的地球物理响应。因此，通过建立含裂缝各向异性岩石物理模型，模拟不同尺度、流体饱和度、频率下的地球物理响应，再结合特定的裂缝预测技术，如方位各向异性裂缝检测技术、横波分裂技术、多波多分量联合反演技术及叠后属性分析技术等，有利于开展裂缝参数提取方法的研究。

叠后地震属性分析主要是叠后不连续性检测技术，主要包括相干分析技术、边缘检测技术和曲率分析等。叠后不连续检测技术是间接的方法，预测的是较大尺度的断裂和裂缝带的宏观展布，不能满足实际需求。相比较而言，蚂蚁体技术是近些年才兴起的一种叠后微裂缝预测技术，其对微断裂和裂缝的预测效果较好（杨瑞召等，2013）。

任朝发等（2015）在分析各种方法原理和结果差异的基础上，为满足水平井优化设计和后期储层改造的实际需求，从实际地质条件和地震资料特点出发，探索了叠前纵波方位各向异性裂缝预测技术与叠后蚂蚁体裂缝预测技术相结合的方法，以求降低单一方法预测结果的不确定性。通过与微地震监测结果对比分析，证实了该方法的有效性。

(四)地震综合预测技术

自 2002 年以来，美国开始致力于页岩油气地质、地震综合研究，将有机地球化学等指标（如 TOC 和 R_o）用于研究"甜点区"的地震响应特征，突破了"地震资料难以预测致密（页岩）油气'甜点区/段'"这一传统认识，为致密（页岩）油气的精细勘探开辟了广阔应用前景。

邹才能等（2015）认为，页岩油"甜点区/段"是在不同地质背景下评价烃源岩性质（总有机质、成熟度等）、矿物岩石骨架（孔隙度、优质储层岩性、脆性等）及其他相关（裂缝、地层压力、地应力等）构成要素，并将这些特性优化匹配，优选出页岩油"甜点区/段"。

陈勇（2016）主要从有机碳含量、孔渗性、保存条件和含气量等参数预测方面，对川东南焦石坝及丁山地区五峰组—龙马溪组页岩储层"甜点区/段"开展了地震综合预测研究。

对致密砂岩储层而言，围岩与储层地震波阻抗差异较小，仅使用常规地震预测方法很难有效识别储层，因此需要将叠前反演、叠后反演与测井数据、地震数据相结合，对储层进行综合预测与描述（刘振峰等，2012）。因此，李坤白等（2017）对鄂尔多斯盆地湖盆区延长组致密油"甜点区/段"进行综合预测研究时，首先对研究区 9 口具有全波测井资料的井进行了弹性参数交会分析，确定了该区含油砂岩储层的有效敏感弹性参数，然后应用叠前、叠后三维地震资料开展了弹性参数、密度、波阻抗等反演，在已知井标定下，分析了剖面上有效识别含油层段的属性和方法，并对叠后三维资料进行了分频衰减分析，从剖面和平面上观察含油层和不含油层调谐频率的区别，最后将以上多种方法相结合，探讨了含油致密砂岩储层的综合识别模式。

总的来说，近几年来，叠前同步反演、叠后波阻抗反演技术及多属性分析方法在非常规油气"甜点区/段"地震预测的研究中得到了迅速的发展和应用，特别是在国外非常规油气藏勘探领域和油田开发领域(Dowdell et al.，2013；Sharma et al.，2015)都发挥了重要作用。目前致密油勘探开发对地球物理的需求主要体现在技术层面，但涉及具体的技术难题时，往往又与致密油层地球物理响应的基本原理、机理不清有关，这与致密油介质的特殊性、孔隙结构复杂性及孔隙流体的极低可动性有关。因此，仍有必要进行基本的岩石物理实验和理论模型研究，分析致密油储层和烃源岩的弹性参数特征、井筒和地震响应，揭示致密油地球物理响应机理，在此基础上指导测井解释和地震预测。

第二节　致密油"甜点段"测井"六性"预测方法

致密油气"六性"关系评价即岩性、含油性、物性、烃源岩特性、脆性及地应力各向异性评价，本节以准噶尔盆地吉木萨尔凹陷为例进行说明。

吉木萨尔凹陷位于准噶尔盆地东部隆起，新疆吉木萨尔县境内，距乌鲁木齐市150km。整体为一箕状凹陷，东高西低，面积为 1278km^2，主体勘探部位相对平缓，倾角为3°～5°。二叠系芦草沟组在全凹陷均有分布，厚度为 200～350m。整个芦草沟组为咸化滨浅湖环境沉积，可分为上下两段。上段整体为水进体系沉积，下段为水退体系沉积，上、下两段以最大湖泛面为界。上、下两段均有"甜点段"发育，且相对集中，称为上、下"甜点段"。上"甜点段"为咸化滨浅湖滩坝沉积，下"甜点段"为浅湖、滨浅湖、三角洲前缘相。"甜点段"岩性可分为两大类：一类为机械沉积的细粒级碎屑岩，主要岩性为云质泥岩、云质粉砂岩和云屑砂岩；另一类为以化学沉积为主的碳酸盐岩，主要岩性为砂屑云岩和泥晶和微晶云岩。勘探证明，吉木萨尔凹陷芦草沟组源储一体，含油性不受构造控制，油藏大面积连续分布，具有典型的致密油特征。

致密油储层综合评价是致密油勘探、开发的关键技术和工作内容。事实上，致密油储层评价的内容与常规储层评价有较大差异，具有自身特点和技术难点。第一，岩性及储层评价的实验方法和实验技术具有一定的不适应性，需建立、配套适合致密油储层的实验方法和手段。第二，致密油储层物性、含油性的表征方法与常规储层有较大的差异。第三，源岩特性评价及表征也是致密油研究的重要基础环节。另外，致密油需要水平井、大型(体积)压裂改造提高产能，敏感性、脆性和岩石机械特性等工程技术参数也是研究的重要内容。

为了完成以岩性、物性、含油性、源岩特性、脆性、地应力特性为代表的致密油"六性"关系研究及相关的电性建模工作，对吉174井进行了全井段系统取心，研发了一系列针对致密油特点的实验方法和技术，以此为基础，建立了 "六性"关系的测井评价方法与表征技术，为勘探部署与工程施工提供了重要的技术支撑，见到了明显的地质效果。

一、岩性特征测井识别

实验资料表明，吉木萨尔凹陷二叠系芦草沟组岩性复杂多变、矿物成分多样且多为细粒级的机械沉积和化学沉积的过渡性岩类。储层岩性的发育特点，造成了应用常规曲线不仅难以识别岩性，储层划分还较为困难。有利的是，地层不含铁磁性矿物，具有较好的核磁共振测井应用的地质条件。因此，全区探井目的层段均进行了核磁共振测井，解决了储层划分的技术难题。同时，以核磁共振测井资料和密度测井资料为基础，构建了两个岩性敏感参数，较好地解决了岩性识别的技术难题。一个是用核磁共振 0.3ms 孔隙度和体积密度构建的骨架密度参数，该参数可以有效地反映岩石矿物成分的变化，另一个参数是核磁共振 3ms 孔隙度和 0.3ms 孔隙度的比值，称为结构指数，该参数在一定程度上可以反映碎屑岩粒度的变化。

考虑到测井的分辨率和地层岩性的发育特点且不失代表性，将"甜点段"的岩性归结为两大类。一类为机械沉积的细粒级碎屑岩，主要岩性为云质泥岩、云质粉砂岩、长石岩屑砂岩和云屑砂岩。另一类为以化学沉积为主的碳酸盐岩，主要岩性为砂屑云岩、泥晶和微晶云岩。以此为基础，建立了骨架密度参数和结构指数交会图版(图 6-1)，形成了岩性图版结合成像测井的岩性识别方法。

图 6-2 为吉 174 井上"甜点段"井段岩性识别图。核磁共振测井资料显示，上"甜点段"发育三套储层。①号储层计算的骨架密度从上到下逐渐增大，最高达 2.85g/cm^3，表明矿物成分主要为白云石；结构指数较大，表明为碎屑结构，观察地层微电阻率扫描成像(formation micro-scanner image，FMI)反映的沉积构造特征，综合薄片资料，该层综合确定优势岩性为砂屑云岩。用相同的方法确定了储层②、③的优势岩性分别为岩屑长石粉细砂岩和云屑粉细砂岩。

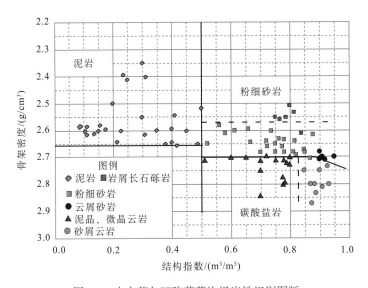

图 6-1　吉木萨尔凹陷芦草沟组岩性识别图版

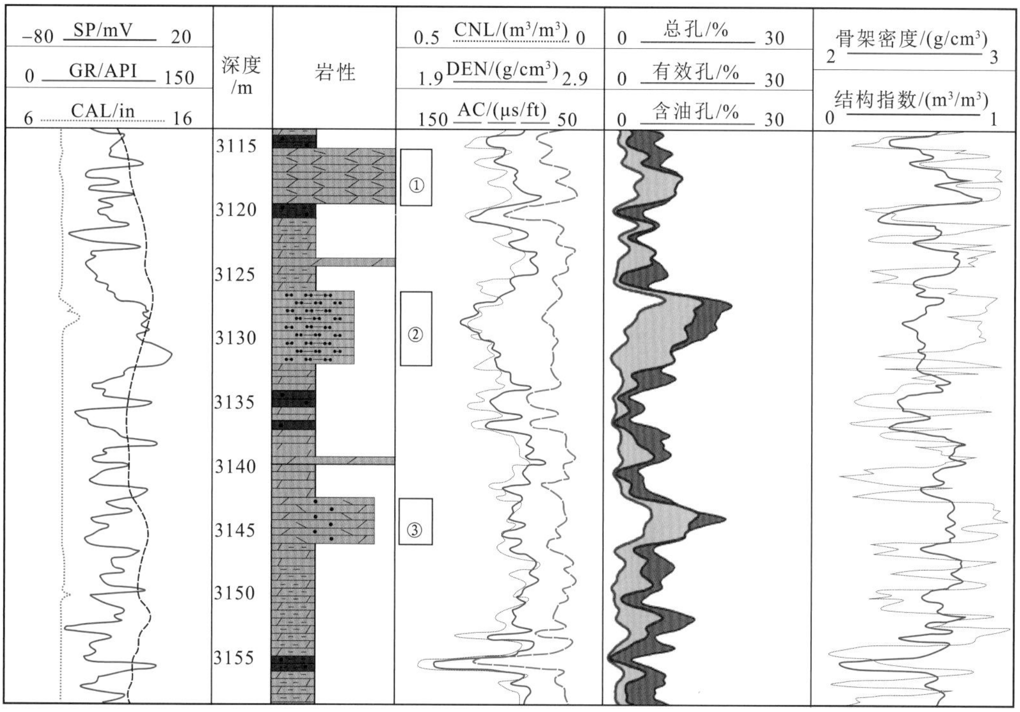

图 6-2 吉 174 井上"甜点段"井段岩性识别图

二、物性特征测井表征

该区目的层的孔隙类型主要为剩余粒间孔、晶间孔、溶蚀孔及溶蚀缝。实验分析数据表明，芦草沟组上"甜点段"覆压孔隙度平均值为 9.4%，覆压渗透率平均值为 0.0637mD，下"甜点段"覆压孔隙度平均值为 9.34%，覆压渗透率平均值为 0.0231mD，上下两套"甜点段"的渗透率平均值均低于 0.1mD，具典型致密油储层特征。

由于岩性变化快，骨架密度变化大，利用常规的方法难以对物性进行有效的定量表征。核磁共振测井可以直接反映储层孔隙度和渗透率。然而，由于通用的核磁共振有效孔隙度、渗透率模型建立在常规储层的基础上，对以微细孔隙为主的致密油储层适应性差，有一定的误差。在低孔段，T_2 为 0.3ms 时，孔隙度偏大；T_2 为 3ms 时，孔隙度偏小（T_2 为核磁共振测井的横向弛豫时间）。渗透率在局部井段有数量级的差异。迭代计算确定了有效孔隙度的计算下限值 T_2 为 1.7ms 时的孔隙度。岩心刻度测井，建立了有适应性的渗透率计算模型，孔隙度、渗透率测井表征精度大幅度提高。

图 6-3 为吉 174 井下"甜点段"井段孔、渗综合测井综合评价图。CPOR 为覆压注氢有效孔隙度测量值，PERM 为覆压渗透率测量值，总孔隙度和有效孔隙度分别为原始测 T_2 为 0.3ms 和 3ms 时的孔隙度，校正孔隙度 T_2 为 1.7ms 时的孔隙度，校正渗透率为新建模型计算的渗透率值。从图 6-3 可以看出，校正的孔隙度和渗透率表征精度均有较大的提高。

压汞实验数据表明，芦草沟组具常规孔隙与微细孔隙共存的特征。压汞与核磁配套联测确定了 T_2 值与毛细管半径间的转换关系，建立了核磁测井伪毛细管压力曲线的计算方法，实现了微观储层特征的测井表征。

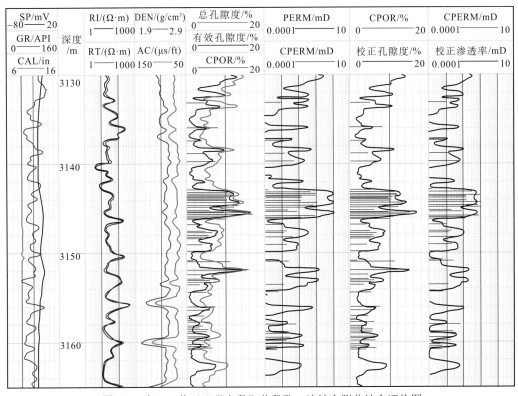

图 6-3　吉 174 井下"甜点段"井段孔、渗综合测井综合评价图

三、储层含油性测井表征

录井和岩心均表明，吉木萨尔凹陷芦草沟组的含油性好。全井段均有气测异常和荧光显示，油斑级别以上占储层岩样的一半，而且物性控制含油性的规律明显，据此可推断孔渗条件较好的储层，其含油饱和度较高。吉 174 井和吉 31 两口井的岩心饱和度测量指出，芦草沟组的含油饱和度高，下"甜点段"超过 90%，上"甜点段"云屑砂岩含量为 62%～88%，上下"甜点段"的饱和度虽有差异，但饱和度指数均较高。

实验分析结果表明，二叠系芦草沟组上、下"甜点段"地层饱和度较高，主要分布在 70%～92%。以岩石物理实验资料为基础，建立了两种饱和度评价方法——以电法测井为基础的饱和度计算方法和以核磁共振测井资料为基础的饱和度评价方法。

图 6-4 为吉 31 上"甜点段"井段含油性综合表征图。从两种饱和度计算模型计算的饱和度和岩心分析饱和度的对比结果看，在物性较好的储层段，两种计算结果与岩心分析饱和度都有较好的一致性，但在低孔隙段和泥岩段，核磁共振测井计算的含油饱和度和物性的对应性好，核磁共振计算模型的饱和度数值更为合理。为此，全区选用核磁饱和度模型进行了饱和度处理，以此为基础进行了含油性的评价。

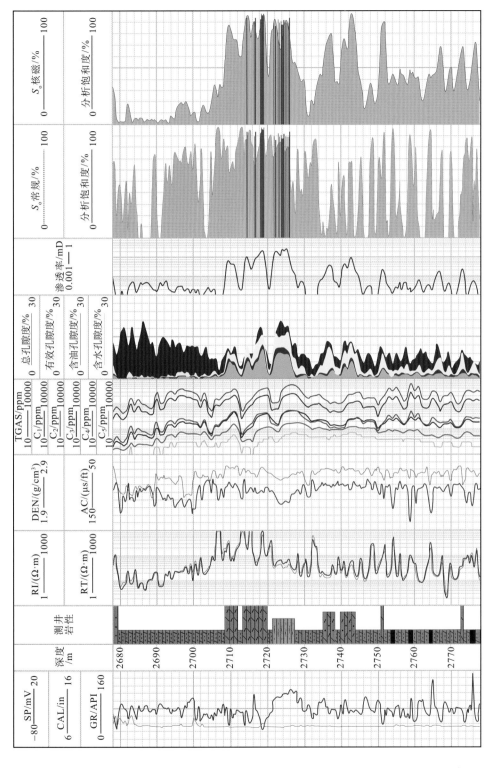

图 6-4 吉 31 上 "甜点段" 井段含油性综合表征图

四、源岩特征测井表征

吉木萨尔凹陷二叠系芦草沟组烃源岩母质类型主要为Ⅱ型，粉砂岩类中的母质类型为Ⅲ、Ⅱ$_2$型。实验结果显示，大部分源岩的TOC>1.0%，其中泥岩TOC平均为6.1%，白云岩类TOC平均为3.2%，粉砂岩类平均为0.97%。储层被烃源岩包裹，且储层本身具有生油能力，为真正意义上的源储一体。

依据吉174井实验分析数据、岩心刻度测井数据，建立TOC及氯仿沥青"A"测井评价模型。多井测井处理结果为区域烃源岩评价及生油量计算提供了有效的测井技术支持。

图6-5为吉174井芦草沟组烃源岩特性测井表征图。图中右边第二道为实测TOC和模型计算的TOC值对比图，结果显示二者具有较好的一致性。右边第一道为实测氯仿沥青"A"与计算值对比，可以看出计算精度相对较高。

五、脆性测井表征

参考美国Bakken致密油脆性评价(泊松比与杨氏模量交会图)方法评估吉木萨尔凹陷芦草沟组储层的脆性，显示储层的脆性较差。但钻井取心及FMI资料显示储层具有较好的脆性。为此，以实验资料为基础，建立有针对性的脆性表征方法。研究表明，储层的脆性与岩性相关，砂屑云岩、云质砂岩、微晶云岩整体脆性较好，泥晶云岩和长石云质岩屑砂岩次之，泥岩和碳质泥岩脆性较差。

建立了两种基于测井资料的脆性表征方法，动态参数比值法(E/Pr)和骨架密度法。一般情况下，杨氏模量越大，泊松比越小，地层的脆性越好，这两个参数的比值作为地层脆性的表征参数可以更好地反映地层的脆性。另外，在岩性一定的情况下，核磁共振弛豫时间为0.3ms时对应的孔隙度与密度测井值建立的骨架密度在一定程度上可以反映岩石的矿物成分，对岩石的脆性也具有较好的表征作用。两种方法相互印证，提高了测井脆性评价的可靠性。

图6-6为吉174井上"甜点段"地层脆性综合评价图。评价结果显示，"甜点段"三段储层脆性存在一定的差异，上段砂屑云岩和下段云屑粉细砂岩脆性较好，中段岩屑长石粉细砂岩脆性相对较差。但三段储层的脆性均好于薄层泥岩。

六、地应力特性分析

多种实验分析表明，吉木萨尔凹陷芦草沟组储层水敏性不强，这为大规模使用滑溜水提供了有效的施工条件；压力敏感性实验结果显示，不同岩性的储层压力敏感性有较大的差异，云质含量越低，压力敏感性越强。敏感性实验结果为压裂液的设计和试油方式的选择提供了重要的基础资料。

["

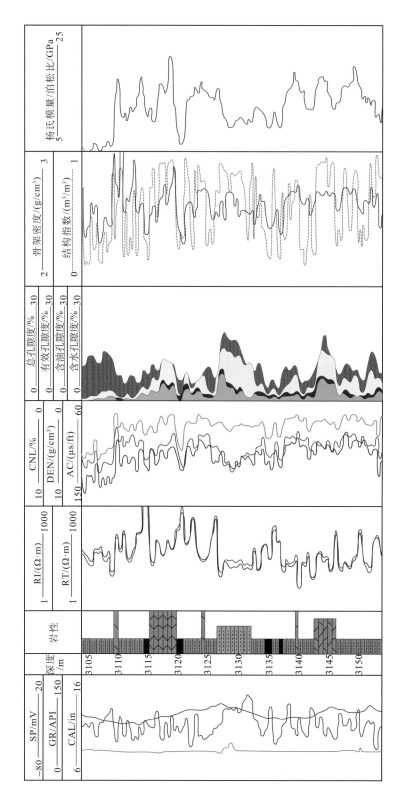

图 6-6 吉 174 井上 "甜点段" 地层脆性综合评价图

地应力的方向采用多种方法综合确定。诱导缝走向确定最大主应力方向，应力垮塌椭圆井眼长轴方向确定最小水平主应力方向，快横波方位确定最大水平主应力方向。三种方法相互印证，提高了应力方向判定的精度，为压裂造缝延伸方向的预测和水平井井眼轨迹设计提供了准确的基础资料。

应用压裂施工过程中实测的闭合压力和破裂压力标定，参考井眼状态和 FMI 诱导缝的发育程度，建立了适用性的地应力和破裂压力计算模型，为试油层段、射孔方式的选择和压裂设计提供了基础资料。

图 6-7 为吉 30 井芦草沟组岩石机械特性分析图。计算结果显示，整个井段两个水平

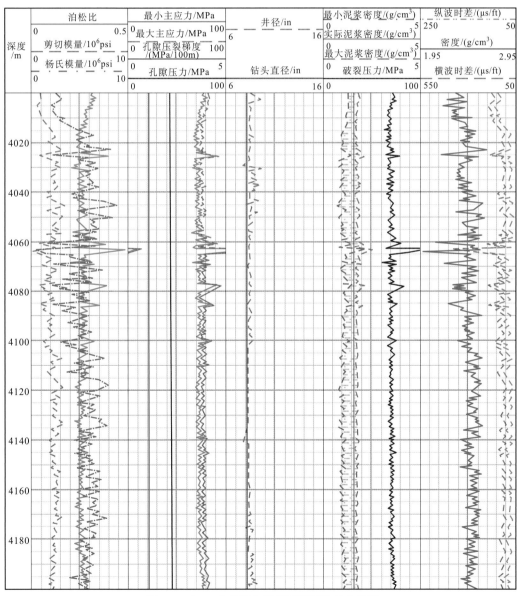

图 6-7 吉 30 井芦草沟组岩石机械特性分析图

主应力差别不大(一般小于 5MPa),有利于压裂近井地带造网状复杂缝;最小水平主应力数值相对较高,闭合应力较大,主要分布在 70~80MPa,压裂造缝需要高强度的支撑材料;破裂压力从上到下逐渐增大,但局部有一定的变化,整个井段压裂改造需要根据储层的发育特点分段、分簇压裂。

第三节 致密油储层"甜点段"地震预测技术

本节以致密储层、页岩为研究对象,从基础的岩石物理实验出发,获取岩性、物性、有机质含量、压力等与岩石弹性参数(速度、模量、各向异性等)之间的关系,揭示"六性"参数的地球物理响应机制;以岩石学特征、岩石物理特征和孔隙结构参数为依据,通过等效物理模型及致密介质骨架与孔隙流体耦合特征、应力-应变关系力学分析,提出了富有机质孔裂隙非牛顿流体介质理论模型,正演模拟获得非均质致密油储层弹性波传播特征;结合测井和地震数据,构建致密油层地质参数(岩性、物性、含油性、有机质含量等)和工程参数(脆性、各向异性)的地球物理预测模型,研发致密油"甜点段"地震预测技术,为"甜点段"预测、富集区优选与高效开采提供技术支持。

一、致密油地震岩石物理特征

致密油是近年来新发现的一种具有较大资源潜力的非常规油气资源,致密油储层普遍具有岩性组分多样、孔隙结构复杂、渗透性差等特点,关于致密油储层地球物理响应的基本原理、机理尚未探明。近年来随着各大油公司岩石物理实验装备和技术方法的快速发展,针对致密油储层和烃源岩的低频、超声波测试、CT 扫描、核磁、声电联测等实验得以广泛开展,为致密储层测井评价和地震预测研究提供了新手段。

(一)干酪根的岩石物理特征

致密油储层和烃源岩中一般富含有机质,有机质弹性性质的实验观测对致密油储层地球物理响应特征机理的研究非常重要。本次对干酪根弹性性质实验室测量的 9 块样品取自科罗拉多绿河盆地油页岩(Yan and Han,2013),加工成直径 9.55mm、长 10mm 的圆柱体,其中 5 块样品呈棕色贫油状[图 6-8(a)左上岩心],处于成熟早期;其余 4 块样品呈黑色富油状[图 6-8(a)左下岩心],处于成熟晚期。测量了 9 块样品在干燥和饱水状态下,超声波速度随差压的变化,然后根据 Gassmann 模型反演出干酪根的基质模量。图 6-9(a)中样品 1 孔隙度为 28.2%,基质密度为 1.13g/cm^3;图 6-9(b)中样品 2 孔隙度为 37.1%,基质密度为 1.29g/cm^3。由图 6-9 可知,干燥状态的干酪根纵波速度为 1.1km/s 左右,速度随差压增大迅速增高然后基本保持不变,横波速度为 0.65km/s 左右;饱水状态的纵波速度为 1.9km/s 左右。图 6-8 是反演得到的干酪根体积模量随骨架密度、孔隙度的变化情况。从图 6-8 中可以得到干酪根的体积模量经验值在 3.5~5.5GPa,体积模量随骨架密度、孔隙度的增加而增大,这是由于干酪根随成熟度的提高有机质孔隙增多,排烃剩下的物质偏向于沥青质，所以骨架密度增大，速度也随之增大，本质上讲干酪根的结构和弹性性质与成熟度有直接关系。

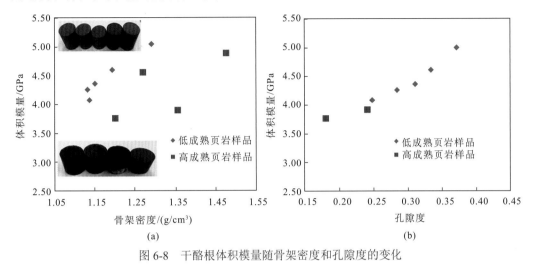

图 6-8　干酪根体积模量随骨架密度和孔隙度的变化

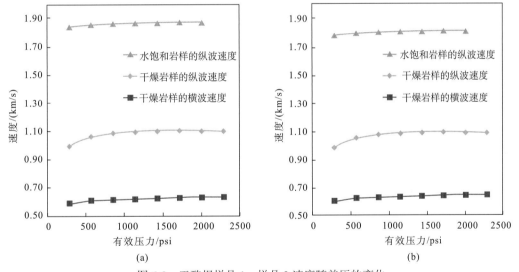

图 6-9　干酪根样品 1、样品 2 速度随差压的变化

(a)样品 1；(b)样品 2

对两块页岩样品进行低频测量，分别为 Mancos 页岩和吉木萨尔致密油样品（图 6-10）。可以看出，Mancos 页岩呈灰色，基本不含有残余油气，而吉木萨尔致密油样品呈深黑色，且含有一定量的残留油气。

图 6-11 为 Mancos 页岩低频测量结果。图 6-11(a)显示，频率从 2Hz 到 1000Hz 变化时，Mancos 页岩的杨氏模量基本不变，约为 30GPa；逆品质因子非常小接近零值，其倒数即品质因子约为 200。总的来说，Mancos 页岩没有波速频散和能量衰减。对于吉木萨尔页岩低频测量结果（图 6-12），图 6-12(a)中杨氏模量随着频率的升高而增加，当测量

(a)   (b)

图 6-10　页岩样品

(a)Mancos 页岩；(b)吉木萨尔岩样

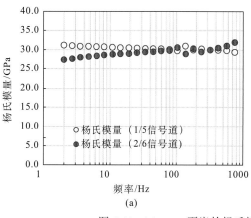 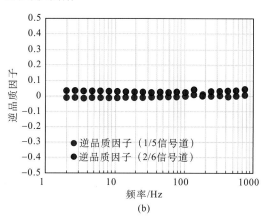

图 6-11　Mancos 页岩的杨氏模量、逆品质因子随频率变化关系

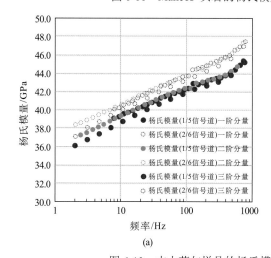 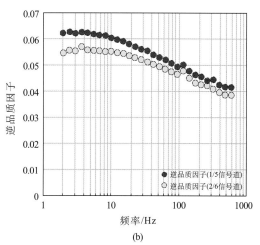

图 6-12　吉木萨尔样品的杨氏模量、逆品质因子随频率变化关系

频率为 2Hz 时，杨氏模量为 37GPa；当频率为 1000Hz 时，杨氏模量为 46GPa。其逆品质因子从 2Hz 开始逐渐增加，频率约为 4Hz 时达到最大值，然后随着频率的增加而逐渐降低，对应的品质因子范围介于 17～25，可以看出吉木萨尔页岩具有强烈的波速频散和能量衰减，推测可能是由于吉木萨尔页岩中含有残留重油和干酪根导致其低频测试呈现明显的速度频散和衰减。

吉木萨尔致密油烃源岩 TOC 含量一般高于 4%，干酪根为 II 型，R_o 范围为 0.6%～0.9%，属于低成熟度生油阶段。为考查干酪根性质对岩样纵横波速度的影响，作者在吉 174 井岩心同一位置附近连续钻取了 7 块同直径的岩样，在实验室进行加热裂解，使其分别具有不同的成熟度，然后测试了它们的纵横波速度和密度，图 6-13 展示了围压 40MPa 时超声波速度、密度、纵横波波速比与成熟度的关系。当 0.8%<R_o≤1.3% 时，干酪根处于生油阶段；当 1.3%<R_o≤1.8% 时，干酪根处于生成凝析油/湿气阶段；当 1.8%<R_o≤2.3%，干酪根处于生成干气阶段。在每一个裂解阶段中，随着成熟度增加，孔隙度增加，岩样的纵横波速度和密度都有所降低。当成熟度在生油气窗发生突变时，岩样的密度和纵横波速度都有一定程度的增大，这是因为此时干酪根自身的物理性质也发生了根本性变化，从生油到生气过程中，干酪根排烃后残余的重质成分不断增多，过成熟的干酪根比低成熟的干酪根具有更高的密度和体积模量（Yan and Han，2013），所以速度和密度在窗口期会突然增大。随着成熟度增加，纵横波波速比下降，表明低纵横波波速比仍然是高油气性的指示因子。

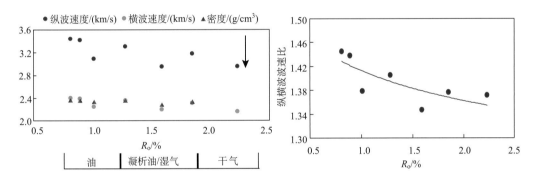

图 6-13　吉木萨尔样品纵波速度和横波速度及密度、纵横波波速比随 R_o 变化关系

（二）各向异性特征

传统的各向异性速度分析需要从一块岩样上分别沿垂直层理、平行层理及与层理呈 45°三个方向钻取样品[图 6-14(a)]，分别测量得到三块岩样的纵横波速度，然后再进行各向异性速度分析。本次研究中各向异性速度测量所采用的设备是一套多功能超声波系统，由中石油与休斯敦大学共同研制。测量岩样均沿层理方向钻取，然后加工成直径为 3.8cm、长度为 4～5cm 的圆柱体。该系统的基本测量原理为脉冲透射法，通过拾取透射波信号的起跳点，得到相应的旅行时并计算出速度。与常规的超声波速度测量系统不同的是，该系统的发射和接收端有五对换能器[图 6-14(b)]，岩样上下两个端面上有三对换

能器，分别测量得到平行于层理方向传播的纵波速度 V_{P90}、两个平行于层理方向传播的横波速度 V_{SV90} 和 V_{SH90}，岩样径向有两对换能器，分别测量得到垂直于层理的 V_{P0}，以及与层理呈 45°夹角的 V_{P45}[图 6-14(c)]。

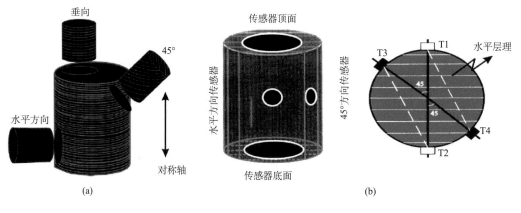

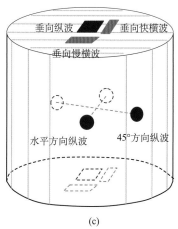

图 6-14　超声波各向异性速度测量示意图

(a)传统方式；(b)换能器布置示意图；(c)五分量速度。T1～T4 均为传感器位置编号

对于具有垂向对称轴的横向各向异性(vertical transverse isotrop，VTI)介质，根据测量的 V_{P0}、V_{P45}、V_{P90}、V_{SV90} 和 V_{SH90}，可以得到五个弹性参数：

$$C_{11} = \rho V_{P90}^2 \tag{6-5}$$

$$C_{33} = \rho V_{P0}^2 \tag{6-6}$$

$$C_{44} = \rho V_{SH0}^2 = \rho V_{SV0}^2 = \rho V_{SV90}^2 \tag{6-7}$$

$$C_{66} = \rho V_{SH90}^2 \tag{6-8}$$

$$C_{13} = \csc 2\theta (2\sqrt{D} - C_{44}\sin 2\theta)$$
$$D = (C_{11}\sin^2\theta + C_{44}\cos^2\theta - 2\rho V_{P\theta}^2)(C_{33}\cos^2\theta + C_{44}\sin^2\theta - 2\rho V_{P\theta}^2) \tag{6-9}$$

式（6-5）～式（6-9）中，V_{P0} 和 V_{P90} 分别为垂直方向和水平方向纵波速度；V_{P45} 为 45°

方向纵波速度；$V_{P\theta}$为相角为θ时的纵波速度；V_{SV90}和V_{SH90}分别为垂直方向快横波和慢横波速度；θ为相角，即相传播方向和VTI对称轴的夹角。

由于测量得到的V_{P45}是群速度，还需要将其转化为相速度才能得到C_{13}，相速度$V_{P\theta}$。和群速度$V_{P\varphi}$关系式为

$$V_{P\theta} = V_{P\varphi}\cos(\varphi - \theta) \tag{6-10}$$

$$V^2_{P\varphi} = V^2_{P\theta} + \left(\frac{\mathrm{d}V_{P\theta}}{\mathrm{d}\theta}\right)^2 \tag{6-11}$$

式（6-10）和式（6-11）中，φ为群角；$V_{P\varphi}$为群速度。

对于VTI介质，Thomsen（1986）提出了反映纵横波速度各向异性程度的两个参数：

$$\varepsilon = \frac{C_{11} - C_{33}}{2C_{33}} = \frac{V^2_{P90} - V^2_{P0}}{2V^2_{P0}} \tag{6-12}$$

$$\gamma = \frac{C_{66} - C_{44}}{2C_{44}} = \frac{V^2_{SH90} - V^2_{SV90}}{2V^2_{SV90}} \tag{6-13}$$

从吉174井芦草沟组岩心(深度范围为3100～3200m)上钻取了5块典型岩性(分别为白云岩、长石岩屑粉砂岩、云质粉砂岩、碳质泥岩、云质泥岩)的岩样进行了五分量纵横波速度测量，图6-15为5块致密油岩样纵波速度V_{P0}、横波速度V_{SV90}随有效压力的变化。在相同压力条件下，白云岩速度最高，碳质泥岩速度最低，长石岩屑粉砂岩、云质粉砂岩和云质泥岩的速度居中且相近,因此岩性是影响致密油岩样速度大小的主要因素。另一方面，随着压力的升高，纵、横波速度均呈略微增加的趋势，但是幅度非常小，说明纵、横波速度对压力变化均不敏感，考虑到深度3000多米的压实效应明显，推测岩石中的孔隙多为不可压缩孔或孔隙的填充物影响了岩石的可压缩性，这从一个方面说明了孔隙结构的影响。图6-16为5块致密油岩样纵波速度各向异性、横波速度各向异性随有效压力的变化。在相同压力条件下，白云岩速度各向异性最低；碳质泥岩纵波速度各向异性最高，数值范围为0.25～0.3；云质泥岩的横波速度各向异性最高，达到0.1左右；长石岩屑粉砂岩、云质粉砂岩也存在明显的速度各向异性，从岩心上可观察到明显的纹层。随着压力的升高，纵、横波速度各向异性变化幅度不大，说明孔隙结构并非影响速度各向异性的主要因素。

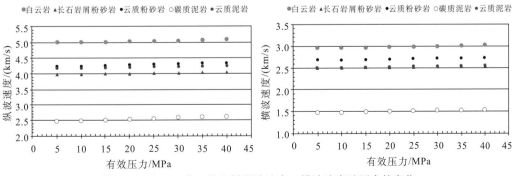

图6-15 吉174井5块岩样纵波速度、横波速度随压力的变化

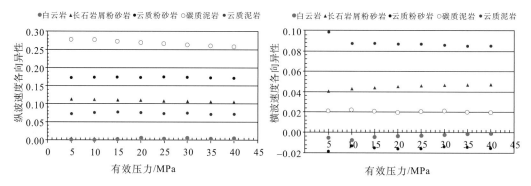

图 6-16　吉 174 井 5 块岩样纵波各向异性 ε、横波各向异性 γ 随有效压力的变化

图 6-17 展示了 22 块取自吉 174 井"甜点段"和烃源岩段的岩心样品的纵波各向异性参数随 TOC 含量和黏土含量的变化特征。可以看出，储层和烃源岩岩样都存在明显的速度各向异性，其强度与 TOC 含量和黏土含量呈正比，即组分定向排列、黏土层理和矿物组分的非均质性是影响速度各向异性的主要因素。

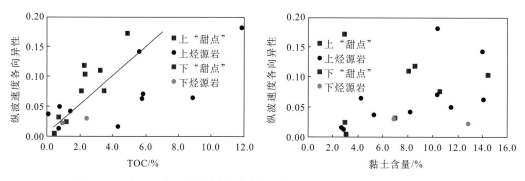

图 6-17　吉 174 井 22 块岩样纵波各向异性随 TOC 含量、黏土含量的变化

对吉木萨尔致密油储层和烃源岩岩心样品进行了能谱分析和氩离子抛光后的场发射电镜扫描观察，图 6-18 展示了云质粉砂岩、碳质泥岩的两张典型微观图片。可以看到，储层和烃源岩的孔隙结构都包括粒间孔(黄色)、粒内孔(红色)、有机质孔(绿色)、微裂隙(蓝色)。不同的是，储层(云质粉砂岩)中孔隙主要以碎屑矿物间的亚微米至纳米级孔隙为主，有机质主要以粒状、团块状分布在矿物颗粒之间的孔隙中；而烃源岩段的有机质通常呈纹层状或条带状且与黏土矿物并存，有机质内部孔隙较发育，尤其是有机质与黏土矿物接触边界的微裂隙非常发育，显示有排烃痕迹。储层段和烃源岩段的有机质不同赋存状态和孔隙结构的不同分布特征为后续的岩石物理建模提供了直接依据。

(三)动静态岩石物理性质测量

静态岩石物理性质对油气开采、井况评估和脆性评价等具有重要意义，动态岩石物理性质是描述储层品质和孔隙流体的重要途径。近年来，对非常规油气研究兴趣的快速增长促使动静态岩石物理性质的测量与联合分析受到更多关注。静态测量是指对岩石施

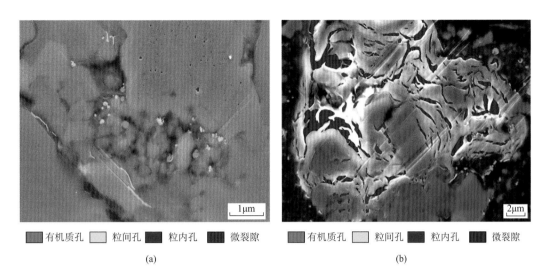

图 6-18 云质粉砂岩、碳质泥岩扫描电镜图片

(a)云质粉砂岩；(b)碳质泥岩

加载荷(压缩、拉伸或剪切等)后保持载荷不变或缓慢变化时测量岩石的静力学性质，是表征岩石弹性性质的重要参数，相当于频率为零、波长无限长时的岩石物理性质。最常用的方法包括压力伺服机和高温高压应力应变电测法。动态测量是指在一定的温压条件下，附加周期性重复外力并观测岩石弹性参数，如低频应力应变动态测量、共振法、超声波法等。动态与静态测量结果之间的差值可以有效反映孔隙流体的动力学响应，是地震流体勘探的主要依据。对压裂改造而言，则需要了解在不同温压条件及含流体性条件下的岩石静力学性质，动态测量结果因频散效应而不宜直接用于压裂参数计算。前人的研究中，动态模量是基于超声波速度测量的结果计算，静力学性质则是通过线性可变差动传感器(linear variable differential transformer，LVDT)测得，静力学、超声波实验测量分开进行，由于实验条件的变化，同一样品不同测量方法获得的岩石物理性质之间可比性不佳，而且所有的测量分析中没有涉及低频测量和变饱和度测量。在不同设备上开展不同频段测量，不仅工作量巨大，饱和度控制也不具有可重复性，测量结果因一致性差而难以进行有效的对比分析。开展岩石动静力学性质测量，对实现跨频段测量，了解更完整的岩石物理性质随频率变化特征具有重要意义。

本次研究将静力学测量方法集成到低频测量和超声测量系统中，实现真正意义上的全频段同步联合测量，不仅可以节省大量实验成本(设备成本、实验成本、时间成本)，也可以确保实验数据之间的一致性和有效性。目前这样的实验测量系统尚未见报道，也没有类似的实验数据发表。主要原因是目前低频测量技术本身尚不够成熟，现有的低频测量设备中几乎都不支持轴压系统。

基于现有的低频测量设备，集成多通道静态模量测量装置、集成超声波换能器，扩展轴压控制系统，达到静态、高低频动态的同位测量，改进后的测量系统具有以下优势：

(1)轴压和围压单独控制，实现静力学、动力学性质的同位测量。

(2)静态杨氏模量可以测量 10^{-6} 尺度的应变。

(3)整个测量过程，样品只需要装卸 1 次，保证所有测量在相同的温度、压力条件。

(4)饱和度可以连续控制。

选取不同岩性、不同孔渗条件的 6 块岩心样品[包括页岩(气)、超低渗透率鲕粒灰岩和溶孔白云岩、致密砂岩和渗透砂岩]进行了跨频段变饱和度动静态联合测量。图 6-19 给出了 6 块样品在不同频率条件下测量的动静态杨氏模量的对比结果，图中蓝色点代表低频测量结果，红色点代表高频测量结果。由图 6-19 可以得到以下认识：

(1)动态杨氏模量高于静态杨氏模量。

(2)低频条件下测量的动/静态杨氏模量比值一般低于 1.4，超声波条件下测量的动/静态杨氏模量比值低于 2.0，在静态与地震、地震与超声波之间表现出明显的频散特征。

(3)岩性是控制动/静态杨氏模量比值的主要因素。超低渗透率白云岩的动/静态杨氏模量比值最高，砂岩的动/静态杨氏模量比值偏低。

(4)物性对动/静态杨氏模量比值显著影响，岩石越致密，动/静态杨氏模量比值越大，致密砂岩的动/静态杨氏模量比值要高于物性较好的砂岩。

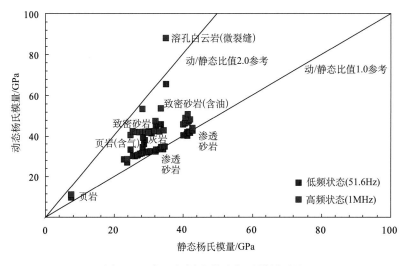

图 6-19　高、低频动/静态杨氏模量对比

(四)弹性参数与储层参数的关系

基于 20 余块新疆吉木萨尔致密油样品超声波速度测量结果，图 6-20 给出了其纵波阻抗和纵横波速度比随岩性、孔隙度、干酪根含量、含油气性的变化趋势。图中色标的变化表示 TOC 含量的变化，储层段岩样基本上 TOC<4%，用红色表示；烃源岩段岩样基本上 TOC>4%，颜色从绿色、蓝色到灰色表示 TOC 含量逐渐增加；图中圆圈大小表示孔隙度大小，储层段孔隙度基本为 4%～8%。从图 6-20 可以看出，岩性的变化在纵波阻抗和纵横波速度比交会图板上基本呈三角形，以砂岩为基准，白云质增加时，纵波阻抗增加，纵横波速度比略有增加；泥质含量增加时，纵波阻抗减小，纵横波速度比快速

增加。储层段孔隙度增加时，纵波阻抗降低，纵横波波速比略有升高；烃源岩段 TOC 含量增加时，纵波阻抗和纵横波波速比都呈下降趋势；储层段含油气性增大时，纵波阻抗和纵横波波速比均呈下降趋势。

基于实验测量的致密油样品弹性参数数据，在纵波阻抗和纵横波速度比交会的岩石物理模板上刻画出弹性性质随岩性、孔隙度、干酪根含量、含油气性的变化趋势，为后续岩石物理建模提供了客观且直观的检验依据。

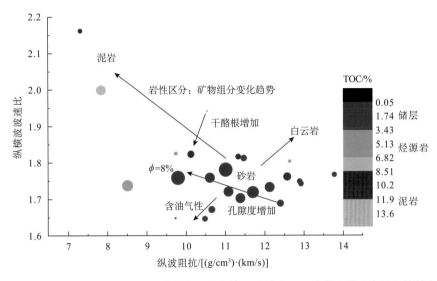

图 6-20　致密油岩样纵波阻抗和纵横波速度比随岩性、孔隙度、干酪根含量及含油气性的变化趋势

二、致密油地震岩石物理模型

非常规油气储层的岩石孔隙结构和成分非常复杂，尤其是油页岩，微裂缝发育且富含有机质，孔隙流体常表现出强黏滞性。为研究此类复杂介质的波动响应，岩石物理模型研究分为四步：第一，针对致密油储层和烃源岩中固体有机质和矿物颗粒的交错分布状态，将孔隙结构分成无机孔与有机孔两种，基于 Hashin(1960) 理论，提出了双骨架双孔介质模型，解决了硬矿物和软掺杂物两种骨架物质组成的非均匀孔隙介质体积模量难以计算的问题；第二，考虑到黏土矿物的层理和微裂缝引起的各向异性，基于 Biot 自洽理论和 Tang 等(2012)孔、裂隙弹性波理论，提出了含有机质的各向异性孔、裂隙模型；第三，由于致密油储层大量发育有纳米级孔喉连通体系，流体一般存在较强黏滞性，导致储层孔隙内流体的渗透和扩散主要以短距离的低速非达西运移为主，基于 Hayes 渗流模型和经典力学的哈密顿原理，提出了含黏滞流体的双孔介质模型，为研究致密油储层地震波的频散和衰减提供了理论依据；第四，考虑到干酪根在不同成熟度的有机质页岩中存在不同的应力分布状况，提出针对三种成熟度(未成熟、成熟、过成熟)状态下的有机质页岩分别采取不同的岩石物理建模方法，分别为低成熟度时的 Backus 平均模型、成

熟状态下的包体模型和过成熟度的固相替代模型，为致密油(页岩油)到页岩气的研究提供了符合地质演化规律的岩石物理理论模型。图 6-21 展示了上述致密油储层介质特征和建模的分析思路。

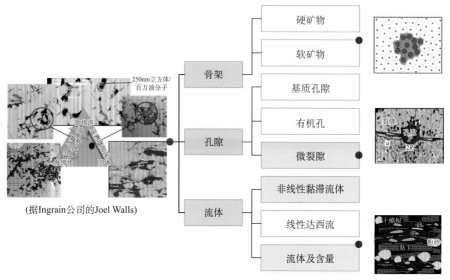

图 6-21　致密油储层介质特征和建模思路

(一)双孔双骨架模型

1. 介质描述

在致密油储层岩石中往往存在固体有机质和矿物颗粒的交错分布，形成复杂的空间孔隙结构。为了便于对这类复杂介质的波动响应进行定量分析，可以抽象为包含两类孔隙空间的非均匀骨架。这两类孔隙包括：①矿物质颗粒内部和颗粒之间的无机孔隙；②固态有机质内部及周边的有机孔隙。可以把这种模型称为两类物质骨架-双重填充物含量的孔隙介质模型 (bimaterial matrix-double inclusion concentrations，BM-DIC)。

考虑储层岩石包含两类不同骨架物质(如无机矿物和固态有机物质)，整个介质空间不均匀分布着孔隙填充物，而且在两类不同骨架物质内部的填充物也不相同。为了公式推导的方便，假设在每种物质内部的填充物分布是均匀的。如果把孔隙内部填充的物质看作近似真空物质时(密度和弹性模量为0)，退化为非均匀孔隙介质模型。

以储层岩石中的孔隙填充物为对象，对介质空间不规则单元划分[这里使用 Voronoi 网格，图 6-22(a)]单元体包括两部分：内部孔隙填充物(或掺杂物)和周围骨架物质。在近似情况下，可以把两者表示成为等体积的球形空间图 6-22(c)]。单元体内部孔隙填充物所占体积比(volume concentration of inclusion，VCI)为 $c_n = v_n / V = a_n^3 / b_n^3$，这里 v_n 为第 n 个填充物所占体积，V 是所考虑的孔隙介质全部体积，a_n、b_n 分别为填充物和周围骨架介质的半径[图 6-22(c)]。

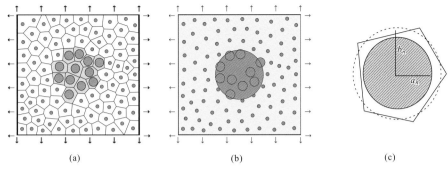

图 6-22　包含两类不同物质的非均匀孔隙介质

(a)非均匀孔隙介质的复合单元体划分；(b)低孔隙度背景相和高孔隙度掺杂相的球体近似；(c)复合单元的球体近似。a_n、b_n 分别为填充物和周围骨架介质的半径

整个储层岩石的平均 VCI 是 $c = \sum_{n=1}^{N} v_n / V$。由于考虑的是非均匀孔隙介质，在空间任选的一个局部单元体内部，VCI 的数值很可能不等于 c，甚至远大于或远小于 c。

2. 弹性模量计算模型

作者提出一种弹性模量计算方法，用来计算包含两种骨架物质和双重掺杂物的复合介质体积模量计算方法。

考虑某种复合介质物体，内部包含 N 个掺杂物体，这些掺杂物的 VCI 在空间不均匀，但是可以分为两类，即高体积比 c_h 和低体积比 c_l。高体积比的掺杂物和低体积比的掺杂物所处区域的骨架物质并不要求完全相同，这里把低体积比的掺杂物骨架弹性模量表示为 $\left(\bar{K}_m, \bar{G}_m \right)$，高体积比的掺杂物骨架弹性模量表示为 $\left(K_m^{(h)}, G_m^{(h)} \right)$。同时，低体积比的掺杂物本身弹性模量表示为 $\left(K_p, G_p \right)$，高体积比掺杂物弹性模量表示为 $\left(K_p^{(h)}, G_p^{(h)} \right)$，其中，$K$ 为体积模量，G 为剪切模量。低体积比和高体积比掺杂物的数量表示为 N_l 和 $N{-}N_l$。

为了简化推导，令每个复合单元体的体积相同，即 $b_n = b$。因此，复合单元体所占整个介质体积比表示为 $V_n / V = 1/N$。

高体积比的掺杂物团簇及其附近的骨架物质形成一个较大尺度"等效掺杂物"，也可以近似为等体积球体[图 6-22(b)]，把它的等效弹性模量表示为 $\left(\bar{K}_p, \bar{G}_p \right)$。因此可以得到这样一个物理模型：球体"等效掺杂物"内部包含 N_h 个较小真实掺杂物，这些真实掺杂物在"等效掺杂物"区域内具有均匀的单元体积比（VCI）c_h，掺杂物弹性模量为 $\left(K_p^{(h)}, G_p^{(h)} \right)$。这些真实掺杂物被周围骨架物质包围，骨架物质的弹性模量为 $\left(K_m^{(h)}, G_m^{(h)} \right)$。基于上面模型，可以得到"等效掺杂物"的等效弹性模量 $\left(\bar{K}_p, \bar{G}_p \right)$ 计算公式为

$$\frac{\bar{K}_p}{K_m^{(h)}} = 1 + \frac{3\left(1 - v_m^{(h)}\right)\left(\dfrac{K_p^{(h)}}{K_m^{(h)}} - 1\right)c_h}{2\left(1 - 2v_m^{(h)}\right) + \left(1 + v_m^{(h)}\right)\left[\dfrac{K_p^{(h)}}{K_m^{(h)}} - \left(\dfrac{K_p^{(h)}}{K_m^{(h)}} - 1\right)c_h\right]} \tag{6-14}$$

$$\frac{\overline{G}_{\text{p}}}{G_{\text{m}}^{(\text{h})}} = 1 + \frac{15\left(1 - v_{\text{m}}^{(\text{h})}\right)\left(\dfrac{G_{\text{p}}^{(\text{h})}}{G_{\text{m}}^{(\text{h})}} - 1\right)c_{\text{h}}}{7 - 5v_{\text{m}}^{(\text{h})} + 2\left(4 - 5v_{\text{m}}^{(\text{h})}\right)\left[\dfrac{G_{\text{p}}^{(\text{h})}}{G_{\text{m}}^{(\text{h})}} - \left(\dfrac{G_{\text{p}}^{(\text{h})}}{G_{\text{m}}^{(\text{h})}} - 1\right)c_{\text{h}}\right]} \tag{6-15}$$

式 (6-14) 和式 (6-15) 中，$v_{\text{m}}^{(\text{h})}$ 为骨架物质的泊松比。同样，在"等效掺杂物"外面是一种"等效骨架"，这个"等效骨架"包含另一类低体积比的掺杂物。"等效骨架"的弹性模量 $\left(\overline{K}_{\text{m}}, \overline{G}_{\text{m}}\right)$ 计算公式为

$$\frac{\overline{K}_{\text{m}}}{K_{\text{m}}} = 1 + \frac{3\left(1 - v_{\text{m}}\right)\left(\dfrac{K_{\text{p}}}{K_{\text{m}}} - 1\right)c_{\text{l}}}{2\left(1 - 2v_{\text{m}}\right) + \left(1 + v_{\text{m}}\right)\left[\dfrac{K_{\text{p}}}{K_{\text{m}}} - \left(\dfrac{K_{\text{p}}}{K_{\text{m}}} - 1\right)c_{\text{l}}\right]} \tag{6-16}$$

$$\frac{\overline{G}_{\text{m}}}{G_{\text{m}}} = 1 + \frac{15\left(1 - v_{\text{m}}\right)\left(\dfrac{G_{\text{p}}}{G_{\text{m}}} - 1\right)c_{\text{l}}}{7 - 5v_{\text{m}} + 2\left(4 - 5v_{\text{m}}\right)\left[\dfrac{G_{\text{p}}}{G_{\text{m}}} - \left(\dfrac{G_{\text{p}}}{G_{\text{m}}} - 1\right)c_{\text{l}}\right]} \tag{6-17}$$

由式 (6-16) 和式 (6-17) 可知，当 $\left(K_{\text{m}}, K_{\text{m}}\right)$ 与 $\left(K_{\text{m}}^{(\text{h})}, K_{\text{p}}^{(\text{h})}\right)$ 相同且 $c_{\text{l}} = c_{\text{h}}$ 时，"等效掺杂物"的弹性模量 $\left(\overline{K}_{\text{p}}, \overline{G}_{\text{p}}\right)$ 与"等效骨架"的弹性模量 $\left(\overline{K}_{\text{m}}, \overline{G}_{\text{m}}\right)$ 完全一样，这样的模型是一个由非均匀双重孔隙介质模型退化的结果，其中掺杂物空间均匀分布（$c_{\text{l}} = c_{\text{h}}$）的假设就是 Hashin (1960) 模型的基础，Hashin (1960) 模型计算公式是非均匀双重孔隙介质模型的一种特殊情况。

在掺杂物空间非均匀分布（$c_{\text{l}} \neq c_{\text{h}}$）时，整个非均匀复合介质的体积模量 K_{u}^{*}：

$$K_{\text{u}}^{*} = \overline{K}_{\text{m}} + \frac{\left(\overline{K}_{\text{p}} - \overline{K}_{\text{m}}\right)\left(4\overline{G}_{\text{m}} + 3\overline{K}_{\text{m}}\right)\alpha}{4\overline{G}_{\text{m}} + 3\overline{K}_{\text{p}} + 3\left(\overline{K}_{\text{m}} - \overline{K}_{\text{p}}\right)\alpha} \tag{6-18}$$

式中，$\left(\overline{K}_{\text{m}}, \overline{G}_{\text{m}}\right)$ 为背景相孔隙介质的等效弹性模量；α 为高单元体积比的掺杂物所占整体介质的体积比，$\alpha = \left(1 - N_{\text{l}}\right)/N$。

3. 模型验证

把非均匀双重孔隙介质体积模量计算方法应用于密西西比纪—泥盆纪 Bakken 暗色页岩样本（Vernik and Nur, 1992），不同深度岩石样本的声波速度来自 Vernik 和 Nur (1992)。这些速度是垂直于层理面的方向上测得的。无机物骨架物质是黏土，有机物骨架物质是干酪根，体积模量来自已发表文献（Yan and Han, 2013）。

基于已知的骨架材料弹性模量，作者试图通过本书提出的方法计算体积模量，并进一步得到波速。每一个岩石样本的孔隙度和密度采用 Vernik 和 Nur (1992) 给出的数值，

无机物骨架和有机物内部掺杂物的密度和体积模量设为 0，以此模拟孔隙空间。

岩石样本的整体体积模量和有机物骨架(干酪根)的体积比需要通过新模型计算并与测量值对比。由于有两个变量(干酪根体积比和无机物骨架矿物颗粒体积模量，这里我们认为无机物骨架并不完全等于黏土的数值)，采用全局优化反演的方法得到两个变量的值，反演目标函数是体积模量计算和测量值之间的差异。根据岩石样本的实验数据分布 (Vernik and Nur，1992)，把干酪根体积比的变化范围取为(0，0.44)，无机骨架体积模量的变化范围取为 $K_m \pm 0.5 K_m$。TOC 与干酪根体积比之间满足 $TOC = a \rho_{krg} \alpha / \rho_b$，这里 α 为体积比，ρ_{krg} 和 ρ_b 表示干酪根和骨架的体积模量，a 为常数，取值 0.75(Vernik and Nur，1992)。

图 6-23 给出了非均质双孔介质体积模量和 TOC 反演结果对比，可以看出，在反演目标函数约束值接近零的情况下，计算模型所得干酪根体积比与测量值变化趋势基本一致，某些部分误差较大。这里面导致误差的原因需要进一步分析，主要因素包括各向异性、样本测量精度和干酪根弹性模量参数测量精度等。

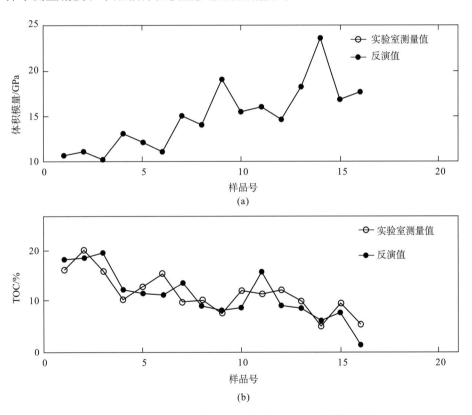

图 6-23　非均质双孔介质体积模量和 TOC 反演结果对比

(a)反演约束函数为体积模量的测量值和反演值；(b) TOC 测量值和反演值对比

(二)富有机质的各向异性孔、裂隙模型

考虑到黏土矿物的层理和微裂缝引起的各向异性，基于 Biot 自洽理论和 Tang 等(2012)孔、裂隙弹性波理论，提出了含有机质的各向异性孔、裂隙模型。图 6-24 为建模流程。

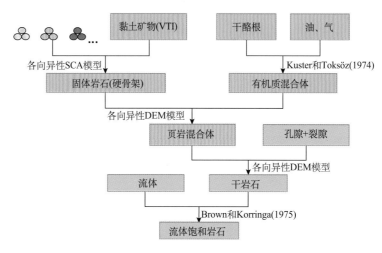

图 6-24　含有机质孔隙-裂隙模型建模流程

(1)首先利用各向异性自洽理论计算得到石英、方解石等矿物充填在各向异性黏土中的固体岩石刚度系数。

(2)利用 Kuster 和 Toksöz(1974)模型形成干酪根与油气的混合物；若 S 是流体饱和度，表示干酪根内部流体所占孔隙体积，则 $S = \phi_{\text{fluid}}/(\phi_{\text{fluid}} + \phi_{\text{kero}})$，其中，$\phi_{\text{fluid}}$ 为流体孔隙度；ϕ_{kero} 为干酪根孔隙度。随着成熟度的升高，S 增大，混合物刚度系数可通过式(6-19)和式(6-20)计算：

$$\frac{C_{12}^{\text{mix}} + \dfrac{2}{3}C_{44}^{\text{mix}}}{K_{\text{k}}} = \frac{1 + 4G_{\text{k}}\dfrac{K_{\text{f}} - K_{\text{k}}}{K_{\text{k}}\left(3K_{\text{f}} + 4\mu_{\text{k}}\right)}S}{1 - 3\dfrac{K_{\text{f}} - K_{\text{k}}}{3K_{\text{f}} + 4G_{\text{k}}}S} \tag{6-19}$$

$$C_{44}^{\text{mix}} = G_{\text{k}}\frac{\left(1 - S\right)\left(9K_{\text{k}} + 8G_{\text{k}}\right)}{9K_{\text{k}} + 8G_{\text{k}} + S\left(6K_{\text{k}} + 12G_{\text{k}}\right)} \tag{6-20}$$

式(6-19)和式(6-20)中，K 和 G 分别为体积模量和剪切模量；上下标 k、f、mix 分别表示干酪根、流体(油)、油-干酪根混合物；C_{ij} 为双下标表示的刚度系数。

(3)将混合物看作背景介质，通过各向异性微分等效介质模型得到页岩-混合物复合成分的弹性参数。

各向异性微分等效介质(DEM)理论通过往固体矿物相中逐渐加入包含物相来模拟双相混合物，该模型认为固体相通常由几种矿物成分组成，形成一个复杂的各向异性微

结构，每一种矿物成分的形状、方位及它们之间的连接方式都影响合成固体的各向异性弹性性质。Hornby(1994)给出了模型对应的表达式：

$$\frac{\mathrm{d}}{\mathrm{d}v}[\boldsymbol{C}^{\mathrm{DEM}}(v)] = \frac{1}{1-v}\left[\boldsymbol{C}^i - \boldsymbol{C}^{\mathrm{DEM}}(v)\right]\times\left\{\boldsymbol{I} + \hat{\boldsymbol{G}}\left[\boldsymbol{C}^i - \boldsymbol{C}^{\mathrm{DEM}}(v)\right]\right\}^{-1} \tag{6-21}$$

式中，$\boldsymbol{C}^{\mathrm{DEM}}$ 为算得的等效介质刚度张量，是关于充填物体积分数 v 的函数；$\boldsymbol{C}^i$ 为充填物的刚度张量；$\boldsymbol{I}$ 为单位张量；$\hat{\boldsymbol{G}}_{ijkl} = \frac{1}{8\pi}\left(\overline{\boldsymbol{G}}_{ikjl} + \overline{\boldsymbol{G}}_{jkil}\right)$，张量 $\overline{\boldsymbol{G}}$ 与充填物的纵横比有关。

为验证以上模型的应用效果，作者给出一种典型的北海源岩 Kimmeridge 页岩数据拟合实例，假设页岩只由固体岩石和干酪根组成，孔隙度为 0，无明显的含水饱和度。图 6-25 显示了各向异性 DEM 模型计算的纵横波速度(蓝线表示垂向速度，红线表示水平速度)随干酪根含量的变化与实验结果(离散点)的对比，可以发现吻合较好。

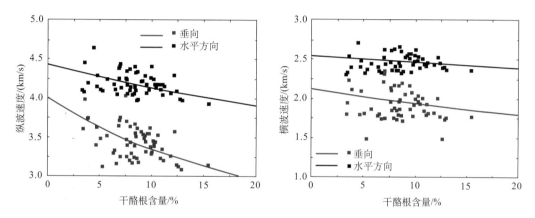

图 6-25　纵波、横波速度随干酪根含量的变化(离散点为实验数据)

图 6-26 给出了预测的 VTI 介质平行与垂直层理方向的纵横波速度随着干酪根含量 ϕ_{kero} 与含油饱和度 S 的变化，可以看到垂直层理和平行层理的纵横波速度均随 ϕ_{kero} 的增加(0~0.3)、S 的增大(0~0.5)而发生明显的减小。相比于 S，ϕ_{kero} 对波速的影响更大。

(三)含黏滞流体孔隙介质模型

致密油储层岩石的孔隙结构非常复杂、连通性差，孔径范围在纳微米量级，且孔隙度低(一般小于 10%)，渗透率一般小于 0.1mD。这些因素导致在储层孔隙内的复杂流体渗透行为往往不遵循达西定律，流体的渗透和扩散主要以短距离的低速非达西运移为主(邹才能等，2012a)，给地震波勘探等常规手段带来挑战。

非达西流存在于各种多孔介质中(Kutilek and Toksöz，1972；Gavin，2004)，通过不同实验总结了低速非达西流动的过程，如图 6-27 所示，由于存在启动压力梯度，在较小的压力梯度作用下孔隙介质中的流体基本不发生流动(OB 段)。大于启动压力梯度流体开始流动，但此时的流动规律亦不遵循达西定律(BE 段)，流速与压力梯度呈非线性关系；压力梯度继续增大后才服从达西定律(EC 段)。产生非达西流的原因较为复杂，其中的机制可能有以下几种：边界处流体在静电力的作用下表现出非牛顿流体的特征，多孔介质中存在运动的固体颗粒(Gavin，2004)。据 Zeng 等(2011)的研究成果，在致密孔隙介质中非达西渗流现象普遍，因此，研究流体发生非达西渗流对地震波场的影响是必要的。

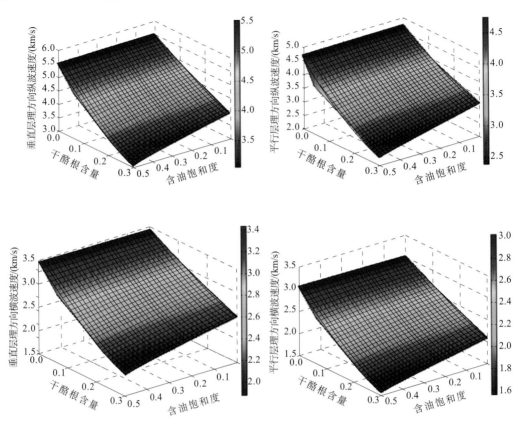

图 6-26　平行与垂直层理方向的纵横波速度随干酪根含量与含油饱和度的变化

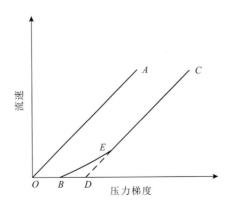

图 6-27　流体低速非达西流动规律图示

基于致密孔隙岩石内部刚性骨架、固体有机质、致密黏土掺杂分布的非均质特点，考虑非达西流动模型和非牛顿流体引起的地震波耗散效应，基于经典力学的哈密顿原理，分别推导了单孔、非达西流动、牛顿流体，单孔、达西流动、非牛顿流体，双孔、非达西流动、牛顿流体，双孔、达西流动、非牛顿流体这四种复杂孔隙介质模型的弹性波方程，下面仅给出双孔、达西流动、非牛顿流体弹性波方程：

$$
\begin{cases}
N\nabla^2 \boldsymbol{u} + (A+N)\nabla e + Q_1\nabla(\xi_1 + \phi_2\varsigma) + Q_2\nabla(\xi_2 - \phi_1\varsigma) = \rho_{11}\ddot{\boldsymbol{u}} + \rho_{12}\ddot{\boldsymbol{U}}^{(1)} + \rho_{13}\ddot{\boldsymbol{U}}^{(2)} \\
\qquad\qquad\qquad\qquad\qquad\qquad\qquad\qquad\qquad + b_1\left(\dot{\boldsymbol{u}} - \dot{\boldsymbol{U}}^{(1)}\right) + b_2\left(\dot{\boldsymbol{u}} - \dot{\boldsymbol{U}}^{(2)}\right) \\[2mm]
Q_1\nabla e + R_1\nabla(\xi_1 + \phi_2\varsigma) = \rho_{12}\ddot{\boldsymbol{u}} + \rho_{22}\ddot{\boldsymbol{U}}^{(1)} - b_1\left(\dot{\boldsymbol{u}} - \dot{\boldsymbol{U}}^{(1)}\right) + \phi_1\eta\nabla^2\left(\dfrac{\partial^\alpha \boldsymbol{U}^{(1)}}{\partial t^\alpha}\right) + \phi_1\eta\nabla\left(\dfrac{\partial^\alpha \xi_1}{\partial t^\alpha}\right) \\[2mm]
Q_2\nabla e + R_2\nabla(\xi_2 - \phi_1\varsigma) = \rho_{13}\ddot{\boldsymbol{u}} + \rho_{33}\ddot{\boldsymbol{U}}^{(2)} - b_2\left(\dot{\boldsymbol{u}} - \dot{\boldsymbol{U}}^{(2)}\right) + \phi_2\eta\nabla^2\left(\dfrac{\partial^\alpha \boldsymbol{U}^{(2)}}{\partial t^\alpha}\right) + \phi_2\eta\nabla\left(\dfrac{\partial^\alpha \xi_2}{\partial t^\alpha}\right)
\end{cases}
$$

$$(6\text{-}22)$$

式中，A、N、Q_1、Q_2、R_1、R_2 为六个弹性常数；$\boldsymbol{u}$ 为固体质点位移；$\boldsymbol{U}$ 为流体质点位移；e 为固体正应变；$b_m = \eta\phi_m^2/\kappa_m$，$m=1,2$；$\eta$、$\phi$ 和 κ 分别为流体黏度、孔隙度与渗透率；各质量系数的计算公式为 $\rho_{11} + \rho_{12} = (1-\phi)\rho_s$，$\rho_{12} + \rho_{22} = (1-\phi)\rho_f$，$\rho_{12} = (1-\alpha)\phi\rho_f$；$\varsigma$ 为流体斑块界面上的局部流动，在局部流过程中，由第一类孔隙流向第二类孔隙的流体增量用 $+\phi_2\varsigma$ 表示，而第二类孔隙流向第一类孔隙的流体增量用 $-\phi_1\varsigma$ 表示，两类孔隙的绝对孔隙度分别为 $\phi_1 = v_1\phi_{10}$ 与 $\phi_2 = v_2\phi_{20}$，ϕ_{10} 与 ϕ_{20} 分别为背景相与填充物的局部孔隙度，即以 v_1 与 v_2 分别表示两种骨架组分的体积比率；$\dfrac{\partial^\alpha}{\partial t^\alpha}$ 表示对时间 t 求 α 阶导数，$0 < \alpha < 1$。

固体正应变 e、应变张量 ε_{ij}、流体应变 ξ 表示为

$$
\begin{cases}
e = \nabla \cdot \boldsymbol{u} = u_{k,k} = \dfrac{\partial u_x}{\partial x} + \dfrac{\partial u_y}{\partial y} + \dfrac{\partial u_z}{\partial z} \\[2mm]
\varepsilon_{ij} = \dfrac{1}{2}\left(u_{i,j} + u_{j,i}\right) = \dfrac{1}{2}\left(\dfrac{\partial u_i}{\partial x_j} + \dfrac{\partial u_j}{\partial x_i}\right) \\[2mm]
\xi = \nabla \cdot \boldsymbol{U} = U_{k,k} = \dfrac{\partial U_x}{\partial x} + \dfrac{\partial U_y}{\partial y} + \dfrac{\partial U_z}{\partial z}
\end{cases}
$$

$$(6\text{-}23)$$

在数值算例中，将双孔介质理论的计算结果与基于分数阶非牛顿本构模型的双孔介质波动方程计算结果作对比，考虑流体内部摩擦耗散机制对快纵波频散和衰减的作用，同时分析分数阶非牛顿流体本构模型中的求导阶数对结果的影响。

图 6-28 为 Biot 理论与新模型在不同分数阶数下得到的速度频散、衰减曲线对比图。分数阶导数的阶数为 α、β，当两者取 1 时，为经典 Maxwell 流体模型，当两者取小于 1 的非整数时，为分数阶导数的非牛顿流体模型。从图中可以看出：

(1)经典 Maxwell 流体模型是一种典型非牛顿流体，与双重孔隙牛顿流体模型相比

较，其纵波频散曲线向低频移动。

(2)当分数阶导数的阶数取 0.8 和 0.6 时，频散曲线略微向低频移动，斜率也变大。

(3)Maxwell 非牛顿流体的衰减峰比牛顿流体有明显的向低频移动趋势，同时，随着分数阶导数阶数的降低，衰减峰值略有增加，衰减峰位置基本不变。

(4)含非牛顿流体的双孔介质纵波频散和衰减曲线总体趋势是向低频移动,移动的范围和程度因岩石物理参数不同而有差异。

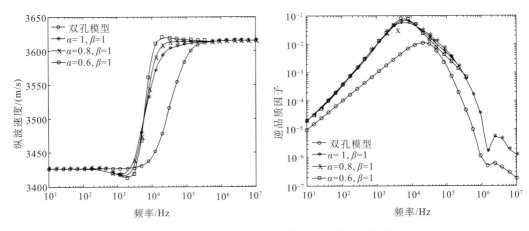

图 6-28　非牛顿流体速度频散、衰减曲线对比图

由基于分数阶非牛顿本构模型的双孔介质波动方程得到计算结果表明，非牛顿流体效应等同于孔隙介质中流体的流动性变差(曲线向低频移动)，这与牛顿流体模型中增加黏性和降低渗透率的效果一致。同时，随着分数阶数的降低，速度曲线整体不断左移，这是由于考虑了孔隙内非牛顿流体的摩擦机制引起的，表明非牛顿质点内部摩擦更加剧烈，消耗了更多能量。

由图 6-28 可知，该算例中不同的分数阶数并没有对衰减峰位置造成显著影响，但对衰减峰的高度产生了一定的影响。综上可知，在双孔介质中，非牛顿流体模型对纵波速度的影响不可忽视。

(四)不同成熟度有机质页岩岩石物理建模

有机质页岩的独特之处在于其既含无机矿物又含有机质成分，这使得有机质页岩在地质历史中不仅要经过沉积、排水、压实、胶结等常规地质过程，还要经过有机质成熟演化这一特殊的地质过程。一般来说，在有机质页岩在热演化过程中，其岩石骨架、干酪根性质、应力分布、孔隙空间(基质孔隙、有机质孔隙、微裂缝)、孔隙压力及流体属性都将发生系统的物理和化学变化，这些变化也必会影响有机质页岩的弹性响应和地震属性。目前国内外关于有机质页岩的岩石物理模型大多是针对某一种特定的地质状态建立的，而忽略了成熟度的影响，尤其是基于地质过程约束的岩石物理模型并没有被系统地研究过。本书将从有机质页岩成熟演化的物理过程出发，针对低成熟或未熟油页岩、成熟页岩油、过成熟页岩气典型地质状态分别建立各自的岩石物理模型，并对其响应的岩石物理和地球物理响应机理进行研究。

图 6-29 展示了不同成熟度页岩干酪根的分布特征。如图 6-29(a)所示，低成熟页岩中的干酪根跟无机矿物一起经历了沉积和成岩过程，干酪根可以看成是岩石骨架的一部分，与岩石骨架一样承担着应力；而随着成熟度的增加，部分干酪根开始裂解成有机孔，而干酪根的分布也更多的呈现分散颗粒状。如图 6-29(b)所示，在有机质页岩的成熟阶段，干酪根的固体部分仍然与岩石骨架连接在一起发挥着应力承担的作用，而这些颗粒间的微小有机孔即使在很高的压力环境下仍保持着相当完整的几何形态。这些由于裂解作用生成的有机孔也会成为页岩油气的主要储集空间。对于过成熟的页岩来说，随着温度和压力的进一步增加，干酪根变得更像孔隙充填物一样，这时矿物颗粒被看成是岩石骨架并且承担主要的应力分布，而干酪根不再承担应力分布。

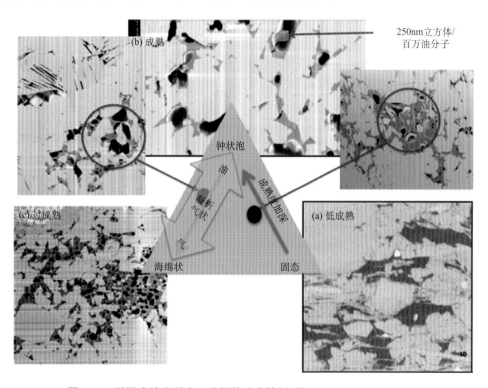

图 6-29　不同成熟度页岩干酪根的分布特征(据 Walls and Diaz，2011)

如图 6-30 所示，将有机质页岩的孔隙度分为两大类：一类是岩石骨架中的无机孔隙度 ϕ_{matrix}；一类是有机质裂解生成的有机孔隙度 ϕ_{kerogen}。在成岩和有机质成熟过程中，孔隙水会被排出，一般认为没有水存在于干酪根的有机孔中。将无机孔隙度分成两部分：

$$\phi_{\text{clay}} = V_{\text{clay}}\phi_{\text{matrix}}, \quad \phi_{\text{nonclay}} = \phi_{\text{matrix}} - \phi_{\text{clay}} \tag{6-24}$$

式中，ϕ_{clay} 为与黏土吸附水有关的黏土孔隙度，而无机孔隙度中的另外一部分 ϕ_{nonclay} 则充满着流动水，具体的建模步骤如图 6-31 所示。

图 6-30 有机质页岩的主要组成成分

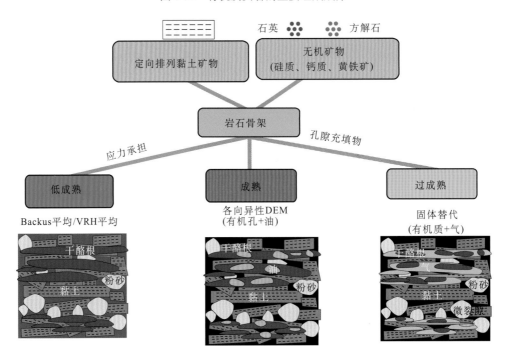

图 6-31 页岩储层岩石物理建模步骤

1. 步骤 1：描述背景黏土矿物的弹性特征

在压实程度较好的页岩中，黏土矿物由于其定向排列而呈现典型的 VTI(具有垂直对称轴的横向各向同性)各向异性特征。用 5 个独立的刚度系数来刻画背景黏土矿物的各向异性特征(Sayers, 2013)：$C_{11} = 44.9\text{GPa}$，$C_{33} = 24.2\text{GPa}$，$C_{44} = 3.7\text{GPa}$，$C_{66} = 11.6\text{GPa}$，$C_{13} = 18.1\text{GPa}$。需要指出的是，黏土矿物由于其极强的毛细管压力总是有吸附水，因此上述黏土矿物的刚度系数也包含了含吸附水的黏土孔隙度的作用。

2. 步骤 2：计算有机质页岩岩石骨架刚度系数

利用各向异性的自洽理论(Hornby and Schwartz, 1994)来刻画含有黏土矿物、非黏土矿物及含有水无机孔隙度的整体岩石骨架弹性模量 C_{matrix}。各向异性的自洽理论可以写成如下形式：

$$\sum_{r=1}^{N} v_r \left(\boldsymbol{C}^r - \boldsymbol{C}^{\text{SCA}} \right) \left[1 + \hat{\boldsymbol{G}} \left(\boldsymbol{C}^r - \boldsymbol{C}^{\text{SCA}} \right) \right]^{-1} = 0 \tag{6-25}$$

式中，v_r (r=1, 2, $\cdots$, N) 为各个组分的体积分数；$\boldsymbol{C}^r$ 为刚度矩阵的第 r 个组分系数；$\boldsymbol{C}^{\text{SCA}}$ 为自洽的混合体刚度系数；$\hat{\boldsymbol{G}}$ 为利用格林函数来刻画包含物几何形状的四阶张量。

3. 步骤 3：刻画有机质和无机质的相互作用

1) 低成熟有机质页岩

对低成熟的页岩来说，干酪根可以看成岩石骨架的一部分，跟骨架一起承受了应力分布。对于呈散点状分布的有机质，可以用 Voigt-Reuss-Hill 平均混合的方法来计算干酪根和岩石骨架混合的弹性模量；而对呈条带状分布的有机质，可以用 Backus 平均来计算干酪根和岩石骨架混合的弹性模量：

$$
\begin{aligned}
C_{11}^* &= \left\langle C_{13} / C_{33} \right\rangle^2 \Big/ \left\langle 1 / C_{33} \right\rangle - \left\langle C_{13}^2 / C_{33} \right\rangle + \left\langle C_{11} \right\rangle \\
C_{33}^* &= \left\langle 1 / C_{33} \right\rangle^{-1} \\
C_{13}^* &= \left\langle C_{13} / C_{33} \right\rangle \Big/ \left\langle C_{13} / C_{33} \right\rangle \left\langle 1 / C_{33} \right\rangle \\
C_{44}^* &= \left\langle 1 / C_{44} \right\rangle^{-1} \\
C_{66}^* &= \left\langle C_{66} \right\rangle
\end{aligned}
\tag{6-26}
$$

式中，$\langle \cdot \rangle$ 代表有机质部分和无机岩石骨架的体积平均；上角*表示有机质和无机骨架混合后固体的新弹性参数，与原来只有无机岩石骨架的弹性参数不同。

2) 成熟有机质页岩

对介于低成熟和过成熟的成熟有机质页岩，干酪根仍然发挥着骨架支撑的作用，这一部分仍然可以用 Backus 平均来计算其混合弹性模量。而对于裂解生成的有机孔（含有流体），对整体弹性性质的贡献可以用各向异性的微分等效介质模型（DEM）来处理（Nishizawa，1982；Hornby and Schwartz，1994；Xu，1998）：

$$
\frac{\mathrm{d}}{\mathrm{d}v}\Big[\boldsymbol{C}^{\text{DEM}}(v)\Big] = \frac{1}{1-v}\Big[\boldsymbol{C}^{\text{fluid}} - \boldsymbol{C}^{\text{DEM}}(v)\Big] \times \Big\{\boldsymbol{I} + \boldsymbol{G}\Big[\boldsymbol{C}^{\text{oil}} - \boldsymbol{C}^{\text{DEM}}(v)\Big]\Big\}^{-1}
\tag{6-27}
$$

式中，$\boldsymbol{C}^{\text{fluid}}$ 为有机孔内流体的弹性模量；$\boldsymbol{C}^{\text{DEM}}(v)$ 为无机岩石骨架和尚未裂解的固体有机质的混合刚度系数；v 为含流体有机孔的体积分数。

3) 过成熟有机质页岩

对过成熟的页岩，干酪根和流体的混合物可以看成是岩石骨架的充填物，不发挥应力承担的作用。在这里，由于干酪根和流体混合物的剪切模量不为零，可以用各向异性介质的固体替代公式（Ciz and Shapiro，2007）来处理干酪根和流体混合物对整体有机质页岩弹性性质的贡献。需要注意的是，对于干酪根和流体混合物的弹性性质，假设是呈不均匀的斑状混合分布的。各向异性介质的固体替代公式可以用柔度系数来表达：

$$
S_{ijkl}^{\text{sat}} = S_{ijkl}^{\text{dry}} - \frac{\left(S_{ijkl}^{\text{dry}} - S_{ijkl}^0\right)\left(S_{mnpq}^{\text{dry}} - S_{mnpq}^0\right)}{\Big[\left(S^{\text{dry}} - S^0\right) + \left(V_{\text{kerogen}} + \phi_{\text{kerogen}}\right)\left(S^{\text{mixture}} - S^\phi\right)\Big]_{mnpq}}
\tag{6-28}
$$

式中，S_{ijkl}^{sat} 是含有干酪根–流体混合物的有机质页岩有效柔度系数；S_{ijkl}^{dry} 是岩石骨架的有效柔度系数；S_{ijkl}^{0} 是岩石矿物的有效柔度系数；$S^{mixture}$ 是干酪根和流体混合物的有效柔度系数；S^{ϕ} 是孔隙空间的柔度系数；$V_{kerogen}$ 是干酪根体积含量；$\phi_{kerogen}$ 表示干酪根有机孔的孔隙度；$ijkl$、$mnpq$ 都是四阶张量的下标，其中 $mnpq$ 为张量矩阵的转置形式。

图 6-32 显示的是不同成熟度背景下有机质页岩储层弹性参数(纵波阻抗–纵横波波速比)的岩石物理模板，色标为 TOC 体积分数，QF 表示脆性矿物(不包括黏土)含量。这里有两点重要的认识：①即使有机质页岩储层含有相同的 TOC 和脆性矿物含量，在不同成熟度时，其弹性响应和地震表征也不一样；②地震反演的弹性参数常常用于预测优质储层分布，但如果不能基于准确的地质意义及明确的岩石物理模板，解释的结果很可能具有误导性。

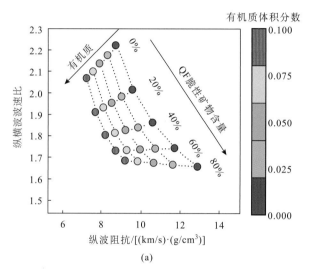

(a)

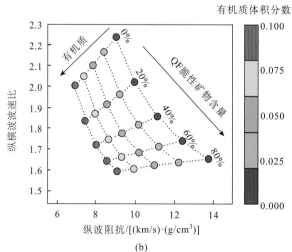

(b)

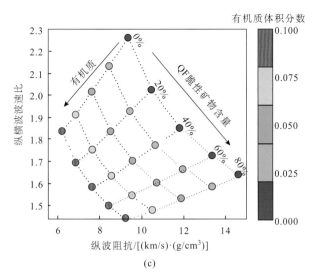

图 6-32 不同成熟度有机质页岩岩石物理模板(纵波阻抗-纵横波速比)

(a)低成熟; (b)成熟; (c)过成熟

图6-33 为利用成熟有机质页岩岩石物理模板来解释新疆吉木萨尔致密油吉 174 井数据。正如前面所阐述的那样,把影响有机质页岩弹性性质的因素主要分解成两大类: TOC 含量和脆性矿物含量。通常情况下, TOC 含量高会降低纵波阻抗和纵横波速度比,而脆性矿物含量高会增加纵波阻抗和降低纵横波波速比。

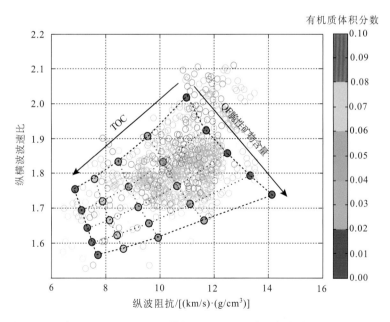

图 6-33 利用成熟有机质页岩的岩石物理模板解释的新疆吉木萨尔致密油吉 174 井的测井数据

颜色代表的是不同的 TOC 含量

三、致密油储层"甜点段"定量预测实例

（一）工区概况

选择吉 17 三维工区作为研究工区，如图 6-34 所示，该工区位于准噶尔盆地东部的吉木萨尔凹陷。工区内多井在芦草沟组获得油流，发现上、下两套"甜点段"。上"甜点段"以滨浅湖滩坝相为主，主要岩性为云岩、泥质粉砂岩、云质粉砂岩。下"甜点段"以滨浅湖相为主，主要岩性为云质粉砂岩。受有机质、碳酸盐、火山碎屑、陆源碎屑等组分控制，芦草沟组岩性变化快，且均为过渡性岩类。

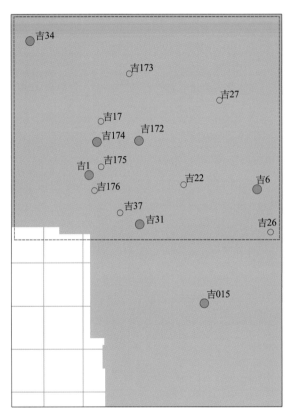

图 6-34　吉 17 三维工区（储层预测区域 210km²）

实心井表示储层预测已知井（有测井曲线）

吉 17 三维工区地震一次覆盖 413km²，满覆盖 237km²（48 次），选择工区上部 210km²（图 6-34 中红色虚线框）区域开展致密油储层地震预测方法研究。研究区内，6 口井有测井资料，其中只有两口井有横波测井数据。另外，从吉 174 井钻取了 30 多个岩心样品，开展了岩石物理实验分析。

地震预测中主要面临两个地球物理问题：①单套储层很薄，一般小于 10m，地震能分辨的地层厚度约为 23m，"甜点段"累计储层厚度略高于地震分辨率极限，因此地震

一般反映的是"甜点段"的总体特征，不能刻画单套储层；②岩性复杂，非均质性强，岩石物理特征不清楚，地震储层预测难度大。针对这两个问题，采取相应的对策来解决。

首先在地震资料处理方面，加强保幅条件下的高分辨率处理研究，提高薄储层的描述精度。关键技术包括三维折射波静校正处理技术、多域叠前去噪技术、地表一致性处理技术、叠前多次波衰减处理技术、叠前数据规则化处理技术、叠前时间偏移处理技术。在处理中注重过程质量监控，处理解释相结合，监控处理过程中振幅属性变化，开展简单、必需的处理，不做修饰性处理，尽可能保留地下信息，具体流程如图6-35所示。

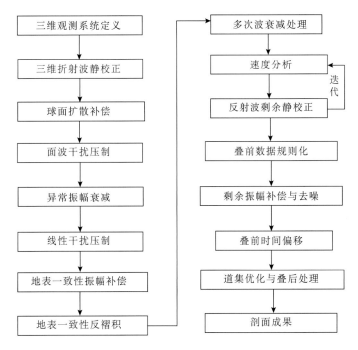

图6-35 吉木萨尔三维叠前保幅处理技术流程

其次在地震资料解释方面，重点关注基于岩石物理实验的储层岩石物理特征分析，明确岩性、物性、含油气性、TOC含量等因素对弹性特征的影响，解除岩性、物性、含油性等因素的耦合作用，开展地震叠前定量预测，提高致密油储层预测精度，降低地震解释多解性。关键技术包括跨频带岩石物理实验技术、敏感参数优选技术、多尺度匹配技术、叠前同时反演技术、岩石物理建模技术、地震定量预测技术，具体流程如图6-36所示。

(二)地震储层预测

基于吉木萨尔致密油岩样超声波实验数据分析，获得了岩性、孔隙度、含油性、TOC等因素对储层及烃源岩弹性参数的影响趋势，进而用岩石物理模型确定弹性参数与地层参数之间的关系。由于地层参数比较多，而叠前同时反演能够获取的弹性参数比较有限，主要是纵波阻抗和纵横波波速比，因此如何将反演弹性参数可靠转化为地层参数依然存在问题。

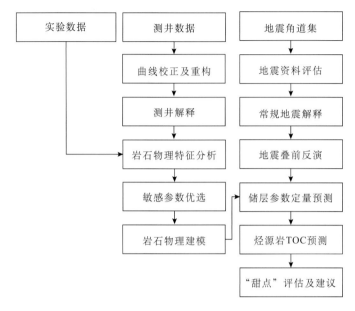

图 6-36　叠前地震储层预测流程

吉木萨尔芦草沟组储层岩性主要有云屑砂岩、砂屑云岩、微晶云岩、云质粉砂岩和泥质粉砂岩，图 6-37 显示了吉 174 井芦草沟组储层岩心样品矿物组分统计，硅酸盐类占 51%，碳酸盐类占 38%，黏土占 10%，黄铁矿占 1%。图 6-38 为储层段测井数据的纵波阻抗和纵横波波速比交会图，由于储层为硅质、白云质、泥质混合，岩性与物性的影响耦合在一起，传统的岩石物理模板难以实现储层定量预测。

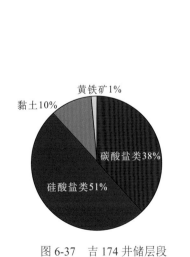

图 6-37　吉 174 井储层段
岩心矿物组分统计

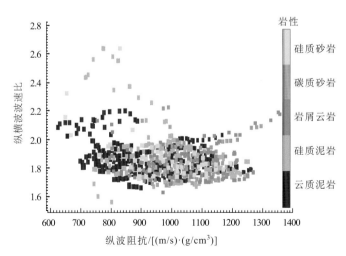

图 6-38　吉 174 井储层段测井数据纵波阻抗
和纵横波波速比交会图

利用前述岩石物理建模思路,制作了混积岩纵波阻抗和纵横波波速比模板,如图6-39所示,考虑到吉木萨尔致密油储层三种主要矿物组分分别为云质、砂质、泥质,以这三种组分不同混合比例作为硬矿物骨架成分,孔隙度从 2%变化到 16%(图中颜色表示不同组分组合形式,圆大小表示孔隙度大小)。该模板直观地反映了孔隙度和矿物组分含量对纵波阻抗和纵横波波速比的影响,依据储层段黏土含量小于 10%、孔隙度高于 5%、纵横波波速比低于 1.85(纯白云岩)、100%砂岩随孔隙度变化线、阻抗大于 8(km/s)·(g/cm³)这五条红色界线可以将储层识别出来,将测井数据或地震反演数据投影到该图板上,可以定量确定矿物组分含量和孔隙度,完成储层岩性和物性的地震定量预测。

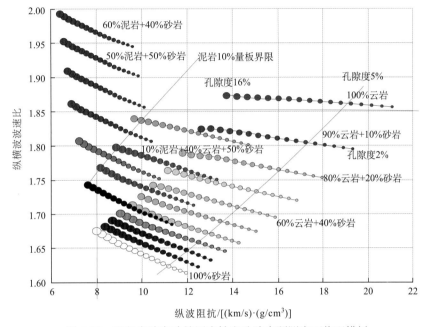

图 6-39 混积岩致密油储层岩性和孔隙度预测岩石物理模板

图 6-40 显示了过吉 31 井与吉 174 井的储层参数预测剖面,插入的测井曲线为孔隙度曲线。从预测结果可以明显观察到上下"甜点段",上"甜点段"的储层物性好于下"甜点段"。吉 174 井上"甜点段"的预测孔隙度为 4%左右,附近存在高孔隙度区域,表明该井含油气性较好,该井实际日产油 1.8t 左右。

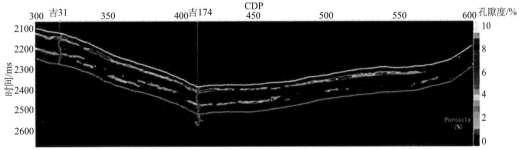

图 6-40 过吉 31 井与吉 174 井的孔隙度预测剖面

图 6-41 是预测的上"甜点段"储层厚度平面分布图，主力储层厚度为 20～30m，局部地区储层厚度超过 40m。图 6-42 和图 6-43 分别显示上"甜点段"储层平均孔隙度和云质含量平面分布图。综合图 6-41 和图 6-42 可以观察到，有利储层主要分布于西侧，储层分布具有明显的成带性。这里吉 6 井、吉 31 井、吉 34 井、吉 174 井参与反演，其他井均可作为验证井。在吉 37 井和吉 173 井附近，预测的储层较厚、物性也好，试油结果表明这两口井为平均日产油超过 5t 的高产井。另外，两口井的储层类型存在一定的差别，吉 173 井储层应该以白云岩为主，而吉 37 井以云质粉砂岩为主。吉 171 井和吉 172 井产量偏低，预测的储层较薄、物性较差。预测结果与钻探效果基本吻合。

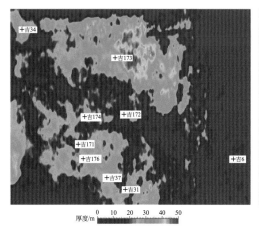

图 6-41　上"甜点段"储层厚度预测平面图　　图 6-42　上"甜点段"储层平均孔隙度平面图

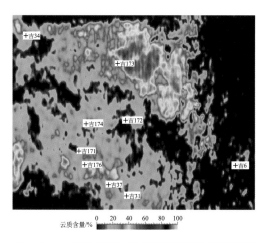

图 6-43　上"甜点段"储层平均云质含量平面图

参 考 文 献

陈勇. 2016. 川东南焦石坝及丁山地区五峰—龙马溪组页岩气储层特征及"甜点"预测技术研究. 成都:

成都理工大学.

陈祖庆. 2014. 海相页岩 TOC 地震定量预测技术及其应用——以四川盆地焦石坝地区为例. 天然气工业, 34(6): 24-29.

程冰洁, 徐天吉. 2012. 转换波方位各向异性裂缝检测技术研究及应用. 地球物理学进展, 27(2): 575-581.

刁海燕. 2013. 泥页岩储层岩石力学特性及脆性评价. 岩石学报, 29(9): 3300-3306.

杜金虎, 等. 2016. 中国陆相致密油. 北京: 石油工业出版社.

杜启振, 杨慧珠. 2003. 方位各向异性介质的裂缝预测方法研究. 石油大学学报(自然科学版), 27(4): 32-36.

郭秋麟, 陈宁生, 吴晓智, 等. 2013. 致密油资源评价方法研究. 中国石油勘探, 2(12): 67-76.

郭旭光, 雷德文, 王霞田, 等. 2014. 吉木萨尔凹陷岩石脆性地震预测方法研究//CPS/SEG 国际地球物理会议, 北京.

横齐宇, 魏建新, 狄帮让, 等. 2009. 横向各向同性介质纵波方位各向异性物理模型研究. 石油地球物理勘探, 44(6): 671-674.

黄欣芮, 黄建平, 李振春, 等. 2015. 基于各向异性致密砂岩油地震岩石物理模型的脆性指数研究. 应用地球物理, 12(1): 11-22.

黄欣芮, 黄建平, 孙启星, 等. 2016. 致密油地震处理方法研究进展. 地球物理学进展, 31(1): 205-216.

贾承造, 郑民, 张永峰. 2012. 中国非常规油气资源与勘探开发前景. 石油勘探与开发, 39(2): 129-136.

李坤白, 赵玉华, 蒲仁海, 等. 2017. 鄂尔多斯盆地湖盆区延长组致密油"甜点"控制因素及预测方法. 地质科技情报, 36(4): 174-182.

李庆辉, 陈勉, 金衍, 等. 2012. 页岩气储层岩石力学特性及脆性评价. 石油钻探技术, 40(4): 17-22.

林建冬, 任森林, 薛明喜, 等. 2012. 页岩气地震识别与预测技术. 中国煤炭地质, 24(8): 56-60.

凌云, 郭向宇, 孙祥娥, 等. 2010. 地震勘探中的各向异性影响问题研究. 石油地球物理勘探, 45(4): 606-623.

刘力辉, 李建海, 刘玉霞. 2013. 地震物相分析方法与"甜点"预测. 石油物探, 52(4): 432-437.

刘振峰, 曲寿利, 孙建国, 等. 2012. 地震裂缝预测技术研究进展. 石油物探, 51(2): 191-198.

刘振武, 撒利明, 杨晓, 等. 2011. 页岩气勘探开发对地球物理技术的需求. 石油地球物理勘探, 46(5): 810-818.

潘仁芳, 徐乾承. 2011. 地震反演预测页岩有机质成熟度的研究. 长江大学学报(自科版), 8(2): 29-31.

曲立宇, 宋宗平, 王建民, 等. 2017. 扶余油层薄互储层井震联合"甜点"识别技术及应用——以齐家南地区为例//中国石油学会 2017 年物探技术研讨会, 天津.

任朝发, 杨重洋, 赵海波, 等. 2015. 叠前叠后裂缝预测在致密油勘探中的应用//中国石油学会 2015 年物探技术研讨会, 宜昌.

石道涵, 张兵, 何举涛, 等. 2014. 鄂尔多斯长 7 致密砂岩储层体积压裂可行性评价. 西安石油大学学报(自然科学版), 29(1): 52-55.

司朝年, 邬兴威, 夏东领, 等. 2015. 致密砂岩油"甜点"预测技术研究——以渭北油田延长组长 3 油层为例. 地球物理学进展, 30(2): 664-671.

田继先, 曾旭, 易士威, 等. 2016. 咸化湖盆致密油储层"甜点"预测方法研究: 以柴达木盆地扎哈泉地区上干柴沟组为例. 地学前缘, 23(5): 193-201.

王大兴, 张杰, 赵德勇, 等. 2015. 一种改进的致密油储层地震预测方法研究与应用//中国石油学会 2015 年物探技术研讨会, 宜昌.

王彦仓, 秦凤启, 杜维良, 等. 2013. 地震属性优选、融合探讨. 中国石油勘探, 18(6): 69-73.

魏周拓, 范宜仁, 陈雪莲. 2012. 横波各向异性在裂缝和应力分析中的应用. 地球物理学进展, 27(1): 217-224.

谢玉洪, 刘力辉, 陈志宏. 2010. 中国南海地震沉积学研究及其在岩性预测中的应用. 北京: 石油工业出版社.

杨瑞召, 李洋, 庞海玲, 等. 2013. 产状控制蚂蚁体预测微裂缝技术及其应用. 煤田地质与开发, 41(2): 72-75.

张浩, 康毅力, 陈一健, 等. 2004. 致密砂岩油气储层岩石变形理论与应力敏感性. 天然气地球科学, 15(5): 482-486.

赵波, 王赟, 芦俊. 2012. 多分量地震勘探技术新进展及关键问题探讨. 石油地球物理勘探, 47(3): 506-516.

赵万金, 杨午阳, 赵伟. 2014. 地震储层及含油气预测技术应用进展综述. 地球物理学进展, 29(5): 2337-2346.

周家雄, 刘薇薇, 马光克, 等. 2013. 高温高压储层的精细地震属性预测技术——以莺歌海盆地为例. 天然气工业, 33(2): 7-11.

周守为. 2013. 页岩气勘探开发技术. 北京: 石油工业出版社.

邹才能, 朱如凯, 吴松涛, 等. 2012a. 常规与非常规油气聚集类型、特征、机理及展望——以中国致密油和致密气为例. 石油学报, 33(2): 173-187.

邹才能, 陶士振, 杨智, 等. 2012b. 中国非常规油气勘探与研究新进展. 矿物岩石地球化学通报, 31(4): 312-322.

邹才能, 朱如凯, 白斌, 等. 2015. 致密油与页岩油内涵、特征、潜力及挑战. 矿物岩石地球化学通报, 34(1): 3-17.

Ciz R, Shapiro S A. 2007. Generalization of Gassmann equations for porous media saturated with a solid material. Geophysics, 72(6): A75-A79.

Dowdell B L, Kwiatkowski J T, Marfurt K J. 2013. Seismic characterization of a Mississippi Lime resource play in Osage County, Oklahoma, USA. Interpretation, 1(2): SB97-SB108.

Fertl W H, Chilingar G V. 1988. Total organic carbon content determined from well logs. SPE Formation Evaluation, 3(2): 407-419.

Gavin L. 2004. Pre-Darcy flow: A missing piece of the improved oil recovery puzzle. SPE/DOE Symposium on Improved Oil Recovery, Tulsa: 17-21.

Guo Z Q, Chapman M, Li X Y. 2012. A shale rock physics model and its application in the prediction of brittleness index, mineralogy, and porosity of the Barnet Shale. SEG Expanded Abstracts, Las Vegas, 31: 1-5.

Guo Z Q, Li X Y, Ren Y R, et al. 2013. A rock physics workflow for the modeling of the effect of kerogen content and maturity level in shales//SEG Annual Meeting Expanded Abstracts, Houston, 32: 2948-2952.

Gupta N, Sarkar S, Marfur K J. 2013. Seismic attribute driven integrated characterization of the Woodford Shale in west-central Oklahoma. Interpretation, 1 (2): SB85-SB96.

Hashin Z. 1960. The elastic moduli of heterogeneous materials. Arlington: Harvard University.

Hornby B E, Schwartz L M, Hudson J A. 1994. Anisotropic effective-medium modeling of the elastic properties of shales. Geophysics, 59 (10): 1570-1583.

Infante-Paez L, Cardona L F, Mccullough B, et al. 2017. Seismic analysis of paleotopography and stratigraphic controls on total organic carbon: Rich sweet spot distribution in the Woodford Shale, Oklahoma, USA. Interpretation, 5 (1): T33-T47.

Jiang M, Spikes K T. 2011. Pore-shape and composition effect on rock-physics modeling in the Haynesville Shale. SEG Expanded Abstracts, Dallas, 30: 2079-2083.

Jiang M, Spikes K T. 2012. Estimation of the porosity and pore aspect ratio of the Haynesville Shale using the self-consistent model and a grid search method. SEG Expanded Abstracts, Las Vegas, 31: 1-5.

Jiang M, Spikes K T. 2013. Correlation between rock properties and spatial variations in seismic attributes for unconventional gas shales-a case study on the Haynesville Shale. SEG Expanded Abstracts, Houston, 32: 2274-2278.

Kuster G T, Toksöz M N. 1974. Velocity and attenuation of seismic waves in two-phase media: Part I. Theoretical formulations. Geophysics, 39 (5): 587-606.

Nishizawa O. 1982. Seismic velocity anisotropy in a medium containing oriented cracks. Journal of Physics of the Earth, 30: 331-347.

Padhi A, Mallick S. 2013. Accurate estimation of VTI media parameters using multicomponent prestack waveform inversion. SEG Annual Meeting Expanded Abstracts, Houston: 1664-1668.

Passey Q R, Creaney S, Kulla J B, et al. 1990. A practical model for organic richness from porosity and resistivity logs. Bulletin AAPG, 74 (12): 1777-1794.

Perez R, Marfurt K. 2013. Brittleness estimation from seismic measurements in unconventional reservoirs: Application to the Barnett Shale. SEG Annual Meeting Expanded Abstracts, Houston: 2258-2263.

Rickman R, Mullen M J, Petre J E, et al. 2008. A practical use of shale petrophysics for stimulation design optimization: All shale plays are not clones of the Barnett Shale. SPE 115258.

Schmoker J W. 1979. Determination of organic content of appalachian devonian shales from formation-density logs. Journal of Bacteriology, 63 (10): 6020-6025.

Schmoker J W. 1981. Determination of organic-matter content of appalachian devonian shales from gamma-ray logs. AAPG Bulletin, 65 (7): 1285-1298.

Sharma R K, Chopra S, Vernengo L, et al. 2015. Reducing uncertainty in characterization of Vaca Muerta Formation Shale with poststack seismic data. The Leading Edge, 34 (12): 1462-1467.

Supernaw I R, Arnold D M, Link A J. 1978. Method for in situ evaluation of the source rock potential of earth formations: US 4071755.

Tang X M, Chen X L, Xu X K. 2012. A cracked porous medium elastic wave theory and its application to interpreting acoustic data from tight formations. Geophysics, 77 (6): D245-D252.

Thomsen L. 1986. Weak elastic anisotropy. Geophysics, 51 (10): 1954-1966.

Varga R, Pachos A, Holden T, et al. 2012. Seismic inversion in the Barnett shale successfully pinpoints sweet spots to optimize wellbore placement and reduce drilling risks. SEG Annual Meeting Expanded Abstracts, Las Vegas: 1-5.

Vernik L, Nur A. 1992. Ultrasonic velocity and anisotropy of hydrocarbon source rocks. Geophysics, 57(5): 727-735.

Wang D X, Zhao Y H, Zhang M B, et al. 2013. Rock physical analysis of carbonate rocks with complex pore structure-A case study in Ma-5 of Majiagou Formation in Ordos Basin. SEG Annual Meeting Expanded Abstracts, Houston: 2811-2815.

Wang Y C, Huang H D, Ji Y Z, et al. 2013. Research on geophysical feature and sweetness predication method of shale gas. SEG Annual Meeting Expanded Abstracts, Houston: 3021-3205.

Xu S. 1998. Modelling the effect of fluid communication on velocities in anisotropic porous rocks. International Journal of Solids and Structures, 35: 4685-4707.

Yan F, Han D H. 2013. Measurement of elastic properties of kerogen. SEG Annual Meeting Expanded Abstracts, Houston: 2778-2782.

Yenugu M, Han D H. 2013. Seismic characterization of kerogen maturity: An example from Bakken Shale. SEG Technical Program Expanded Abstracts, Houston: 2773-2777.

Zeng B, Cheng L, Li C. 2011. Low velocity non-linear flow in ultra-low permeability reservoir. Journal of Petroleum Science and Engineering, 80: 1-6.

Zhu Y P, Liu E, Martinez A, et al. 2011. Understanding geophysical responses of shale-gas plays. The Leading Edge, 30(3): 332-338.

第七章 致密油页岩油资源评价与"甜点区"预测

本章综述了国内外致密油、页岩油资源评价方法研究进展，提出了陆相致密油、页岩油资源评价的主要方法，建立了数据翔实的评价实例，提出了致密油"甜点区"的地质评价标准和资源富集区的预测技术。本章提供的数据资料反映了全球致密油、页岩油的最新进展，提出的资源评价和"甜点区"预测技术正在勘探生产中发挥作用，代表了该领域的发展趋势。

第一节 致密油资源评价

本节在全面综述国内外致密油资源评价方法研究现状的基础上，提出了陆相致密油资源评价的主要方法，重点论述了地质资源评价中的资源丰度类比法和可采资源评价中的预估最终可采储量(estimated ultimate recorery，EUR)类比法，对致密油资源评价中的关键参数进行了解释与说明，制定了评价参数标准，评价了我国主要盆地致密油的资源潜力，并优选了有利区和重要层系。提出的致密油资源评价方法、制定的评价参数标准及主要盆地致密油资源评价结果，对我国致密油下一步勘探和生产将起到推进作用。

一、致密油资源评价现状

(一)国外研究进展

致密油资源评价方法的发展与非常规油气资源评价方法的发展密切相关。Schmoker(2002)提出 Forspan 模型(Salazar et al.，2010)以来，评价方法有了较大发展。Almanza(2011)采用容积法评价 Williston 盆地 Elm Coulee 油田 Bakken 组致密油；同年，加拿大发现有限公司将西加拿大沉积盆地 Pembina 油田划分成许多正方形评价单元，每个单元面积为 $1mi^2(2.56km^2)$，然后采用容积法分块评价 Cardium 组致密油，并绘制出资源丰度分布图。2012 年，Hood 等对资源密度网格法进行改进，形成一种多方法交叉的评价方法(multi-prong assessment approach，MPAA)。该方法首先对评价区进行分块，然后逐块类比得到 EUR，再用储层容积量校正预测的地质资源量，使预测结果更可靠。该方法既可用于页岩气资源评价，也用于致密油资源评价。2013 年，谌卓恒等采用基于地质模型的随机模拟方法评价 Cardium 组致密油地质资源量。2013 年，USGS 采用生产井 EUR 法再次评价了 Williston 盆地美国境内的 Bakken 和 Three Forks 的致密油可采资源量(Gaswirth and Marra，2015)。

(二)国内研究进展

2010 年以后，我国致密油资源评价方法研究进展显著。郭秋麟等(2011，2013)梳理了国内非常规油气资源评价方法，介绍了五种比较重要的评价方法，指出中国所处的勘探开发阶段，致密油资源评价可优先采用三种便捷的评价方法，即资源丰度类比法、EUR 类比法和小面元容积法。王社教等(2014)探讨了致密油资源评价方法及资源富集特点，初步形成了评价方法及评价参数体系。郭秋麟等(2016，2017)阐述了致密油评价方法、软件与关键技术，评价了鄂尔多斯盆地延长组长 7 段致密油资源量。

二、致密油资源评价方法

针对中国致密油生产井 EUR 数据较少的情况，制定了以地质资源评价方法研究为主的总体研究思路，同时兼顾可采资源评价方法研究。

(一)致密油地质资源评价方法

我国非常规油气资源评价基本继承了常规油气资源评价原有的方式，比较注重地质资源评价，并发展了较多的地质资源评价方法。除了资源丰度类比法和成因与统计相结合的评价方法(小面元法)外，还集成和建立了一些其他评价方法，如数值模拟法、资源空间分布预测法等(表 7-1)。限于篇幅，本书不再赘述，可详见相关文献(郭秋麟等，2015，2016，2017)。

表 7-1 致密油地质资源评价方法及特点

方法大类		国内外对应的方法	本书建立的评价方法		
			评价方法	核心技术	解决问题
类比法		中国工程面积丰度类比法	资源丰度类比法(有基础地质资料)	研发分级资源丰度类比评价技术	资源丰度变化大
统计法	体积法	EIA 和 ARI 的容积法 工程院的含气量法 自然资源部的容积法、含气量法	成因与统计相结合的评价方法(有部分勘探井)	创新小面元评价技术	储层非均质性强
			体积法和容积法(无详细基础地质资料)	形成快速评价技术	勘探程度低，资料少
	随机模拟法	USGS 的随机模拟法 GSC 的随机模拟法(基于地质模型)	资源空间分布预测法(有储量分布资料)	集成资源空间分布预测技术	预测剩余资源空间分布
成因法		美国的热模拟法，计算页岩气 美国 PhiK 预测模型，预测页岩油	数值模拟法(有烃源岩评价资料)	研发连续型油气聚集模拟技术	预测资源空间分布

本节重点研究资源丰度类比评价法和成因与统计相结合的评价方法(小面元法)等(表 7-1)。小面元法同时具有致密油"甜点区"分布预测功能，因此将这部分内容安排

在致密油"甜点区"预测部分，这里仅论述资源丰度类比评价法。

(二)资源丰度类比法

资源丰度类比评价法是为解决大量低勘探致密油区的资源评价而提出的一种方法，是一种由已知区资源丰度推测未知区资源丰度的方法，具体如下：

1. 评价区边界确定和评价区分类

从资源评价角度，致密油边界与岩性地层区带边界比较一致，在划分致密油评价区边界时，可参照以下几种边界：盆地构造单元边界、主要储集体沉积体系边界、断层和地层尖灭线、储层岩性和物性边界等。根据石油地质特征，将评价区分为核心区(A 类)、扩展区(B 类)和外围区(C 类)三类。一般情况下 C 类区目前不具备经济性，不参与资源量计算。

2. 刻度区选择

刻度区是指用于类比评价的"标准地质单元"，该单元具有勘探程度较高、地质认识清楚、资源探明程度高等特点，可以通过资源评价数据库查找刻度区资料，也可以通过解剖典型致密油区建立自己的刻度区。

根据核心区的石油地质特征，选择与核心区地质特征相似的一个或多个刻度区，如刻度区 CA2(表 7-2)，作为类比对象；同理，可选择扩展区类比评价所需要的刻度区。

表 7-2 致密油刻度区基本参数及范例

基本参数		刻度区					
		CA1	CA2	CA3	CA4	CA5	CA6
基本地质特征	地理位置	加拿大萨斯喀彻温省西南	加拿大阿尔伯塔省中南	加拿大萨斯喀彻温省东南	加拿大阿尔伯塔省中南	美国北达科他州	美国得克萨斯州
	所属油田名称	Dodsland Viking	Garrington Cardium	Viewfield	Ante Creek	Nesson Little Knight	Eagle Ford
	主要层位	白垩系 Viking	白垩系 Cardium	泥盆系—石炭系 Bakken	三叠系 Montney	泥盆系—石炭系 Bakken	上白垩统 Eagle Ford
	所属盆地名称	西加拿大盆地	西加拿大盆地	Williston 盆地	西加拿大盆地	Williston 盆地	墨西哥湾盆地
	可采资源丰度 /(10^4t/km^2)	4.2	2.4	4.06	6.3	5.1	7.5
	地质资源丰度 /(10^4t/km^2)	20.4	20.7	39.36	69.2	34.8	73.8
	采收率/%	20.5	11.6	10.3	9.1	14.7	10.1
储集条件	储层厚度/m	3~15	60	10	12~24	12	60
	储层岩性	砂-粉砂岩	砂砾岩、粉砂岩	细砂岩-粉砂岩	白云质细砂岩、粉砂岩	非砂岩-砂岩	页岩-钙质页岩
	孔隙度/%	<12	4.5~12.5	3~15	10.00	7.00	6~14
	渗透率/mD	0.01~10	0.01~20	0.003~10	0.005~0.8	1	0.004~1

续表

基本参数		刻度区					
		CA1	CA2	CA3	CA4	CA5	CA6
烃源条件	有效厚度/m	50	50	2~20	15	6	10
	平均 TOC/%	>2.5	>2.5	12	12	16	4~7
	R_o/%	0.8	1.0	0.55	0.9	0.7~0.9	0.7~1.2
	有机质类型	II	II	II	II	II	II
保存条件	封隔层岩性	泥岩	泥岩	页岩	页岩	页岩	白垩-页岩
	封隔层厚度/m	100	>100	10	20~30	10	100

3. 计算相似系数

根据核心区和扩展区致密油地质参数评价值(R),逐一计算评价区与所选刻度区的 R 值,求出对应相似系数,计算公式为

$$\begin{cases} \alpha = R_{Af}/R_{Ac} \\ \beta = R_{Bf}/R_{Bc} \end{cases} \tag{7-1}$$

式中,α、β 分别为核心区和扩展区与对应刻度区类比的相似系数;R_{Af}、R_{Bf} 分别为核心区和扩展区致密油地质参数评价值;R_{Ac}、R_{Bc} 分别为核心区和扩展区对应的刻度区致密油地质参数评价值。

储层厚度是影响致密油资源丰度的关键参数,当刻度区与评价区或刻度区与刻度区之间的储层厚度差别较大时,会对类比结果造成较大误差。此时需要对式(7-1)进行修正,即:

$$\begin{cases} \alpha = (R_{Af}/R_{Ac}) \times (h_{Af}/h_{Ac}) \\ \beta = (R_{Bf}/R_{Bc}) \times (h_{Bf}/h_{Bc}) \end{cases} \tag{7-2}$$

式中,h_{Af}、h_{Bf} 分别为核心区和扩展区致密油储层厚度;h_{Ac}、h_{Bc} 分别为核心区和扩展区对应的刻度区致密油储层厚度。

致密油地质参数评价值的计算过程如下:

$$R = \left(\sum_{n=1}^{4} r(n) \times W_t\right) \times \left(\sum_{m=1}^{4} s(m) \times W_t\right) \times \left(\sum_{k=1}^{2} p(k) \times W_t\right) \tag{7-3}$$

式中,n、m、k 分别为储集层条件、烃源条件、保存条件(表 7-3)的评价参数个数;r、s、p 分别为储集层条件、烃源条件、保存条件(表 7-3)的参数评估分值;W_t 为每个参数对应的权重(表 7-3)。

以 CA2 刻度区为例(表 7-2),按致密油地质参数评价标准(表 7-3),各地质参数评估分值分别为:$r(1)=1.0$, $r(2)=0.75$, $r(3)=0.7$, $r(4)=0.6$, $s(1)=1.0$, $s(2)=0.6$, $s(3)=0.8$, $s(4)=0.7$, $p(1)=0.7$, $p(2)=1.0$。各地质参数所占的权重(W_t)见表 7-3。CA2 刻度区的地质参数评价值为

$$R_{Ac} = (1.0 \times 0.3 + 0.75 \times 0.2 + 0.7 \times 0.3 + 0.6 \times 0.2)$$
$$\times (1.0 \times 0.25 + 0.6 \times 0.25 + 0.8 \times 0.25 + 0.7 \times 0.25)$$
$$\times (0.7 \times 0.4 + 1.0 \times 0.6)$$
$$= 0.78 \times 0.775 \times 0.88 \approx 0.532$$

表 7-3　中国致密油地质参数评价标准、参数权重

评估等级	评估分值	储集条件				烃源条件				保存条件	
		有效储层厚度/m	储层岩性	孔隙度/%	渗透率/mD	有效厚度/m	平均TOC/%	成熟度 R_o/%	有机质类型	封隔层岩性	封隔层厚度/m
Ⅰ级	1～0.75	>20	砂岩、云岩	>9	>1	>40	>5	0.85～1.1	Ⅰ，Ⅱ$_a$	盐岩、膏岩	>50
Ⅱ级	0.5～0.75	15～20	粉砂岩、泥质云岩	8～9	0.1～1	20～40	3～5	0.75～0.85	Ⅱ$_a$，Ⅱ$_b$	泥岩、页岩	30～50
Ⅲ级	0.25～0.5	10～15	泥质粉砂岩、泥质灰岩	6～8	0.05～0.1	10～20	1.5～3	0.65～0.75; >1.1	Ⅱ$_b$，Ⅲ	钙质泥（页）岩	15～30
Ⅳ级	0～0.25	<10	砂岩、灰质泥（页）岩	<6	<0.05	<10	<1.5	<0.65	Ⅲ	砂质泥（页）岩	<15
参数权重(W_t)		0.3	0.2	0.3	0.2	0.25	0.25	0.25	0.25	0.4	0.6
参数评估分值代号		$r(1)$	$r(2)$	$r(3)$	$r(4)$	$s(1)$	$s(2)$	$s(3)$	$s(4)$	$p(1)$	$p(2)$

同样，以 A 类评价区为例（表 7-4），按致密油地质参数评价标准（表 7-3），各地质参数评估分值分别为：$r(1)=0.9$，$r(2)=1.0$，$r(3)=0.6$，$r(4)=0.5$，$s(1)=0.5$，$s(2)=0.75$，$s(3)=0.75$，$s(4)=1.0$，$p(1)=0.75$，$p(2)=0.7$。各地质参数所占的权重 W_t 见表 7-3。A 类评价区的地质参数评价值为

$$R_{Af} = (0.9 \times 0.3 + 1.0 \times 0.2 + 0.6 \times 0.3 + 0.5 \times 0.2)$$
$$\times (0.5 \times 0.25 + 0.75 \times 0.25 + 0.75 \times 0.25 + 1.0 \times 0.25)$$
$$\times (0.75 \times 0.4 + 0.7 \times 0.6) = 0.75 \times 0.75 \times 0.72 = 0.405$$

因此，A 类评价区（表 7-4）与 CA2 刻度区（表 7-2）的相似系数为

$$\alpha = \frac{R_{Af}}{R_{Ac}} = \frac{0.405}{0.532} \approx 0.76$$

即 A 评价区与 CA2 刻度区的相似度达到 76%。同理，可得到式（7-1）中的相似系数 β。

4. 计算评价区地质资源量

根据相似系数和刻度区的资源丰度，求出评价区地质资源量。计算公式如下：

表 7-4　中国 E 盆地致密油评价区地质参数

评价区类型	面积/10^4km²	储集条件				烃源条件				保存条件	
		有效储层厚度/m	储层岩性	孔隙度/%	渗透率/mD	有效厚度/m	平均TOC/%	成熟度(R_o/%)	有机质类型	封隔层岩性	封隔层厚度/m
核心区(A 类)	0.46	15	砂岩	8	0.05～1.35	20	>3	0.85	I，II	泥(页)岩	30
扩展区(B 类)	1.36	10	泥质砂岩	7	0.01～1	20	>3	0.85	I，II	粉砂质泥岩	30
外围区(C 类)	4.37	<8	泥质粉砂岩	6	0.01～0.5	20	>3	1.1	I，II	粉砂质泥岩	30

$$\begin{cases} Q_{\text{ip-p}} = \sum_{i=1}^{n}(A_\text{p} \times Z_{\text{p}_i} \times a_i)/n \\ Q_{\text{ip-e}} = \sum_{j=1}^{m}(A_\text{e} \times Z_{\text{e}_j} \times \beta_j)/m \\ Q_{\text{ip}} = Q_{\text{ip-p}} + Q_{\text{ip-e}} \end{cases} \quad (7\text{-}4)$$

式中，Q_{ip} 为评价区致密油地质资源量，10^4t；$Q_{\text{ip-p}}$、$Q_{\text{ip-e}}$ 分别为核心区和扩展区致密油地质资源量，10^4t；A_p、A_e 分别为核心区和扩展区面积，km²；Z_p、Z_e 分别为核心区和扩展区致密油资源丰度，10^4t/km²；n、m 分别为核心区和扩展区对应的刻度区个数。

5. 计算评价区可采资源量

可采资源量的计算公式如下：

$$Q_\text{r} = Q_{\text{ip-p}} \times E_{\text{r-p}} + Q_{\text{ip-e}} \times E_{\text{r-e}} \quad (7\text{-}5)$$

式中，Q_r 为评价区致密油可采资源量，10^4t；$E_{\text{r-p}}$ 为核心区可采系数；$E_{\text{r-e}}$ 为扩展区可采系数。

(三)可采资源评价方法

对于致密油勘探部署而言，致密油可采资源量比地质资源量的参考价值更直接。因此，在国外更重视致密油可采资源评价。随着致密油生产井的不断增多，我国致密油可采资源评价结果将越来越合理可靠，可采资源评价方法也将越来越受重视。以下重点阐述 EUR 类比法，简单介绍其他方法。

1. EUR 类比法

在有一定生产井 EUR 数据的地区，采用 EUR 类比法，以实现直接计算可采资源量的目标。EUR 是指根据生产递减规律，评估得到的单井最终可采储量。通过类比已知区生产井平均 EUR 获得评价区 EUR，并以此估算评价区致密油可采资源量。

致密油 EUR 类比法评价流程如下：第一步，估算评价区平均井控面积；第二步，估算评价区可钻井数；第三步，估算评价区钻井成功率及成功井数；第四步，通过类比得到成功井的平均 EUR；第五步，计算评价区可采资源量。

可采资源量计算公式为

$$Q_{rc} = 10^{-4} \times R \times \text{Risk} \times A / D \tag{7-6}$$

式中，Q_{rc} 为可采资源量，10^8t；R 为开发井平均 EUR，10^4t；Risk 为钻井成功率；A 为评价区有效面积，km²；D 为平均井控面积，km²。

EUR 类比评价法的关键参数有：开发井评价 EUR、评价区储层面积、单井控制面积和钻井成功率等。

2. 其他可采资源评价方法

目前，我国大多数地区致密油勘探程度较低、缺少生产井 EUR 数据，可采资源量多数是先通过计算地质资源量、研究可采系数后，再把地质资源量乘以可采系数得到的。因此，可采系数研究是可采资源计算的关键环节。

可采系数是指某区块内致密油可采资源量与总地质资源量之比。可采系数受开发技术水平影响较大，随开采技术水平的提高而不断提高，它只能大致反映某一阶段资源的可采状况。从北美多年的致密油开发实践来看，不同类型和不同盆地致密油可采系数变化较大，一般介于 4%～12%。中国致密油的可采系数也差别较大，松辽盆地可采系数超过 10%，可达到 14%，鄂尔多斯盆地可采系数已从早期的 5% 逐渐上升到现在的 8%，新疆盆地可采系数还较低，小于 8%。

三、致密油资源评价参数与标准

致密油资源评价参数包括资源量计算涉及的各类评价参数和地质参数(王社教等，2016)。资源评价方法参数是直接用于致密油资源量计算时各方法所采用的参数，地质评价参数是进行资源类比评价时涉及的地质风险评价参数。在致密油勘探实践中，可以发现即使在相距很近的致密油井，其产量变化也很大，有的不到 1t，有的甚至高达几十吨，相差几十倍。其原因就是致密油储层非均质性的结果。为了使致密油勘探做到有的放矢和经济有效开发，有必要对资源进行分级评价，优选最有利的勘探靶区，降低勘探风险。

(一)资源评价关键参数

通过对前述致密油资源评价方法的剖析,致密油资源计算的关键参数包括以下几种：

1. EUR

EUR 是可采资源量计算的关键参数。EUR 的关键是选择典型生产井作为刻度井，并建立不同类型生产井的 EUR 概率分布曲线作为类比评价依据。通常把 EUR 划分为三类，图 7-1 为鄂尔多斯延长组长 7 段致密油水平井 EUR 分级图，Ⅰ类为 3.18×10^4t；Ⅱ类为 2.25×10^4t；Ⅲ类为 0.96×10^4t。在进行 EUR 类比评价时，不同的评价单元由于成藏条件的差异，需要采用与其相似地质条件下的 EUR 曲线来类比计算，即不同的评价单元要用不同的 EUR 曲线。

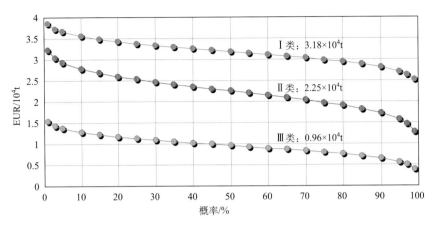

图 7-1 鄂尔多斯盆地延长组长 7 段致密油水平井 EUR 分级图

2. 单井控制面积

单井控面积是 EUR 法计算的关键参数。井控面积的准确度决定了 EUR 法资源量计算的精度。井控面积的确定一般以储层研究为基础，利用动态开发数据和井网优化技术，确定合理井控范围。例如，鄂尔多斯盆地有两类致密油开发井网：一种是准自然能量开发井网；另一种是注水开发井网。前者平均井控面积为 0.48km^2，后者为 0.56km^2。考虑到大多数开发井需要注水开发，可采用后者作为评价的依据，也可以根据压裂监测数据，通过计算得到井控面积。

3. 有效孔隙度

有效孔隙度是评价储层的重要参数。它是指岩石中互相连通的孔隙体积与岩石总体积之比，又可分为基质孔隙度和裂缝孔隙度。研究认为，中国陆相致密油储层物性普遍较差，以基质孔隙为主，介于 5%～8%，孔隙空间以微-纳米孔为主。根据现行的储层分类标准和勘探开发实践，本书把储层划分了三类：Ⅰ 类储层的孔隙度大于 8%（上限通常小于 12%），Ⅱ 类储层的孔隙度为 5%～8%，Ⅲ 类储层的孔隙度小于 5%。孔隙度小于 5% 的致密储层以纳米孔为主，尽管仍赋存有一定的致密油资源，但开发成本高，经济开采难度大，资源品质也较差。

4. 储层有效厚度

致密储层有效厚度是指达到致密油资源量起算标准的具有产油能力的储层厚度，是影响容积法计算资源量非常关键的评价参数。致密储层只有达到一定的厚度，即超过厚度下限，才具有开发价值。根据统计，中国陆相致密油能够达到工业生产能力的单层厚度或集中段厚度至少 4m 以上，即 4m 为致密油资源评价的厚度下限。

5. 储层面积

储层面积是致密油资源评价中关键的评价参数。从上述方法的介绍中不难发现，无论是类比区的建立、EUR 法单井控制面积的确定，还是评价区不同地质条件下评价单元的划分，储层面积是非常重要的评价参数。储层范围的确定，通常是利用地震、钻井、测井和测试(试油)等资料,结合储层最小有效厚度来确定。如鄂尔多斯盆地,致密储层的最小有效厚度为 4m,储层面积就是以厚度 4m 为边界,圈定评价区的面积总计为 78879km²。

6. 含油饱和度

含油饱和度是容积法计算致密油资源量的重要参数。含油饱和度是有效孔隙中含油体积和岩石有效孔隙体积之比。中国陆相致密油含油饱和度变化较大,为 40%~95%,其中源内形成的致密油含油饱和度普遍较高,如渤海湾盆地沙河街组、松辽盆地高台子致密油含油饱和度为 60%~70%,鄂尔多斯盆地延长组、四川盆地大安寨段含油饱和度为 70%~80%,准噶尔盆地、三塘湖盆地二叠系含油饱和度为 60%~95%。源下致密油,如松辽盆地白垩系扶余致密油含油饱和度较低,为 40%~60%。

7. 资源丰度

资源丰度是指单位面积内致密油资源量的大小,是类比法常用的参数。通常在勘探程度较高的地区建立刻度区,求取该区的地质资源和可采资源丰度,待评价区则通过与刻度区地质条件的类比,确定类比系数,进而计算出资源量。与北美相比,中国主要盆地致密油资源丰度普遍较低、变化大,分布在 $2×10^4$~$218×10^4$t/km²,如松辽盆地致密油资源丰度 $15×10^4$~$30×10^4$t/km²,渤海湾盆地为 $19×10^4$~$118×10^4$t/km²,鄂尔多斯盆地为 $12×10^4$~$15×10^4$t/km²,四川盆地为 $2×10^4$~$20×10^4$t/km²,三塘湖盆地马朗-条湖凹陷 $5×10^4$~$50×10^4$t/km²,准噶尔盆地 $73×10^4$~$218×10^4$t/km²。

8. 可采系数

可采系数是指某区块内致密油可采资源量与总地质资源量百分比。可采系数受开发技术水平影响较大,随开采技术水平的提高而不断提高,它只能大致反映某一阶段资源的可采状况。从致密油开发实践来看,不同类型和不同盆地致密油可采系数变化较大,一般介于 4%~12%。目前,松辽盆地可采系数较大,超过 10%,可达到 14%;鄂尔多斯盆地的可采系数已从早期的 5% 逐渐上升到 8%;准噶尔盆地可采系数较低,小于 8%。

9. 钻井成功率

钻井成功率是衡量油气资源富集程度和采用 EUR 类比法计算可采资源量的重要参数,该参数主要考虑评价区已有开发井的钻探结果,只有钻探成功的井才计算可采资源,因此,评价区可采资源的计算须考虑钻井成功率这项关键参数指标。从统计结果看,致密油钻井成功率较高,可达到 70%~90%。

(二)资源评价分级标准及实例

1. 分级标准

在致密储层物性与含油性的相关分析、致密油产量与资源丰度相关性分析、主要致密油盆地致密储层评价标准的统计分析等基础上,形成了致密油资源分级评价标准

（表 7-5），致密油资源主要分三级或三类。Ⅰ类资源，是指勘探的"甜点区"，指近期可升级和可动用的资源。该类资源孔隙度通常不小于8%，渗透率为 0.1～10mD，以油浸和油斑为主，产量较高。Ⅱ类资源，为勘探的有利区，指目前不可动用但随着技术进步和经济条件改善有望可动用的资源。该类资源储层孔隙度为 5%～8%，渗透率为 0.03～1mD，以油浸、油斑和油迹为主，产量不高。Ⅲ类资源，为资源的潜力区，资源品位较差，需要长期探索才可有效开发动用的远景资源。该类资源储层孔隙度不大于 5%，渗透率为 0.03～0.5mD，以油迹、荧光为主，产量很低。基于致密油资源分级评价标准，采用建立的致密油资源评价方法，如分级资源丰度类比法、小面元容积法、EUR 类比法，就可以分级评价致密油资源量，为寻找致密油资源富集区和"甜点区"提供依据。

表 7-5 致密油资源分级评价标准

级别	分级标准				主要含义及特征
	孔隙度 /%	资源丰度 /(10^4t/km^2)	储层厚度 /m	压力系数	资源含义
Ⅰ	≥8	≥15	≥10	≥1.3	"甜点区"，近期可升级、可动用的资源
Ⅱ	5～8	5～15	5～10	1.0～1.3	有利区，目前不可动用，随着技术进步和经济条件改善有望动用的资源
Ⅲ	≤5	≤5	≤5	≤1.0	潜力区，品位较差，需要长期探索有效开发技术的远景资源

2. 分级资源评价实例

图 7-2～图 7-4 为松辽盆地大庆探区扶余致密油分级资源评价实例。依据源、储评价图的叠合，确定致密油评价区的面积为 15194km^2；评价区的储层厚度一般为 5～10m，是油斑级以上砂层统计的结果；孔隙度一般为 5%～12%，来自岩心实测数据及测井解释结果；含油饱和度平均为 55%，是密闭取心测试的结果等。这些参数是致密油资源计算最关键的参数。

采用小面元容积法进行致密油资源量计算，大庆探区扶余致密油地质资源量为 12.72×10^{8}t，可采资源为 1.35×10^{8}t。依据分级资源评价标准，计算的Ⅰ类致密油资源量为地质资源 8.7×10^{8}t，可采资源为 0.92×10^{8}t，主要分布在长垣、三肇和齐家-古龙西斜坡。Ⅱ类致密油资源量地质资源为 3.6×10^{8}t，可采资源量为 0.38×10^{8}t，主要分布在齐家-古龙凹陷；Ⅲ类致密油资源量为地质资源为 0.42×10^{8}t，可采资源为 0.05×10^{8}t，主要分布在齐家-古龙凹陷北部和西南部。

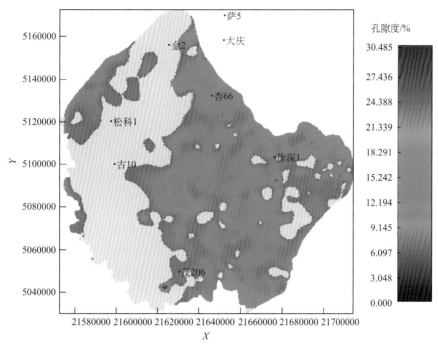

图 7-2 松辽盆地大庆探区扶余致密油Ⅰ类资源分布

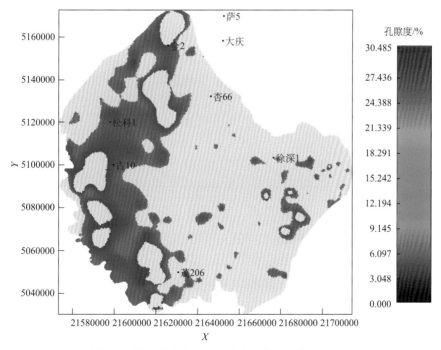

图 7-3 松辽盆地大庆探区扶余致密油Ⅱ类资源分布

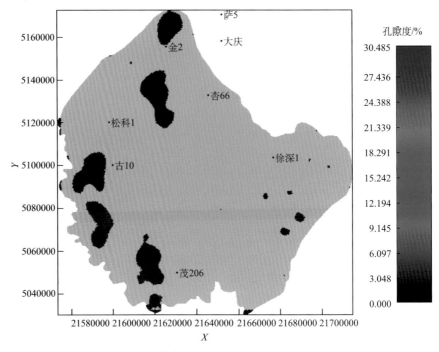

图 7-4　松辽盆地大庆探区扶余致密油Ⅲ类资源分布

四、我国主要盆地致密油资源潜力

在总结我国主要盆地致密油资源评价结果基础上，我国致密油剩余地质资源量集中分布在鄂尔多斯、松辽、准噶尔和渤海湾四个盆地；层系上主要分布在三叠系、古近系、白垩系、二叠系和侏罗系；有利区主要分布在鄂尔多斯盆地的陇东、姬塬、志靖-安塞，松辽盆地的长垣、齐家-古龙、三肇、乾安，渤海湾盆地的束鹿洼槽区、霸县洼槽区、雷家-曙光大民屯等地区。研究指出，我国致密油探明率整体很低，未来勘探潜力较大；东部地区致密油资源探明率最高，中部地区剩余地质资源量最多，中、东部地区是未来致密油勘探的重点。

(一)我国致密油资源评价

利用资源丰度类比法、小面元容积法和 EUR 类比法等非常规油气资源评价新方法，系统评价了重点盆地及中石油主要含油气盆地的致密油资源量。致密油初步地质资源量为 $125.8 \times 10^8 t$，可采资源量为 $12.34 \times 10^8 t$ (表 7-6)。其中，Ⅰ类致密油可采资源为 $6.69 \times 10^8 t$，Ⅱ类资源为 $3.08 \times 10^8 t$，Ⅲ类资源为 $2.57 \times 10^8 t$。

致密油资源集中分布在鄂尔多斯盆地、松辽盆地、渤海湾盆地、准噶尔盆地和四川盆地，以鄂尔多斯致密油资源潜力最大，地质资源量为 $30 \times 10^8 t$，可采资源量为 $3.509 \times 10^8 t$。松辽盆地，地质资源量为 $22.406 \times 10^8 t$，可采资源量为 $2.727 \times 10^8 t$；渤海湾和准噶尔盆地资源量相当,地质资源量分别为 $19.997×10^8t$ 和 $19.790×10^8t$,可采资源量分别为 $2.201×10^8t$ 和 $1.242×10^8t$。

需说明的是,本节所指的渤海湾盆地致密油资源量,不包括中石化矿权区致密油资源(中石化致密油资源内涵与中石油不同)。此外,从致密油地质与可采资源量评价结果看,尽管准噶尔、四川盆地致密油地质资源量较大,但由于储层非均质性很强,物性差,可采系数低,可采资源量相对较低。

表 7-6 中国陆上重点盆地致密油资源量表

盆地	层位	面积/km²	地质资源量/10⁸t			可采资源量/10⁸t		
			探明	剩余	总量	探明	剩余	总量
鄂尔多斯	T_3y^3 长 7 段	78879	1.006	28.994	30	0.118	3.392	3.509
松辽	K_2qn^{2-3}、K_1q^4	20507	2.588	19.818	22.406	0.463	2.263	2.727
渤海湾	Es_1、Es_2、Es_3、Ek^2	16703	0.968	19.029	19.997	0.146	2.055	2.201
准噶尔	P_2l、P_1f、P_2p	8026	0.320	19.470	19.790	0.075	1.168	1.242
四川	J	53010	0.812	15.316	16.128	0.051	1.237	1.288
柴达木	N_1、N_2、E_3	8050	0.066	8.510	8.576	0.009	0.688	0.697
三塘湖	P_2t、P_2l	2239	0.330	4.301	4.630	0.021	0.220	0.240
二连	K_1	896	0	2.983	2.983	0.000	0.310	0.310
酒泉	K_1g^{2+3}	231	0.188	1.101	1.289	0.030	0.096	0.126
合计			6.277	119.522	125.8	0.913	11.428	12.34

(二)资源分布特征

我国致密油的分布具有很多特殊性,本次针对大区、盆地、层系三个方面开展了系统分析,具体结果如下:

1. 大区分布

评价结果表明,我国重点盆地致密油资源主要分布在中东部(表 7-7)。截至目前,全国已探明致密油地质储量为 $6.28×10^8t$,剩余地质资源量为 $119.52×10^8t$。

中部地区致密油资源最富集。本次评价地质资源量为 $46.128×10^8t$,可采资源量为 $4.797×10^8t$。截至目前,致密油探明地质储量为 $1.818×10^8t$,剩余地质资源量为 $44.31×10^8t$。

东部地区致密油资源较为富集。本次评价地质资源量为 $45.386×10^8t$,可采资源量为 $5.283×10^8t$。截至目前,致密油探明地质储量为 $3.556×10^8t$,剩余地质资源量为 $41.83×10^8t$。

西部地区致密油资源相对较少,资源探明率最低。本次评价致密油地质资源量为 $34.285×10^8t$,可采资源量为 $2.305×10^8t$。截至目前,致密油探明地质储量为 $0.904×10^8t$,剩余地质资源量为 $33.382×10^8t$。

评价结果揭示:致密油资源探明率整体很低,未来勘探潜力极大;东部地区致密油资源探明率最高,中部地区剩余地质资源量最多,中、东部地区是未来致密油勘探的重点地区。

表 7-7　我国重点盆地致密油资源大区分布表

地区	面积/km²	致密油地质资源量/10⁸t			致密油可采资源量/10⁸t		
		探明	剩余	总量	探明	剩余	总量
东部	38106	3.556	41.83	45.386	0.609	4.628	5.238
中部	131889	1.818	44.31	46.128	0.169	4.629	4.797
西部	18546	0.904	33.382	34.285	0.135	2.172	2.305
合计	188541	6.28	119.52	125.80	0.91	11.43	12.34

2. 盆地分布

评价结果显示，致密油地质资源量主要分布在鄂尔多斯盆地、松辽盆地、渤海湾盆地、准噶尔盆地四大盆地（表 7-8），其中，鄂尔多斯盆地为 30×10^8t，松辽盆地为 22.406×10^8t，渤海湾盆地为 19.998×10^8t，准噶尔盆地为 19.790×10^8t，合计为 92.194×10^8t，约占总地质资源的 73.3%。已探明地质储量集中在松辽盆地、鄂尔多斯盆地、渤海湾盆地，其中松辽盆地探明致密油地质资源为 2.588×10^8t，资源探明率约为 11.6%，剩余地质资源量为 19.818×10^8t；鄂尔多斯盆地探明长 7 段致密油地质资源量为 1.006×10^8t，资源探明率约为 3.35%，剩余地质资源量为 28.994×10^8t。

表 7-8　我国重点盆地致密油资源量盆地分布表

盆地	油公司	层位	面积/km²	地质资源量/10⁸t						技术可采资源量/10⁸t					
				探明地质储量	剩余地质资源量	总地质资源量				探明可采储量	剩余可采资源量	总可采资源量			
						I 类	II 类	III 类	合计			I 类	II 类	III 类	合计
鄂尔多斯	长庆	T_3y^3长 7 段	78879	1.006	28.994	22.89	7.11		30	0.118	3.392	2.678	0.832		3.51
松辽	吉林	K_1q^4	5313	2.588	7.095	7.843	1.840		9.683	0.463	0.911	1.097	0.277		1.374
	大庆	K_2qn^{2-3}	1962	0	1.565	1.565	0.000		1.565	0	0.125	0.125	0.000		0.125
	大庆	K_1q^4	13232	0	11.158	7.568	3.590		11.158	0	1.227	0.832	0.395		1.227
	小计		20507	2.588	19.818	16.976	5.430	0.000	22.406	0.463	2.263	2.054	0.672	0.000	2.726
渤海湾	辽河	Es_3	60	0	0.520	0.000	0.520		0.520	0	0.052	0.000	0.052		0.052
	辽河	Es_4	780	0	5.000	3.700	1.300		5.000	0	0.428	0.324	0.104		0.428
	华北	Es_3 下	248	0.000	1.959	1.493	0.248	0.218	1.959	0.000	0.167	0.130	0.020	0.017	0.167
	华北	Es_1 下	1214	0.000	1.852	0.730	0.528	0.594	1.852	0.000	0.176	0.069	0.062	0.046	0.176
	华北	Es_3 中上	458	0.000	1.382	0.990	0.241	0.151	1.382	0.000	0.132	0.088	0.026	0.018	0.132
	大港	Es_1	3060	0.763	2.505	1.700	1.243	0.326	3.268	0.114	0.376	0.255	0.187	0.048	0.490
	大港	Es_2	3060	0.075	0.658	0.381	0.278	0.073	0.733	0.011	0.097	0.056	0.041	0.011	0.108
	大港	Es_3	5280	0.130	1.784	0.964	0.698	0.253	1.914	0.020	0.277	0.149	0.108	0.040	0.297
	大港	Ek_2	1760	0	1.180	0.566	0.401	0.212	1.180	0	0.177	0.085	0.060	0.032	0.177
	冀东	Es_1	679		1.330	0.740	0.320	0.270	1.330		0.107	0.060	0.026	0.021	0.107
	冀东	Es_3^3	103		0.86	0.53	0.16	0.17	0.86		0.067	0.042	0.012	0.013	0.067
	小计		16702	0.968	19.03	11.794	5.937	2.267	19.998	0.145	2.056	1.258	0.698	0.246	2.201

盆地	油公司	层位	面积/km²	地质资源量/10⁸t						技术可采资源量/10⁸t					
				探明地质储量	剩余地质资源量	总地质资源量				探明可采储量	剩余可采资源量	总可采资源量			
						Ⅰ类	Ⅱ类	Ⅲ类	合计			Ⅰ类	Ⅱ类	Ⅲ类	合计
准噶尔	新疆	P₂l	1278	0	12.4	3.291	6.752	2.358	12.400	0.000	0.651	0.173	0.354	0.124	0.651
		P₁f	2312	0.11	4.08	0.000	0.000	4.190	4.190	0.016	0.319	0.000	0.000	0.335	0.335
		P₂p	4436	0.21	2.99	0.000	0.000	3.200	3.200	0.059	0.197	0.000	0.000	0.256	0.256
	小计		8026	0.320	19.470	3.291	6.752	9.748	19.790	0.075	1.167	0.173	0.354	0.715	1.242
四川	西南	J	53010	0.812	15.316			16.128	16.128	0.051	1.237			1.288	1.288
柴达木	青海	N₁	1800	0	3.292	2.199	0.809	0.285	3.292	0.000	0.264	0.176	0.065	0.023	0.264
		E₃	1350	0.066	1.331	0.727	0.506	0.164	1.397	0.009	0.075	0.044	0.030	0.010	0.084
		N₂	4900	0.000	3.887	1.588	1.850	0.449	3.887	0.000	0.350	0.143	0.166	0.040	0.350
	小计		8050	0.066	8.510	4.514	3.165	0.898	8.576	0.009	0.688	0.363	0.261	0.073	0.697
三塘湖	吐哈	P₂t	562	0.330	1.101	1.056	0.242	0.133	1.431	0.021	0.059	0.059	0.014	0.007	0.080
		p₂l	1677	0	3.199	0.193	1.363	1.643	3.199	0.000	0.160	0.010	0.068	0.082	0.160
	小计		2239	0.330	4.30	1.249	1.605	1.778	4.630	0.021	0.219	0.069	0.082	0.089	0.240
二连	华北	K₁	896	0	2.983	0.934	1.229	0.821	2.983	0.000	0.310	0.082	0.145	0.082	0.310
酒泉	玉门	K₁g²⁺³	231	0.188	1.101	0.122	0.454	0.712	1.289	0.030	0.096	0.011	0.039	0.076	0.126
全国陆上致密油资源量				6.277	119.523	61.77	31.682	32.351	125.8	0.912	11.428	6.688	3.082	2.569	12.339

注：数据计算过程中，因四舍五入可能存在一些误差。

综合分析认为：剩余地质资源量主要集中在鄂尔多斯盆地、松辽盆地、准噶尔盆地和渤海湾盆地四个盆地，是今后致密油勘探的重点。

3. 层系分布

统计结果表明，致密油地质资源量主要分布在三叠系（表 7-9），地质资源量为 30×10^8t，古近系（E）、白垩系（K）、二叠系（P）资源量相近，分别为 21.394×10^8t、26.678×10^8t 和 24.419×10^8t，侏罗系（J）为 16.128×10^8t，新近系（N）资源最小，为 7.180×10^8t。从三类资源分布看，Ⅰ类优质资源集中分布在三叠系、白垩系和古近系。

表 7-9　我国重点盆地致密油地质资源量层系分布表

层系	地质资源量/10⁸t						技术可采资源量/10⁸t					
	探明地质储量	剩余地质资源量	总地质资源量				探明可采储量	剩余可采资源量	总可采资源量			
			Ⅰ类	Ⅱ类	Ⅲ类	合计			Ⅰ类	Ⅱ类	Ⅲ类	合计
N	0.000	7.180	3.787	2.659	0.734	7.180	0.000	0.613	0.319	0.231	0.063	0.613
E	1.034	20.360	12.520	6.443	2.431	21.394	0.155	2.130	1.301	0.728	0.256	2.285
K	2.775	23.903	18.032	7.113	1.533	26.678	0.493	2.669	2.148	0.856	0.158	3.162
J	0.812	15.316	0.000	0.000	16.128	16.128	0.051	1.237	0.000	0.000	1.288	1.288
T	1.006	28.994	22.89	7.11	0	30	0.118	3.392	2.678	0.831	0	3.51
P	0.650	23.769	4.539	8.356	11.524	24.419	0.095	1.387	0.241	0.436	0.805	1.482
合计	6.277	119.522	61.768	31.681	32.35	125.799	0.912	11.428	6.687	3.082	2.570	12.339

(三)有利区

经过近几年的致密油勘探,尽管在鄂尔多斯盆地、松辽盆地、渤海湾盆地、四川盆地等盆地发现并提交了致密油探明储量,但探明程度很低。截至 2015 年底,致密油仅提交探明可采储量为 $0.913 \times 10^8 t$,剩余技术可采资源量为 $11.428 \times 10^8 t$,剩余资源多,勘探潜力大。

按照致密油成藏条件好、地质资源量超过 $1 \times 10^8 t$、地表条件好、利于施工的评价标准,优选出致密油优质资源富集区,作为未来致密油勘探的重点领域,共优选有利区 11 个,面积为 $9.5518 \times 10^4 km^2$,地质资源量为 $52.96 \times 10^8 t$,可采资源量为 $6.65 \times 10^8 t$,主要分布在鄂尔多斯盆地的陇东、姬塬、志靖-安塞,松辽盆地的长垣、齐家、古龙、三肇等,渤海湾盆地的束鹿洼槽区、霸县洼槽区、雷家-曙光、大民屯等地区(表 7-10)。

表 7-10　我国重点盆地致密油富集区分布表

盆地	层系	有利区	致密油面积/km²	地质资源量/10⁸t	可采资源量/10⁸t
鄂尔多斯	T_3	陇东、姬塬、志靖-安塞	66000	22.2	2.6
松辽	K_1、K_2	长垣、古龙、三肇	13000	7.6	0.8
		齐家	1900	1.6	0.12
		乾安	5300	7.8	1.1
准噶尔	P_2	吉木萨尔上"甜点段"	1300	3.3	1.17
渤海湾	Es_3	束鹿洼槽区	248	1.96	0.13
		霸县洼槽区	458	1	0.09
	Es_4	雷家-曙光	401	2.3	0.18
		大民屯	211	1.4	0.14
柴达木	N_1	扎哈泉	1800	2.2	0.18
	N_2	小梁山-南翼山	4900	1.6	0.14
合计		11	95518	52.96	6.65

1. 鄂尔多斯盆地

鄂尔多斯盆地致密油资源最丰富,全盆地剩余可采资源量为 $3.392 \times 10^8 t$。评价认为,致密油资源主要富集在陇东、姬塬、志靖-安塞等地,总计面积 $6.6 \times 10^4 km^2$,地质资源量为 $22.2 \times 10^8 t$,可采资源量为 $2.6 \times 10^8 t$。近年来,鄂尔多斯盆地不断加大该区的致密油勘探力度(杨华等,2013;姚泾利等,2013),2013 年在西 233 井区提交 $3.8 \times 10^8 t$ 控制储量,2014 年在新安边油田提交 $1.0 \times 10^8 t$ 探明储量、$2.58 \times 10^8 t$ 预测储量,建成了西 233、安 83、庄 183 和宁 89 共四个致密油试验区,水平井单井平均初期产量为 8.5t/d,建成年产 $107.2 \times 10^4 t$ 生产能力。

2. 松辽盆地

松辽盆地剩余可采资源量为 $2.263 \times 10^8 t$,分布在盆地北部大庆和南部吉林两个探区。

松辽盆地北部致密油资源主要富集在长垣、齐家-古龙、三肇等地区,层系包括白垩系的泉四段和青山口的二、三段(施立志等,2015)。富集区面积 $1.49×10^4km^2$,地质资源量为 $9.2×10^8t$,可采资源为 $0.92×10^8t$。在富集区已建成垣平1、龙26、齐平2共三个试验区,形成年产 $16×10^4t$ 产能。松辽盆地南部致密油资源富集在乾安地区,面积 $5300km^2$,地质资源量为 $7.8×10^8t$,可采资源量为 $1.1×10^8t$。主力层系为白垩系的泉四段,近几年该区多口井获工业油流,其中让平1井初期日产油81t,预计"十四五"该区可提交探明储量 $1×10^8t$ 以上。

3. 准噶尔盆地

准噶尔盆地剩余可采资源量为 $1.168×10^8t$,主要分布在吉木萨尔凹陷芦草沟组。芦草沟组致密油层可分为上、下两个"甜点段",上"甜点段"资源最富集,面积 $1300km^2$,地质资源量为 $3.3×10^8t$,可采资源为 $1.17×10^8t$。在上"甜点段"钻遇多口井均获工业油流,吉172-H井、吉37井和吉176井分获日产油77.8t、6.31t、5.27t。

4. 渤海湾盆地

渤海湾盆地剩余可采资源量为 $2.055×10^8t$,主要分布在辽河、华北、大港和冀东探区。其中资源富集区主要在辽河和华北探区。辽河探区的西部凹陷雷家-曙光地区沙四段杜家台与高升油层碳酸盐岩致密油和大民屯凹陷沙四段致密油,总面积 $612km^2$,地质资源量为 $3.7×10^8t$,可采资源量为 $0.32×10^8t$。辽河探区自2013年在西部凹陷雷家-曙光地区的雷平2井获日产致密油20.7t以来,钻探的多口探井均见良好油气显示。大民屯安95井老井试油,也获得工业油气流;华北探区的束鹿凹陷沙三下段泥灰岩致密油、霸县凹陷沙三中上段致密砂岩油,总面积 $706km^2$,地质资源量为 $2.96×10^8t$,可采资源量为 $0.22×10^8t$。

5. 柴达木盆地

柴达木盆地剩余可采资源量为 $0.688×10^8t$,主要分布于新近系上干柴沟组和古近系的下干柴沟组。评价认为,柴达木盆地致密油资源主要富集在扎哈泉、小梁山-南翼山等地,面积 $6700km^2$,地质资源量为 $3.8×10^8t$,可采资源量为 $0.32×10^8t$。柴达木盆地自扎哈泉地区扎2井新近系上干柴沟组(N_1)滩坝砂岩致密油发现后,至2015年底,在柴西钻探的40余口探井,30口井见良好的油气显示,20余口井获工业油流井,展现出良好的致密油勘探前景。

第二节 页岩油资源评价

本节综述了页岩油资源评价方法研究进展,介绍了页岩油资源评价常规使用的基于 S_1 含量、氯仿沥青"A"含量的体积法和基于页岩孔隙空间的容积法,探讨了页岩原地总油量、可动油量、吸附油量和蒸发烃损失量等关键参数的计算,列举了鄂尔多斯盆地延长组长7段页岩油原地总量和可动油量的评价过程。

重点研究两次热解法的吸附油与总油含量的计算方法。两次热解法存在一个假设,即抽提前后所采用的两块岩石是均质的，要求 TOC 含量是一样的。但实际上，多数岩石是非均质性的，两块样品或多或少存在差异。当然，我们主要关心的是 TOC 含量差异，因为这对 S_1 和 S_2 有直接影响。本节提出一种基于两次热解数据来评价样品 TOC 非均质性的方法，并改进了原有的吸附油含量计算方法，使吸附油和总油含量计算结果更加准确。同时，还探讨了可动油含量和蒸发烃损失量的计算方法，并将这些新方法用以评价鄂尔多斯盆地延长组长 7 页岩油的原地总量和可动油总量，以期对该地区页岩油勘探战略的制定提供参考。

一、页岩油资源评价现状

近 10 年，随着常规油气勘探难度的加大，页岩油气的勘探和研究得到重视，并取得较大进展(Romero-Sarmiento，2019，Li J B et al.，2019；郭秋麟等，2019；Li et al.，2020)。在北美地区，二叠盆地、威利斯顿盆地、西湾(Western Gulf)和西加拿大沉积盆地(Western Canada Sedimentary Basin)等，页岩油勘探获得了重大突破(EIA，2017；Han et al.；2019；Kuske et al.，2019；杨磊等，2019)；在鄂尔多斯盆地、渤海湾盆地、松辽盆地和准噶尔盆地等盆地的页岩油勘探也取得显著进展(付金华等，2019；支东明等，2019；孙换泉等，2019)，页岩油具有巨大的资源潜力(杜金虎等，2019)，是今后潜在的石油资源接替领域。

页岩油指富含有机质页岩中所赋存的液态烃，储层为页岩。页岩油原地量是指赋存于地下页岩中的所有液态烃，包括吸附的和游离的总量；页岩油可动量，是指页岩油原地总量中除了吸附油以外的全部液态烃量。需要说明的是，这里所指的可动量并不是具有商业油流的量，也不是可采地质资源量。

页岩油原地量的评价方法主要有两类：一是基于页岩孔隙体积的容积法；二是基于页岩 S_1 含量(或氯仿沥青"A"含量)的体积法。

关于页岩孔隙体积的容积法，2012 年，Modica 和 Lapierre 提出了 PhiK 模型，并用于计算页岩有机质孔隙度，然后根据孔隙度大小评价页岩油原地量。2016 年，Chen 和 Jiang 提出了一种改进的页岩有机质孔隙度的计算方法，并且认为西加拿大沉积盆地 Duvernay 组页岩油主要存储在有机质纳米孔隙中，并根据孔隙度容积评价了页岩油原地量。2019 年，杨维磊等通过分析页岩孔隙度，采用容积法评价了鄂尔多斯盆地安塞地区长 7 段页岩油的资源潜力。

根据 S_1 含量(或氯仿沥青"A"含量)计算页岩油原地量的方法比较复杂，还存在许多难题，如总油含量(total oil yield，TOY，单位为 mg/g 岩石)、吸附油含量的计算、蒸发烃损失量的估算等。

页岩的总油含量 TOY，是指每克页岩中所含的液态烃毫克量。主要有两种总油含量的计算方法：第一种是通过设定特殊的实验温度进行单次热解，得到游离烃、吸附烃等数据，从而获得总油含量(蒋启贵等，2016；Romero-Sarmiento，2019；Li J B et al.，2019；Li et al.，2020)；第二种是通过抽提前和抽提后两次热解法得到两组热解数据，然后再计算吸附油和总油含量(Delveaux et al. 1990；Jarvie，2012，2018；Michael，et al.，2013；

Li M W et al.，2018，2019）。薛海涛等(2016)对松辽盆地北部青山口组泥(页)岩样品抽提前、后两次热解参数进行对比，对氯仿沥青"A"含量进行轻烃补偿校正，对 S_1 进行轻烃、重烃补偿校正，以获得泥(页)岩总含油率参数；余涛等(2018)利用烃源岩游离烃量 S_1，评价了东营凹陷沙河街组页岩油资源量，研究泥(页)岩有机非均质性，预测页岩油有利区；朱日房等(2019)分别运用氯仿沥青"A"和热解 S_1 含量计算东营凹陷沙三段页岩油资源量和可动资源量，认为运用地球化学参数法很难直接获取游离油量和吸附油量，但能够确定页岩中的滞留油量和岩石对油的吸附潜量；谌卓恒等(2019)提出了一种页岩油的资源潜力及流动性评价方法，并以西加拿大盆地上泥盆统 Duvernay 组页岩为例，评价了页岩油原地量和可动油量；Li M W 等(2018，2019) 提出了一种计算页岩原地总油含量的计算方法，分析了渤海湾盆地沙河街组页岩可动油特征，评价了页岩油资源潜力。

页岩可动油含量(movable oil yield，MOY，单位为 mg/g 岩石)，是指每克页岩中所含的非吸附的、可动的液态烃毫克量。Jarvie（2012）提出了 S_1/TOC 的判断方法，认为 S_1/TOC >100mg/g 是可动油的门限；Michael 等(2013)认为几乎所有的热解 S_1 都是可动油；多位学者(蒋启贵等，2016；Romero-Sarmiento，2019；Li J B et al.；2019；Li et al.，2020)通过改进岩石热解的测试方法，确认 S_1 是在热解 300℃前释放出来的，而可动烃是在热解 200℃以前释放的，可见，可动油的计算还存在较大分歧。

二、页岩油资源评价方法

目前，页岩油地质资源评价方法包括基于残留烃含量的评价方法和基于页岩孔隙体积的评价方法两大类。本节提出的双孔隙评价模型属于后一类方法的改进型。

(一)基于残留烃含量的评价方法

残留烃含量，一般用 S_1 和氯仿沥青"A"这两个指标表示。因此，基于残留烃含量的评价方法也有两种。

1. 采用 S_1 指标的计算方法

该方法是由单位体积页岩中的游离油总量估算页岩油地质资源量的方法。计算公式为

$$\begin{cases} Q_{\text{oil}} = 10^{-2}V\rho S_1 k_s \\ Q_a = 10^{-4}V\rho C\beta_s \\ Q_m = Q_{\text{oil}} - Q_a \end{cases} \quad (7\text{-}7)$$

式中，Q_{oil} 为评价区页岩油总地质资源量，10^8t；Q_a 为评价区页岩油中吸附油地质资源量，10^8t；Q_m 为评价区页岩油中游离油地质资源量，10^8t；V 为评价区有利含油页岩体积，km³；ρ 为有利含油页岩岩石密度，t/m³；S_1 为有利含油页岩热解总量，mg/g；k_s 为热解 S_1 校正系数，无量纲；C 为有利含油页岩总有机碳含量，%；β_s 为热解 S_1 吸附系数，mg/g。

2. 采用氯仿沥青 "A" 指标的计算方法

该方法将氯仿沥青 "A" 含量看作含油量近似量，因此计算公式如下：

$$\begin{cases} Q_{\text{oil}} = 10^{-1}V\rho P_A k_{\text{a}} \\ Q_{\text{a}} = 10^{-4}V\rho C\beta_A \\ Q_{\text{m}} = Q_{\text{oil}} - Q_{\text{a}} \end{cases} \tag{7-8}$$

式中，P_A 为有利含油页岩单位岩石氯仿沥青 "A" 含量，%；k_{a} 为氯仿沥青 "A" 轻烃补偿系数，无量纲；β_A 为氯仿沥青 "A" 吸附系数，mg/g。

(二)基于页岩孔隙体积的评价方法

1. 页岩有机孔隙

有机质孔隙发育程度与原始有机碳含量、有机质成熟度和有机质类型等因素有关。根据物质守恒定律可以建立有机质孔隙度的理论计算模型。计算公式如下：

$$\phi_{\text{om}} = i\text{TOC} \times C_{\text{c}} \times k \times T_{\text{r}} \times (\rho_{\text{rock}} / \rho_{\text{TOC}}) \times 10^{-4} \tag{7-9}$$

式中，ϕ_{om} 为有机质孔隙度，%；$i\text{TOC}$ 为原始有机碳质量分数，%；C_{c} 为可转化碳百分比，%；k 为换算系数，取 1.18；T_{r} 为转化率，即有机碳转化成烃的百分比，%；ρ_{rock}、ρ_{TOC} 分别为岩石和有机碳密度，g/cm^3。

2. 页岩油地质资源量计算

页岩油主要存储在有机孔隙、无机孔隙和页岩裂缝中，因此页岩油资源量计算公式如下：

$$Q_{\text{shale\_oil}} = 100Ah(\phi_{\text{om}} + \phi_{\text{in}} + \phi_{\text{f}})S_{\text{o}}\rho_{\text{o}}/B_{\text{o}} \tag{7-10}$$

式中，$Q_{\text{shale\_oil}}$ 为页岩油资源量，t；A 为页岩分布面积，km^2；h 为页岩厚度，m；ϕ_{in} 为页岩无机孔隙度，%；ϕ_{f} 为页岩缝隙孔隙度，%；S_{o} 为页岩孔隙中含油饱和度，%；ρ_{o} 为页岩油密度，t/m^3；B_{o} 为页岩油体积系数，无量纲。

以上模型适用于生油窗内的页岩油地质资源量计算。

(三)双孔隙评价模型

双孔隙评价模型是针对页岩夹层的一种评价模型。由于夹层与页岩在岩性、岩石物性、含油饱和度等影响资源量的关键参数上存在较大差异，在计算资源量时必须将两者区分开来，才能有效降低计算误差。

1. 夹层厚度及分布范围

夹层是指页岩层系中，厚度较小（一般为 1m），不能单独作为致密油层开发的致密储集岩层。在实际应用中，只要页岩层系中没有被划定为致密油开发的储集岩层均可作为夹层。

夹层厚度是指页岩层系中所有夹层的累计厚度，但不包括被划分为致密油层的部分。夹层厚度可以通过井孔资料分析、测井解释等研究获得，也可通过野外剖面测量分析获得。

夹层分布范围是指夹层集中段或主要夹层的分布范围，可以采用连井剖面分析方法来划定，也可采用层序地层学与沉积微相研究方法来确定。

2. 双孔隙评价模型

双孔隙是指页岩平均孔隙和夹层平均孔隙。双孔隙评价模型是由页岩和夹层两种孔隙构成的页岩油地质资源评价模型。根据双孔隙模型的含义，页岩油地质资源量计算公式为

$$\begin{cases} V_s = 10^{-6} A_s h_s \phi_s S_{os} \\ V_r = 10^{-6} A_r h_r \phi_r S_{or} \\ Q_{shale\_oil} = (V_s + V_r) \rho_o / B_o \end{cases} \tag{7-11}$$

式中，V_s 为页岩孔隙中的油资源量，$10^8 m^3$；V_r 为页岩夹层中的油资源量，$10^8 m^3$；Q_{shale_oil} 为页岩油资源量，$10^8 t$；A_s、A_r 分别为页岩和夹层的分布面积，km^2；h_s、h_r 分别为页岩和夹层的厚度，m；ϕ_s、ϕ_r 分别为页岩和夹层的孔隙度，%；S_{os}、S_{or} 分别为页岩和夹层孔隙中的含油饱和度，%。

以上模型适用于生油窗内的页岩油地质资源量计算。

三、页岩油原地量与可动油量评价方法

页岩总油含量和可动油含量的计算是页岩油资源潜力评价的核心技术。根据对两次热解样品 TOC 含量非均质性的认识，提出一种基于两次热解数据来评价样品 TOC 含量非均质性的方法及一种校正吸附油含量的计算方法，运用该方法对江汉盆地 29 个潜江组页岩和渤海湾盆地 32 个沙河街组页岩样品的评价结果揭示：①TOC 含量相差平均值分别达到 0.16% 和 0.34%，说明两组样品都存在一定的非均质性；②校正前后吸附油的相差值分别为 0.85mg/g 和 0.84mg/g，说明进行等价 TOC 校正可以使吸附油、总油和可动油含量的计算结果更准确。同时，提出了一种基于页岩油密度及地层体积系数计算蒸发烃损失量的方法。

(一)研究思路与评价流程

1. 评价思路

前已述及，两次热解法要求抽提前后所采用的两块岩石是均质的，TOC 含量是一样的。但实际上，多数岩石是非均质性的。进一步讲，如果 TOC 含量不一致，那么两块岩石热解数据就不具备可比性。这样，按两次热解法计算的吸附油含量及相应的总油含量将存在较大误差，其结果可信度就会降低。因此，提出一种基于两次热解数据来评价样品 TOC 非均质性的方法，并通过对样品 TOC 非均质性的评价，定量计算出两块岩石的 TOC 比值，按该比值对抽提后样品的热解数据进行等价 TOC 校正，使两块岩石热解数据具有可比性，从而提高吸附油和总油含量计算结果的可靠性。

2. 评价流程

评价流程(图 7-5)包括以下主要步骤：

第一步：采集并筛选页岩样品，做好全岩热解及可溶有机质抽提准备。

第二步：将样品分为两块，其中一块(TOC_A)直接进行全岩热解测试，获得抽提前的热解数据及有机碳含量(S_1、S_2 和 TOC_A)；另一块(TOC_B)先进行可溶有机质抽提，之后再进行全岩热解测试，获得抽提后的热解数据及有机碳含量(S_{1EX}、S_{2EX} 和 TOC_{EX})。

第三步：根据物质守恒定律原理，基于 S_1、S_2、TOC_A 、S_{1EX}、S_{2EX} 和 TOC_{EX} 数据，建立评价两块岩石 TOC 的比值(TOC_A/TOC_B)，即非均质性系数或等价 TOC 校正系数。

第四步：用等价 TOC 校正系数校正 S_{1EX} 和 S_{2EX}，使得两块岩石在同等 TOC 的条件下进行热解数据对比。此时，校正后的 S_{1EX} 和 S_{2EX} 对应的 TOC 为 TOC_A，而不是原先的 TOC_B。

第五步：采用两次热解法计算吸附油含量。

第六步：采用的地层体积系数方法计算蒸发烃损失量。

第七步：计算总油含量和可动油含量。

第八步：根据页岩总油含量、可动油含量和页岩体积，评价页岩油原地量和可动油量。

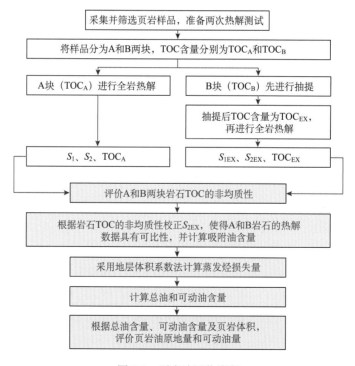

图 7-5　页岩油评价流程

(二)页岩 TOC 非均质性评价方法的提出

1. 等价 TOC 校正系数的含义

假设用于抽提前、后的两块岩石的 TOC 含量分别为 TOC_A 和 TOC_B(均指还未抽提的样品 TOC 含量),那么等价 TOC 校正系数为 TOC_A/TOC_B,即两块岩石 TOC 的比值。

等价 TOC 校正系数的含义是在相同地质条件下(一个样品分成两块,它们的地质条件相同),岩石热解 S_1、S_2 与 TOC 含量呈正比,TOC 含量越大,S_1、S_2 也就越大;反之,S_1、S_2 就越小。因此,根据等价 TOC 校正系数就可以校正热解数据。

2. 等价 TOC 校正系数的计算方法

一个样品分成 A、B 两小块,分别用于抽提之前和之后的全岩热解,假设 TOC 含量分别为 TOC_A 和 TOC_B,如果两小块的 TOC 含量不一致,相差值为 ΔTOC,则

$$TOC_A = TOC_B + \Delta TOC \tag{7-12}$$

A 块(TOC_A):热解后得到 S_1+S_2;其中部分来自 ΔTOC,剩下的来自 TOC_B 的量为

$$(S_1+S_2) \times TOC_B/TOC_A \tag{7-13}$$

B 块(TOC_B):抽提后,TOC_B 变为 TOC_{EX};抽提后热解得到 $S_{1EX}+S_{2EX}$。

根据物质守恒原理,则

$$TOC_B = TOC_{EX} + [(S_1+S_2) \times TOC_B/TOC_A - (S_{1EX}+S_{2EX})] \times 100/\delta \tag{7-14}$$

即

$$TOC_B = TOC_{EX} + 100(S_1+S_2)/\delta \times TOC_B/TOC_A - 100(S_{1EX}+S_{2EX})/\delta \tag{7-15}$$

同项移位后,得

$$TOC_B[1-100(S_1+S_2)/(\delta \times TOC_A)] = TOC_{EX} - 100(S_{1EX}+S_{2EX})/\delta \tag{7-16}$$

进一步简化后,得

$$TOC_B = [TOC_{EX} - 100(S_{1EX}+S_{2EX})/\delta]/[1-100(S_1+S_2)/(\delta \times TOC_A)] \tag{7-17}$$

式(7-12)~式(7-17)中,TOC_A、TOC_B、TOC_{EX} 的单位为%;S_1、S_2、S_{1EX}、S_{2EX} 的单位为 mg/g;100 为 TOC 百分比换算系数;δ 为碳烃转化系数,约为 1200。

此时,等价 TOC 校正系数 k_{eq} 为

$$k_{eq} = TOC_A/TOC_B \tag{7-18}$$

$$k_{eq} = TOC_A/\{[TOC_{EX} - 100(S_{1EX}+S_{2EX})/\delta]/[1-100(S_1+S_2)/(\delta \times TOC_A)]\} \tag{7-19}$$

$$k_{eq} = TOC_A \times [1-100(S_1+S_2)/(\delta \times TOC_A)]/[TOC_{EX} - 100(S_{1EX}+S_{2EX})/\delta] \tag{7-20}$$

根据式(7-20),只要已知两次热解数据(S_1、S_2、TOC_A、S_{1EX}、S_{2EX} 和 TOC_{EX}),就能计算出等价 TOC 校正系数。

3. 等价 TOC 校正系数的计算实例

为了解释进行等价 TOC 校正的必要性,对江汉盆地潜江组页岩热解数据(Chen et al.,2018)和渤海湾盆地沙河街组页岩热解数据(Li M W et al.,2019),进行了 TOC 非均质性计算,计算结果(表 7-11 和表 7-12)如下:

表 7-11 江汉盆地潜江组页岩热解数据、吸附油含量及校正系数（热解数据来自 Chen et al., 2018）

编号	样品信息 井名	深度/m	全岩热解数据 S_1/(mg/g)	S_2/(mg/g)	TOC_A/%	抽提后的全岩热解数据 S_{1EX}/(mg/g)	S_{EX}/(mg/g)	TOC_{EX}/%	未校正的 S_1-S_{1EX}/(mg/g)	S_2-S_{2EX}/(mg/g)	ΔS_{2eq}/(mg/g)	k_{eq}	等价 TOC 校正后的 TOC_B/%	$|TOC_A-TOC_B|$/%	$|\Delta S_{2eq}-\Delta S_2|$/(mg/g)
1	Wangyun-11	1746.1	2.99	14.48	2.59	0.04	11.3	2.03	2.95	3.18	2.67	1.05	2.48	0.11	0.51
2		1747	4.6	25.6	4.48	0.06	22.62	3.8	4.54	2.98	2.35	1.03	4.43	0.05	0.63
3		1749.3	20.86	17.14	4.48	0.06	3.59	1.44	20.8	13.55	12.99	1.16	4.30	0.18	0.56
4		1714.3	3.05	2.1	0.94	0.01	0.69	0.65	3.04	1.41	1.50	0.86	1.02	0.08	0.09
5		1710.6	9.09	9.78	3.68	0.03	4.77	2.33	9.06	5.01	4.57	1.09	3.50	0.18	0.44
6		1707.3	10.97	7.61	2.98	0.01	1.95	1.25	10.96	5.66	5.04	1.32	2.64	0.35	0.62
7		1705.9	9.92	8.17	3.4	0.03	2.8	2.01	9.89	5.37	5.18	1.07	3.28	0.12	0.19
8		1704.7	2.02	1.47	0.62	0.01	0.44	0.26	2.01	1.03	0.82	1.48	0.51	0.11	0.21
9		1649.2	4.5	55.96	8.54	0.15	50.82	7.52	4.35	5.14	1.58	1.07	8.31	0.23	3.56
10		1646.5	17.09	16.7	4.63	0.04	3.99	1.93	17.05	12.71	12.16	1.14	4.41	0.22	0.55
11		1645.1	8.81	12.61	3.02	0.03	5.72	1.48	8.78	6.89	5.55	1.23	2.79	0.23	1.34
12		1633	4.65	31.39	5.33	0.1	26.13	4.48	4.55	5.26	4.89	1.01	5.30	0.03	0.37
13		1632.3	8.82	57.62	9.71	0.26	49.11	8.14	8.56	8.51	6.71	1.04	9.56	0.15	1.80
14		1309.3	5.57	46.03	6.03	0.28	36.94	4.92	5.29	9.09	10.88	0.95	6.12	0.09	1.79
15	Qianyeping-2	1451.6	0.73	3.8	0.98	0.04	2.98	0.9	0.69	0.82	1.03	0.93	1.03	0.05	0.21
16		1463.5	3.67	33.15	5.58	0.21	27.54	4.75	3.46	5.61	4.77	1.03	5.51	0.07	0.84
17		1467.8	3.49	17.57	4.35	0.11	13.3	3.57	3.38	4.27	3.50	1.06	4.21	0.14	0.77
18		1471.1	1.53	10.98	2.72	0.1	8.17	2.19	1.43	2.81	1.85	1.12	2.54	0.18	0.96
19		1476.5	3.01	31.11	5	0.15	24.76	4.21	2.86	6.35	6.09	1.01	4.98	0.02	0.26

续表

样品信息		全岩热解数据			抽提后的全岩热解数据			未校正的				等价 TOC 校正后的		
编号	井名	深度/m	S_1/(mg/g)	S_2/(mg/g)	TOC_A/%	S_{1EX}/(mg/g)	S_{2EX}/(mg/g)	TOC_{EX}/%	S_1-S_{1EX}/(mg/g)	S_2-S_{2EX}/(mg/g)	ΔS_{2eq}/(mg/g)	k_{eq}	TOC_B/%	$|TOC_A-TOC_B|$/%	$|\Delta S_{2eq}-\Delta S_2|$/(mg/g)
20	Qianyeping-2	1481.9	0.8	6.5	1.47	0.07	4.61	1.2	0.73	1.89	1.60	1.06	1.42	0.05	0.29
21		1485.7	1.68	7.58	2.11	0.12	4.86	1.72	1.56	2.72	2.60	1.03	2.08	0.03	0.12
22		1492.2	3.76	24.63	3.89	0.17	21.87	3.29	3.59	2.76	1.69	1.05	3.82	0.07	1.07
23		1500.3	1.82	23.9	4.34	0.15	21.73	3.99	1.67	2.17	1.87	1.01	4.31	0.03	0.30
24		1507.1	0.35	2.37	0.9	0.03	1.65	0.88	0.32	0.72	0.87	0.91	0.97	0.07	0.15
25		1513.2	3.25	12.56	3.45	0.07	4.08	1.94	3.18	8.48	7.10	1.34	2.91	0.54	1.38
26		1518.8	1.91	6.89	2.6	0.05	3.49	2.05	1.86	3.4	3.18	1.06	2.49	0.11	0.22
27		1528.7	4.67	10.2	2.86	0.08	4.33	1.7	4.59	5.87	4.93	1.22	2.57	0.29	0.94
28		1535.2	10.95	34.75	6.85	0.2	23.45	4.85	10.75	11.3	9.98	1.06	6.69	0.16	1.32
29		1537.2	8.07	17.72	3.51	0.12	9.1	2.85	7.95	8.62	11.77	0.65	4.23	0.72	3.15
平均值					3.83					5.3	4.82	1.07	3.74	0.16	0.85

表 7-12 渤海湾盆地沙河街组页岩热解数据、吸附油含量及校正系数（热解数据来自 Li M W et al., 2019）

编号	样品信息		全岩热解数据			抽提后的全岩热解数据			未校正的			等价 TOC 校正后的			
	井名	深度 /m	S_1 /(mg/g)	S_2 /(mg/g)	TOC_A /%	S_{1EX} /(mg/g)	S_{2EX} /(mg/g)	TOC_{EX} /%	S_1-S_{EX} /(mg/g)	S_1-S_{EX} /(mg/g)	ΔS_{2eq} /(mg/g)	k_{eq}	TOC_B /%	$|TOC_A-TOC_B|$ /%	$|\Delta S_{2eq}-\Delta S_2|$ /(mg/g)
1	LY1-18	3580.17	5.34	11.86	3.58	1.31	8.9	2.83	4.03	2.96	2.21	1.08	3.30	0.28	0.75
2	LY1-17	3587.18	4.47	7.54	2.43	1.49	6.15	1.87	2.98	1.39	0.41	1.16	2.10	0.33	0.98
3	LY1-16	3600.1	11.9	18.44	4.97	0.5	8.64	3.13	11.4	9.8	9.53	1.03	4.82	0.15	0.27
4	LY1-15	3613.38	9.23	12.88	3.63	1.84	7.78	2.53	7.39	5.1	4.83	1.03	3.51	0.12	0.27
5	LY1-14	3624.31	5.46	8.52	2.7	1.1	5.29	1.91	4.36	3.23	2.63	1.11	2.42	0.28	0.60
6	LY1-13	3635.56	6.05	12.6	3.93	0.29	6.52	2.54	5.76	6.08	4.75	1.20	3.26	0.67	1.33
7	LY1-12	3644.95	9.35	18.13	5.15	0.62	10.9	4.01	8.73	7.23	7.91	0.94	5.49	0.34	0.68
8	LY1-11-a	3659.12	13.76	24.96	6.93	1.6	15.09	4.96	12.16	9.87	9.30	1.04	6.68	0.25	0.57
9	LY1-10	3671.64	10.01	18.93	5.97	0.66	13.01	4.9	9.35	5.92	6.62	0.95	6.31	0.34	0.70
10	LY1-9	3690.2	2.64	4.85	1.73	1.15	3.47	1.43	1.49	1.38	1.18	1.06	1.63	0.10	0.20
11	LY1-8	3748.1	3.42	5.48	2.22	0.5	2.93	1.47	2.92	2.55	1.82	1.25	1.78	0.44	0.73
12	LY1-7	3757.16	3.02	4.8	1.94	0.38	2.14	1.44	2.64	2.66	2.56	1.05	1.85	0.09	0.10
13	LY1-5	3786.35	8.43	8.87	3.26	0.41	3.33	1.93	8.02	5.54	5.13	1.12	2.90	0.36	0.41
14	LY1-4	3797.74	7.29	7.99	3.25	3.41	6.58	2.9	3.88	1.41	1.70	0.96	3.40	0.15	0.29
15	LY1-3	3812.73	6.35	7.72	2.97	3.85	6.23	2.54	2.5	1.49	1.13	1.06	2.81	0.16	0.36
16	LY1-2	3817.87	11.52	14.87	5.58	0.71	5.89	3.77	10.81	8.98	8.69	1.05	5.31	0.27	0.29
17	LY1-1	3822.75	5.27	6.81	2.43	0.23	2.23	1.43	5.04	4.58	4.22	1.16	2.09	0.34	0.36
18	NY1-22	3307.06	1.98	13.87	2.6	0.69	13.31	2.57	1.29	0.56	1.74	0.91	2.85	0.25	1.18
19	NY1-21	3314.1	4.95	26.87	4.45	0.67	21.72	3.55	4.28	5.15	3.68	1.07	4.17	0.28	1.47

续表

样品信息			全岩热解数据			抽提后的全岩热解数据			未校正的				等价 TOC 校正后的		
编号	井名	深度 /m	S_1 /(mg/g)	S_2 /(mg/g)	TOC_A /%	S_{1EX} /(mg/g)	S_{2EX} /(mg/g)	TOC_{EX} /%	S_1-S_{EX} /(mg/g)	S_1-S_{EX} /(mg/g)	ΔS_{2eq} /(mg/g)	k_{eq}	TOC_B /%	$|TOC_A-TOC_B|$ /%	$|\Delta S_{2eq}-\Delta S_2|$ /(mg/g)
20	NY1-20	3351.47	2.58	9.69	2.14	0.29	8.11	1.9	2.29	1.58	2.14	0.93	2.30	0.16	0.56
21	NY1-19	3360.55	2.35	9.96	2.11	0.23	9.62	1.94	2.12	0.34	0.64	0.97	2.18	0.07	0.30
22	NY1-18	3374.19	6.04	26.98	4.64	0.48	23.73	4.37	5.56	3.25	7.93	0.80	5.78	1.14	4.68
23	NY1-17	3380.6	2.25	8.37	1.75	0.25	5.1	1.09	2	3.27	1.52	1.34	1.30	0.45	1.75
24	NY1-16	3398.85	7.48	31.52	4.94	0.39	21.52	3.57	7.09	10	10.67	0.97	5.10	0.16	0.67
25	NY1-15	3401.63	3.5	9.71	1.89	0.26	9.29	1.82	3.24	0.42	2.55	0.77	2.45	0.56	2.13
26	NY1-14	3404.99	3.47	9.24	1.85	0.75	6.04	1.33	2.72	3.2	2.99	1.03	1.79	0.06	0.21
27	NY1-11	3434.83	6.31	16.54	5.37	0.53	13.94	5.04	5.78	2.6	3.94	0.90	5.94	0.57	1.34
28	NY1-10	3439.13	8.31	11.06	2.38	0.37	4.4	0.92	7.94	6.66	4.61	1.47	1.62	0.76	2.05
29	NY1-9	3468.65	4.49	12.55	3.73	0.35	6.37	2.59	4.14	6.18	5.30	1.14	3.28	0.45	0.88
30	NY1-8	3471.24	0.2	0.27	0.25	0.01	0.05	0.15	0.19	0.22	0.20	1.45	0.17	0.08	0.02
31	NY1-6	3478.13	1.58	0.91	1.1	0.03	0.16	0.59	1.55	0.75	0.66	1.55	0.71	0.39	0.09
32	NY1-5	3483.03	4.19	3.94	2.1	0.22	0.97	1.02	3.97	2.97	2.44	1.54	1.36	0.74	0.53
平均值					3.25				3.97	3.98	3.93	1.1	3.15	0.34	0.84

1）计算实例1：潜江组页岩

样品数 29 个，k_{eq} 最大值达到 1.48，最小值为 0.65，平均值为 1.07；ΔTOC 最大值（按绝对值）为 0.72%，平均值为 0.16%（表 7-11、图 7-6 和图 7-7）。

2）计算实例2：沙河街组页岩

样品数 32 个，k_{eq} 最大值达到 1.55，最小值为 0.77，平均值为 1.10；ΔTOC 最大值（按绝对值）为 0.74%，平均值为 0.34%（表 7-12、图 7-6 和图 7-7）。

以上两组数据说明，不论是潜江组页岩还是沙河街组页岩，样品均存在一定的非均质性，TOC 的平均偏差分别达到 0.16% 和 0.34%，最大偏差比分别达到 1.48 和 1.55，说明进行样品非均质性校正是非常必要的。

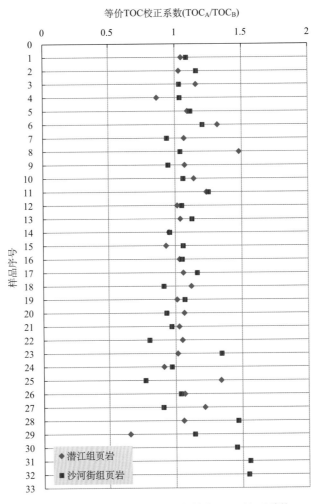

图 7-6　潜江组和沙河街组页岩等价 TOC 校正系数

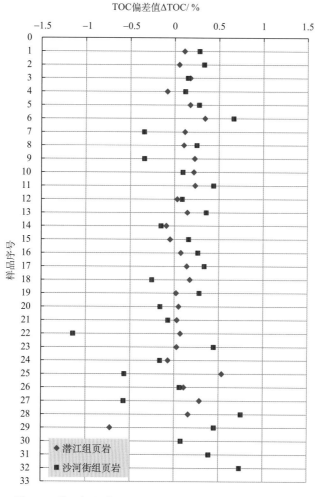

图 7-7　潜江组和沙河街组页岩 TOC 含量偏差值（ΔTOC）

（三）改进的吸附油含量计算方法

1. 现有的吸附油含量计算方法

现有的吸附油含量计算方法有两种：第一种为单次热解法，即认为 200℃以前为可动烃，之后释放的为吸附烃（蒋启贵等，2016；Romero-Sarmiento，2019；Li J B et al.，2019；Li et al.，2020）；第二种为两次热解法，即通过两次热解数据计算吸附油含量。目前，第二种方法较为常用。根据两次热解法（Delveaux et al.，1990），吸附油含量 AO 为

$$AO = S_2 - S_{2EX} = \Delta S_2 \tag{7-21}$$

Jarvie（2012）认为，抽提后热解的游离烃 S_{1EX} 为溶剂污染，不应该计算在吸附油和总油含量之内。因此，式（7-21）改为

$$AO = \Delta S_2 - S_{1EX} \tag{7-22}$$

但是，Li 等(2018)认为，S_{1EX} 很可能是隔离在纳米孔中的游离组分，抽提过程削弱了对这些游离组分的隔离，使得这部分在抽提后的样品分析中以游离烃的状态出现，应该属于吸附油。因此，式(7-22)改为

$$AO = \Delta S_2 + S_{1EX} \tag{7-23}$$

关于这一点，得到了谌卓恒等(2019)的认可。

2. 改进的方法

由于 S_{1EX} 来源存在分歧，同时考虑到 S_{1EX} 的量相对较小，本节暂时不考虑 S_{1EX} 的影响，但考虑到两次热解样品 TOC 含量的非均质性，需要对 S_{2EX} 进行等价 TOC 校正，使得前后两次热解数据具有可比性。同时，统计经验得出：在相同地质条件下 S_2 与 TOC 呈正比，而且接近线性关系。因此，改进的吸附油含量为

$$\begin{cases} AO = \Delta S_{2eq} \\ \Delta S_{2eq} = S_2 - S_{2EX} k_{eq} \end{cases} \tag{7-24}$$

式中，ΔS_{2eq} 为经过等价 TOC 校正后的吸附油含量，mg/g 岩石；k_{eq} 为等价 TOC 校正系数，无量纲。

3. 改进前后吸附油含量计算结果对比

表 7-11 和表 7-12 分别为潜江组页岩和沙河街组页岩的计算实例。潜江组页岩：$\Delta S_{2eq}-\Delta S_2$ 最大值(按绝对值)为 3.56mg/g，平均值为 0.85mg/g；沙河街组页岩：$\Delta S_{2eq}-\Delta S_2$ 最大值(按绝对值)为 4.68mg/g，平均值为 0.84mg/g。图 7-8(a) 和图 7-8(b) 为两组样品吸附油含量计算结果对比，总体看，校正后的吸附油含量略小于校正前的含量。

以上图表数据说明，不论是潜江组页岩还是沙河街组页岩，样品均存在一定的非均质性，说明在计算吸附油含量之前需要进行样品的非均质性校正。

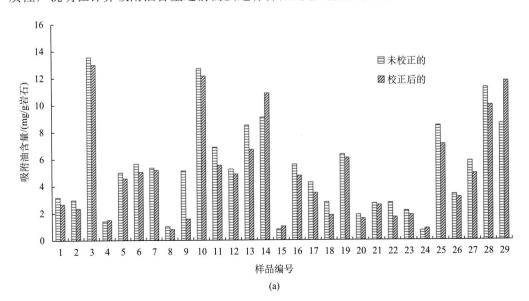

(a)

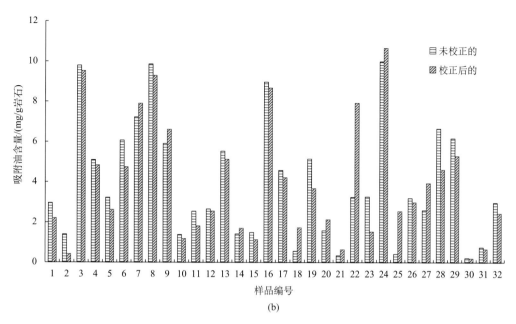

图 7-8　校正前后吸附油含量对比

(a)江汉盆地潜江组页岩样品；(b)渤海湾盆地沙河街组页岩样品

(四)蒸发烃损失量计算方法探讨

蒸发烃损失量的估算是公认的难题。目前，常规的方法是采用冷冻岩心分阶段测试 S_1 的方法。根据不同阶段得到的不同 S_1 值来估算蒸发烃损失量。Jiang 等(2016)测试到蒸发烃损失量可达到 38%；Michael 等(2013)认为，蒸发烃损失量与地下页岩油的密度(API)有关，密度越轻损失量越大，反之损失量越小。他们认为中等密度的页岩油，损失量约为15%。谌卓恒等(2019)介绍了一种利用地层体积系数计算蒸发烃损失量的方法，Li 等(2020)对该方法进行了修正。

本节提出了一种基于页岩油密度及地层体积系数的蒸发烃损失量计算方法，具体如下。

地下页岩油原始质量为

$$Q_{or} = V_{sub} \times \rho_{sub} \tag{7-25}$$

当前地面，蒸发烃损失后，页岩油质量为

$$Q_{pd} = V_{pd} \times \rho_{pd} \tag{7-26}$$

蒸发烃损失系数，即损失量与当前地面页岩油量之比，计算式为

$$k_{s1} = \frac{Q_{or} - Q_{pd}}{Q_{pd}} = \frac{V_{sub}}{V_{pd}} \times \frac{\rho_{sub}}{\rho_{pd}} - 1 = B_o \times \frac{\rho_{sub}}{\rho_{pd}} - 1 \tag{7-27}$$

式(7-25)～式(7-27)中，k_{s1} 为蒸发烃损失系数，无量纲；Q_{or} 为地层中页岩油的质量，t；Q_{pd} 为当前地面页岩油的质量，t；V_{sub} 为地层中页岩油的体积，m³；V_{pd} 为地面页岩油

的体积，m^3；B_o 为页岩油体积系数；ρ_{sub} 为地层中页岩油的密度，t/m^3；ρ_{pd} 为当前地面页岩油的密度，t/m^3。

(五)页岩油总量与可动油含量计算方法探讨

1. 页岩油总量计算

基于两次热解数据，页岩油总量为

$$\text{TOY} = S_1 + \Delta S_{2eq} \tag{7-28}$$

Abrams 等(2017)认为应该考虑蒸发烃损失量(evaporative loss，记为 S_{1loss})，因此，式(7-28)可修改为

$$\begin{cases} \text{TOY} = S_1 + \Delta S_{2eq} + S_{1loss} \\ S_{1loss} = (S_1 + \Delta S_{2eq}) \times k_{s1} \end{cases} \tag{7-29}$$

式中，S_{1loss} 为页岩蒸发烃损失量，mg/g 岩石。

2. 可动油含量计算

页岩可动油含量(MOY)的认识同样存在较大分歧。Jarvie (2012)认为 $S_1/\text{TOC} > 100\text{mg/g}$ 是可动油的门限，Michael 等(2013)认为几乎所有的热解 S_1 都是可动油，多位学者(蒋启贵等，2016；Romero-Sarmiento，2019；Li et al.，2020)认为，可动烃是在热解 200℃ 以前释放的烃。本节基于我国现有陆相页岩油的 S_1 含量较低及大多数热解 S_1 来自 300℃ 以前释放的烃(多数未测 200℃ 释放的烃量)的基本特点，采用 Michael 等(2013)的观点，认为 S_1 几乎都是可动的，因此再加上蒸发烃损失量，则有

$$\text{MOY} = S_1 + S_{1loss} \tag{7-30}$$

式中，MOY 为页岩可动油含量，mg/g 岩石。

四、页岩油原地量和可动油量评价实例

(一)地质背景

评价案例选自鄂尔多斯盆地延长组长 7 段页岩。鄂尔多斯盆地横跨陕、甘、宁、蒙、晋五省区，北部为鄂尔多斯高原，海拔 1200～1500m，南部为黄土高原，海拔 800～1600m，隶属华北地台，是一个稳定沉降、拗陷迁移的克拉通盆地，面积约为 $25\times10^4\text{km}^2$。鄂尔多斯盆地三叠系延长组是一套陆相碎屑岩沉积地层，南厚北薄，最大厚度超过 1000m，自上而下划分为长 1 段—长 10 段共 10 个油层组，其中致密储层油、页岩油主要位于第 7 个油层组(简称长 7 段)。长 7 段又可细分为 3 个亚段，从上到下依次为长 7^1、长 7^2 和长 7^3。长 7 段分布面积约 $10\times10^4\text{km}^2$，埋深在 600～2900m，厚度为 70～130m，是一套深湖、半深湖、浅湖、三角洲前缘沉积，是中国页岩油分布的最重要地层之一。其中，长 7^3 亚段岩性以厚层黑色页岩和深灰色泥岩为主，是成熟页岩油的主要目标层段(郭秋麟等，2017)。

长 7 段页岩分布面积分布大，厚度大于 5m 的面积为 $3.28\times10^4\text{km}^2$，平均厚度为 18.5m，

最厚可达 35.9m；从平面分布看，页岩 TOC 含量最大可达到 19%，平均大于 15%。页岩油埋深（长 7 段底界）为 $600\sim2900$m，R_o 值为 $0.5\%\sim1.3\%$，平均 S_1 含量为 2.4mg HC/g 岩石，平均 S_2 含量为 37.1mg HC/g 岩石。S_2 与 TOC 呈良好的正相关性，复相关系数达到 0.87；平均 HI 为 336.8mg HC/g TOC，最大 HI 为 814.3mg HC/g TOC，说明主要为 I 和 II_a 型干酪根。

（二）吸附油含量计算

1. 长 7 段页岩吸附油含量计算

表 7-13 为鄂尔多斯盆地延长组长 7 段页岩吸附油含量的计算结果。表 7-13 揭示，校正前与校正后吸附油含量的偏差值平均为 2.82mg/g，最大偏差为 9.73mg/g。

表 7-13 鄂尔多斯盆地延长组长 7 段页岩热解数据、吸附油含量及校正系数

样品编号	全岩热解数据			抽提后的全岩热解数据			吸附油含量		
	S_1 /(mg/g)	S_2 /(mg/g)	TOC_A /%	S_{1EX} /(mg/g)	S_{2EX} /(mg/g)	TOC_{EX} /%	ΔS_2 /(mg/g)	ΔS_{2eq} /(mg/g)	$\lvert\Delta S_2-\Delta S_{2eq}\rvert$ /(mg/g)
1	1.56	1.58	0.85	0.02	0.59	0.62	0.99	0.39	0.60
2	1.75	8.07	5.89	0.08	2.41	2.06	5.66	5.45	0.21
3	2.02	12.77	8.73	0.13	9.61	7.03	3.16	8.53	5.37
4	3.62	6.91	3.56	0.07	3.16	3.12	3.75	3.25	0.50
5	2.70	7.43	4.82	0.08	4.17	4.23	3.26	4.60	1.34
6	2.26	7.36	5.77	0.11	6.60	6.36	0.76	5.63	4.87
7	2.28	8.45	5.86	0.09	4.80	4.20	3.65	5.62	1.97
8	2.20	7.72	5.33	0.07	3.96	3.48	3.76	5.07	1.31
9	3.23	38.61	10.98	0.21	33.08	10.22	5.53	10.51	4.98
10	1.17	2.32	1.44	0.03	0.91	1.27	1.41	1.20	0.21
11	0.81	1.76	1.42	0.02	0.80	1.31	0.96	1.25	0.29
12	6.77	64.81	14.17	0.08	54.81	13.54	10.00	13.50	3.50
13	5.48	44.66	15.30	0.06	37.46	14.84	7.20	14.94	7.74
14	8.14	80.50	21.72	0.12	69.00	20.95	11.50	21.23	9.73
15	1.07	8.44	3.86	0.03	6.95	3.69	1.49	3.61	2.12
16	1.22	5.31	1.92	0.04	3.38	1.64	1.93	1.52	0.41
平均值	2.89	19.17	6.98	0.08	15.11	6.16	4.06	6.64	2.82

注：$\Delta S_2=S_2-S_{2EX}$。

2. 长 7 段页岩吸附油含量与 S_1 的关系

受测试费用、采样及测试周期的限制，目前多数页岩样品只做单次全岩热解测试，未做抽提后的热解测试，这样无法通过式 (7-24) 来计算吸附油含量。针对这个问题，确定了以下思路：首先，用已有的两次热解数据计算出吸附油含量，并进行校正；然后，

再拟合出吸附油含量与 S_1 的关系。

根据表 7-13，拟合出的结果如图 7-9 所示，吸附油含量与 S_1 的关系式为

$$\Delta S_{2eq} = aS_1 + b \tag{7-31}$$

式中，a 和 b 均为回归系数，无量纲，其中，$a = 2.4685$；$b = -0.4958$。

这样，只有单次热解数据的样品，可通过式(7-31)计算得到吸附油含量近似值。

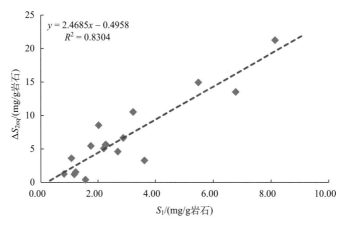

图 7-9　吸附油含量与热解 S_1 的关系

（三）蒸发烃损失系数计算

根据鄂尔多斯盆地延长组长 7 段页岩油密度及体积系数(表 7-14)，采用式(7-27)计算得到蒸发烃损失系数 k_{s1} 为 0.09，即 $1.222 \times (0.748/0.839) - 1 \approx 0.09$。

表 7-14　长 7 段页岩油主要特征

地层原油				地面原油			
密度 /(g/cm³)	黏度 /(mPa·s)	气油比 /(m³/t)	体积系数	密度 /(g/cm³)	黏度(50℃) /(mPa·s)	初馏点 /℃	凝固点 /℃
0.748	1.48	68.83	1.222	0.839	6.64	74.99	23.17

（四）其他关键参数

统计 200 个长 7 段页岩样品的单次热解数据，得到 S_1 平均值为 1.99mg/g 岩石，最大值为 6.81mg/g 岩石，最小值为 0.30mg/g 岩石。

采用本节的方法进行评价得到：ΔS_{2eq} 最小值为 0.24mg/g 岩石，最大值为 16.13mg/g 岩石，平均值为 4.42mg/g 岩石；S_{1loss} 最小值为 0.05mg/g 岩石，最大值为 2.08mg/g 岩石，平均值为 0.58mg/g 岩石；TOY 最小值为 0.59mg/g 岩石，最大值为 25.21mg/g 岩石，平均值为 6.98mg/g 岩石；MOY 最小值为 0.35mg/g 岩石，最大值为 8.89mg/g 岩石，平均值为 2.57mg/g 岩石。

根据以上数据，得到蒸发烃损失系数为 0.09，即 S_{1loss} 占总烃含量（未恢复蒸发烃时）的 9%；S_{1loss}/S_1（平均值）= 0.58/1.99 = 29.15%，说明蒸发烃损失约占 S_1 的 29%；MOY/TOY（平均值）= 2.57/6.98 = 36.82%，揭示可动油约占总油的 37%；TOY/S_1（平均值）= 4.87/1.99 = 2.45，揭示总油约为 S_1 的 2.45 倍。

数据拟合发现 TOY、MOY 与 TOC 存在较好的线性关系（图 7-10），即

$$TOY = 0.676TOC \tag{7-32}$$

$$MOY = 0.2437TOC \tag{7-33}$$

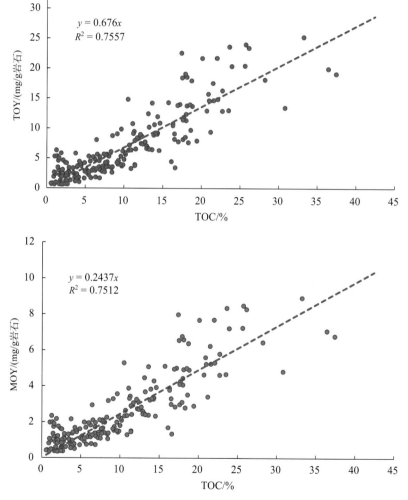

图 7-10　鄂尔多斯盆地延长组长 7 段页岩 TOY、MOY 与 TOC 关系

（五）长 7 段页岩油原地总量及可动油量评价结果

基于延长组页岩的特点，确定两项评价原则：一是页岩厚度大于 5m；二是 TOC 含

量大于 3%。

按以上两项原则确定评价区有效面积为 32789km^2，页岩平均厚度为 18.45m。将评价区分出 13280 个评价单元(软件自动剖分)。结合 TOC 含量分布图，采用式(7-32)和式(7-33)计算出各评价单元的 TOY 和 MOY，然后采用体积法评价出相应的资源丰度(图 7-11、图 7-12)。

统计得到：①页岩油总原地量为 111.2×10^{8}t，平均资源丰度为 33.9×10^{4}t/km^2，最大丰度为 93×10^{4}t/km^2(图 7-11)；②可动油量为 40.1×10^{8}t，平均资源丰度为 11.2×10^{4}t/km^2，最大丰度为 33.7×10^{4}t/km^2(图 7-12)；③以可动油资源丰度大于 20×10^{4}t/km^2 作为核心区的界线，预测出核心区面积为 5535km^2，可动油量为 13.1×10^{8}t，主要分布在罗 254 井—木 78 井—华池—塔儿湾—正宁一带(图 7-12)。

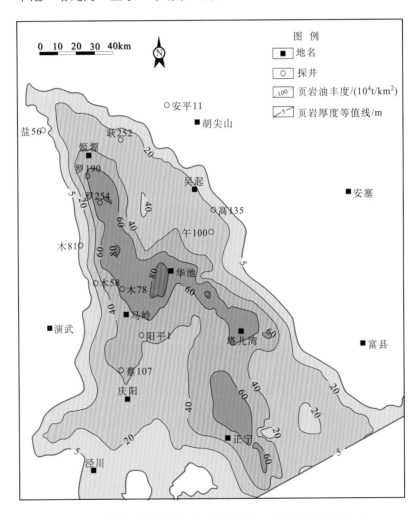

图 7-11 鄂尔多斯盆地延长组长 7 段页岩油原地量资源丰度

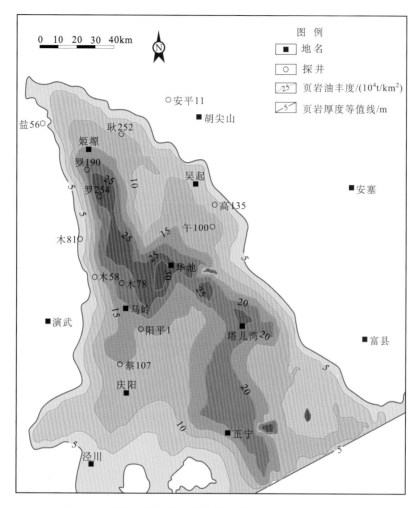

图 7-12 鄂尔多斯盆地延长组长 7 段页岩可动油量资源丰度

五、页岩油资源潜力

目前学术界和工业界并未就中国陆相页岩油资源潜力达成共识,但大家普遍认可页岩油中蕴含巨量的资源潜力(邹才能等,2015;赵文智等,2018;金之钧等,2018)。

中国页岩油主要分布在中—新生代陆相湖盆富有机质页岩中,在鄂尔多斯盆地延长组长 7 段、松辽盆地白垩系青山口组、准噶尔盆地二叠系、渤海湾盆地沙河街组、四川盆地侏罗系自流井组—凉高山组、江汉盆地古近系—新近系、南襄盆地古近系—新近系等具有页岩油形成条件,据第三轮全国资源评价数据,中国陆相地层总生油量为 $6×10^{12}$ t,资源量为 $1300×10^8$ t,运聚系数为 2.2%,除形成常规油和致密油及破坏散失外,绝大部分滞留在生油岩内。按照现有的生排烃理论,烃源岩生成的石油 20%~50%会滞留下来,页岩油的资源潜力可能会远远超过致密油。

美国能源信息署(EIA，2013)估算我国页岩油风险技术可采资源量约为 322×10⁸bbl(约 45×10⁸t)，其中，松辽盆地青山口组为 114.6×10⁸bbl(约 16×10⁸t)，准噶尔盆地二叠系为 54.4×10⁸bbl(约 7.6×10⁸t)、三叠系为 67×10⁸bbl(约 9.38×10⁸t)，塔里木盆地奥陶系为 15.5×10⁸bbl(约 2.17×10⁸t)、三叠系为 64.7×10⁸bbl(约 9.06×10⁸t)，该评价没有包括潜力巨大的鄂尔多斯盆地和渤海湾盆地。近年来，美国地质调查局(USGS)也对我国一些典型含油气盆地页岩油、致密油技术可采资源量开展了评估，不同机构对国内典型盆地页岩油资源评价结果差异较大(表 7-15)。

表 7-15　USGS、EIA 对我国典型盆地致密油/页岩油资源的评价

盆地	地层	油			气		评估部门(年份)
		类型	油/10⁸bbl	油/10⁸t	气/bcf	气/10⁸m³	
准噶尔	芦草沟组	致密油	7.64	1.07	3465	981.2	USGS (2016)
		页岩油	54.4	7.6			EIA (2013)
	三叠系	页岩油	67	9.38			EIA (2013)
三塘湖	芦草沟组	致密油	2.41	0.34	72	20.4	USGS (2018a)
松辽	青山口组	页岩油	114.6	16			EIA (2013)
		页岩油	21.31	2.98	569	160.1	USGS (2017a)
	嫩江组	页岩油	11.92	1.67	318	89.5	USGS (2017a)
渤海湾	沙河街组	页岩油	20.36	2.85	2964	839.4	USGS (2017b)
四川	侏罗系	致密油	12.27	1.72	983	278.3	USGS (2018b)
塔里木	奥陶系	页岩油	13.73	1.92	959	268.8	USGS (2018c)
		页岩油	15.5	2.17			EIA (2013)
	三叠系	页岩油	64.7	9.06			EIA (2013)

注：1bcf=1×10⁹ft³。

近年来，我国自然资源部、各石油公司、研究机构均开展了页岩油资源评价工作(表 7-16)。总体看，我国页岩油资源丰富，但潜力到底有多大仍不明确，应在国家层面尽快开展全国范围内的页岩油资源评价工作，准确掌握页岩油资源潜力及其分布特点，优选有利区(李国欣和朱如凯，2020)。

根据原位转化热模拟实验产出油气量、主要含油气盆地中符合页岩油原位转化的页岩 TOC、R_o 和滞留油量分布数据，初步评价中等油价 60～65 美元/bbl 条件下，我国中低成熟度陆相页岩油经济可采资源量为 200×10⁸～250×10⁸t，与常规石油技术可采资源总量相当；天然气技术可采资源量为 60×10¹²～65×10¹²m³，是中国常规天然气资源总量的 3 倍。其中，鄂尔多斯盆地延长组 7 段页岩油原位转化现实性最好，石油技术可采资源量为 400×10⁸～450×10⁸t、天然气技术可采资源量为 30×10¹²～35×10¹²m³。在油价 60～65 美元/bbl 条件下，经济可采资源量为 150×10⁸～180×10⁸t，是该盆地常规石油技术可采资源量的 4～5 倍；松辽盆地白垩系嫩江组一段是页岩油原位转化的重要层段，页岩有机质丰度较高，热演化程度较低，具有比鄂尔多斯盆地上三叠统延长组 7 段更高

的氢指数，地下原位转化潜力值得高度重视。借用鄂尔多斯盆地长 7 段页岩热模拟结果进行潜力评价，松辽盆地嫩江组一段页岩原位转化石油技术可采资源量为$120\times10^8\sim150\times10^8$t、天然气技术可采资源量为$9\times10^{12}\sim10\times10^{12}$m^3。在油价 60~65 美元/bbl 条件下，经济可采资源量至少在$20\times10^8\sim25\times10^8$t（赵文智等，2018，2020）。

页岩油资源量差别很大，主要取决于技术的应用与成果。但页岩油技术可采资源量与经济可采资源量是研究的重点。

表 7-16 中国页岩油资源量

资料来源	评价时间	资源量
李玉喜	2011 年	初步估计可采资源量100×10^8t 以上
中华人民共和国国土资源部油气资源战略研究中心*	2013 年	地质资源量402.67×10^8t，技术可采资源量37.06×10^8t
中华人民共和国国土资源部*	2013 年	全国页岩油技术可采资源量为153×10^8t
邹才能等	2015 年	初步预测页岩油可采资源量为$30\times10^8\sim60\times10^8$t
中国石化*	2012 年	中国石化探区页岩油地质资源量85×10^8t
中国石化*	2014 年	全国页岩油技术可采资源量为 204×10^8t
中国石油*	"十三五"	中国石油探区页岩油地质资源量201.6×10^8t
中国石油*	2016 年	全国页岩油技术可采资源量为145×10^8t
康玉柱	2018 年	页岩油技术可采资源量43.5×10^8t，油页岩油技术可采资源量120×10^8t
杜金虎等	2019 年	初步估算中国陆相中高成熟度页岩油地质资源量约200×10^8t
自然资源部*	2020 年	中高成熟度页岩油地质资源量283×10^8t
赵文智等	2020 年	中低成熟度页岩油原位转化技术可采资源量为$700\times10^8\sim900\times10^8$t，中等油价(60~65 美元/bbl)下的经济可采量为$150\times10^8\sim200\times10^8$t。中高成熟度页岩油地质资源量约$100\times10^8$t

*表示非公开资料。

第三节 致密油"甜点区"预测

本节首先论述致密油地质"甜点区"评价标准与地质综合评价技术，然后论述致密油资源"甜点区"预测技术，并列举鄂尔多斯盆地延长组长 7 段致密油"甜点区"预测实例。考虑到致密油地球物理"甜点区"预测技术已在其他章论述，本节不再赘述。

一、"甜点区"内涵

（一）"甜点区"术语及含义

邹才能等(2014)提出非常规油气"甜点区"是指在源储共生的页岩层系发育区，具有优越的烃源岩特征、储集层特征、含油气特征、脆性特征和地应力特征配置关系，并结合试油试采产量和油气井生产动态关系，在目前经济技术条件下，可优选进行勘探开发的非常规油气富集目标区；"甜点段"可分为三类：地质"甜点区"、工程"甜点区"和经济"甜点区"；张国印等(2015)对云质致密油研究时，提出岩性、物性及裂缝发育程度共同决定了致密油"甜点区"分布，并根据基质孔隙与裂缝的配置关系，将致密油"甜点区"类型分为孔隙型、裂缝型及孔隙-裂缝型；张新顺等(2015)提出"甜点区"通常是致密油的高产区，表现为储层物性好、裂缝发育、脆性强、含油性好等特征。

(二)"甜点区"预测技术

本节的"甜点区"预测技术，特指地质"甜点区"评价方法、地球物理"甜点区"预测技术和资源"甜点区"预测技术三类。

1. 地质"甜点区"评价方法

致密油地质"甜点区"，是指在源储共生的含油页岩层系发育区，目前经济技术条件下可优先勘探开发的非常规石油富集高产的有利目标区。一般具有较大分布范围、一定厚度规模、优质烃源岩、较好储层物性、较高含油气饱和度、较轻油质、较高地层能量(高气油比、高地层压力)、较高脆性指数、天然裂缝与局部构造发育等特征。因此，致密油"甜点区"平面上主要位于成熟优质烃源岩分布范围内，在该范围内，烃源岩、储层和工程力学品质配置较好，通过水平井、储层改造可获得潜在开发价值的致密油。

致密油"甜点区"地质评价方法包括参数综合评价和模型综合评价两类方法。制定致密油地质评价标准是实现"甜点区"定量评价的关键。

2. 测井"甜点区"及预测技术

测井"甜点区"是指在测井曲线上显示出致密油"甜点区"特征的异常区。一般用"六性"，即岩性、含油性、物性、烃源岩特性、脆性及地应力各向异性特征来刻画致密油"甜点区"。

通过评价"六性"关系，实现烃源岩品质评价、储层品质评价和工程品质评价，进而研究源储配置关系，确定油气地质"甜点区"，并综合考虑地质"甜点区"与工程品质，最终预测出致密油"甜点区"。这样的致密油"甜点区"预测技术称为测井预测技术。

3. 地震"甜点区"及预测技术

地震"甜点区"是指在地震属性及相关信息上显示出致密油"甜点区"特征的异常区。与测井一样，也是用"六性"，即岩性、物性、含油性、有机质含量、脆性、各向异性特征来刻画致密油"甜点区"。

根据致密油储层的岩石学与岩石物理等特征，获取并分析"六性"参数的地球物理响应机制，构建致密油储层地质参数的地球物理预测模型，预测"甜点区"分布。这样的技术称为地震"甜点区"预测技术。

4. 资源"甜点区"及预测技术

致密油资源"甜点区"是指致密油层中石油资源丰度相对高值区。致密油资源丰度与油层厚度呈正比，受油层厚度影响大。我国致密油类型多，成因复杂，不同盆地分布面积和厚度变化较大,因此确定资源丰度的分级标准较难。总体讲,大于 $20×10^4t/km^2$ 的区域可以划分为"甜点区"。

用于评价致密油资源规模,计算致密油层不同评价网格单元的资源丰度,展示致密油"甜点区"分布的技术,称为致密油资源"甜点区"预测技术。

二、致密油 "甜点区"地质评价标准与技术

上面介绍了致密油"甜点区"地质评价技术,梳理了致密油"甜点区"地质内涵,建立了评价标准,确定了关键参数与权重,形成了参数叠合评价和综合模型评价两种致密油"甜点区"地质评价技术。

(一)地质"甜点区"评价思路

评价优选"甜点区/段"是页岩层系油气"进源找油"的核心,贯穿整个勘探开发全过程。致密油具有两个基本特征:①油气大面积连续分布,资源丰度低;②无自然工业产能,经"人工"改造产油。因此,"进源找油"包括寻找"较高资源丰度区/段"和易于形成"人工渗透率区/段"两个内容。致密油"甜点区/段",是指在源储共生页岩层系发育区,目前经济技术条件下可优先勘探开发的非常规石油相对富集高产的目标区。在目前技术条件下,依靠水平井体积压裂、平台式"工厂化"作业等技术,"较高资源丰度区/段"一般为有一定构造背景、长期处于石油集聚方向的有利区带/段,这是"甜点区/段"评价的地质属性;"人工渗透率区/段"一般为天然裂缝发育、脆性矿物含量较高、水平应力差较小的有利区带/段,这是"甜点区/段"评价的工程属性。

(二)致密油"甜点区"地质评价标准

致密油经济"甜点区"包括地质"甜点区/段"、工程"甜点区/段"、效益"甜点区/段",只有三个"甜点区/段"匹配叠置才能有效开采。地质"甜点区/段"着眼于源岩品质(R_o 为 0.85%~1.5%、TOC 大于 2%)、储集能力(孔隙度:致密油大于 8%,页岩油大于 3%)、渗流能力(地层压力、渗透率、天然裂缝、原油品质等)、资源丰度(含油饱和度大于 50%、资源丰度大于 $1×10^8t/km^2$)、资源规模(资源量大于 $1×10^8t$,单井累计产量大于 $2.0×10^4t$)等综合评价;工程"甜点区/段"着眼于岩石脆性(脆性矿物含量:致密储集层脆性矿物含量大于 70%,页岩大于 40%)、应力大小(地应力小于 40MPa)、各向异性(水平应力差小于 10MPa)、埋藏深度(小于 3500m)、地表条件(基础设施、水力电力供应、交通运输等条件优越)等综合评价;效益"甜点区/段"着眼于油价变化(油价大于 70 美元/bbl)、市场机制(工程服务公司、管道公司、销售公司等市场化)、管理方式(研发、作业、运输、销售等程序无缝连接)、政策支撑(财政补贴、新技术研发激励基金等)、环境保护(符合环境保护法规定、绿色作业)等综合评价(表 7-17)。

表 7-17 致密油气与页岩油气"甜点区"评价标准

油气类型		地质"甜点区"				工程"甜点区"			
		烃源层	储集层	裂缝	局部构造	压力系数	脆性指数/%	水平主应力差/MPa	埋深/m
致密油气	评价标准	TOC>2%	孔隙度10%~15%	微裂缝发育	相对高部位	>1	>40	<6	<4500
	准噶尔盆地吉木萨尔凹陷芦草沟组致密油	厚100~130m，TOC值为5%~6%，R_o值为0.8%~1.0%	厚度25~50m，孔隙度12%~20%，含油饱和度大于70%	微裂缝发育	斜坡相对高部位	1.2~1.5	>50	<6	1000~4500
	鄂尔多斯盆地苏里格盒8段致密气	厚6~20m；TOC：煤60%~70%，碳质泥岩3%~5%；R_o值1.3%~2.5%	厚度20~40m，孔隙度10%~14%，含气饱和度大于50%	微裂缝发育	平缓斜坡相对高部位	0.70~0.95	40~60	<8	1500~4500
页岩油气	评价标准	TOC>2%(其中页岩油S_1>2 mg/g)	孔隙度大于3%	微裂缝发育	相对高部位	>1.2	>40	<10	<4500
	鄂尔多斯盆地华庆、地区长7段页岩油	厚10~30m，TOC为3%~25%，R_o为0.8%~1.2%，S_1为1~8mg/g	孔隙度2%~5%，含油饱和度大于80%	微裂缝发育	斜坡相对高部位	0.8~1.0	30~50	<15	1000~3000
	松辽盆地青一段页岩油	厚度40~60m，TOC为2%~8%，R_o为0.7%~1.4%，S_1值为1~7mg/g	孔隙度2%~5%，含油饱和度大于80%	微裂缝发育	斜坡相对高部位	1.2~1.6	30~60	<10	1300~2000
	四川盆地蜀南龙马溪组页岩气	厚30~100m，TOC>2%，R_o为2.0%~3.0%	孔隙度3%~8%，含气量大于3m³/t	微裂缝发育	稳定斜坡区	1.3~2.0	>40	<20	1500~4000

(三) 致密油"甜点区"评价主要参数

致密油"甜点区"评价即"六性"评价，包括岩性、物性、含油性、烃源岩性质、脆性、地应力特性参数。

1. 致密油层的确定

统计评价层段内所有取心岩样覆压基质渗透率测定及校正结果，其覆压基质渗透率中值应小于等于 $0.1×10^{-3}μm^2$，或空气渗透率中值小于等于 $1×10^{-3}μm^2$；同时评价单元内致密油层井数与所有油井数之比应大于或等于70%。

2. 致密油"甜点区"评价主要参数

岩性特征参数包括致密储层厚度、面积、岩石类型、矿物组成、脆性指数分布、泥质含量等特征参数。

储层特征参数包括埋深、物性(孔隙度、渗透率)、孔隙结构特征、天然裂缝密度等特征参数。

流体特征参数包括油气水组成、密度、黏度、含油饱和度、可动水饱和度、孔隙流体压力、气油比等特征参数。

烃源岩特征参数包括烃源岩厚度、TOC、R_o、有机质类型等特征参数。

脆性特征参数包括泊松比、杨氏模量等参数。

地应力特征参数包括水平两向主应力差异。

同时,还需对资源潜力、产能及经济性能进行评价,主要包括以下参数:

资源潜力评价,宜采用容积法和一般类比法评价资源潜力,确定评价区面积、储层有效厚度、有效孔隙度、含油饱和度、原油密度、井控面积,计算最终可采储量(EUR)和资源丰度,对全区可能的含油系统、远景区带进行系统评价,优选排队。

产能预测,进行试油测试,确定原油性质、地层压力、温度、深度与含油饱和度、气油比、可动流体饱和度、储层厚度、试油试采产量及油井生产动态关系。对试油产能与测井进行标定,开展产能评价,确定产能规模。

经济性评价,需按照《陆上油气探明经济可采储量评价细则》(SY/T 5838—2011)的规定执行。

(四)致密油"甜点区"评价参数标准

制定合适的致密油"甜点区"评价标准,为致密油"甜点区"评价提供有力依据。

(1)岩性条件评价参数标准。

岩性条件评价标准包括:40m范围内累计储层厚度大于8m。碎屑岩储层中砂岩+砂砾岩含量大于70%或碳酸盐岩储层中碳酸盐岩含量大于50%,脆性指数大于0.5,泥质含量小于20%。

(2)物性条件评价参数标准。

致密物性条件评价参数标准包括:一般"甜点区"致密储层埋藏深度小于5000m。对于碎屑岩致密储层:一般孔隙度大于4%,空气渗透率大于$0.01\times10^{-3}\mu m^2$。对于碳酸盐岩致密储层:一般孔隙度大于1%,空气渗透率大于$0.01\times10^{-3}\mu m^2$。

(3)含油性特征评价参数标准。

致密油层含油性特征评价参数标准包括:一般气油比小于17810m³/m³,地面原油密度小于0.92g/cm³,50℃原油黏度小于200mPa·s,含油饱和度大于50%,可动水饱和度小于20%。

(4)烃源岩条件评价参数标准。

烃源岩条件评价参数标准包括:一般烃源岩厚度大于10m,TOC大于1%,有机质热演化成熟度1.5%>R_o>0.6%,有机质类型为Ⅱ-Ⅰ型。

(5)脆性特征评价参数标准。

致密油层脆性特征参数评价标准包括:一般泊松比小于0.4,杨氏模量大于1×10^4MPa。

(6)地应力条件评价参数标准。

地应力条件评价参数标准包括：一般水平两向主应力倍数小于2。

(五)致密油"甜点区"评价技术概述

致密油"甜点区"评价包括五项关键技术。

(1)烃源岩"甜点区"预测技术。

通过岩样测试、声波/电阻率计算、核磁共振+密度法等综合评价纵向烃源岩"甜点区"分布，连井对比结合沉积相、地震相分析，明确烃源岩"甜点区"平面分布特征。

(2)储集层"甜点区"预测技术。

综合岩心实测物性资料与有利目的层段的沉积相、成岩相研究，进行孔、渗分布等多图叠合，确定储集层"甜点区"。

(3)脆性评价与预测技术。

通过X射线衍射等方法进行矿物组分分析，结合应力实验及动态测井脆性分析确定有利层段，利用叠前地震属性反演确定平面分布。

(4)地应力评价技术。

通过岩石力学实验结合阵列声波等测井资料，计算岩石弹性模量，提供孔隙压力、上覆岩层压力、最大/最小水平应力等参数，指导井眼轨迹设计，确定压裂方式和规模。

(5)"甜点区"地震属性综合预测技术。

利用多参数交会分析与叠前弹性反演，确定岩性、孔隙度、脆性等关键参数的平面分布；利用叠后多属性裂缝预测技术，预测和解释裂缝发育区；集成岩性、物性、脆性等多参数分析，预测"甜点区"分布。

(六)致密油"甜点区"地质评价方法

致密油"甜点区"地质评价方法包括参数叠合综合评价和模型综合评价两类方法。

1. 参数叠合综合评价方法

依据致密油"甜点区"各项评价参数标准，将各参数叠合成图，取所有评价参数标准以上的区域分布的交集，结合区域连续分布面积与经济性评价结果(表7-18)，确定致密油"甜点区"分布。这也是目前全球应用范围最广的评价方法，具有操作简单、快速高效的特点。

表7-18 致密油地质评价标准

评价内容	参数(p_i)		"甜点区"分级指标			权重(q_i)
			Ⅰ级(pA_i)	Ⅱ级(pB_i)	Ⅲ级(pC_i)	
岩性	储层有效厚度/m		>15	10~15	5~10	0.1
	储地比	砂岩/%	>80	75~80	70~75	0.025
		碳酸盐岩/%	>70	60~70	50~60	
	泥质含量/%		<15	15~20	20~30	0.025
	面积/km^2		>50	30~50	<30	0.05
	埋藏深度/m		<3500	3500~4500	>4500	0.05

续表

评价内容	参数(p_i)		"甜点区"分级指标			权重(q_i)
			Ⅰ级(pA_i)	Ⅱ级(pB_i)	Ⅲ级(pC_i)	
物性	孔隙度/%	碎屑岩	>12	8～12	5～8	0.1
		碳酸盐岩	>7	4～7	1～4	
	覆压渗透率/$10^{-3}\mu m^2$		0.1～0.05	0.05～0.01	0.01～0.001	0.05
含油性	含油饱和度/%		>65	50～65	40～50	0.025
	地面原油密度/(g/cm^3)		<0.75	0.75～0.85	0.85～0.92	0.025
	气油比		>100	10～100	<10	0.05
烃源岩特性	有效厚度/m		>20	15～20	5～15	0.05
	有机质类型		Ⅰ型、Ⅱ$_1$型	Ⅱ$_1$型为主	Ⅱ$_2$型为主	0.025
	平均TOC/%		>2	1～2	0.5～1	0.05
	R_o/%		0.9～1.1	0.8～0.9	0.6～0.8	0.05
	面积/km^2		>300	150～300	<150	0.025
脆性因子	泊松比		<0.2	0.2～0.3	0.3～0.4	0.05
	杨氏模量/10^4MPa		>3	2～3	1～2	0.05
地应力特性	水平两向主应力倍数		≈1	1～1.5	1.5～2	0.05
	孔隙压力系数		>1.2	1.0～1.2	0.8～1.0	0.05

需要说明的是，不同盆地情况有所差异，各项评价指标需综合考虑确定；碳酸盐岩储集性能影响因素复杂，储层裂缝发育的情况下，基质孔隙度下限可适当降低，在裂缝不发育的情况下可适当提高。

2. 模型综合评价方法

根据致密油层综合评价参数标准与同一地质单元钻井情况，计算评价区每一个单一参数的评价因子，在此基础上以加权均衡方法计算综合评价参数，综合评价参数越大，致密油"甜点区"评价级别越高(表7-18)。

1)第一步：单一参数评价因子的计算方法

根据钻井情况，统计单一参数在Ⅰ级、Ⅱ级、Ⅲ级范围对应的数值与占总体的比例关系，其中Ⅰ级、Ⅱ级、Ⅲ级分别赋予0.6、0.3和0.1的评价因子，计算得到单一参数评价因子，计算公式如下：

$$p_i = (0.6pA_i + 0.3pB_i + 0.1pC_i) / (pA_i + pB_i + pC_i) \tag{7-34}$$

式中，p_i为单一参数评价因子，无量纲；pA_i、pB_i、pC_i分别为Ⅰ、Ⅱ和Ⅲ级单一参数对应的统计数据；0.6、0.3和0.1分别为Ⅰ级、Ⅱ级、Ⅲ级参数对应的权重。

2)第二步：综合评价参数计算方法

在完成单一参数评价因子计算后，将所有单一参数按权重进行加和，得到综合评价参数，计算公式如下：

$$p = \sum_{i=1}^{n} p_i \times q_i \qquad (7\text{-}35)$$

式中，p 为"甜点区"综合评价值，无量纲；n 为评价参数个数。

3) 第三步：分级评价

根据综合评价参数，$p \geqslant 0.45$ 为 I 类区，即"甜点区"；$0.45 > p \geqslant 0.3$ 为 II 类区；$p < 0.3$ 为 III 类区。

三、致密油"甜点区"资源评价与预测

这是针对陆相致密油非均质强的特点而提出的一种方法，是一种基于成因法与统计法相结合的综合预测方法，包括以下要点：①细分评价单元，尽可能使每个细分后的评价单元，参数非均质性降低；②采用评价单元孔隙体积法计算地质资源量；③采用盆地模拟技术模拟每个评价单元相应的供油量，即理论上聚集在该评价单元内的原地资源量，这是一个理论上最大聚集量或最大资源量；④对比孔隙体积法计算的资源量与盆地模拟得到的原地资源量，如果前者大于后者，则认为孔隙体积法计算结果偏大，需要调低评价参数，使之不大于后者(原地资源量)，否则认为前者计算结果可以接受，不需要调整评价参数；⑤将每个评价单元的资源量换算为单位面积资源量，即资源丰度，然后利用可视化技术展示致密油在空间上的分布。另外，将高资源丰度区单独筛选出来，得到致密油"甜点区"。

(一)评价单元构建

针对钻井的不均衡分布及陆相致密油的非均质性特点，采用垂直二等分(perpendicular bisection，PEBI)网格剖分技术构建评价单元，即小面元。PEBI 网格划分结果包括有井控制网格和无井控制网格两种评价单元，前者简称井控单元，后者简称无井控单元。这种划分方案具有两个特点：

1. 每口井占据一个评价单元，评价单元的中心正好是井的位置

根据这一特点，可以把井的参数可作为评价单元的参数。换言之，井控单元的评价参数直接来自于控制井。

2. 相邻的任意两个评价单元中心的连线被其公共边垂直平分

这一特点有利于单元间参数的插值计算。借助这一特点，通过插值，获得无井控单元的评价参数。

在实际操作中，需要通过三角网格剖分、网格加密、网格平滑、网格优化等过程构建比较合理的 PEBI 网格。

(二)无井控单元评价参数获取

除了用于构建评价单元目的层构造面(目的层顶面或底面构造图)外，主要评价参数有：储层厚度、孔隙度、含油饱和度、石油充满系数(净储比百分数)，还有供油层的排

油强度(来自盆地模拟结果)。通过插值得到所有无井控单元的评价参数。根据已有数据分布的特点,选用不同的插值方法(表 7-19)。

表 7-19 不同插值方法的适用范围及优缺点

类型	插值方法	适用范围	优缺点
局部插值	最邻近点法	数据点多,分布较均匀	取最近一个点的值;插值速度快、过程最稳定;插值结果过渡不好,台阶式的
	邻近点法	数据点较多,分布较均匀	采用最邻近几个点插值,各点权重与距离呈反比;插值速度较快、过程相对稳定;插值结果过渡性一般,但不会出现台阶式的
整体插值 (有限元法)	极小曲面法	数据点较多,分布较均匀	过点的薄膜插值,实现薄膜面积最小(最紧);插值速度相对其他有限元法较快;插值结果不太光滑
	极小曲率法	适用数据点较少的情况	过点的弹性钢板插值;插值速度较慢;插值结果光滑

(三)关键参数校正

关键参数,在这里特指有效储层厚度。为了以后计算及校正方便,用石油充满系数和储层厚度两个参数来代替有效储层厚度(有效储层厚度等于储层厚度与石油充满系数之积)。

1. 计算最大的石油充满系数

致密油聚集与常规石油聚集不同,属于连续型油聚集。从理论上讲,几乎都是原地聚集或近距离聚集。因此,根据每个评价单元对应烃源岩的有效排油量强度,可以推算该评价单元理论上最大石油聚集量或含油厚度(有效储层厚度)。在已知评价单元储层厚度的情况下,就可推算出有效厚度占储层厚度的百分比,即理论上最大的石油充满系数[图 7-13(a)],用公式表示如下:

$$\delta_{max} = \frac{E \times 100}{h\phi S_o \rho_o B_o} \times 100, \qquad 当 \delta_{max} > 100 时, \delta_{max} = 100 \qquad (7-36)$$

式中,δ_{max} 为评价单元最大石油充满系数,%;E 为评价单元有效排油强度,即储层致密后的累计排油强度,$10^4 t/km^2$;h 为评价单元储层厚度,m;ϕ 为评价单元孔隙度,%;S_o 为评价单元含油饱和度,%;ρ_o 为地面原油密度,t/m^3;B_o 为原始原油体积系数,无量纲;$E = f(t_0) - f(t_{min})$,其中 $f(t_0)$ 为现今评价单元累计排油强度,$10^4 t/km^2$,$f(t_{min})$ 为储层致密时刻评价单元累计排油强度,$10^4 t/km^2$。通过盆地模拟软件模拟砂岩孔隙度变化史,确定砂岩致密时间。

2. 校正石油充满系数

由于储层分布横向变化较大,物性非均质强,无井控单元通过空间插值得到的石油充满系数存在较大不确定性。因此,采用最大石油充满系数作为约束条件,校正空间插值得到的石油充满系数[图 7-13(b)]。公式表示如下:

$$\delta = \begin{cases} \delta_{\max}, & \delta_{c} > \delta_{\max} \\ \delta_{c}, & \delta_{c} \leqslant \delta_{\max} \end{cases} \tag{7-37}$$

式中，δ 为校正后的石油充满系数，%；δ_{c} 为空间插值得到的石油充满系数，%；$\delta_{\max}$ 为最大石油充满系数，%。

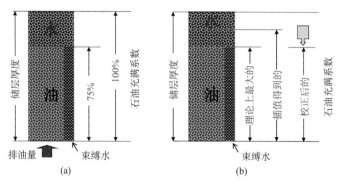

图 7-13　石油充满系数及校正过程示意

(a) 充满系数；(b) 充满系数校正示意图

(四) 资源量计算

每个评价单元的资源量计算采用孔隙体积法，计算公式如下：

$$Q_{\text{cell}} = 10^{-4} \delta A \phi S_{o} \rho_{o} / B_{o} \tag{7-38}$$

式中，Q_{cell} 为评价单元地质资源量，10^4t；δ 为评价单元石油充满系数，%；A 为评价单元面积，km^2；h 为评价单元储层厚度，m；ϕ 为评价单元孔隙度，%；S_{o} 为评价单元含油饱和度，%；ρ_{o} 为地面原油密度，t/m^3；B_{o} 为原始原油体积系数，无量纲。

(五) 应用实例

研究区位于鄂尔多斯盆地西南部，面积约为 6.19×10^4km^2，目的层为三叠系延长组长 7 段油层组第 1 小层(简称长 7-1)。长 7 段油层组主体为烃源层，烃源岩厚度一般为 30~60m，最厚可达 130m，优质烃源岩分布范围近 5×10^4km^2；有机母质类型以 I 型、II$_1$ 型干酪根为主；残余有机碳含量主要分布于 3%~10%，平均 TOC 值约 6.5%；R_{o} 值为 0.85%~1.15%，$T_{\max}$ 值为 445~455℃，绝大部分已发生了强烈的生、排烃作用，总有效生烃量超过 1000×10^8t；总排烃量超过 600×10^8t，是中生界石油的主力油源。长 7 段油层组内共有三个致密砂岩层(长 7-1、长 7-2 和长 7-3)，砂岩层中聚集的石油属于典型的致密油。长 7-1 是其中最重要的致密油层。统计 209 口井的资料，获得长 7-1 平均厚度 37m，致密砂岩平均厚度 10.4m，单层厚度 1~5m，孔隙度在 1%~12%，平均 7%，渗透率分布在 0.01×10^{-3}~1.35×10^{-3}μm^2，平均为 0.18×10^{-3}μm^2，含油饱和度在 30%~80%。

1. 网格构建与参数插值

根据评价区边界和 209 口钻井构建 PEBI 网格，并对网格加密、网格平滑、网格优化等过程构建比较合理的 PEBI 网格，每个网格作为一个评价单元，共 30078 个单元(图 7-14)。构建网格后，需要对孔隙度、砂岩厚度、排烃强度等数据进行插值计算并绘制成图，形成统一比例、统一格式的孔隙度图(图 7-14)、砂岩厚度图(图 7-15)和排烃强度图(图 7-16)。通过盆地模拟确定砂岩致密时间大约在 80Ma。因此，有效的排烃强度在 80Ma 以后。图 7-17 为现今排烃强度扣除 80Ma 时的排烃强度后的有效排烃强度图。

2. 石油充满系数校正及含油厚度计算

如果数据点足够多，石油充满系数图就可以不校正。研究区由于统计数据较少，没有石油充满系数图及相应数据。因此，本节初始充满系数设为 100%。采用上述方法进行校正，得到每个评价单元石油充满系数分布(图 7-17)。通过将每个评价单元石油充满系数与砂岩厚度之积，得到含油砂岩厚度(图 7-18)。

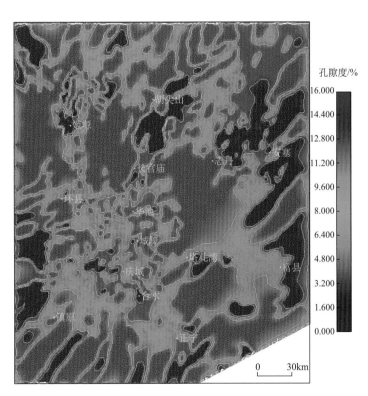

图 7-14 构建的评价网格及长 7-1 致密砂岩孔隙度分布

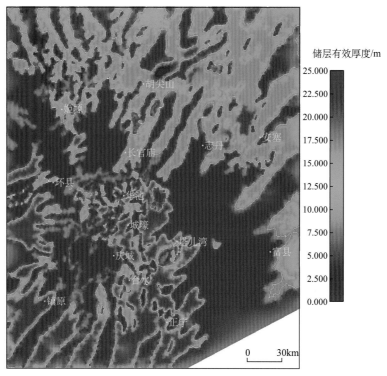

储层有效厚度/m

图 7-15　长 7-1 致密砂岩厚度分布（白线为 10m 等值线）

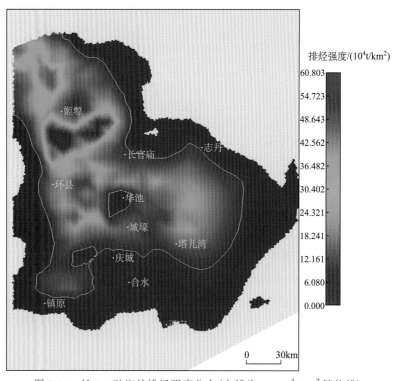

排烃强度/(10^4t/km^2)

图 7-16　长 7-1 砂岩的排烃强度分布（白线为 $10×10^4$t/km^2 等值线）

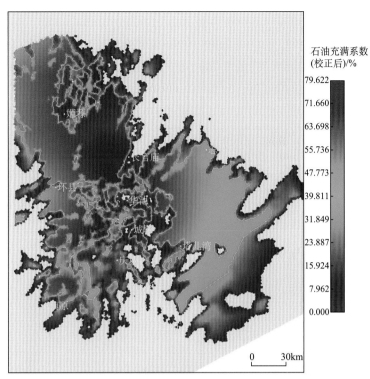

图 7-17　长 7-1 致密砂岩石油充满系数(校正后)分布(白线为 35%等值线)

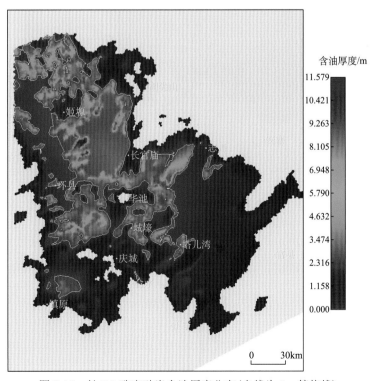

图 7-18　长 7-1 致密砂岩含油厚度分布(白线为 3m 等值线)

3. 计算致密油资源量和资源丰度

致密油密度取 0.85t/m³，体积系数取 1.15，含油饱和度主要分布在 40%～80%。经计算，得到致密油地质资源丰度(图 7-19)。致密油分布范围为 3.07×10⁴km²，平均资源丰度为 10.01×10⁴t/km²，总量为 30.73×10⁸t。

4. 优质资源分布

资源丰度大于 10×10⁴t/km² 的致密油分布范围 1.16×10⁴km²(图 7-19 白线范围内)，平均资源丰度为 14.96×10⁴t/km²，优质资源总量为 17.35×10⁸t。按 8% 的可采系数计算，优质资源可采量约为 1.39×10⁸t。优质资源主要分布在姬塬的北部和南部、环县东部、长官庙南部、城壕西北部和东部及塔儿湾附近等。

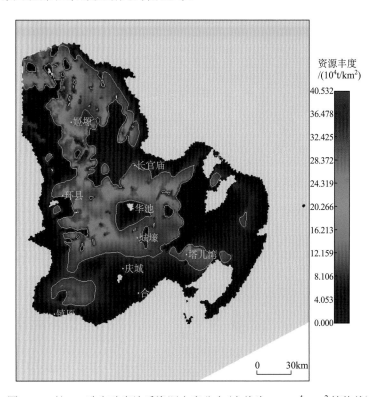

图 7-19　长 7-1 致密砂岩地质资源丰度分布(白线为 10×10⁴t/km² 等值线)

本书未讨论页岩油"甜点区/段"评价方法与标准。中等成熟度页岩油与致密油类似，但中低成熟度页岩油需要建立新的方法与标准。

参 考 文 献

谌卓恒, Osadetz K G. 2013. 西加拿大沉积盆地 Cardium 组致密油资源评价. 石油勘探与开发, 40(3): 320-328.

谌卓恒, 黎茂稳, 姜春庆, 等. 2019. 页岩油的资源潜力及流动性评价方法. 石油与天然气地质, 40(3): 459-458.

杜金虎, 胡素云, 庞正炼, 等. 2019. 中国陆相页岩油类型、潜力及前景. 中国石油勘探, 24(5): 560-568.

付金华, 牛小兵, 淡卫东, 等. 2019. 鄂尔多斯盆地中生界延长组长 7 段页岩油地质特征及勘探开发进展. 中国石油勘探, 24(5): 601-614.

郭秋麟, 周长迁, 陈宁生, 等. 2011. 非常规油气资源评价方法研究, 岩性油气藏, 23(4): 12-19.

郭秋麟, 陈宁生, 吴晓智, 等. 2013. 致密油资源评价方法研究. 中国石油勘探, 18(2): 67-76.

郭秋麟, 陈宁生, 刘成林, 等. 2015. 油气资源评价方法研究进展与新一代评价软件系统. 石油学报, 36(10): 1305-1314.

郭秋麟, 李峰, 陈宁生, 等. 2016. 致密油资源评价方法、软件与关键技术. 天然气地球科学, 27(9): 1566-1575.

郭秋麟, 武娜, 陈宁生, 等. 2017. 鄂尔多斯盆地延长组第 7 油层组致密油资源评价. 石油学报, 38(6): 658-665.

郭秋麟, 米敬奎, 王建, 等. 2019. 改进的生烃潜力模型及关键参数模板. 中国石油勘探, 24(5): 661-669.

蒋启贵, 黎茂稳, 钱门辉, 等. 2016. 不同赋存状态页岩油定量表征技术与应用研究. 石油实验地质, 38(6): 842-849.

金之钧, 蔡勋育, 刘金连, 等. 2018. 中国石油化工股份有限公司近期勘探进展与资源发展战略. 中国石油勘探, 23(1): 14-25.

康玉柱. 2018. 中国非常规油气勘探重大进展和资源潜力. 石油科技论坛, 4: 1-7.

李国欣, 朱如凯. 2020. 中国石油非常规油气发展现状、挑战与关注问题. 中国石油勘探, 25(2): 1-13.

施立志, 王卓卓, 张革, 等. 2015. 松辽盆地齐家地区致密油形成条件与分布规律. 石油勘探与开发, 42(1): 44-50.

孙换泉, 蔡勋育, 周德华, 等. 2019. 中国石化页岩油勘探实践与展望. 中国石油勘探, 24(5): 569-575.

王社教, 蔚远江, 郭秋麟, 等. 2014. 致密油资源评价新进展. 石油学报, 35(6): 1095-1105.

王社教, 李峰, 郭秋麟, 等. 2016. 致密油资源评价方法与关键参数研究. 天然气地球科学, 27(9): 1576-1582.

薛海涛, 田善思, 王伟明, 等. 2016. 页岩油资源评价关键参数——含油率的校正. 石油与天然气地质, 37(1): 15-22.

杨华, 李士祥, 刘显阳. 2013. 鄂尔多斯盆地致密油、页岩油特征及资源潜力. 石油学报, 34(1): 1-11.

杨维磊, 李新宇, 徐志, 等. 2019. 鄂尔多斯盆地安塞地区长 7 段页岩油资源潜力评价. 海洋地质前沿, 35(4): 48-54.

姚泾利, 邓秀芹, 赵彦德, 等. 2013. 鄂尔多斯盆地延长组致密油特征. 石油勘探与开发, 40(2): 150-158.

余涛, 卢双舫, 李俊乾, 等. 2018. 东营凹陷页岩油游离资源有利区预测. 断块油气田, 25(1): 16-21.

张国印, 王志章, 郭旭光, 等. 2015. 准噶尔盆地乌夏地区风城组云质岩致密油特征及"甜点"预测. 石油与天然气地质, 36(2): 219-230.

张新顺, 王红军, 马锋, 等. 2015. 致密油资源富集区与"甜点区"分布关系研究——以美国威利斯顿盆地为例. 石油实验地质, 37(5): 619-626.

赵文智, 胡素云, 侯连华. 2018. 页岩油地下原位转化的内涵与战略地位. 石油勘探与开发, 45(4):

537-545.

赵文智, 胡素云, 侯连华, 等. 2020. 中国陆相页岩油类型、资源潜力及与致密油的边界. 石油勘探与开发, 47(1): 1-10.

支东明, 唐勇, 郑梦林, 等. 2019. 准噶尔盆地玛湖凹陷风城组页岩油藏地质特征与成藏控制因素. 中国石油勘探, 24(5): 615-623.

朱日房, 张林晔, 李政, 等. 2019. 陆相断陷盆地页岩油资源潜力评价. 油气地质与采收率, 26(1): 129-137.

邹才能, 陶士振, 杨智, 等. 2012. 中国非常规油气勘探与研究新进展. 矿物岩石地球化学通报, 31(4): 312-322.

邹才能, 朱如凯, 吴松涛, 等. 2013. 常规与非常规油气聚集类型、特征、机理及展望: 以中国致密油和致密气为例. 石油学报, 33(2): 173-187.

邹才能, 陶士振, 侯连华, 等. 2014. 非常规油气地质学. 北京: 地质出版社.

邹才能, 朱如凯, 白斌, 等. 2015. 致密油与页岩油内涵、特征、潜力及挑战. 矿物岩石地球化学通报, 34(1): 3-17.

Abrams M A, Gong C, Garnier C, et al. 2017. A new thermal extraction protocol to evaluate liquid rich unconventional oil in place and in-situ fluid chemistry. Marine and Petroleum Geology, 88: 659-675.

Almanza A. 2011. Integrated three dimensional geological model of the Devonian Bakken formation elm coulee field, Williston basin: Richland county Montana. Colorado: Colorado School of Mines.

Chen Z, Jiang C. 2016. A revised method for organic porosity estimation in shale reservoirs using Rock-Eval data: Example from Duvernay Formation in the Western Canada Sedimentary Basin. AAPG, 100(3): 405-422.

Chen Z H, Li M W, Ma X X, et al. 2018. Generation kinetics based method for correcting effects of migrated oil on Rock-Eval data-An example from the Eocene Qianjiang Formation, Jianghan Basin, China. International Journal of Coal Geology, 195(5): 84-101.

Delveaux D, Martin H, Leplat P, et al. 1990. Comparitive rock-eval pyrolysis as an improved tool for sedimentary organic matter analysis. Organic Geochemistry, 16(4-6): 1221-1229.

EIA. 2013. Technically recoverable shale oil and shale gas resources: An assessment of 137 shale formations in 41 countries outside the United states. https://www.eia.gov/analysis/studies/worldshalegas/pdf/overview.pdf.

EIA. 2017. Drilling productivity report for key tight oil and shale regions. Arlington.

Gaswirth S B, Marra K R. 2015. U. S. Geological survey 2013 assessment of undiscoveredresources in the Bakken and three forks formations of the U. S. Williston Basin Province. AAPG, 99(4): 639-660.

Hackley P C, Cardott B J. 2016. Application of organic petrography in North American shale petroleum systems: A review. International Journal of Coal Geology, 163: 8-51.

Han Y, Horsfield B, Mahlstedt N, et al. 2019. Factors controlling source and reservoir characteristics in the Niobrara shale-oil system, Denver Basin. AAPG, 103 (9): 2045-2072.

Hood K C, Yurewicz D A, Steffen K J. 2012. Assessing continuous resources–building the bridge between static and dynamic analyses. Bulletin of Canadian Petroleum Geology, 60(3): 112-133.

Jarvie D M. 2012. Shale rresource systems for oil and gas: Part 2-Shale-oil resource systems//Breyer J A. Shale reservoirs-giant resources for the 21st century. American Association of Petroleum Geologists Memoir, 97: 89-119.

Jarvie D M. 2018. Petroleum systems in the Permian Basin: Targeting optimum oil production. TCU Energy Institute Presentation. https://www.hgs.org/sites/default/files/Jarvie%20Permian%20basin%2C%20HGS%2024%20January%202018%20wo%20background.pdf.

Jiang C Q, Chen Z H, Mort A, et al. 2016. Hydrocarbon evaporative loss from shale core samples as revealed by rock-eval and thermal desorption-gas chromatography analysis: Its geochemical and geological implications. Marine and Petroleum Geology, 70: 294-303.

Kuske S, Horsfield B, Jweda J, et al. 2019. Geochemical factors controlling the phase behavior of Eagle Ford Shale petroleum fluids. AAPG, 103(4): 835-870.

Li J B, Wang M, Chen Z H, et al. 2019. Evaluating the total oil yield using a single routine rock-eval experiment on as-received shales. Journal of Analytical and Applied Pyrolysis, 144: 104707. https://doi.org/10.1016/j.jaap.2019.104707.

Li M W, Chen Z H, Ma X X, et al. 2018. A numerical method for calculating total oil yield using a single routine rock-eval program: A case study of the Eocene Shahejie formation in Dongying depression, Bohai Bay Basin, China. International Journal of Coal Geology, 191: 49-65.

Li M W, Chen Z H, Ma X X, et al. 2019. Shale oil resource potential and oil mobility characteristics of the Eocene-Oligocene Shahejie formation, Jiyang Super-Depression, Bohai Bay Basin of China. International Journal of Coal Geology, 204: 130-143.

Li M W, Chen Z H, Qian M H, et al. 2020. What are in pyrolysis S_1 peak and what are missed. Petroleum compositional characteristics revealed from programed pyrolysis and implications for shale oil mobility and resource potential. International Journal of Coal Geology, 217: 103321. https://doi.org/10.1016/j.coal.2019.103321.

Michael G E, Packwood J, Holba A. 2013. Determination of in-situ hydrocarbon volumes in liquid rich shale plays//Unconventional Resources Technology Conference, Denver. www.searchanddiscovery.com/pdfz/documents/2014/80365michael/ndx_michael.pdf.html.

Modica C J, Lapierre S G. 2012. Estimation of kerogen porosity in source rocks as a function of thermal transformation: Example from the Mowry Shale in the Powder River Basin of Wyoming. AAPG, 96(1): 87-108.

Romero-Sarmiento M. 2019. A quick analytical approach to estimate both free versus sorbed hydrocarbon contents in liquid-rich source rocks. AAPG, 103(9): 2031-2043.

Salazar J, McVay D A, Lee W J. 2010. Development of an improved methodology to assess potential gas resources. Natural Resources Research, 19(4): 253-268.

Schmoker J W. 2002. Resource assessment perspectives for unconventional gas systems. AAPG Bulletin, 86(11): 1993-1999.

U. S. Geological Survey (USGS). 2013. Assessment of Undiscovered Oil Resources in the Bakken and Three Forks Formations, Williston Basin Province, Montana, North Dakota, and South Dakota, Fact Sheet

2013-3013: 1-5.

U. S. Geological Survey. 2016. Assessment of Permian Tight Oil and Gas Resources in the Junggar Basin of China. https://pubs. er. usgs. gov/publication/fs20173021.

U. S. Geological Survey. 2017a. Assessment of undiscovered continuous oil and gas resources of upper cretaceous shales in the Songliao Basin of China. https://pubs.er.usgs.gov/publication/ fs20183014.

U. S. Geological Survey. 2017b. Assessment of undiscovered continuous oil and gas resources in the Bohaiwan Basin Province, China. https://pubs.er.usgs.gov/publication/fs20173082.

U. S. Geological Survey. 2018a. Assessment of tight-oil and tight-gas resources in the Junggar and Santanghu Basins of Northwestern China. https://pubs.er.usgs.gov/publication/fs20193012.

U. S. Geological Survey. 2018b. Assessment of Mesozoic tight-oil and tight-gas resources in the Sichuan Basin of China. https://pubs.er.usgs.gov/publication/fs20193010 .

U. S. Geological Survey. 2018c. Assessment of Paleozoic shale-oil and shale-gas resources in the Tarim Basin of China. https://pubs.er.usgs.gov/publication/fs20193011.